INHALT

REDLINE | VERLAG

New York Times BESTSELLER

BUILD

– ein unorthodoxer Leitfaden

Wie man Produkte erschafft und Unternehmen gründet, die es wert sind

TONY FADELL

Bibliografische Information der Deutschen Nationalbibliothek:
Die Deutsche Nationalbibliothek verzeichnet diese Publikation in der Deutschen Nationalbibliografie; detaillierte bibliografische Daten sind im Internet über http://d-nb.de abrufbar.

Für Fragen und Anregungen:
info@redline-verlag.de

1. Auflage 2023

Türkenstraße 89
D-80799 München
Tel.: 089 651285-0
Fax: 089 652096

Die englische Originalausgabe erschien 2022 bei Harper Business unter dem Titel *Build*.

Übersetzung: Jordan Wegberg
Redaktion: Nikolas Bertheau
Umschlaggestaltung: Maria Verdorfer
Umschlagabbildung: Marc Porat/Spellbound Productions
Satz: ZeroSoft, Timişoara
Druck: GGP Media GmbH, Pößneck
Printed in Germany

ISBN Print 978-3-86881-934-2
ISBN E-Book (PDF) 978-3-96267-511-0
ISBN E-Book (EPUB, Mobi) 978-3-96267-512-7

Für Omi, Opi, Mama und Papa – meine ersten Mentoren

EINLEITUNG

Viele meiner erfahrenen vertrauten Mentoren sind verstorben.

Vor ein paar Jahren schaute ich mich um und musste feststellen, dass die weisen, (meist) geduldigen Seelen, denen ich Löcher in den Bauch gefragt hatte, die meine nächtlichen Anrufe ertragen, mir beim Gründen von Unternehmen und bei der Entwicklung von Produkten und der Durchführung von Vorstandssitzungen geholfen hatten – oder einfach dabei, ein besserer Mensch zu werden –, nicht mehr da waren. Manche sind viel zu früh gegangen.

Jetzt war ich derjenige, der mit Fragen gelöchert wurde. Mit denselben Fragen, die auch ich immer und immer wieder gestellt hatte. Fragen zu Start-ups natürlich, aber auch die grundlegenderen Dinge: ob man eine Stelle kündigen solle oder nicht, welchen Berufsweg man einschlagen solle, woher man wisse, ob eine Idee etwas tauge, wie man an die Gestaltung herangehe, wie man mit Misserfolgen umgehe und wann und wie man ein Unternehmen gründen solle.

Und verrückterweise hatte ich Antworten darauf. Ich wusste Rat. Das habe ich von den wunderbaren Mentoren und den unglaublichen Teams gelernt, mit denen ich nun schon seit über dreißig Jahren zusammenarbeite. Ich habe es bei vielen winzigen Start-ups gelernt und bei riesigen Firmen, deren Produkte tagtäglich von Millionen Menschen verwendet werden.

Sollten Sie mich also heute mitten in der Nacht voller Panik anrufen und mich fragen, wie Sie die Unternehmenskultur bewahren können, wenn die Firma größer wird, oder wie Sie Ihr Marketing nicht versemmeln, so könnte ich Ihnen einige Erkenntnisse, Tricks und Tipps und sogar ein paar Regeln mit auf den Weg geben.

Werde ich aber nicht machen. Bitte rufen Sie mich nicht mitten in der Nacht an. Ich habe guten Schlaf zu schätzen gelernt.

Lesen Sie einfach dieses Buch.

Es enthält viele der Ratschläge, die ich täglich Hochschulabsolventen und CEOs mitteile, Vorstandsmitgliedern und Praktikanten, jedem, der in der Geschäftswelt seinen Weg zu finden und seine Karriere zu gestalten versucht.

Diese Ratschläge sind unorthodox, weil sie altmodisch sind. Die Religion des Silicon Valley ist die Neuerfindung, die Disruption – veraltete Denkweisen in den Wind zu schlagen und neue einzuführen. Aber bestimmte Dinge kann man nicht in den Wind schlagen. Die Natur des Menschen verändert sich nicht, egal was Sie erschaffen, wo Sie leben, wie alt Sie sind, wie reich oder nicht reich. Und im Verlauf von mehr als dreißig Jahren habe ich erkannt, was Menschen brauchen, um ihr volles Potenzial zu entfalten, um umzuwälzen, was der Umwälzung bedarf, um sich ihren eigenen unorthodoxen Weg zu bahnen.

Ich will hier also über einen Führungsstil schreiben, den ich immer wieder als erfolgreich erkannt habe. Darüber, wie meine Mentoren und Steve Jobs es gemacht haben. Darüber, wie ich es gemacht habe. Darüber, wie es ist, ein Querulant und Unruhestifter zu sein.

Das ist nicht die einzige Methode, etwas zu erreichen, aber es ist meine Methode. Und sie eignet sich nicht für jeden. Ich werde hier keine progressiven, modernen Unternehmenstheorien predigen. Ich werde Ihnen nicht empfehlen, zwei Tage in der Woche zu arbeiten und früh in den Ruhestand zu gehen.

Die Welt ist voller mittelmäßiger, durchschnittlicher Unternehmen, die mittelmäßige, durchschnittliche Produkte herstellen, doch ich war mein ganzes Leben lang auf Produkte und Menschen aus, die Exzellenz anstreben. Ich hatte das unglaubliche Glück, von den Besten lernen zu dürfen – von kühnen, leidenschaftlichen Menschen, die ihre Spuren in der Welt hinterlassen haben.

Ich finde, jeder sollte diese Chance haben.

Darum habe ich dieses Buch geschrieben. Jeder, der etwas Bedeutsames erreichen will, braucht und verdient einen Mentor und Coach – jemanden, der das schon erlebt und getan hat und ihm hoffentlich durch die schwierigsten Phasen seiner Laufbahn helfen kann. Ein guter Mentor hat keine fertigen Antworten für Sie parat, aber er wird sich bemühen, Ihr Problem aus einem neuen Blickwinkel zu betrachten. Er wird seine hart erkämpften Erfahrungen mit Ihnen teilen, damit Sie Ihre eigene Lösung finden.

Und es sind nicht nur die Tech-Gründer im Silicon Valley, die Hilfe verdienen. Dieses Buch ist für jene gedacht, die etwas Neues schaffen wollen, die nach Exzellenz streben, die ihre wertvolle Zeit auf diesem wertvollen Planeten nicht vergeuden wollen.

Es wird in diesem Buch viel um das Erschaffen eines großartigen Produkts gehen, aber ein Produkt muss nicht unbedingt eine Technologie sein. Es kann alles sein, was Sie machen. Eine Dienstleistung. Ein Ladengeschäft. Es könnte auch eine neuartige Recyclingfirma sein. Und selbst wenn Sie noch gar nicht bereit sind, etwas zu machen, richten sich diese Ratschläge trotzdem an Sie. Manchmal besteht der erste Schritt darin, einfach herauszufinden, was Sie tun wollen. Eine Arbeit zu finden, die Sie begeistert. Der Mensch zu werden, der Sie gern sein wollen, oder ein Team aufzubauen, mit dem Sie alles schaffen können.

Dieses Buch soll keine Biografie sein – ich bin ja noch nicht verstorben. Es ist ein Mentor im Kleinformat. Es ist eine Enzyklopädie des guten Rats.

Falls Sie alt genug sind, um sich noch an eine Zeit vor Wikipedia zu erinnern, kennen Sie sicherlich das herrliche Gefühl einer regelrechten Wand von Nachschlagewerken in Ihrem Bücherregal, im Arbeitszimmer Ihrer Großeltern oder in den Tiefen einer Bibliothek. Sie konsultierten sie, wenn Sie eine bestimmte Frage hatten. Von Zeit zu Zeit aber schlugen Sie auch einfach einen Band auf und begannen zu lesen. A wie Aachen. Sie ließen sich hineinsaugen, ohne zu wissen, wohin es Sie führen würde, lasen systematisch oder sprangen von hier nach dort und entdeckten dabei kleine Schnappschüsse von der Welt.

So dürfen Sie sich auch das vorliegende Buch vorstellen.

- Sie können es von vorne bis hinten durchlesen.
- Sie können darin stöbern, um die Ratschläge und Geschichten zu entdecken, die Sie am interessantesten oder für Ihre derzeitige berufliche Krise am nützlichsten finden. Denn *eine* Krise gibt es immer – mag sie sich auf Sie selbst, Ihr Unternehmen oder die Konkurrenz beziehen.
- Sie können den »Siehe-auch«-Hinweisen nachgehen, die sich durch das ganze Buch ziehen – so als würden Sie sich durch Wikipedia kli-

cken. Tauchen Sie tiefer in ein Thema ein und schauen Sie, was dabei herauskommt.

Die meisten Business-Bücher haben eine Kernthese, über die sie sich dann dreihundert Seiten lang auslassen. Wenn Sie ein paar gute Ratschläge zu verschiedenen Themen wollen, müssen Sie womöglich vierzig Bücher lesen und sich durch endlose Seiten blättern, um ab und an mal ein paar hilfreiche Informationen zu finden.

Für dieses Buch habe ich deshalb einfach diese wertvollen Informationen an einem Fleck versammelt. Jedes Kapitel enthält Ratschläge und Geschichten, die ich meinen Jobs, meinen Mentoren, meinen Coaches, meinen Vorgesetzten und meinen Kollegen verdanke – und natürlich den zahlreichen Fehlern, die ich unterwegs gemacht habe.

Da mein Rat auf meinen Erfahrungen beruht, folgt dieses Buch im Großen und Ganzen meiner beruflichen Laufbahn. Es beginnt bei meiner ersten Stelle nach dem College und endet dort, wo ich heute stehe. Jeder Schritt und jedes Scheitern haben mich etwas gelehrt. Das Leben fing nicht erst mit dem iPod an.

Gegenstand des Buches aber bin nicht ich. Denn ich habe nichts entwickelt. Ich war nur einer der Leute in den Teams, die den iPod, das iPhone, den Nest Learning Thermostat und den Nest Protect entwickelt haben. Ich war zwar dabei, aber ich war niemals allein. In diesem Buch geht es darum, was ich gelernt habe – meistens auf die harte Tour.

Und um die Dinge zu verstehen, die ich gelernt habe, sollten Sie vielleicht auch ein paar Dinge über mich wissen. Also, los geht's:

1969

Der übliche Auftakt: Ich wurde geboren. Und noch bevor ich in die Vorschule kam, zogen wir ein erstes Mal um. Mein Vater war Vertreter bei Levi's und wir waren immer unterwegs auf der Suche nach der nächsten Denim-Goldader. In fünfzehn Jahren habe ich zwölf verschiedene Schulen besucht.

1978 – 1979

Start-up Nr. 1: Eier. Ich verkaufte sie in der dritten Klasse von Tür zu Tür. Ich schäme mich nicht dafür – es war ein solides Geschäft. Ich kaufte die Eier billig von einem Bauern. Mein kleiner Bruder und ich stapelten sie in unserem blauen Bollerwagen und zogen allmorgendlich damit durch die Straßen der Nachbarschaft. Das verschaffte mir Taschengeld, von dem meine Eltern mir nicht vorschreiben konnten, wie ich es ausgeben sollte – mein erster Vorgeschmack von echter Freiheit.

Wäre ich dabei geblieben, wer weiß, welche Höhen ich hätte erklimmen können.

1980

Die Arbeit meines Lebens gefunden. Es war im Sommer während des fünften Schuljahres: eine gute Zeit, um die eigene Berufung zu entdecken. Ich belegte einen Programmierkurs, als »Programmierung« noch bedeutete, auf kleinen Karten mit einem HB-Bleistift winzige Kreise auszufüllen und die Ergebnisse als Papierausdruck zu erhalten. Es gab nicht einmal einen Monitor.

Es war das Magischste, was ich je gesehen hatte.

1981

Erste Liebe. Ein Apple][+. Acht Bits, ein echter, umwerfender, leuchtend grüner 12-Inch-Monitor, eine wunderschöne braune Tastatur.

Ich musste dieses unglaubliche, unglaublich teure Gerät einfach haben. Mein Großvater handelte mit mir aus, dass er mir für jeden Dollar, den ich als Golfcaddy verdiente, dasselbe drauflegen würde, also arbeitete ich wie ein Besessener, bis ich es mir leisten konnte.

Ich liebte diesen Computer. Er war meine immerwährende Leidenschaft und mein Leitstern. Im Alter von zwölf Jahren gab ich den Versuch auf, traditionelle Freundschaften zu pflegen. Ich wusste ja, dass ich im nächsten Jahr sowieso wieder umziehen würde. Somit war mein Apple meine einzige Möglichkeit, den Kontakt zu Freunden zu pflegen. Es gab kein Internet und keine E-Mails, aber dafür 300-Baud-Modems und digitale Pinnwände. Meine Nerdkollegen fand ich an jeder Schule, die ich besuchte, und dann blieben wir durch unsere Apples in Verbindung. Wir brachten uns selbst das Programmieren bei und hackten die Telefongesellschaften, um kostenlos Ferngespräche zu führen und so pro Minute ein bis zwei US-Dollar zu sparen.

1986

Start-up Nr. 2: Quality Computers. Ein Freund von mir, den ich mit einer Übertragungsrate von über 300 Baud ausgestattet hatte, gründete im letzten Highschool-Jahr Quality Computers. Kurz danach stieg ich mit ein. Wir waren ein Versandunternehmen, das Apple-][-Hardware, DRAM-Chips und Software von Drittanbietern aus seinem Keller heraus weiterverkaufte. Und wir entwickelten auch unsere eigene Software. Die Upgrades und Erweiterungsplatinen, die wir verkauften, waren schwer zu installieren und noch schwerer zu bedienen und so schrieben wir Programme, um es den Normalsterblichen einfacher zu machen.

Das Ganze entwickelte sich zu einem echten Business – mit einer 800er-Nummer, Lagerräumen, Zeitschriftenanzeigen und Mitarbeitern. Ein Jahrzehnt später verkaufte mein Freund es für ein paar Millionen. Aber da war ich schon lange nicht mehr dabei. Verkaufen war okay. Selbermachen war besser.

1989

Start-up Nr. 3: ASIC Enterprises. ASIC stand für Applications Specific Integrated Circuit. Ich hatte mit meinen zwanzig Jahren nicht besonders viel Erfahrung in Markenführung. Aber ich hatte sehr viel Leidenschaft. Ende der Achtziger fing mein geliebter Apple][an zu schwächeln. Er musste schneller werden. Deshalb beschlossen ein Freund und ich, dass wir Apple retten wollten. Wir entwickelten einen neuen, schnelleren Prozessor – den 65816. Ich wusste eigentlich gar nicht, wie man das macht. Meinen ersten Kurs in Prozessorentwicklung am College besuchte ich erst ein Semester, nachdem wir angefangen hatten. Aber wir stellten diese Chips her und sie waren acht Mal schneller als das, was am Markt verfügbar war – fabelhafte 33MHz –, und verkauften sogar einige an Apple, bevor sie aufhörten, neue Apples][zu produzieren.

1990

Start-up Nr. 4: Constructive Instruments. Ich schloss mich mit meinem Professor an der University of Michigan zusammen, um einen Multimedia-Editor für Kinder zu entwickeln. Ich hängte mich voll rein und war ständig bei der Arbeit oder in Bereitschaft. Damals waren Beeper noch Ärzten und Drogenhändlern vorbehalten, aber ich hatte auch einen. Meine Kommilitonen am College fragten sich oft, was mit diesem Fadell nicht stimmte – warum feierte und trank er nicht und verschanzte sich stattdessen im Keller – allein mit einem Computer?

Zu der Zeit, als ich meinen Abschluss machte, hatte Constructive Instruments bereits mehrere Angestellte. Wir besaßen ein Büro, ein Produkt und Vertriebspartner. Ich war einundzwanzig Jahre alt und CEO. Alles war dermaßen improvisiert, dass es nur wie durch ein Wunder funktionierte.

1991

Diagnostik-Softwareentwickler bei General Magic. Ich musste lernen, wie man ein echtes Start-up führt. Also beschloss ich, von den Großen zu lernen. Ich bekam eine Stelle bei einem der geheimnisvollsten und aufregendsten Unternehmen im Silicon Valley. Es wimmelte dort nur so von Genies. Es war die Chance meines Lebens.

Wir würden die fantastischsten Kommunikations- und Unterhaltungsgeräte der Geschichte herstellen. Ich nahm das alles todernst und weihte dem Unternehmen mein Leben. Wir würden die Welt verändern. Es konnte gar nicht schiefgehen.

1994

Leiter für Software- und Hardwareentwicklung bei General Magic. Wir scheiterten.

1995

CTO bei Philips. Mit Philips, einem der Partner von General Magic, sprach ich als erstes darüber, was da schiefgelaufen war. Ich präsentierte meine Idee: Wir ändern die Zielgruppe, verwenden existierende Software und Hardware und vereinfachen, vereinfachen, vereinfachen ...

Also stellte Philips mich ein, um Taschen-PCs für Geschäftsleute auf Reisen zu entwickeln. Ich wurde ein fünfundzwanzigjähriger Chief Technology Officer. Das war meine zweite Stelle nach dem College.

1997–1998

Einführung von Philips Velo und Nino. Es wurde ein durchschlagender Erfolg!

1997–1998

Wir setzten nicht genug davon ab.

1998

Philips Strategy and Ventures Group. Ich wechselte auf die Wagniskapital-Seite von Philips und fing an, alles über diese Welt zu lernen. Aber den Taschen-PC hatte ich immer noch im Hinterkopf. Vielleicht hatte ich ja bloß die Zielgruppe nicht richtig gewählt. Vielleicht sollten wir keinen PC für Geschäftsleute machen. Vielleicht sollten wir einen Music Player für alle machen.

1999

RealNetworks. Ich wollte einen digitalen Music Player bauen – mit dem richtigen Team, der richtigen Technologie und der richtigen Vision.

1999, sechs Wochen später

Ich kündigte. Kaum war ich durch die Tür, da war mir schon klar, welchen Fehler ich begangen hatte. Dumm gelaufen. Echt.

1999

Start-up Nr. 5: Fuse Systems. Scheiß drauf. Ich mach's selbst.

2000

Die Dotcom-Blase platzte. Die Finanzierung versiegte über Nacht. Ich machte achtzig Pitches für Risikokapital. Alle scheiterten. Ich wollte mein Unternehmen unbedingt fortführen.

2001

Anruf von Apple. Zuerst hatte ich einfach nur die Hoffnung, genügend Geld fürs Consulting zu bekommen, um Fuse weiterführen zu können. Dann ging ich zu Apple und nahm mein Team mit.

2001, zehn Monate später

Wir brachten den ersten iPod heraus. Er wurde ein durchschlagender Erfolg!

2001–2006

VP der iPod-Abteilung. Nach achtzehn iPod-Generationen hatten wir endlich die Macken beseitigt.

2007–2010

SVP der iPod- und iPhone-Abteilung. Dann schufen wir das iPhone. Mein Team entwickelte die Hardware und die grundlegende Software, um das Telefon zu betreiben und zu warten. Dann brachten wir zwei weitere Versionen heraus. Dann kündigte ich.

2010

Auszeit. Ich konzentrierte mich auf meine Familie. Ich verließ das Land. Ich verschaffte mir genau so viel Abstand zur Arbeit und zum Silicon Valley, wie ich brauchte.

2010

Start-up Nr. 6: Nest Labs. Matt Rogers und ich zogen Nest in einer Garage in Palo Alto auf. Wir würden das unsexyste Produkt der Geschichte revolutionieren: den Thermostaten. Sie hätten sehen sollen, wie die Leute guckten, als wir ihnen sagten, was unser supergeheimes neues Start-up vorhatte.

2011

Einführung des Nest Learning Thermostat. Das war ein durchschlagender Erfolg! Und Alter, es ging weg wie warme Semmeln.

2013

Einführung des Nest Protect Rauch- und Kohlenmonoxidmelders. Wir waren dabei, ein Ökosystem zu erschaffen, ein smartes Heim, das auf sich selbst und die in ihm lebenden Menschen aufpasste.

2014

Google kaufte Nest für 3,2 Milliarden Dollar. Unsere Hardware und die Software und Infrastruktur von Google: das würde eine glanzvolle Ehe geben.

2015–2016

Google schuf Alphabet. Ich kündigte. Nest wanderte von Google zu Alphabet, was eine massive Änderung unserer Pläne zur Folge hatte. Dann beschlossen sie auch noch, Nest zu verkaufen. Nicht die Ehe, auf die wir uns eingelassen hatten. Ich ging total frustriert.

2010–heute

Build Collective. Nach dem Weggang von Google Nest konzentrierte ich mich auf einige der Beratungs- und Investitionsaktivitäten, die ich seit 2010 betrieben hatte. Heute beraten und unterstützen wir in Vollzeit rund zweihundert Start-ups.

Mein Leben war ein wildes Pendeln zwischen Erfolg und Scheitern. Auf unglaubliche Karriere-Highlights folgten bittere Enttäuschungen. Und nach jedem Misserfolg beschloss ich, ganz neu anzufangen und aus den gewonnenen Erkenntnissen etwas völlig Neues zu machen, jemand völlig Neues zu werden.

Die jüngste Version meiner selbst ist Mentor, Coach und Investor – und nun verrückterweise auch noch Autor. Aber das auch nur, weil die Sterne günstig standen und Dina Lovinsky, eine brillante Autorin, mit der ich zehn Jahre lang zusammengearbeitet (und gemeinsam gestritten) habe, Zeit hatte und bereit war, mir unter die Arme zu greifen. Dina, jung, frech und wagemutig, war von Beginn an bei Nest dabei gewesen, hatte alles unmittelbar mitbekommen und gelernt, wie ich am liebsten schreiben würde, wenn ich nur schreiben könnte.

Und das ist die Wahrheit: Als Autor bin ich völlig unbegabt. Ich kann Software schreiben, klar, aber ein Buch? Das ist einfach nicht mein Ding. Ausgestattet mit nichts weiter als einer Tabelle willkürlicher Lektionen, die ich gelernt hatte, hatte ich keinen Schimmer, wie ich das erste Wort aufs Papier bekommen sollte. Andererseits hatte ich ja auch keine Ahnung gehabt, wie man einen Computerprozessor, einen Music Player, ein Smartphone oder einen Thermostat herstellt, und das scheint immerhin alles gut geklappt zu haben.

Die Ratschläge in diesem Buch sind alles andere als vollständig, aber sie sind ein Anfang. Ich lerne immer noch und revidiere mein Denken tagtäglich. Genau wie jeder andere auch. Dieses Buch enthält einen Teil dessen, was ich bis heute herausgefunden habe.

Teil

1

SICH SELBST ERSCHAFFEN

Ich versuchte zwei Mal, das iPhone zu bauen.

Jeder weiß über das zweite Mal Bescheid. Über das Mal, als wir Erfolg hatten. Vom ersten Mal wissen nur wenige.

Das hier zeichnete ein Apple-Mitarbeiter und intellektueller Visionär namens Marc Porat 1989:

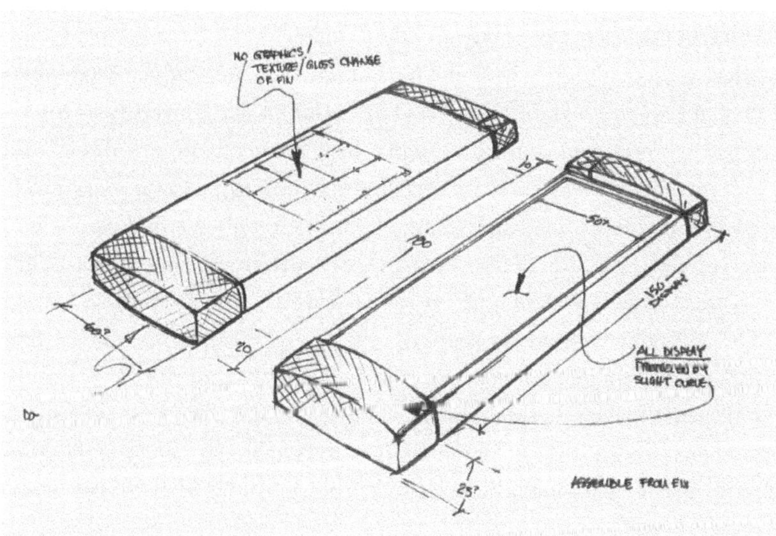

Abbildung 1.0.1: Marcs Skizze des Pocket Crystal in seinem großen roten Notizbuch. Auf die Folgeseite schrieb er: »Das ist ein sehr persönliches Objekt. Es muss schön sein. Es muss persönliche Zufriedenheit vermitteln wie ein edles Schmuckstück. Es wird einen gefühlten Wert haben, selbst wenn es nicht verwendet wird. Es sollte die Annehmlichkeit eines Handschmeichlers haben, die taktile Befriedigung einer Meeresmuschel, die Magie eines Kristalls.«

Der Pocket Crystal wäre ein wunderschöner mobiler Computer mit Touchscreen, der eine Mischung aus Mobiltelefon und Faxgerät darstellen würde, mit dem man Spiele spielen, Filme anschauen und von überall aus Flugtickets kaufen könnte.

Noch verrückter wurde diese irrsinnig prophetische Vision durch die Tatsache, dass es – ich wiederhole – 1989 war. Das Internet gab es noch nicht, mobiles Spielen bedeutete, dass man seine Nintendo-Konsole zu seinem Freund mitbrachte, und fast niemand besaß ein Mobiltelefon oder hätte auch nur gewusst, wozu es gut sein sollte. Es gab überall Telefonzellen und jeder hatte einen Pager. Warum also sollte man einen riesigen Plastikknochen mit sich herumschleppen?

Doch Marc und zwei andere Genies und ehemalige Apple-Cracks, Bill Atkinson und Andy Hertzfeld, gründeten ein Unternehmen, um die Zukunft zu erschaffen. Sie nannten es General Magic.* Ich las etwas darüber in der Gerüchteecke »Mac The Knife« des (längst eingestellten) *MacWeek Magazine* zu einem Zeitpunkt, als mir klar wurde, dass ich keine richtige Vorstellung davon hatte, wie ich mein Start-up führen sollte.

Bereits an der High School und am College hatte ich ein paar Computerfirmen gegründet. Seit meinem ersten Semester an der University of Michigan war ich nunmehr auf Constructive Instruments fokussiert, das ich mit einem meiner Professoren – dem engelsgleichen Elliot Soloway, der immerzu »O weh!« sagte – gegründet hatte. Elliot hatte sich der Bildungstechnologie verschrieben, und gemeinsam kreierten wir einen Multimedia-Editor für Kinder. Und wir kamen damit ziemlich weit – immerhin hatte wir ein Produkt, Angestellte und ein Büro. Aber ich musste immer noch in die Bibliothek gehen, um den Unterschied zwischen einer S- und einer C-Corporation nachzuschlagen. Ich war einfach völlig grün hinter den Ohren. Und ich konnte niemanden fragen – damals gab es noch keine Existenzgründungsseminare, kein Y Combinator. Google sollte erst sieben Jahre später entstehen.

* Falls Sie mehr über dieses Unternehmen und mehr über das Scheitern auf der tiefsten Ebene erfahren wollen, um zu erkennen, dass das nicht das Ende der Welt ist, dann empfehle ich Ihnen, sich den Film *General Magic* anzuschauen (www.generalmagicthemovie.com). Vielleicht erkennen Sie mich darin wieder; fragen Sie mich bitte nicht nach meiner Frisur.

General Magic war für mich die Gelegenheit, alles zu lernen, was ich nur wissen wollte. Mit meinen Helden zu arbeiten – den Genies, die den Apple II, den Lisa und den Macintosh entwickelt hatten. Es war mein erster richtiger Arbeitsplatz und meine erste echte Chance, die Welt zu verändern, wie auch Andy und Bill sie verändert hatten.

Wenn ich mit Menschen spreche, die gerade das College hinter sich haben oder noch neu im Berufsleben sind, ist es immer genau das, was sie suchen: eine Chance, etwas zu bewirken und sich auf den Weg zu machen, um etwas Großartiges zu schaffen.

Doch all das, was man Ihnen im College nicht beibringt und auch nicht beibringen kann – wie man am Arbeitsplatz vorankommt, wie man etwas Fantastisches schafft, wie man mit Vorgesetzten umgeht und schließlich selbst einer wird –, all das fällt Ihnen auf die Füße, sobald Sie den Campus verlassen. Egal wie viel Sie in der Schule lernen, Sie brauchen immer noch das Pendant zu einem Masterabschluss, um in der restlichen Welt zu bestehen und etwas von Bedeutung zu leisten. Sie können es nur versuchen, auch wenn Sie scheitern: *Learning by doing*, etwas anderes bleibt Ihnen nicht übrig.

Und das heißt, dass praktisch jeder Hochschulabsolvent, Existenzgründer und Träumer mir stets die gleichen Fragen stellt:

»Was für eine Arbeit sollte ich anstreben?«

»Für was für Unternehmen sollte ich arbeiten?«

»Wie baue ich mir ein Netzwerk auf?«

Oft wird angenommen, die richtige Stelle in jungen Jahren wäre bereits ein Garant für ein gewisses Maß an Erfolg. Ihr erster Arbeitsplatz nach dem College würde Sie auf direktem Wege zum zweiten und zum dritten führen und Ihre unausweichlichen Erfolge auf jeder Stufe Ihrer Karriere würden Sie stets weiter nach oben tragen.

Auch ich dachte so. Ich war zu 100 Prozent davon überzeugt, dass General Magic eines der bedeutendsten Geräte der Geschichte herstellen würde. Ich steckte alles hinein. Wir alle taten das. Jahrelang arbeitete das Team im wahrsten Sinne des Wortes rund um die Uhr – wir verliehen sogar Preise an diejenigen, die mehrere Nächte in Folge im Büro übernachteten.

Dann implodierte General Magic. Nach jahrelanger Arbeit und der Investition von Millionenbeträgen, nachdem die Presse vollmundig verkündet hatte, dass wir Microsoft überflügeln würden, verkauften wir drei- oder viertausend Geräte. Vielleicht auch fünftausend. Und das überwiegend an unsere Angehörigen und Freunde.

Das Unternehmen war gescheitert. Ich war gescheitert.

Und die nächsten zehn Jahre verpasste mir das Silicon Valley nichts als Nackenschläge, ehe ich etwas erschuf, das die Leute wirklich haben wollten.

Im Verlauf dieses Prozesses lernte ich zahlreiche schwere, schmerzhafte, wunderbare, dämliche und nützliche Lektionen. Wenn Sie also Ihre berufliche Laufbahn beginnen oder eine neue aufnehmen: Das hier müssen Sie wissen.

Kapitel

1.1

ERWACHSENENALTER

Das Erwachsenenalter gilt für gewöhnlich als die Zeit, in der das Lernen vorüber ist und das Leben beginnt. Ja! Ich hab meinen Abschluss! Ich hab's geschafft! Doch das Lernen endet nie. Die Schule hat Sie nicht darauf vorbereitet, Ihr ganzes restliches Leben lang Erfolg zu haben. Das Erwachsenenalter ist Ihre Chance, es immer wieder zu vergeigen, bis Sie schließlich lernen, es ein klein wenig weniger zu vergeigen.

Der traditionelle Unterricht schult die Menschen darin, sich eine falsche Vorstellung vom Scheitern zu bilden. Man bringt Ihnen einen Stoff bei, Sie machen eine Prüfung, und wenn Sie sie nicht bestanden haben, war's das. Sie sind fertig. Aber wenn Sie die Schule erst einmal verlassen haben, gibt es kein Lehrbuch mehr, keine Prüfungen, keine Versetzung. Und wenn Sie scheitern, lernen Sie. In den meisten Fällen ist es tatsächlich die einzige Möglichkeit zu lernen – insbesondere dann, wenn Sie etwas erschaffen, das die Welt noch nicht gesehen hat.

Wenn Sie also die Vielzahl der potenziellen Berufswege betrachten, die sich vor Ihnen öffnen, lautet der korrekte Ausgangspunkt: »Was möchte ich lernen?«

Nicht: »Wie viel Geld will ich verdienen?«

Nicht: »Welchen Titel möchte ich tragen?«

Nicht: »Welches Unternehmen hat einen so bekannten Namen, dass meine Mama besser mit mir prahlen kann als die übrigen Mütter mit ihren Kindern?«

Eine Arbeit, die Sie liebgewinnen werden, und eine Berufslaufbahn, die Sie letztlich zum Erfolg führt, finden Sie am besten, indem Sie Ihren natürlichen Interessen folgen und dann bei der Entscheidung, wo Sie arbeiten wollen, keine Risiken scheuen. Folgen Sie lieber Ihrer Neugier als einer Business-School-Regieanweisung zum Geldverdienen. Gehen Sie davon aus, dass Ihre Wahl bis zu Ihrem dreißigsten Geburtstag nicht funktioniert und die Firmen, bei denen Sie arbeiten oder die Sie gründen, wahrscheinlich Schiffbruch erleiden werden. Das frühe Erwachsenenalter ist dafür da, Ihren Träumen beim Verbrennen zuzusehen und so viel wie nur möglich aus der Asche zu lernen. Machen, scheitern, lernen. Der Rest kommt von allein.

* *

Zu meinem Bewerbungsgespräch bei General Magic erschien ich in einem billigen, schlecht sitzenden Mittlerer-Westen-Anzug. Alle saßen auf dem Boden. Fassungslos glotzten sie mich an. Auf ihren Gesichtern stand geschrieben: »Wer ist denn *der* Junge?« Sie sagten, ich solle mich hinsetzen und um Himmels willen die Krawatte und das Sakko ablegen.

Fehler Nr. 1.

Zum Glück war es ein kleiner. Ich wurde im Jahr 1991 Mitarbeiter Nr. 29. Mit meinen 21 Jahren war ich praktisch noch ein Kind und nahm dankbar die Stelle als Entwickler für Diagnostiksoftware an. Ich sollte Software- und Hardware-Tools entwickeln, um die Entwürfe anderer zu überprüfen – die unterste Position am Totempfahl. Aber das war mir egal. Ich wusste, dass ich einfach nur einen Einstieg finden musste, um mich zu beweisen und hochzukommen.

Einen Monat zuvor war ich CEO meines eigenen Unternehmens gewesen. Wir waren winzig – ein Start-up mit drei, manchmal vier Personen – und kraxelten so vor uns hin. In Wahrheit fühlte es sich eher an wie Wassertreten. Und Wassertreten fühlte sich an wie Ertrinken. Entweder man wächst, oder man ist erledigt. Es gibt keinen Stillstand.

Also ging ich dorthin, wo ich wachsen konnte. Der Titel und das Geld waren unwichtig. Wichtig waren die Menschen. Die Mission. Die Chance. Nur darauf kam es an.

Ich weiß noch, wie ich meine Sachen packte, um von Michigan nach Kalifornien zu fahren, den Bauch voller Schmetterlinge und 400 Dollar in der Tasche, während meine Eltern zu begreifen versuchten, was zur Hölle da eigentlich vor sich ging.

Sie wünschten mir Erfolg. Sie wollten, dass ich glücklich wurde. Aber ich schien einfach alles zu verpatzen, und das schon seit Jahren. Ich liebte Computer, aber in der siebten Klasse war ich fast jeden Tag aus meinem ersten Computerkurs geflogen. Ich sagte dem Lehrer ständig, er würde sich irren, bestand immer darauf, es besser zu wissen, und hielt einfach nie den Mund. Ich brachte den armen Mann zum Weinen, bis er mich endgültig des Kurses verwies und stattdessen Französisch lernen ließ.

Dann verpasste ich meine allererste Woche an der University of Michigan, um zur Apple-Party nach San Francisco zu fahren und Beziehungen für mein Start-up zu knüpfen. Meinen Eltern erzählte ich es erst, als ich wieder in Detroit gelandet war. Sie waren außer sich. Aber ich hatte schon früh gelernt, um Verzeihung zu bitten statt um Erlaubnis. Und ich erinnere mich an die Erkenntnis, während ich in meinem Wohnheimzimmer saß und immer noch das Abendessen verdaute, das ich auf der Werft in San Francisco verspeist hatte, dass ich zwei Welten gleichzeitig angehören konnte. Dass es nicht einmal schwer war.

Und nun verließ ich die Firma, die ich gegründet hatte, für deren Aufbau ich Tag und Nacht gearbeitet hatte, die immer wie ein unglaubliches Risiko erschienen war, sich aber nun gerade erstmals zu rentieren begann. Und um wohin bitte zu gehen? General Magic? Was zum Henker war General Magic? Wenn ich schon unbedingt einen ganz normalen Arbeitsplatz wollte, warum dann nicht bei IBM? Warum nicht bei Apple? Warum nicht irgendwas Stabiles? Warum konnte ich nicht einen Weg wählen, den sie verstanden?

Ich wünschte, ich hätte dieses Zitat damals schon gekannt – vielleicht hätte es geholfen:

> *»Das einzige Versagen in deinen Zwanzigern ist Untätigkeit. Der Rest ist Versuch und Irrtum.«*
>
> Anonym

Ich musste lernen. Und am besten ging das, wenn ich mich mit Menschen umgab, die genau wussten, wie schwer es war, etwas Großartiges zu schaffen – und die die Narben hatten, die das bewiesen. Und wenn es sich als der falsche Schritt herausstellen sollte, tja, einen Fehler zu machen ist die beste Methode, um diesen Fehler nicht noch einmal zu machen. Machen, scheitern, lernen.

Entscheidend ist, ein Ziel zu haben. Nach etwas zu streben, das groß und schwierig und einem wichtig ist. Dann bringt einen jeder Schritt in Richtung dieses Ziels voran, selbst wenn es ein Stolpern ist.

Und Sie können keinen Schritt auslassen – Sie können sich nicht einfach die Antworten geben lassen und das Schwierige vermeiden. Der Mensch lernt durch produktives Ringen, indem er selbst probiert und scheitert und es beim nächsten Mal besser macht. Im frühen Erwachsenenalter müssen Sie lernen, das zu akzeptieren – zu wissen, dass die Risiken sich vielleicht nicht auszahlen, sie aber trotzdem einzugehen. Sie können sich Rat und Hilfe holen, Sie können einen Weg wählen, indem Sie dem Beispiel eines anderen folgen, aber Sie werden nichts lernen, bis Sie diesen Weg selbst gehen und schauen, wohin er Sie führt.

Manchmal halte ich Reden an Highschools – bei Abschlussfeiern, wenn ein Haufen Achtzehnjähriger in die Welt hinausdrängt, allein, zum ersten Mal.

Ich sage ihnen: Diese jungen Menschen treffen vielleicht 25 Prozent ihrer Entscheidungen selbst. Wenn überhaupt.

Vom Moment Ihrer Geburt bis zu Ihrem Auszug von zu Hause werden fast alle Ihre Entscheidungen von Ihren Eltern getroffen, geprägt oder beeinflusst.

Und damit meine ich nicht nur die offensichtlichen Entscheidungen – welche Kurse Sie belegen, welchen Sport Sie machen. Ich meine die Millionen verborgener Entscheidungen, die Sie entdecken, wenn Sie Ihr Elternhaus verlassen und anfangen, selbst etwas zu tun:

Welche Zahnpasta benutzen Sie?

Welches Klopapier?

Wo bewahren Sie das Besteck auf?

Wie sortieren Sie Ihre Kleidung?

Welcher Religion gehören Sie an?

All diese unterschwelligen Dinge, über die Sie während des Aufwachsens nie eine Entscheidung getroffen haben, sind bereits in Ihr Gehirn implantiert.

Die meisten Jugendlichen überprüfen diese Entscheidungen nicht. Sie ahmen ihre Eltern einfach nach. Und solange sie Kind sind, ist das meistens völlig in Ordnung. Es ist sogar notwendig.

Aber Sie sind kein Kind mehr.

Und nachdem Sie aus dem Elternhaus ausgezogen sind, gibt es ein Zeitfenster – ein kurzes, schillerndes, unglaubliches Zeitfenster –, in dem Ihre Entscheidungen Ihre eigenen sind. Sie sind niemandem verpflichtet – keinem Ehepartner, keinen Kindern, keinen Eltern. Sie sind frei. Frei zu entscheiden, was immer Sie wollen.

Das ist die Zeit, um wagemutig zu sein.

Wo werden Sie leben?

Wo werden Sie arbeiten?

Wer werden Sie sein?

Ihre Eltern werden Ihnen immer Vorschläge machen – nehmen Sie sich die Freiheit, sie anzunehmen oder zu ignorieren. Das Urteil Ihrer Eltern ist geprägt von dem, was sie sich für Sie wünschen (das Beste natürlich, nur das Beste). Sie müssen andere Menschen finden – andere Mentoren –, die Ihnen nützliche Ratschläge erteilen. Eine Lehrerin, einen Cousin, eine Tante oder das erwachsene Kind eines engen Freundes der Familie. Dass Sie auf sich gestellt sind, heißt ja nicht, dass Sie mit Ihren Entscheidungen allein sein müssen.

Denn das ist es. Das ist Ihr Zeitfenster. Das ist Ihr Moment, um Risiken einzugehen.

Wenn Sie erst einmal in Ihren Dreißigern und Vierzigern sind, beginnt sich das Zeitfenster für Sie wie für die meisten Menschen zu schließen. Ihre Entscheidungen sind nicht mehr gänzlich Ihre eigenen. Das ist auch okay – es ist sogar toll –, aber es ist anders. Die Menschen, die von Ihnen abhängig sind, prägen und beeinflussen Ihre Entscheidungen. Selbst wenn Sie keine Familie ernähren müssen, häufen Sie doch Jahr für Jahr ein bisschen mehr an – Freunde, Besitz, sozialen Status –, und das wollen Sie nicht aufs Spiel setzen.

Doch zu Beginn Ihrer Karriere – und zu Beginn Ihres Lebens – ist wohl das Schlimmste, was Ihnen beim Eingehen großer Risiken passieren kann, dass Sie wieder zu Ihren Eltern ziehen müssen. Und das ist keine Schande. Sich auszuprobieren und dabei einen Riesenschlamassel anzurichten, ist die beste Methode der Welt, um schnell zu lernen und herauszufinden, was Sie als Nächstes machen wollen.

Vielleicht versemmeln Sie es. Vielleicht scheitert Ihre Firma. Vielleicht haben Sie so viele Schmetterlinge im Bauch, dass Sie schon fürchten, sich eine Lebensmittelvergiftung zugezogen zu haben. Und das ist in Ordnung. Genau so sollte es sein. Wenn Sie diese Schmetterlinge nicht spüren, machen Sie etwas falsch. Sie müssen über diesen Berg kommen, selbst wenn das bedeutet, dass Sie in eine Schlucht stürzen könnten.

Ich habe aus meinem ersten kolossalen Misserfolg mehr gelernt als aus meinem ersten Erfolg.

General Magic war ein Experiment. Nicht nur das, was wir machten – und wir machten etwas vollständig, lächerlich, fast unglaublich Neues –, sondern auch bei der Strukturierung des Unternehmens. Das Team war so eindrucksvoll und so voller Genies, dass wir kein Bedürfnis nach »Management« hatten. Keine festgelegten Prozesse. Wir machten einfach ... was immer unsere Führungskräfte für cool hielten.

Und alles musste handgemacht sein, von Anfang bis Ende. Es war, als würde man hundert Künstlern einen Stapel Walzmetall, Plastik und Glas geben und sie auffordern, ein Auto herzustellen. Eines meiner Projekte bestand darin herauszufinden, wie man verschiedene schicke Teile mit unserem Gerät verbinden konnte, und so entwickelte ich den Vorgänger des USB-Ports. Dann sollte ich ein Infrarotnetzwerk für mehrere Geräte entwickeln (so wie zwischen Fernbedienung und Fernsehapparat) – also erfand ich alle sieben Ebenen eines Protokollstacks neu. Erstaunlicherweise brachte ich es zum Laufen. Die anderen Techniker waren begeistert und schufen obendrein noch ein Wörterspiel. Das Spiel wurde im Büro zum Renner. Ich war geradezu ekstatisch und schwebte auf Wolke sieben. Aber schließlich kam ein erfahrenerer Ingenieur vorbei, sah, was ich programmiert hatte, und fragte erstaunt, warum ich ein Netzwerkprotokoll auf diese Weise erstellte. Ich antwortete, ich hätte nicht gewusst, dass ich ein Netzwerkprotokoll erstellte.

Fehler Nr. 2.

Aber auch wenn ich einfach ein Buch hätte lesen und mir die tagelange Arbeit hätte ersparen können – es war so ein verdammt gutes Gefühl. Ich hatte etwas gemacht, was die Welt noch nicht gesehen hatte, etwas Nützliches, und zwar auf meine Art.

Es war verrückt. Aber es machte so viel Spaß. Besonders am Anfang, als alle auf Spaß fokussiert waren. Es gab keinen Dresscode. Keine Regeln fürs Büro. Es war so völlig anders als das, was ich vom Mittleren Westen kannte. General Magic war wahrscheinlich eines der ersten Silicon-Valley-Unternehmen, die wirklich die Vorstellung vertraten, dass das Herumspielen bei der Arbeit sich lohnte – dass ein spaßiger Arbeitsplatz auch ein spaßiges Produkt hervorbringen konnte.

Und wir haben es mit dem Spaß wahrscheinlich ein bisschen übertrieben. Einmal waren wir mitten in der Nacht im Büro, arbeiteten wie üblich noch zu später Stunde und ich schnappte mir die Drei-Mann-Schleuder (hat nicht jeder eine Schleuder im Büro?). Zwei Komplizen und ich beluden sie mit Schleim, ließen los und schossen ein riesiges Loch durch das Fenster im dritten Stock. Ich hatte mächtig Angst, gefeuert zu werden.

Alle lachten bloß.

Das war Fehler Nr. 3.

Vier Jahre lang gab ich alles für General Magic. Ich lernte und scheiterte und arbeitete und arbeitete und arbeitete. Neunzig, hundert, hundertzwanzig Stunden die Woche. Kaffee habe ich noch nie gemocht, deshalb lebte ich hauptsächlich von Cola Light. Rund ein Dutzend pro Tag (nur fürs Protokoll, seither habe ich dieses Gift nie wieder angefasst).

(Ich würde übrigens nicht empfehlen, so viel zu arbeiten. Sie sollten sich für Ihren Job niemals umbringen und an keinem Arbeitsplatz sollte das von Ihnen erwartet werden. Aber wenn Sie sich beweisen, so viel wie möglich lernen und so viel wie möglich tun wollen, müssen Sie die Zeit dafür aufbringen. Bleiben Sie länger. Kommen Sie früh. Arbeiten Sie auch manchmal am Wochenende und an Feiertagen. Erwarten Sie nicht alle paar Monate Urlaub. Lassen Sie die Waagschalen Ihrer Work-Life-Balance ein bisschen schief hängen – lassen Sie sich mitreißen von der Leidenschaft für das, was Sie leisten.)

Jahrelang brauste ich mit voller Kraft in jede Richtung, die man mir vorgab – und wir gingen in alle Richtungen gleichzeitig. Meine Helden sagten: Erklimme diesen Berg, und bei Gott, ich machte ihn zu meinem Everest und tat alles, was nötig war, um sie zu beeindrucken. Ich war hundertprozentig sicher, dass wir das weltveränderndste Gerät der Geschichte produzieren würden. Wir alle waren das.

Dann wurde die Markteinführung aufgeschoben. Noch einmal. Und noch einmal. Und ein weiteres Mal. Es fehlte uns nicht an Geld oder Medienaufmerksamkeit oder all den himmelhohen Erwartungen, die damit einhergingen, und so wuchs das Produkt immer weiter. Es war nie wirklich gut genug oder fertig. Unsere Konkurrenten traten aus der Deckung. Wir entwickelten ein privates Netzwerksystem unter großen Telekommunikationsfirmen wie AT&T, als das Internet gerade an Reichweite gewann, offen für jedermann. Unser Prozessor hatte nicht genügend Schmackes, um die ehrgeizige User Experience (UX) zu gewährleisten, die Andy und Bill vorschwebte, oder für die von Susan Kare gestaltete Grafik und Bedienoberfläche. Susan ist eine herausragende Künstlerin, sie hat die ursprüngliche Bildsprache für den Mac entwickelt und sie schuf eine ganze wunderschöne Welt für den Magic Link. Aber immer wenn man auf den Bildschirm tippte, fror das Drecksding ein. Die Testanwender waren frustriert von den Wartezeiten, den Bugs. Sie wussten nie, ob sie jetzt irgendwas falsch gemacht hatten oder das Gerät einfach nicht mehr funktionierte. Die Liste der Fehlermeldungen wurde jeden Tag länger.

Fehler Nr. 4 bis Fehler Nr. 4000.

Als wir 1994 endlich auf den Markt gingen, hatten wir nicht den Pocket Crystal geschaffen. Wir hatten den Sony Magic Link entwickelt.

Er war absolut unvollkommen und hing seltsam zwischen Vergangenheit und Zukunft – es gab sowohl animierte Emojis als auch einen kleinen Drucker für Faxe. Aber er war dennoch schlichtweg fantastisch und seiner Zeit voraus. Ein erster Schritt in eine andere Welt, in der jeder einen Computer überallhin mitnehmen konnte. Die ganze Arbeit, der Schlafmangel, die Belastung für meinen Körper und meine Eltern – das alles würde sich gelohnt haben. Ich war unglaublich stolz darauf. Ich war so hingerissen von dem, was unser Team erschaffen hatte. Ich bin es immer noch.

Und dann kaufte ihn keiner.

Nach all diesen Tagen und Nächten im Büro wachte ich auf und kam nicht aus dem Bett. Ich spürte es in meiner Brust. Alles, was wir getan hatten, war für die Katz gewesen. Alles.

Abbildung 1.1.1: Der Magic Link wurde für 800 US-Dollar verkauft, wog fast 750 Gramm und maß 19,6 x 14,2 Zentimeter. Er verfügte über ein Telefon, einen Touchscreen, eine EMail-Funktion, herunterladbare Apps, Spiele, eine Möglichkeit zum Kaufen von Flugtickets, animierte Emojis und eine revolutionäre Technologie. Irgendwie wie das iPhone.

Und ich wusste ganz genau, warum.

Bis der General Magic das Licht der Welt erblickte, war ich längst kein einfacher Diagnostikentwickler mehr. Ich hatte mich mit Silikon, mit Hardware- und Softwarearchitektur und -design beschäftigt. Als die Sache in die Hose zu gehen begann, war ich aufgebrochen und hatte mit den Leuten im Vertrieb und im Marketing gesprochen, hatte Psychografie und Branding gelernt und schließlich die Bedeutsamkeit von Managern, von Prozessen, von Beschränkungen begriffen. Nach vier Jahren erkannte ich, dass eine ganze Gedankenwelt nötig war, ehe auch nur eine einzige Programmzeile geschrieben werden konnte. Und dieser Denkprozess war faszinierend. Das war es, was ich tun wollte.

Der enorme Tiefschlag unseres Scheiterns, meines Scheiterns, des Versagens all dessen, wofür ich gearbeitet hatte – das ließ den vor mir liegenden Weg auf seltsame Art deutlich hervortreten: General Magic stellte eine unglaubliche Technologie her, aber kein Produkt, das die Probleme echter Menschen löste. Doch ich hielt mich für dazu imstande.

Das ist es, was man sucht, wenn man jung ist, wenn man glaubt, alles zu wissen, und plötzlich erkennt, dass man keine Ahnung hat, was man eigentlich tut: einen Ort, an dem man so intensiv wie möglich arbeiten und so viel wie möglich lernen kann von Menschen, die zu Großartigem fähig sind. Selbst wenn die Erfahrung Ihnen einen Tritt in den Hintern verpasst, treibt die Kraft dieses Trittes Sie in ein neues Stadium Ihres Lebens. Und Sie finden heraus, was als Nächstes zu tun ist.

Kapitel

1.2

EINEN JOB FINDEN

Wenn Sie Ihre Zeit, Ihre Energie und Ihre Jugend einem Unternehmen verschreiben wollen, suchen Sie sich eines, das nicht bloß eine bessere Mausefalle herstellt. Suchen Sie eines, das eine Revolution in Gang setzen wird. Ein Unternehmen, das voraussichtlich eine substanzielle Veränderung des Status quo herbeiführen wird, weist folgende Merkmale auf:

1. Es erzeugt ein Produkt oder eine Dienstleistung, das oder die vollkommen neu ist oder vorhandene Techniken auf eine neuartige Weise kombiniert, wie es die Konkurrenz niemals zustande bringen oder auch nur begreifen könnte.
2. Dieses Produkt löst ein Problem – einen echten Schmerzpunkt –, dem zahlreiche Kunden tagtäglich ausgesetzt sind. Es existiert nach Möglichkeit bereits ein großer Markt.
3. Die neuartige Technologie kann die Unternehmensvision einlösen – nicht nur im Rahmen des Produkts, sondern auch durch die Infrastruktur, die Plattformen und die unterstützenden Systeme.
4. Die Unternehmensführung ist nicht dogmatisch im Hinblick darauf, wie diese Lösung aussehen soll, und ist bereit, sich an die Bedürfnisse der Kunden anzupassen.
5. Ein Problem oder ein Kundenbedürfnis wird auf eine Art berücksichtigt, die Sie so noch nicht kennengelernt haben, die Ihnen aber, sobald Sie davon hören, vollkommen sinnvoll erscheint.

* *

Eine coole Technologie allein reicht nicht. Ein tolles Team allein reicht nicht. Viel Geld allein reicht nicht. Viel zu viele Menschen folgen blindlings aktuellen Trends, wittern einen Goldrausch und stürzen am Ende steil ab. Sehen Sie sich die Opferzahlen der Virtual Reality (VR) an – tote Start-ups, so weit das Auge reicht, und Milliarden US-Dollar, die im Verlauf der letzten dreißig Jahre verbrannt wurden.

»Einfach machen, die kaufen dann schon« funktioniert nicht immer. Schon gar nicht, wenn die Technologie nicht dafür bereit ist. Aber selbst wenn Sie die Technik haben, müssen Sie immer noch den richtigen Zeitpunkt finden. Die Welt muss bereit sein, es zu wollen. Die Kunden müssen erkennen, dass Ihr Produkt ein echtes Problem löst, das sie heute haben – nicht eines, das sie vielleicht in ferner Zukunft mal haben könnten.

Ich halte dies für das Problem von General Magic. Wir versuchten, ein iPhone zu entwickeln, Jahre bevor es zu einem Glänzen im Auge von Steve Jobs wurde.

Und wissen Sie, was uns total plattgemacht hat? Palm. Denn mit Palm-PDAs konnte man die Telefonnummern, die man auf Zettel gekritzelt oder auf dem Desktop-Computer gespeichert hatte, in ein Gerät übertragen, das man bei sich tragen konnte. Das war's. So einfach ist das. Man konnte einen Rolodex nicht in die Jackentasche oder in die Brieftasche stopfen, deshalb war der Palm für die damalige Zeit die richtige Lösung. Er ergab Sinn. Er hatte eine Daseinsberechtigung.

General Magic nicht. Wir hatten bei der Technologie angesetzt – mit dem Schwerpunkt auf dem, was wir schaffen konnten, um die Genies in unserem Unternehmen zu beeindrucken –, nicht bei den Gründen, warum echte, nicht technikaffine Menschen es brauchen könnten. Deshalb löste der Magic Link Probleme, deren sich jene »echten« Menschen erst mehr als zehn Jahre später bewusst werden sollten. Und weil niemand sonst Technologien für nichtexistierende Probleme schuf, waren die Netzwerke, die Prozessoren und die Inputmechanismen, auf denen unser Produkt beruhte, nicht gut genug. Wir mussten alles selbst machen. Magic CAP, ein revolutionäres objektorientiertes Betriebssystem. TeleScript, eine neue Client-Server-Programmiersprache. Wir schufen Server mit Online-Anwendungen und Stores. Und wenn es auch noch nicht ganz an unsere Vision heranreichte – wir schufen etwas wirklich Unglaubliches. Für uns Nerds.

Für alle anderen war es, na ja, ganz nett. Vielleicht. Wenn sie überhaupt verstanden, was es war. Ein Luxusspielzeug für Reiche oder Spinner oder sehr reiche Spinner. Eine Spielerei.

Wenn man kein echtes Problem löst, kann man keine Revolution in Gang setzen.

Ein bezeichnendes Beispiel dafür ist Google Glass oder Magic Leap – alles Geld und alle PR der Welt können nichts an der Tatsache ändern, dass Augmented-Reality-Brillen eine Technologie auf der Suche nach einem zu lösenden Problem sind. Die Allgemeinheit hat einfach keinen Grund, sie sich zu kaufen. Noch nicht. Niemand kann sich so recht vorstellen, mit dieser schrägen hässlichen Brille auf der Nase zu einer Party oder ins Büro zu gehen, die auf gruselige Weise alles ringsherum filmt. Und selbst wenn es eine brillante Vision für die Zukunft der AR-Brillen gibt, kann die Technologie diese noch nicht bedienen, und es wird lange dauern, das soziale Stigma aufzulösen. Ich bin überzeugt, dass das gelingen wird, aber erst in etlichen Jahren.

Nehmen wir andererseits Uber. Die Gründer begannen mit einem Kundenproblem – einem Alltagsproblem, das sie auch selbst kannten – und wandten dann die Technologie an. Das Problem war einfach: in Paris ein Taxi zu bekommen war praktisch unmöglich, und Privatchauffeure zu mieten war teuer und dauerte ewig. In den Zeiten vor dem Smartphone hätte die Lösung einfach darin bestehen können, einen neuen Taxi- oder Limousinenservice zu gründen. Doch das Timing des Unternehmens war perfekt – die plötzliche Allgegenwärtigkeit von Smartphones bot Uber eine Plattform und erzeugte bei den Kunden die richtige Einstellung, um ihre Lösung anzunehmen. Wenn ich mit einer App auf meinem Handy einen Toaster bestellen kann, warum dann nicht auch ein Auto anfordern? Diese Kombination aus echtem Problem, richtigem Timing und innovativer Technologie ermöglichte Uber einen Paradigmenwechsel – etwas zu schaffen, von dem traditionelle Taxiunternehmen nicht einmal träumen, geschweige denn, mit dem sie konkurrieren konnten.

Und das ist nicht nur ein Silicon-Valley-Phänomen. Revolutionäre Unternehmen entstehen in jeder Branche – in der Landwirtschaft, in der Medikamentenforschung und -entwicklung, im Finanz- und Versicherungsbereich, in jedem Teil der Welt. Scheinbar unüberwindlichen Problemen, deren Lösung vor zehn Jahren noch Milliarden gekostet und eine ungeheure

Investition riesiger Firmen erfordert hätte, kann man jetzt mit einer Smartphone-App, einem kleinen Sensor und dem Internet beikommen. Und das heißt: Tausende Menschen auf aller Welt finden Möglichkeiten, um das Arbeiten, das Leben und das Denken der Menschen zu verändern.

Nehmen Sie bei solchen Firmen jeden nur möglichen Job an. Sorgen Sie sich nicht allzu sehr um den Titel – konzentrieren Sie sich auf die Arbeit. Wenn Sie bei einem wachsenden Unternehmen den Fuß in die Tür bekommen, werden auch Sie Gelegenheiten zum Wachsen finden.

Was immer Sie tun, werden Sie bloß kein »Managementberater« bei einem Ungeheuer wie McKinsey oder Bain oder einem der acht anderen Beratungsunternehmen, die die Branche dominieren. Sie alle haben Abertausende Beschäftigte und arbeiten fast ausschließlich mit Fortune-500-Unternehmen. Diese Konzerne, die im Allgemeinen von zögerlichen, risikoscheuen CEOs geführt werden, fordern Managementberater an, um ein umfangreiches Audit durchzuführen, Fehler zu finden und der Firmenleitung einen neuen Plan vorzulegen, der wie durch Zauberhand alles »repariert«. Was für ein Märchen – kommen Sie mir bloß nicht damit.

Aber für viele frisch gebackene Absolventen klingt das perfekt: Sie werden unglaublich gut dafür bezahlt, dass Sie in der Welt herumjetten, arbeiten mit einflussreichen Firmen und Führungskräften und lernen genau, wie man ein Unternehmen erfolgreich macht. Es ist ein verlockendes Versprechen.

Zum Teil stimmt es sogar. Ja, Sie bekommen ein gutes Gehalt. Und ja, Sie erhalten viel Praxis darin, wichtige Kunden an Land zu ziehen. Aber Sie lernen nicht, ein Unternehmen aufzubauen oder zu führen. Nicht wirklich.

Steve Jobs sagte einmal über das Management Consulting: »Man lernt zwar eine große Bandbreite von Firmen kennen, aber die ist sehr eingeschränkt. Das ist wie ein Bild von einer Banane: Sie erhalten vielleicht eine sehr genaue Vorstellung, aber die ist nur zweidimensional und ohne die eigene Erfahrung werden Sie nie dreidimensional. Also: Sie haben vielleicht einen Haufen Bilder an den Wänden hängen, die Sie Ihren Freunden zeigen können – ich habe mit Bananen gearbeitet, ich habe mit Pfirsichen gearbeitet, ich habe mit Trauben gearbeitet –, aber Sie erleben niemals wirklich den Geschmack.«

Wenn Sie sich für diesen Weg entscheiden und bei einem der Großen Vier oder den übrigen sechs Spitzenunternehmen anfangen, ist das natürlich

Ihre Entscheidung. Sie sollten sich zuvor nur darüber klar werden, was Sie lernen wollen und welche Erfahrungen Sie für Ihr nächstes Kapitel brauchen. Fahren Sie sich nicht fest. Managementberatung sollte niemals Ihr Endpunkt sein – es kann eine Durchgangsstation sein, eine kurze Pause auf Ihrer Reise, um wirklich etwas zu tun. Etwas zu erzeugen.

Um Großes zu leisten, um wirklich zu lernen, können Sie nicht Anweisungen vom Dach herunterschreien und dann weiterziehen, während ein anderer die Arbeit erledigt. Sie müssen sich die Hände schmutzig machen. Sie müssen auf jeden Schritt achten und jedes Detail mit Liebe gestalten. Sie müssen zugegen sein, wenn alles auseinanderfällt, damit Sie es wieder zusammenfügen können.

Sie müssen die Arbeit wirklich machen. Sie müssen die Arbeit lieben.

Aber was, wenn Sie sich in das Falsche verlieben? Wenn Sie ein Produkt oder ein Unternehmen finden, dessen Zeit noch nicht gekommen ist – es an der unterstützenden Infrastruktur fehlt, die Kunden nicht existieren, die Führung eine verrückte Vision hat und keinen Finger breit davon abweicht?

Was, wenn Sie eine tiefe Leidenschaft für das Quantencomputing empfinden oder für synthetische Biologie oder Fusionsenergie oder die Erforschung des Weltraums, auch wenn nichts darauf hindeutet, dass irgendeine dieser Branchen in absehbarer Zeit Früchte tragen wird?

Dann setzen Sie es eben in den Sand. Nehmen Sie es in Angriff. Wenn das Ihre Liebe ist, dann kümmern Sie sich nicht um all meine Ratschläge. Dann kümmern Sie sich nicht um das Timing.

Ich habe die Dotcom-Blase damit zugebracht, transportable Geräte zu entwickeln. Nachdem General Magic ins Trudeln geraten war, wäre die offensichtliche Lösung gewesen, bei Yahoo oder eBay einzusteigen und am Internet-Goldrausch teilzunehmen. Alle rieten mir dazu. »Bist du verrückt? Warum denn zu Philips?! Im Internet lässt sich Geld machen! Kein Mensch braucht mehr Verbrauchercomputer!«

Aber ich ging trotzdem zu Philips. Ich wusste, dass zwischen Desktop-Computern und Mobiltelefonen Raum für etwas Fantastisches war. Ich sah es, ich spürte es, als ich bei General Magic war. Also schuf ich ein Team für die Geräteherstellung bei Philips und gründete dann mein eigenes Unternehmen, um digitale Musik-Player herzustellen. Ich hielt daran fest, weil ich es liebte –

das ganze System von Grund auf zu erschaffen, die Atome und Elektronen, die Hardware und die Software und die Netzwerke und die Gestaltung.

Und als Apple mich holte, um den iPod zu machen, wusste ich genau, wie das geht.

Wenn Sie einer Sache mit Leidenschaft nachgehen – einer Sache, die eines Tages ein riesiges Problem lösen könnte –, dann bleiben Sie dabei.

Sehen Sie sich um und suchen Sie sich eine Gemeinschaft von Menschen, die ebenfalls mit Leidenschaft dabei sind. Falls sonst wirklich kein Mensch auf Erden darüber nachdenkt, sind Sie vielleicht wirklich zu früh dran oder gehen in die falsche Richtung. Aber wenn Sie auch nur eine Handvoll Gleichgesinnter finden, und sei es eine winzige Gruppe von Nerds, die Technologien schaffen, von denen keiner weiß, wie daraus jemals eine Geschäftsidee werden könnte, dann machen Sie weiter. Schaffen Sie die Grundlage, suchen Sie sich Freunde, Mentoren und Beziehungen, die Früchte tragen werden, wenn die Welt sich genügend weitergedreht hat, damit das, was Sie tun, einen Sinn ergibt. Vielleicht sind Sie dann nicht mehr beim selben Unternehmen wie zu Beginn. Die Vision mag eine andere sein, das Produkt mag ein anderes sein, und die Technologie wird sich verändert haben. Vielleicht müssen Sie scheitern und scheitern und lernen und lernen und sich weiterentwickeln und verstehen und wachsen.

Doch eines Tages, wenn Sie wirklich ein echtes Problem lösen, wenn die Welt bereit ist, es zu wollen, dann sind Sie bereits da.

Was Sie tun, spielt eine Rolle. Wo Sie arbeiten, spielt eine Rolle. Die größte Rolle jedoch spielt, mit wem Sie arbeiten und von wem Sie lernen. Allzu viele Menschen betrachten die Arbeit als Mittel zum Zweck, als Möglichkeit, genügend Geld zu verdienen, um nicht mehr arbeiten zu müssen. Aber ein Job ist Ihre Chance, eine Spur zu hinterlassen. Ihren Fokus, Ihre Energie und Ihre kostbare, kostbare Zeit für etwas Bedeutsames einzusetzen. Sie müssen nicht gleich Vorgesetzter sein, Sie müssen nicht direkt nach der Uni beim großartigsten, weltveränderndsten Unternehmen anfangen, aber Sie sollten ein Ziel haben. Sie sollten wissen, wohin Sie wollen, mit wem Sie arbeiten wollen, was Sie lernen wollen, wer Sie werden wollen. Und so werden Sie hoffentlich anfangen zu verstehen, wie Sie das erschaffen, was Sie erschaffen wollen.

Kapitel

1.3

HELDEN

Wenn Studenten ihren Master oder ihren Bachelor machen, suchen sie sich die besten Professoren in den besten Projekten, aber wenn es um ihre Arbeitsstelle geht, konzesntrieren sie sich auf Geld, Vergünstigungen und Titel. Doch das Einzige, was einen Job wirklich wunderbar – oder zur reinen Zeitverschwendung – machen kann, sind die Menschen. Konzentrieren Sie sich darauf, Ihr Gebiet genau zu erforschen, und nutzen Sie diese Kenntnisse, um Verbindungen zu den Besten der Besten zu knüpfen, zu Menschen, die Sie wirklich respektieren. Zu Ihren Helden. Diese (für gewöhnlich bescheidenen) Rockstars führen Sie zu der Berufslaufbahn, die Sie sich wünschen.

* *

Wenn es Gottheiten der Softwareentwicklung und -programmierung gibt, dann sind das Bill Atkinson und Andy Hertzfeld. Ihre Porträts waren in den Zeitschriften zu bewundern, die ich seit meiner Grundschulzeit mit geradezu religiösem Eifer von vorn bis hinten verschlang. Ich hatte alles, was sie je geschaffen hatten, schon einmal verwendet – den revolutionären Mac, MacPaint, Hypercard, Lisa.

Sie waren meine Helden. Als ich sie kennenlernte, war es, als würde ich dem Präsidenten begegnen. Den Beatles. Led Zeppelin. Ich gab ihnen meine schweißfeuchte Hand, kriegte kaum noch Luft. Doch nach einer Weile, als ich die Sternchen aus den Augen gezwinkert hatte, wurde mir klar, dass sie ganz zugänglich waren und es sich gut mit ihnen reden ließ – eine Seltenheit in der Welt der Genies. Und ich konnte stundenlang mit ihnen reden: über Programmierung, über Design und UX, über Millionen Dinge, auf die ich neugierig war. Ich zeigte ihnen sogar das Produkt, das mein Start-up Constructive Instruments geschaffen hatte.

Das, bin ich überzeugt, war der Hauptgrund, warum ich den Job bei General Magic bekam, obwohl manche Leute auf der Türschwelle des Unternehmens übernachteten, um ein Vorstellungsgespräch zu ergattern, und ich ein unbekannter Nerd aus Michigan war. Nicht weil ich den Gründern schmeichelte oder weil ich der Personalchefin vor und nach dem Bewerbungsgespräch lästig fiel (obwohl ich sie während dieses Vor-E-Mail-Zeitalters tatsächlich einen Monat lang täglich anrief – vor und nach dem Vorstellungsgespräch), sondern weil ich mir durch schlichte rohe Gewalt eine Riesenmenge praktischer, nützlicher Informationen angeeignet hatte. Den Großteil meiner Zeit verbrachte ich mit dem Entwickeln von Chips und Software und Geräten und Unternehmen und die restliche Zeit las ich alles über die Branche, was ich zwischen die Finger bekam. Und das hob mich von den anderen ab. Das kann jeden von anderen abheben. Bill Gurley, der unglaublich kluge, ironische, nonkonformistische Silicon-Valley-Venture-Capitalist und texanische Geschäftsmann, formulierte es so: »Ich kann Sie nicht zum Klügsten oder Intelligentesten machen, aber es ist machbar, der Sachkundigste zu sein. Es ist möglich, mehr Informationen zusammenzutragen als jeder andere.«

Und wenn Sie schon so viel Zeit darauf verwenden, Informationen zu sammeln, dann informieren Sie sich über etwas, das Sie auch interessieren würde, wenn Sie nicht einer entsprechenden Stelle hinterherjagen würden. Folgen Sie Ihrer Neugier. Sobald Sie mit diesem Wissen ausgerüstet sind, können Sie den Menschen nachstellen, die zu den Besten der Besten gehören, und versuchen, mit ihnen zu arbeiten. Und das heißt nicht, dass Sie Elon Musk stalken sollten, wenn Sie sich für Elektrofahrzeuge begeistern. Schauen Sie sich an, wer ihm unterstellt ist. Und wer diesen Personen unterstellt ist. Und welches Konkurrenzunternehmen alles tun würde, um diese Menschen einzustellen. Gewinnen Sie einen Überblick über die Unterdisziplinen und finden Sie heraus, wer in denen, die Sie am meisten interessieren, führend ist. Suchen Sie die Experten auf Twitter oder YouTube und schicken Sie ihnen eine Nachricht, einen Kommentar, eine LinkedIn-Anfrage. Sie interessieren sich für dieselben Dinge, Sie haben dieselben Leidenschaften – also teilen Sie

Ihren Standpunkt mit, stellen Sie eine kluge Frage oder schildern Sie ihnen irgendwelche faszinierenden Details, die Ihre Angehörigen und Freunde einfach nur bodenlos langweilig finden.

Schaffen Sie eine Verbindung. Das ist die beste Methode, um überall einen Job zu bekommen.

Und wenn das unmöglich scheint – wenn Sie Ihren Helden bei Twitter folgen, sich aber nicht vorstellen können, dass diese Ihnen jemals Beachtung schenken könnten –, dann freue ich mich, Ihnen zu sagen, dass dies totaler Quatsch ist. Ich bezweifle, dass ich irgendjemandes Held bin, aber ich bin ein erfahrener, gut vernetzter Produktdesigner, der das Glück hatte, ein paar berühmte Technologien zu entwickeln. Die meisten denken, ich würde niemanden beachten, der mir auf Twitter auf gut Glück eine DM schreibt oder mir aus heiterem Himmel eine E-Mail schickt. Aber manchmal tue ich das doch.

Nicht, wenn er eine Stelle sucht. Oder auf finanzielle Unterstützung aus ist. Aber ich nehme Notiz von Menschen, die etwas Interessantes mitzuteilen haben. Etwas Kluges. Besonders, wenn Sie dranbleiben. Wenn Sie mir schon letzte Woche etwas Cooles geschickt haben und diese Woche wieder und weiter faszinierende Nachrichten oder Technologien oder Ideen liefern und beharrlich sind, dann fange ich an, Sie wiederzuerkennen. Ich beginne mich an Sie zu erinnern und reagiere. Und das kann auf eine Vorstellung hinauslaufen oder auf eine Freundschaft oder eine Empfehlung oder potenziell auf einen Arbeitsplatz in einem unserer Portfolio-Unternehmen.

Entscheidend sind Beharrlichkeit und dass es hilfreich ist. Dass Sie nicht nur um etwas bitten, sondern auch etwas bieten. Sie haben immer etwas zu bieten, wenn Sie neugierig und engagiert sind. Sie können mit guten Ideen immer Tauschhandel betreiben; Sie können immer freundlich sein und versuchen zu helfen.

Nehmen Sie zum Beispiel Harry Stebbings. Er ist ein kluger, ehrlicher, unglaublich netter Mensch, der 2015 den Podcast *20 Minute VC* ins Leben rief. Dann fing er einfach an, Menschen dazu einzuladen. Er exponierte sich. Er war hartnäckig. Er war unterstützend und warmherzig. Und er bekam einen gewissen Rückhalt – erst von einem CEO, dann von einem weiteren, von Gründern und Investoren und hochrangigen Führungskräften. Mich eingeschlossen – es war eines meiner liebsten Podcast-Interviews.

Nach jedem Podcast fragt er seine Interviewpartner unter vier Augen: »Mit welchen drei Menschen, die Sie kennen und respektieren, soll ich Ihrer Meinung nach als Nächstes sprechen? Würde es Ihnen etwas ausmachen, mich kurz mit ihnen bekannt zu machen?«

Im Jahr 2020 konnte er seinen Erfolg und sein Netzwerk einsetzen, um eine kleine VC-Finanzierung zu bekommen. Diese Finanzierung wurde 2021 um weitere 140 Millionen Dollar aufgestockt.

Zum Zeitpunkt der Entstehung dieser Zeilen ist Harry Stebbings vierundzwanzig Jahre alt.

Ich will natürlich nicht behaupten, dass jeder Tweet oder jede LinkedIn-Nachricht an Ihre Helden sich in eine 140-Millionen-Kapitalspritze verwandeln ließe. Aber sie könnte zu einem Job werden. Vielleicht sogar zu einem Job bei Ihren Helden.

Und jeder Job bei Ihren Helden ist ein guter Job.

Doch wenn Sie können, versuchen Sie, in ein kleines Unternehmen zu kommen. Der Idealfall ist eine Firma mit dreißig bis hundert Beschäftigten, die etwas macht, das zu machen sich lohnt, und ein paar Rockstars aufweist, von denen Sie lernen können, selbst wenn Sie nicht täglich mit ihnen zusammenarbeiten.

Sie können natürlich auch zu Google, Apple, Facebook oder irgendeinem anderen Riesenkonzern gehen, aber da wird es schwer sein, sich so zu positionieren, dass Sie eng mit den Rockstars zusammenarbeiten. Und Sie sollten wissen, dass Sie nicht viel bewirken können. Nicht für längere Zeit. Sie sind ein Kieselsteinchen, das an einem Elefanten abprallt. Allerdings ein gut bezahltes Steinchen, das kostenlose Kale Chips mampft. Wenn Sie also diesen Weg wählen, dann genießen Sie das Monatsgehalt, während Sie an Ihrem winzigen Stück eines gigantischen und endlosen Projekts arbeiten. Nutzen Sie Ihre reichliche freie Zeit, um ein Gefühl für die Strukturen und Abteilungen zu bekommen, die Mikrodisziplinen, die Prozesse, die Forschungen, die langfristigen Projekte und das langfristige Denken, das ein Unternehmen sich leisten kann, wenn die Verkaufszahlen von morgen nicht von Bedeutung sind für das Überleben. Solche Sachen sind gut zu wissen. [Siehe auch Kapitel 4.2: Sind Sie startklar?] Aber bleiben Sie nicht zwischen den Zehen des Elefanten stecken, sodass Sie nie das gesamte Tier sehen können. Allzu leicht verwechselt man das Navigieren durch Prozesse, Verwaltungsbürokratie, Hierarchieebenen und Unternehmenspolitik mit echtem persönlichem Wachstum.

Eine kleine Firma hat weniger Ressourcen, weniger Ausstattung, winzige Budgets. Vielleicht ist sie nicht erfolgreich und wird auch niemals Gewinne erzielen. Es mag überhaupt keine Sonderzulagen geben (obwohl das auch sein Gutes haben kann). Start-ups, die ihr gesamtes Kapital für Tischtennislehrer und Gratisbier raushauen, legen den Fokus nicht auf das Richtige. [Siehe auch Kapitel 6.4: Scheiß auf Massagen.] Aber Sie werden mit einer größeren Bandbreite talentierter Menschen zusammenarbeiten – in Verkauf, Marketing, Produktentwicklung, in der Herstellung und in der Rechtsabteilung, vielleicht sogar im Qualitätsmanagement oder im Kundendienst. Kleinere Firmen haben immer noch Spezialabteilungen, die aber im Allgemeinen so abgeschottet sind. Und es herrscht eine andere Energie. Das ganze Unternehmen ist darauf ausgerichtet, gemeinsam an der Verwirklichung einer wertvollen Idee zu arbeiten. Alles Unnötige wird weggelassen; Bürokratie und Politik kommen im Allgemeinen gar nicht vor. Sie können sich stärker Ihrer Aufgabe widmen, ist diese doch tatsächlich relevant für das Überleben der Firma. Sie sitzen alle gemeinsam im Rettungsboot.

Und in diesem Rettungsboot zu sitzen, mit Menschen, die Sie zutiefst respektieren, ist ein Vergnügen. Das ist die beste Zeit, die Sie bei der Arbeit erleben können. Es mag die beste Zeit sein, die Sie überhaupt erleben können. Und sie muss nicht vorbei sein, sobald Sie das Festland erreicht haben.

Zu den vielen wunderbaren Menschen, mit denen ich bei General Magic zusammengearbeitet hatte gehörten Wendell und Brian Sander. Vater und Sohn, beide unfassbar gescheit, das Salz der Erde, der Inbegriff von Ingenieuren. Brian war mein Vorgesetzter bei General Magic, und beide Sanders halfen mir bei der Entwicklung von MagicBus, einem digitalen Peripheriebus für den Magic Link. Die Ideen und Patente, die wir zusammen schufen, sind jetzt die Grundlage für USB-Geräte auf der ganzen Welt. Es war die Verwirklichung eines Traums.

Als General Magic platzte, gingen wir alle getrennte Wege. Aber ich habe den Kontakt immer gehalten. Und zehn Jahre danach stellte ich Brian ein, um mit mir am iPod zu arbeiten. Und dann stellte Brian seinen Vater ein.

Einmal kam ich mit Wendell in das Apple-Hauptgebäude Infinite Loop 1, als wir Steve Jobs begegneten. Steve war begeistert. Wendell war Apple-Mitarbeiter Nr. 16 gewesen, aber Steve hatte ihn seit Jahren nicht mehr gesehen. »Wendell! Was machst du inzwischen so?«

Und Wendell sagte: »Ich arbeite hier. Am iPod. Mit Fadell.«

Wenn Sie die Gelegenheit bekommen, mit Legenden und Helden und Göttern zu arbeiten, erkennen Sie, dass jene überhaupt nicht so sind, wie Sie es sich zurechtgesponnen haben. Sie können Genies in einem bestimmten Bereich sein und völlig planlos in einem anderen. Jene können Sie nach oben bringen, indem sie Ihre Arbeit loben, aber auch Sie können Ihren Helden helfen, fehlende Puzzleteile beisteuern und eine Beziehung aufbauen, die nicht auf verzückter Heldenverehrung beruht, sondern auf gegenseitigem Respekt.

Und ich kann Ihnen sagen, nichts fühlt sich besser an, als Ihrem Helden auf eine bedeutsame Weise zu helfen und sich sein Vertrauen zu erwerben – wenn er merkt, dass Sie wissen, wovon Sie reden, dass auf Sie Verlass ist, dass Sie jemand sind, den man sich merken sollte. Und wie dieser Respekt sich dann fortentwickelt, wenn Sie Ihre nächste Stelle antreten und dann wieder eine andere.

Das ist das Tolle an Helden. Sie können deren Inspiration verwenden, um sich davon voranbringen zu lassen. Wenn Sie es richtig machen und sorgfältig zuhören, teilen jene ihre jahrzehntelange Erfahrung mit Ihnen. Und dann, eines Tages, können Sie sich vielleicht dafür revanchieren.

Kapitel

1.4

NICHT (NUR) NACH UNTEN SEHEN

Die Aufgabe eines Mitarbeiters ohne Führungsverantwortung (MoF) besteht im Allgemeinen darin, etwas zu schaffen, das am selben Tag oder in den nächsten ein bis zwei Wochen fertig sein muss. In seiner Verantwortung liegt es, die Details auszuarbeiten. Deshalb verlassen sich die meisten MoF darauf, dass ihre Vorgesetzten und die Geschäftsführung ein Ziel festlegen und den Weg für sie vorgeben, damit sie sich auf die Arbeit konzentrieren können.

Aber wenn ein MoF ständig nach unten schaut und die Augen nur auf die eigene knappe Deadline und die Details seiner Aufgabe richtet, läuft er Gefahr, gegen eine Mauer zu laufen.

Als MoF müssen Sie gelegentlich zwei Dinge tun:

1. **Aufschauen:** Schauen Sie über die nächste Deadline oder das nächste Projekt hinauListes auf all die Meilensteine, die in den kommenden Monaten anstehen. Und werfen Sie dann einen Blick auf das ultimative Ziel: die Mission. Im Idealfall ist sie der Grund, warum Sie bei diesem Projekt überhaupt mitgemacht haben. Achten Sie darauf, dass die Mission im Verlaufe des Projekts immer noch einen Sinn für Sie ergibt und dass der Weg dorthin bewältigbar erscheint.
2. **Umschauen:** Lösen Sie sich aus Ihrer Komfortzone und von dem Team, mit dem Sie unmittelbar zusammenarbeiten. Sprechen Sie mit anderen Abteilungen in Ihrem Unternehmen, um deren Perspektiven, Bedürfnisse und Sorgen zu verstehen. Dieses interne Netzwerken ist immer nützlich und kann Ihnen frühzeitige Warnsignale liefern, falls sich Ihr Projekt nicht in die richtige Richtung entwickelt.

* *

Ich blickte nur auf, wenn der Himmel einstürzte. Also so richtig einstürzte. Sonst schoss nur ab und zu einmal ein Asteroid durch meine Arbeitskabine bei General Magic – wenn die Teile für einen guten Touchscreen noch nicht erfunden worden waren oder die Software, die ich gerade schrieb, das ganze Programm lahmlegte, oder wenn die mobilen Netzwerke, die wir brauchten, kaum funktionierten. Dann aber wischte ich einfach meine Tastatur ab und machte weiter.

Ich vertraute darauf, dass Bill, Andy und Marc das Schiff schon lenken würden. Von mir wurde nichts anderes erwartet, als dass ich mich bewies. Das ist der Nachteil, wenn man mit seinen Helden arbeitet. Man ist so sehr damit beschäftigt, sein Handwerk von ihnen zu lernen, dass man einfach annimmt, sie hätten den Überblick. Man nimmt an, sie würden die Mauer schon bemerken, die da vielleicht mitten im Weg steht.

Stellen Sie sich ein Projekt als gerade Zeitlinie vor – es gibt einen Anfang und (hoffentlich) ein Ende. Jeder läuft mit derselben Geschwindigkeit, Tag für Tag, auf parallelen Linien – je eine für Programmierung, für Marketing, Vertrieb, PR, Kundendienst, Herstellung, Recht und so weiter.

CEO und Führungsspitze starren hauptsächlich nach vorn auf den Horizont – 50 Prozent ihrer Zeit verwenden sie für die Planung einer unscharfen, weit entfernten Zukunft, bis zu der es noch Monate oder Jahre hin ist, 25 Prozent für die Meilensteine der nächsten ein bis zwei Monate und die restlichen 25 Prozent für das Löschen von Bränden, die jetzt gerade unmittelbar zu ihren Füßen lodern. Sie betrachten auch alle parallelen Linien, damit jeder mitkommt und alle in dieselbe Richtung gehen.

Das mittlere Management ist im Allgemeinen auf die folgenden zwei bis sechs Wochen fokussiert. Diese Projekte sind relativ ausgereift und detailliert, aber an den Rändern noch ein bisschen verschwommen. Die Köpfe dieser Führungskräfte sollten auf Drehgelenken sitzen – sie schauen häufig nach unten, gelegentlich nach vorn, und verbringen einen Großteil der Zeit damit, seitwärts zu blicken und auf die anderen Teams zu achten, um sicherzustellen, dass alle gemeinsam den nächsten Meilenstein erreichen.

Mitarbeiter ohne Führungsverantwortung verbringen 80 Prozent ihrer Zeit damit, unmittelbar vor sich zu blicken – vielleicht ein, zwei Wochen voraus –, um die Feinheiten ihrer täglichen Arbeit zu betrachten. In der Anfangsphase Ihrer Karriere sollte das auch so sein. Sie sollten sich darauf konzentrieren, Ihren spezifischen Anteil jedes Projekts zu bewältigen, es gut zu machen und es vom Tisch zu kriegen.

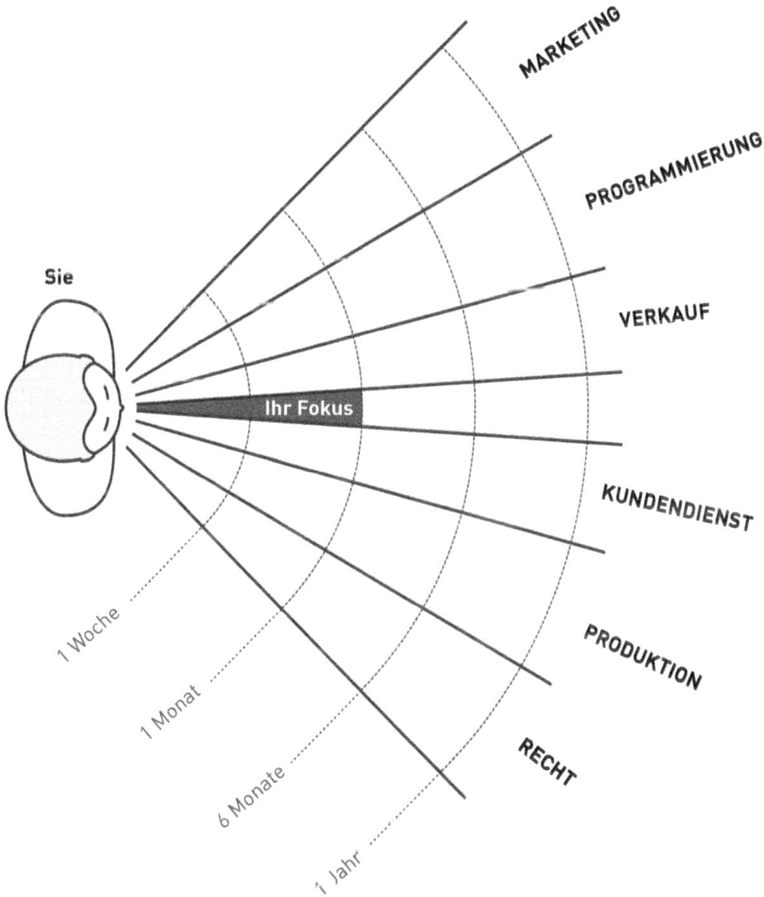

Abbildung 1.4.1: Die Projektdetails direkt vor Ihnen sind völlig klar, doch je weiter Sie vorausschauen, desto verschwommener werden sie. Und die verschiedenen Teamkollegen blicken auf verschiedene Punkte dieser Zeitlinie.

Ihre Geschäftsführung und die Führungskräfte sind schließlich dazu da, auf die Hindernisse achten. Sie gegebenenfalls zu warnen, damit Sie den Kurs korrigieren oder wenigstens einen Helm aufsetzen können.

Aber manchmal tun sie das nicht.

Deshalb müssen Mitarbeiter ohne Führungsverantwortung 20 Prozent ihrer Zeit aufschauen. Und sich umschauen. Je eher sie beginnen, desto schneller und weiter kommen sie beruflich voran.

Ihr Job besteht nicht nur darin, Ihren Job zu machen. Er besteht auch darin, wie Ihre Vorgesetzten oder Ihr CEO zu denken. Sie müssen das ultimative Ziel verstehen, selbst wenn es so weit entfernt ist, dass Sie gar nicht genau wissen, wie es aussieht, wenn Sie es erreichen. Das hilft Ihnen bei der täglichen Arbeit – wenn Sie die Zielsetzung kennen, können Sie besser Prioritäten setzen und entscheiden, was zu tun ist und wie es zu tun ist. Aber es gehört noch mehr dazu. Sie wollen ja auch, dass die Richtung, in die Sie sich bewegen, sich nach wie vor richtig anfühlt – dass Sie immer noch daran glauben.

Und Sie können die anderen Teams, die an Ihrer Seite arbeiten, nicht ignorieren.

Zum ersten Mal wurde ich von einem Asteroiden mitten ins Gesicht getroffen, als ich gerade mit Tracy Beiers zu Mittag aß. Tracy ist ein echter Spaßvogel, ein Original. Als Produktmanagerin und erfahrene Marketingfrau von Microsoft hatte sie bei der Arbeit an Windows 1.0 schon einiges erlebt.

»Ich habe keine Ahnung, wozu die Zitrone gut sein soll«, sagte sie. Sie sprach über das kleine animierte Emoji, das wir gerade hinzugefügt hatten. Es marschierte durch die E-Mails und tat Dinge, von denen nicht einmal moderne Emojis zu träumen wagen würden. Aha, dachte ich. Sie ist keine Programmiererin. Sie hat es nicht kapiert. Also fing ich an zu erklären: Es ist doch so innovativ! So haben wir es gemacht! Total cool, oder? Findet sie das etwa nicht?

»Na ja, klar, ganz niedlich«, sagte sie mit einem Achselzucken. »Aber ich will eigentlich nur, dass mein Mailprogramm funktioniert. Die Zitrone ist mir egal. Keiner wird sich für die verdammte wandernde Zitrone interessieren.«

Ha. Im Programmiererteam war jeder davon begeistert. Also sagte ich: »Sprich weiter.«

Ich hatte das Produkt niemals aus ihrem Blickwinkel betrachtet. Sie zwang mich, meine technikaffine rosarote Programmiererbrille abzulegen und mir das, was wir herstellten, aus der Perspektive eines normalen menschlichen Wesens anzusehen.

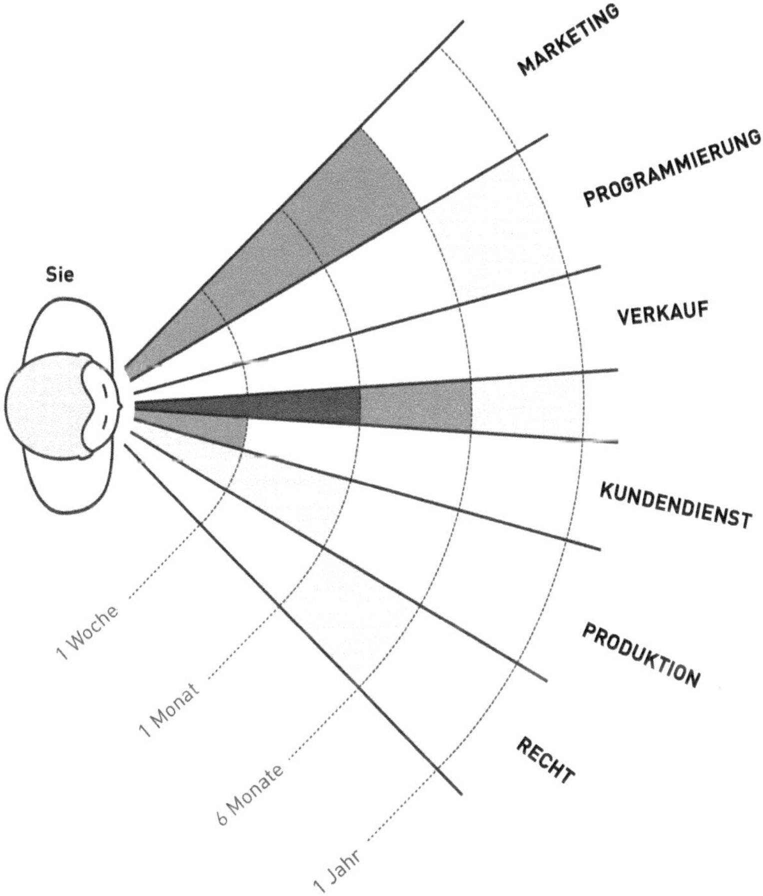

Abbildung 1.4.2: Wenn Sie aufblicken und sich umschauen, können Sie sehen, ob Ihre mittel- und langfristigen Ziele noch sinnvoll sind, und die Bedürfnisse und Anliegen der Sie umgebenden Teams verstehen. Sprechen Sie mit Ihren internen Kunden, mit denjenigen, deren Kunde Sie sind, und mit den Menschen, die den tatsächlichen Kunden am nächsten sind – Marketing und Kundendienst. So finden Sie heraus, ob Sie noch auf Kurs sind oder ob die Sache gerade aus dem Ruder läuft.

Es war ein schwieriges Gespräch – ich war verwirrt, perplex. Aber es war auch für uns beide von größtem Nutzen. Ich wollte ihren Standpunkt verstehen. Sie wollte meine Seite des Geschäfts verstehen. In erster Linie wollte sie wissen, was zum Henker ich da machte.

Sie machte sich nicht nur Sorgen, dass die von uns entwickelten Features nett, aber nutzlos waren, sondern auch, dass wir sie am Ende gar nicht entwickeln würden.

»Wir arbeiten gerade mit dem Marketing von Sony an einer Werbekampagne, in der es heißt, dass Magic Link das alles kann. Stimmt das? Können wir wirklich liefern?«

Das war ungefähr das fünfte Mal, dass wir unsere Lunchverabredung aufgeschoben hatten. Viele der Features, die wir Investoren und Partnern versprochen hatten, waren durchgefallen. Das Produkt war langsam und fehleranfällig. Und sie wollte wissen, was hinter den Kulissen passierte – nicht nur, was sie aus der Führungsetage hörte.

Wo würde das drahtlose Messaging funktionieren? Wo nicht? Wie würde das Nutzererlebnis wirklich aussehen? Was waren die Kompromisse?

Ich erzählte es ihr. Dann fragte ich sie nach ihrer Meinung. Und da merkte ich, dass der Himmel einstürzte.

Es war mir nicht klar gewesen: All die Leute, die parallel mit mir arbeiteten, sahen Dinge, die ich nicht sah. Sie hatten eine völlig andere Weltsicht – eine Sicht, die ich verstehen wollte.

Neue Perspektiven gibt es überall. Nicht nötig, Menschen von der Straße hereinzerren, um sich von ihnen sagen zu lassen, was sie von Ihrem Produkt halten. Beginnen Sie mit Ihren internen Kunden. Jeder in einem Unternehmen hat Kunden, selbst wenn er nichts herstellt. Sie machen immer etwas für jemand anderen – das Kreativteam macht etwas für das Marketing, das Marketing macht etwas für die App-Designer, die App-Designer machen etwas für die Techniker – jeder Einzelne in der Firma macht etwas für jemanden, selbst wenn das einfach nur ein Mitarbeiter in einem anderen Team ist.

Auch Sie sind jemandes Kunde – also sprechen Sie mit denen, die für Sie arbeiten. Bieten Sie etwas von Wert oder eine sachdienliche Frage. Versuchen Sie zu verstehen, wo ihre Baustellen liegen und was sie erfreut.

Und sprechen Sie mit den Leuten, die den tatsächlichen Kunden am nächsten sind, beispielsweise im Marketing und im Kundendienst – suchen Sie Teams, die tagtäglich mit den Kunden kommunizieren und von ihnen unmittelbares Feedback erhalten.

Treten Sie neugierig auf. Und zeigen Sie echtes Interesse. Wenn Sie aufblicken und sich umschauen, befinden Sie sich nicht auf einer eigennützigen Mission. Es geht Ihnen nicht darum zu verstehen, ob Ihre Firma scheitert und wie schnell Sie den Absprung finden. Sie wollen verstehen, wie Sie Ihre Arbeit besser machen können. Sie verschaffen sich eine Vorstellung davon, wie Sie Ihr Projekt voran- und die Unternehmensmission zum Erfolg bringen können. Sie beginnen, wie ein Vorgesetzter oder eine Führungskraft zu denken, und das ist der erste Schritt, ein Vorgesetzter oder eine Führungskraft zu werden.

Und indem Sie das tun, erkennen Sie, wie sich etwas aus dem Nebel löst. Etwas Hartes. Etwas Mauerartiges.

Als ich endlich aufschaute und mich umsah, erkannte ich, dass wir dabei waren, unsere Köpfe gegen eine Mauer zu rammen, die nie verschwinden würde. Unsere Mission war nach wie vor inspirierend, aber unser Weg dorthin war versperrt. Also hielt ich an der Mission fest, fand jedoch ein neues Ziel, auf das ich zusteuern konnte. Ich verließ den Weg und bog scharf links ab. Und so fand ich meine nächste Stelle.

Das Schönste an der Zusammenarbeit mit einem Team ist, dass man Seite an Seite mit anderen läuft. Alle schauen auf ihre Füße und suchen gleichzeitig den Horizont ab. Einige sehen Dinge, die Sie nicht sehen, und Sie sehen Dinge, die für alle anderen unsichtbar sind. Glauben Sie also nicht, die Arbeit zu erledigen bedeute einfach, sich in einem Zimmer einzuschließen – ein Großteil davon ist das Laufen mit Ihrem Team. Die Arbeit ist, das Ziel gemeinsam zu erreichen. Oder ein neues Ziel zu finden und Ihr Team mitzunehmen.

Teil

II

EINE KARRIERE AUFBAUEN

Ich wollte General Magic retten.

Als schmerzhaft deutlich wurde, dass keiner außer unseren nerdigen engsten Freunden den Magic Link kaufen würde, stellte ich meinen Helden nervös eine Idee vor: Lasst uns eine Kehrtwende machen. Statt ein Kommunikations- und Unterhaltungsgerät für die Allgemeinheit herzustellen, konzentrieren wir uns lieber auf Geschäftsleute.

Der Zielkunde von General Magic war »Otto Normalverbraucher«. Im Ernst. Das ist die abschätzige Karikatur eines Durchschnittsamerikaners, der auf seiner Couch hockt, Bier trinkt, Fußball guckt und sich wenig Gedanken macht. Es ist eine furchtbare Vorstellung vom eigenen Kunden. Und obwohl wir es immerzu wiederholten und behaupteten, wir täten das alles für ihn – es war bedeutungslos. Denn selbst, wenn es Otto Normalverbraucher gegeben hätte, hätte er den Magic Link nie im Leben gekauft. Das war die Zeit, bevor das Internet überall verbreitet war, als die meisten Menschen nicht einmal einen Desktop-Computer besaßen und keinen E-Mail-Account hatten und sich mobile Spiele oder Filme überhaupt nicht vorstellen konnten.

Es war 1992. Otto Normalverbraucher hatte absolut keinen Grund, sich einen Computer in die Tasche zu stecken.

Geschäftsleute hätten vielleicht einen gehabt. Sie fingen an, E-Mails und Notizen und digitale Kalender zu benutzen. Sie brauchten alle Kontakte auf einem mobilen Gerät statt auf einem Fünf-Kilo-Laptop. Sie waren wie mein Vater immer auf dem Sprung von einer Stadt zur nächsten. Ständig stürzten sie aus Autos und Flugzeugen heraus, um Vierteldollarmünzen in öffentliche Telefone zu stecken und ihre Anrufbeantworter abzuhören, Geschäfte abzuschließen und an Meetings teilzunehmen, in einer Ära vor dem Mobiltelefon. Sie hatten ein Problem, das wir lösen konnten.

Es war so wunderbar offensichtlich. Ein Produkt für Menschen zu machen, die bereits die Notwendigkeit erkannt hatten und täglich mit dem Problem kämpften. Einfach den Magic Link zu nehmen und eine Tastatur hinzuzufügen. Die Kinkerlitzchen und den Schnickschnack wegzulassen – die wandernden Zitronen hopsgehen zu lassen – und sich auf die Arbeit zu konzentrieren. Ein Gerät, eine Bedienoberfläche und Anwendungen zu schaffen, die mobil und geschäftsbezogen waren. Ich fing an, mit den Leuten bei General Magic zu sprechen, um ihr Interesse zu wecken. Zuerst mit meinen Kollegen, dann mit der Geschäftsführung.

»Gute Idee, aber ...«, sagten sie. So ging es eine Weile hin und her, wobei alle nett zu sein versuchten. Es umzusetzen versuchten. Aber letztlich war die Antwort ein deutliches »Nein«. Es war zu viel Arbeit – wir würden zu viel ändern müssen. Wir können das jetzt nicht machen. Wir haben andere Prioritäten.

Aber Philips biss an. Als Hauptpartner und -investor von General Magic stellten sie bereits einige Halbleiter und Prozessorteile für uns her, sie waren also leicht anzusprechen. Und ihnen gefiel die Idee: einen geschäftsbezogenen Taschencomputer innerhalb von Philips zu schaffen, aber mit der Hardware und Software von General Magic. Ich konnte den Traum am Leben halten, und Philips konnte sich in der sich entwickelnden Welt softwaregesteuerter Geräte seine Relevanz bewahren.

Also schloss ich 1995 die Türen von General Magic hinter mir, wo wir ferngesteuerte Autos durch die Korridore sausen ließen und einander mit in der Wand versteckten Hotdogs foppten, und betrat eine völlig andere Welt. Ich wusste, dass Philips anders sein würde, aber es war ein Schock.

Dunkle, hölzerne Wandverkleidung mit Zigarettenflecken aus den Siebzigern, keine Arbeitszellen, pausenlos Meetings und Chefs, die alles ablehnten. Eine alte Garde von Holländern, die sich über den Mangel an Douwe-Egberts-Kaffee und Frikandellen beschwerten (wenn Sie nicht wissen, was das ist, fragen Sie lieber nicht nach). Wohin ich auch schaute, ich sah denselben schlecht sitzenden Anzug, den ich nach meinem ersten Bewerbungsgespräch bei General Magic weggeschmissen hatte.

Ich war fünfundzwanzig und hatte eigentlich keine Führungserfahrung. Ich hatte nie ein Team zusammengestellt. Jetzt war ich einer der CTOs in einer riesigen Firma mit fast dreihunderttausend Mitarbeitern. Ich hatte schon viele Misserfolge erlebt, aber das hier waren wirklich ein paar ganz neue und aufregende Erfahrungen, um an ihnen zu scheitern. Das Hochstaplersyndrom drohte mich schier zu überwältigen.

Dann sagten sie mir, dass jeder, der ins Team kam, einen Drogentest machen musste.

Nichts lässt uns so klar denken wie Dinge, die so unglaublich dämlich sind. Im Silicon Valley hätte sich niemand darauf eingelassen in eine Tasse zu pinkeln, um einen Job als Programmierer zu bekommen? Da hätte ich keine Menschenseele einstellen können. Also sagte ich zu Philips: »Scheiße, nein!« Das Wort Scheiße war lautlos, aber es stand mir ins Gesicht geschrieben. Dann machte ich einen Deal: »Ich mach den Test. Und wenn ich negativ bin, muss kein anderer ihn machen, den ich für unser Team einstelle.« Glücklicherweise wurde ich negativ getestet, und wir stellten ein paar fantastische Leute ein.

Dann machten wir uns an die Verhandlungen mit General Magic, um eine Version ihres Betriebssystems zu bekommen, die das tat, was wir brauchten. Ich kannte den Code und wusste, dass wir ihn zum Laufen bringen konnten. Aber zu diesem Zeitpunkt sank General Magic schnell. Keine Umsätze, keine Kunden, viel Panik. Marc Porat hatte vielen Leuten viel versprochen und alle gingen leer aus. Nachdem wir uns monatelang bemüht hatten, General Magic ein Betriebssystem abzuringen, bekam ich den Anruf: Tony, wir können das einfach nicht machen. Sorry!

Da stand ich nun mit einer Berufsbezeichnung, einem knospenden Team, einem Budget und einer Mission, an die wir glaubten, aber kein Betriebssystem und ein halbes Jahr für die Tonne. Wir gaben also den Traum auf, General Magic zu retten, wählten widerstrebend Windows Microsoft CE als unser Betriebssystem und machten uns an die Arbeit.

Wenn General Magic eine leere Leinwand war, an der hundert Künstler liebevoll jedes einzelne Element von Grund auf neu schufen, war Philips ein Legokasten. Hier sind alle Teile, die wir haben: Mach was draus!

Und das taten wir. 1997 brachten wir Philips Velo heraus.

Abbildung 2.0.1: Der Philips Velo kam im August 1997 auf den Markt, maß 17 mal 9,4 Zentimeter, wog 374 Gramm und kostete 599,99 US-Dollar. Mobile Geschäftsleute konnten damit mailen, an Tabellen und Dokumenten arbeiten und ihre Kalender aktualisieren. Die Software von Velo baute auf Windows CE auf, aber die Hardware-Innereien waren von General Magic.

Velo sah ziemlich ähnlich aus wie mein Vorschlag bei General Magic: ein Touchscreen und eine Tastatur, eine einfachere Bedienoberfläche, ein expliziter Fokus auf geschäftliche Anwendungen.

Im folgenden Jahr kam der Philips Nino auf den Markt, der kleinere Bruder des Velo.

Velo und Nino wurden beide mit Preisen ausgezeichnet und erhielten viel Zuspruch. Von allen Windows-CE-Geräten dieser Zeit waren sie die schnellsten, fühlten sich am besten an und hatten die längste Akkulaufzeit. Ich kann mit gutem Gewissen sagen, dass wir die besten Tools für Windows-affine Geschäftsleute auf Reisen machten.

Wir setzten eine ganze Marketingkampagne in Gang mit Fernseh- und Printwerbung und warteten auf den Ansturm der Kunden.

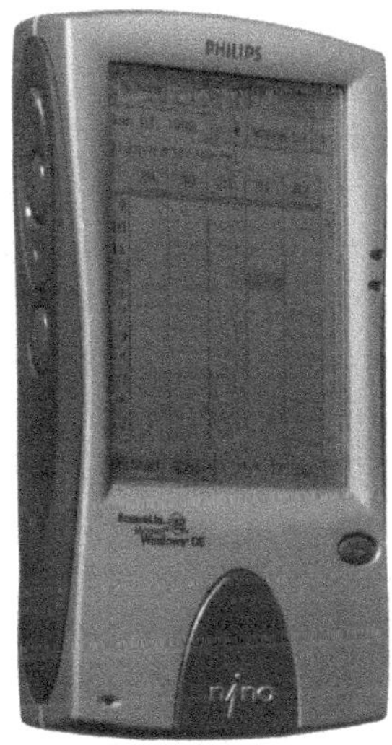

Abbildung 2.0.2: Der Nino kam 1998 auf den Markt. Er maß 14 mal 8,4 Zentimeter, wog 220 Gramm und kostete 300 US-Dollar. Nino hatte ein Windows-CE-Betriebssystem und eine rudimentäre Sprachsteuerung und war eins der ersten Geräte, mit denen man herunterladbare Hörbücher von Audible abspielen konnte.

Doch damals wurden elektronische Geräte noch in richtigen Läden vor Ort verkauft und konnten nur in eine von zwei Kategorien einsortiert werden: TV/Audio oder Computerzubehör. Es gab kein Regal für »neue Technologie«. Auf der einen Seite des Ladens standen Drucker, auf der anderen Stereoanlagen, und der Teufel wusste, wo ein PDA hinpassen würde.

Also stellte Best Buy ihn zu den Taschenrechnern.

Circuit City stellte den Nino zu den Laptops.

Und die Kunden hatten keine Ahnung, wo sie ihn suchen sollten. Als wir die Vertreter darauf ansprachen, bekamen sie einen leeren Blick.

Keiner hatte eine Ahnung, wie unsere Produkte verkauft werden sollten. Oder wo. Oder wem. Weder die Einzelhändler noch Philips. Unser Vertrieb bekam Boni nur für den Verkauf von DVD-Spielern und Fernsehern. Das Marketingteam dachte über Elektrorasierer nach. Also endeten Velo und Nino irgendwo hinter einem TI-89-Taschenrechner und einem Toshiba-Laptop.

Der Verkauf gestaltete sich dementsprechend nicht überragend, aber auch nicht ganz schlecht. Dennoch war es unglaublich frustrierend – wir hatten alle Teile richtig zusammengesetzt außer einem: einer echten Vertriebs- und Einzelhandelspartnerschaft. Wieder eine Lektion via Magenhieb gelernt.

Es war also an der Zeit, etwas anders zu machen. Aber nicht so anders, dass ich meinen Anstellungsvertrag gekündigt hätte.

Ich wechselte zu einem neuen Team: der Philips Strategy & Ventures Group. Die Aufgabe lautete, Philips beim Aufbau seiner digitalen Strategie zu helfen und in vielversprechende neue Start-ups zu investieren. Und damals schossen vielversprechende neue Start-ups wie Pilze aus dem Boden. Ich war ein Kind im Bonbonladen. Wir investierten in TiVo – den ersten digitalen Videorekorder, damals eine revolutionäre Technologie, mit der man Live-Fernsehen anhalten und speichern konnte – und in Audible, den ersten Online-Hörbuchanbieter.

Tatsächlich war ich Audible erstmals begegnet, als ich den Nino schuf. Damals waren sie gerade dabei, ein eigenes Gerät herauszubringen, hatten aber nicht gerade viel Spaß dabei. Sie wollten keine Hardware schaffen, brauchten sie aber, um den Content-Marktplatz vorzuführen, der sie werden wollten. Mit Freuden hätten sie ihn auf der Hardware von jemand anderem demonstriert – aber es gab sonst niemanden, der Geräte herstellte, die Audiodateien abspielen konnten. Nicht einmal ihre winzigen Ein-Kanal-Mono-Sprachdateien.

Und so wurde Nino eines der ersten Geräte weltweit, die Audible konnten. Das war ein Knaller. Die Leute waren begeistert.

Und wenn wir Hörbücher abspielen konnten, warum dann nicht auch Musik? Wir brauchten bloß mehr Speicherplatz. Stereo. Eine bessere Klangqualität.

Ich dachte lange darüber nach und spielte mit den Technologien herum. Zur Feier meines dreißigsten Geburtstags 1999 verschickte ich eine Einladung – eine selbst zusammengestellte gebrannte CD mit kompletten Red-Book-Audiodateien sowie MP3s – »Gimme Some Lovin'«, »Instant Karma«, »Private Idaho«. Obwohl damals noch praktisch niemand einen MP3-Player hatte.

Aber ich sah das Potenzial für eine neue Art von Gerät: eines, das ausschließlich für Audiodateien gestaltet war.

Einmal sprach ich drei Stunden lang mit dem CEO von RealNetworks darüber, einer seinerzeit unglaublich beliebten Technologie, der ersten, die Audio- und Videostreaming im Internet anbot. Ich hatte ein Meeting mit den CEOs unserer Unternehmen anberaumt, um RealNetworks-Software für Philips-Hardware zu bekommen. Aber der Philips-CEO verspätete sich. Und zwar extrem.

Bis er endlich kam, hatte ich einen neuen Arbeitsplatz.

Ich fing bei RealNetworks an, um ihnen einen neuen Musik-Player zu entwickeln. Sie sagten mir, ich könne ein Team in Silicon Valley zusammenstellen und ihre Technologie verwenden, um eine neue Vision zu schaffen. Ihr Recruiter war sehr überzeugend und, um die Wahrheit zu sagen, das Beste, was mir bei Real begegnete. Als ich die verschiedensten Teamleiter kennenlernte, merkte ich, dass einige von ihnen geradezu lächerlich politisch waren. Das meine ich im wörtlichen Sinne – einer sitzt jetzt im Senat. Sie versuchten, mich zum Unterzeichnen von ellenlangen Konkurrenzausschlussklauseln zu bringen. Und an meinem ersten Tag rückten sie von ihrem Versprechen ab und erklärten mir, ich müsse nach Seattle ziehen. Ich trat in mein neues, klitzekleines, versteckt gelegenes Büro, prallte gegen die gewaltige Säule in seiner Mitte und reichte nach zwei Wochen meine Kündigung ein.

Es war nicht leicht. Die Entscheidung, zu gehen oder zu bleiben, ein Gehalt zu bekommen oder seinen Verstand zu behalten, bei der großen Firma zu bleiben oder ins kalte Wasser der Existenzgründung zu springen – das ist für jeden schwierig.

Genau wie das Schreckgespenst der Führung. Wie führt man ein Team, wenn man nie zuvor Mitarbeiter geführt hat? Wie trifft man Entscheidungen, wenn jeder seine eigenen Vorstellungen davon hat, was zu tun ist? Wie legt man einen Prozess fest, damit man Fortschritte in Richtung eines gemeinsamen Zieles erreicht? Woher weiß man, ob man in die richtige Richtung geht? Oder ob man aufhören sollte?

Je eher Sie erkennen, dass diese Fragen existieren, desto besser. Jeder muss sich im Verlauf seines beruflichen Aufstiegs irgendwann einmal mit ihnen auseinandersetzen.

Und ich will ehrlich sein: Wenn Sie ihnen das erste Mal begegnen, werden Sie es wohl vermurksen. Das tut jeder. Es ist nicht schlimm. Sie lernen und wachsen und werden besser. Aber um diesen ersten großen Schritt in die Führungsverantwortung weniger beängstigend zu machen, habe ich ein paar Dinge aufgeschrieben, die vielleicht hilfreich sein könnten.

Kapitel

2.1

EINFACH FÜHREN

Wenn Sie darüber nachdenken, Führungsverantwortung zu übernehmen, sollten Sie sechs Dinge wissen:

1. **Sie müssen kein Vorgesetzter sein, um Erfolg zu haben.** Viele Menschen glauben, der einzige Weg zu mehr Geld und Ansehen bestehe darin, andere zu führen. Es gibt jedoch Alternativen, die Ihnen eine ähnliche Bezahlung einbringen, ähnlich viel Einfluss mit sich bringen und Sie möglicherweise glücklicher machen. Wenn Sie natürlich gern Menschen führen wollen, weil Sie glauben, das wäre etwas für Sie, sollten Sie es unbedingt anstreben. Doch selbst dann: Denken Sie daran, dass Sie nicht auf immer Vorgesetzter bleiben müssen. Ich habe viele Leute kennengelernt, die wieder zu einfachen Mitarbeitern ohne Führungsverantwortung wurden und dann eine Kehrtwende machten und an ihrer nächsten Stelle erneut Vorgesetzte waren.
2. **Sobald Sie einmal Führungsverantwortung übernommen haben, tun Sie nicht länger das, was Sie überhaupt erst erfolgreich gemacht hat.** Sie machen nicht länger das, was Sie richtig gut können – stattdessen helfen Sie anderen, darin besser zu werden. Ihre Aufgaben sind jetzt Kommunikation, Kommunikation, Kommunikation, Rekrutierung, Einstellung und Entlassung, Budgetfestlegungen, Überprüfungen, 1-zu-1-Gespräche, Meetings mit Ihrem Team, anderen Teams und der Geschäftsführung, die Repräsentation Ihres Teams in diesen Meetings, das Stecken von Zielen und die Überwachung Ihres Team, damit es auf Kurs bleibt, Konfliktlösungen, die Suche nach kreativen Lösungen für verzwickte Probleme, das Abblocken von und der

Umgang mit politischen Spielchen und Intrigen, die Förderung Ihres Teams und immer wieder die Frage: »Wie kann ich Ihnen helfen?«

3. **Führungskraft zu werden, ist eine Disziplin.** Führung ist eine erlernte Fähigkeit, kein Talent. Sie kommen nicht damit auf die Welt. Sie müssen eine ganze Reihe neuer Kommunikationsfähigkeiten erlernen und sich mit Websites, Podcasts, Büchern, Seminaren oder der Hilfe von Mentoren und anderen erfahrenen Führungskräften fortbilden.
4. **Gute Arbeit zu fordern und zu erwarten, ist kein Mikromanagement.** Ihre Aufgabe ist es, dafür zu sorgen, dass das Team qualitativ hochwertige Arbeit leistet. Mikromanagement wird daraus erst dann, wenn Sie Schritt für Schritt den Prozess vorgeben, mit dem die anderen ihre Arbeit erbringen, statt sich auf das Ergebnis zu konzentrieren.
5. **Ehrlichkeit ist wichtiger als Stil.** Jeder hat seinen Stil – laut, leise, emotional, analytisch, übersprudelnd, reserviert. Sie können mit jedem Stil Erfolg haben, solange Sie niemals davor zurückschrecken, dem Team respektvoll die unbequeme, bittere Wahrheit zu sagen, die gesagt werden muss.
6. **Sorgen Sie sich nicht, dass Ihr Team Sie in den Schatten stellt.** Genau genommen ist das sogar Ihr Ziel. Sie sollten immer jemanden in Ihrem Team dafür ausbilden, Ihre Arbeit zu machen. Je besser der- oder diejenige ist, desto leichter ist es für Sie, aufzusteigen und sogar Führungskräfte zu führen.

* *

Sie sind gut in dem, was Sie tun. Ein toller Buchhalter zum Beispiel. Und Ihr Team wünscht sich einen Vorgesetzten, der seine Arbeit gut versteht, der ihm helfen und es bei der Geschäftsführung repräsentieren kann. Also leisten Sie harte Arbeit, um befördert zu werden, und Sie bekommen den Job. Glückwunsch – Sie führen jetzt ein Buchhaltungsteam.

Kein Problem. Sie sind ein Buchhalter, der anderen Buchhaltern sagt, wie sie ihre Arbeit machen müssen, richtig? Das können Sie. Das wird ein fantastisches Team werden.

Sie hängen sich also richtig rein, tief in die Arbeit der einzelnen Mitarbeiter. Und die machen alle möglichen komischen Sachen – völlig anders, als Sie es machen würden. Und wieso dauert das alles so lange? Gute Arbeit war der Grund, warum Sie befördert wurden, also zeigen Sie jetzt einfach allen, wie man es richtig macht. Sie zeigen ihnen Schritt für Schritt, Detail für Detail, wie man erfolgreich ist.

Das geht nicht gut. Die Mitarbeiter haben nicht den Eindruck, dass Sie ihnen vertrauen. Und da Sie so breit gefächert arbeiten und sich auf jedes Detail der Prozesse aller anderen fokussieren, weiß keiner richtig, woran er arbeiten soll oder was am wichtigsten ist. Die Leute fangen an, sich bei Ihnen und über Sie zu beschweren. Alle sind sauer.

Je mehr schiefgeht, desto stärker verlegen Sie sich darauf, das zu tun, was Sie können. Und mit Buchhaltung kennen Sie sich aus. Statt also ein besserer Buchhaltungsvorgesetzter zu werden, konzentrieren Sie sich darauf, der beste Buchhalter im Team zu sein. Sie übernehmen immer mehr von den Aufgaben, die eigentlich Ihre Mitarbeiter erledigen sollten. Sie halten sich mit Feedback und Bedenken zurück, weil Sie die Leute nicht noch weiter demoralisieren wollen. Sie scharen das Team um sich, indem Sie rufen: »Wir schaffen das! Ich zeig euch, wie man es macht! Schaut einfach zu und tut es mir nach!«

Und mehr braucht es gar nicht. So werden normale, vernünftige Menschen zu unerträglichen Mikromanagern. So geraten Projekte ins Stocken und gehen den Bach runter aufgrund mangelnder Führung. Das ist die Falle, in die viele tappen, wenn ihnen die Verantwortung für ein Team übertragen wird. Und manche kommen da nie wieder raus.

Denn wenn Sie erst einmal Vorgesetzter sind, sind Sie nicht länger Buchhalter. Oder Designer. Oder Fischer. Oder Künstler. Oder was auch immer Sie wirklich gern gewesen sind. Ich muss die Leute ständig daran erinnern: Wenn Sie das tun, was Ihnen in Ihrem alten Job Freude gemacht hat, dann machen Sie wahrscheinlich das Falsche. Sie führen jetzt ein Team von Menschen, die das tun, worin Sie mal gut waren. Mindestens 85 Prozent Ihrer Zeit sollten Sie also führen. Wenn nicht, machen Sie es nicht richtig. Führen ist die Aufgabe. Und Führen ist schwer.

Als ich CTO bei Philips war, stellten meine Mitarbeiter so eine rote Rundumleuchte im Büro auf, wie man sie früher auf Polizeiautos fand. Sie schalteten sie ein, wenn es ein Problem gab oder wenn sie glaubten, dass ich schlecht gelaunt sei. Seltsamerweise wussten sie immer schon im Voraus, wann eine oder mehrere Personen zu einem Gespräch in mein Büro bestellt werden würden. Manchmal zu einem leidenschaftlichen, lauten Gespräch.

Die Polizeileuchte war ein Witz. Wenn man so will.

Ich hatte ein Team von rund achtzig Personen. Ich war VP und CTO. Ich war fünfundzwanzig Jahre alt. Und ich war zum ersten Mal Vorgesetzter.

Ich hatte nie eine Führungsausbildung gemacht. Ich hatte selbst niemals einen richtigen Vorgesetzten gehabt. Ich hatte kein mentales Bild von einem guten Vorgesetzten, dem ich hätte nacheifern können.

Meine Start-ups hatten Mitarbeiter gehabt, aber keine richtige Organisationsstruktur. Keinen Top-down-Prozess, keine Leistungskontrollen, keine Meetings, um Aufgabenverteilung und Verantwortlichkeiten zu klären. Ich war Gründer, aber kein richtiger CEO. Hauptsächlich war ich Mitarbeiter ohne Führungsverantwortung in einem Team von fünf bis zehn Leuten – wir steckten alle zusammen da drin. Keiner führte irgendjemanden. [Siehe auch Abbildung 5.2.1, Kapitel 5.2.]

So ähnlich war es auch bei General Magic. Unsere Kultur war klar: Wir brauchten keine Vorgesetzten. Jeder war intelligent und konnte sich selbst führen. Jeder, der versuchte, eine richtige Führungskraft zu sein, wurde also weitgehend ignoriert.

Es war toll. Bis das Team größer wurde. Bis wir an den Markt gehen und all diese klugen Köpfe in eine Richtung bewegen mussten. Bis wir uns darüber einigen mussten, was notwendig war und was weggelassen werden sollte.

Als ich dann von General Magic zu Philips wechselte, wusste ich, dass mein Team mehr Struktur brauchte: feste Deadlines, einen Plan und klare Führung. Ich wusste: Ich musste meiner Rolle als Vorgesetzter gerecht werden.

Kein Problem, dachte ich. Ich bin Programmierer, der anderen Programmierern sagt, wie sie ihre Arbeit machen sollen, oder?

Und hier kommt die Polizeileuchte ins Spiel. Der Stress. Und die Frustration für mich und das Team, das ständige Nachfragen und Drängen. Das Mikromanagement.

Wenn Sie Vorgesetzter sind, haben Sie nicht mehr nur die Verantwortung für die Arbeit. Sie sind auch für Menschen verantwortlich. Und auch wenn das offensichtlich zu sein scheint – klar, darum geht es ja bei diesem Job –, ist es trotzdem eine schwierige Angelegenheit, wenn plötzlich achtzig Leute auf Sie schauen und erwarten, dass Sie wissen, wie man andere führt.

Ehe Sie also entscheiden, Führungskraft zu werden, sollten Sie sich gut überlegen, ob das der richtige Weg für Sie ist. Sie müssen es nämlich nicht machen. Besonders, wenn Sie es eigentlich gar nicht wollen, aber glauben, dass die Führungsleiter die einzige Möglichkeit ist, Ihre Karriere voranzubringen. Niemand sollte in die Führungsverantwortung gezwungen werden. Vor allem niemand, der nicht so gut mit Leuten kann oder der sich nur auf die Arbeit konzentrieren will, der Wert auf seine täglichen Erfolge und Errungenschaften legt und für den dieser ganze undurchsichtige Vielleicht-wird-Ihr-Team-eines-Tages-Erfolg-haben-Führungsstil wenig motivierend ist.

Ein glänzender Mitarbeiter ohne Führungsverantwortung (MoF) ist unglaublich wertvoll. So wertvoll, dass manche Unternehmen ihm genauso viel zahlen wie einem Vorgesetzten. Ein wirklich toller MoF kann in der von ihm gewählten Rolle »führend« sein und zugleich zu einer Art kultureller Leitfigur werden, an den sich Menschen aus dem gesamten Unternehmen auf der Suche nach Rat und Mentorenschaft wenden. Apple anerkennt und belohnt besonders starke MoF-Programmierer im Rahmen seines Programms Distinguished Engineer, Scientist or Technologist (DEST). Die Programmierer von Google Level 8 haben ein ähnliches Maß an Einfluss und Macht. Eine Anerkennung herausragender MoFs ist besonders in der Programmierung verbreitet, wird aber immer häufiger auch in anderen Disziplinen praktiziert.

Indem Sie über diesen Weg nachdenken, gewinnen Sie eine sehr klare Vorstelleung davon, wohin Sie es in einem Unternehmen als MoF im Laufe der Zeit bringen können. Größere Organisationen haben oft klar definierte Ebenen – bringen also Sie in Erfahrung, wie die Laufbahn eines MoF in dieser Organisation aussieht und ob Ihre Arbeit dort gebührend wertgeschätzt wird.

Viele Unternehmen bieten auch die Option des Gruppenleiters – oder sollten das zumindest. Das ist eine Art Zwischenschritt zwischen einem MoF und einem Vorgesetzten. Gruppenleiter sind in gewissem Umfang befugt, die Arbeit des Teams zu beurteilen, zu gestalten und zu verbessern, ohne dass ihnen jemand explizit unterstellt ist. Dabei haben jedoch nichts mit Budgets, Organisationsdiagrammen oder Führungsmeetings zu tun.

Das hätte auch mein Weg werden können. Ich hätte Programmierer bleiben können. Vielleicht Gruppenleiter. Das wäre bestimmt leichter gewesen. Ruhiger.

Aber als ich schließlich begann, mich bei General Magic umzusehen, erkannte ich, dass das Programmieren und das Entwickeln von Hardware mich nicht so sehr interessierte wie zu sehen, wie das gesamte Produkt – das gesamte Business – sich zusammenfügte. [Siehe auch Kapitel 1.4: Nicht (nur) nach unten sehen.] Mir wurde vollkommen klar, dass hervorragendes Programmieren als alleiniger Erfolgsgarant niemals genügen würde. Die beste Technologie gewann nicht immer – denken Sie nur an Windows 95 versus Mac OS.

Viele weitere schwammige Elemente müssen übereinstimmen, um einem Projekt eine Chance zu geben. Vertrieb, Marketing, Produktmanagement, PR, Partnerschaften, Finanzen: Das war alles fremd und mysteriös und ungeheuer notwendig – absolut unverzichtbar. Während ich auf meine Füße starrte und arbeitete und arbeitete und arbeitete, um das Beste aus einem 5-Millionen-US-Dollar-Budget für die Programmierung herauszuholen, bekam das Marketing 10 bis 15 Millionen. Das wollte ich verstehen. Deshalb fragte ich nach.

Und dadurch änderte sich alles. Sobald ich anfing, mit verschiedenen Teams zu sprechen, erkannte ich meine Superkraft.

Viele Programmierer vertrauen nur anderen Programmierern. Genau wie die Finanzleute nur anderen Finanzleuten vertrauen. Man mag Menschen, die denken wie man selbst. Deshalb halten die Programmierer oft Abstand zum Vertrieb, zum Marketing, zur Kreativabteilung – zu all den undurchsichtigen, schwammigen Positionen.

Genauso sprechen auch viele Marketing-, Vertriebs- und Kreativteams oft nicht mit den Programmierern. Zu viele Zahlen. Zu sehr schwarz-weiß. Zu viele Nerds auf einen Haufen.

Aber ich wollte den schwammigen und den nerdigen Kram verstehen. Und ich mochte beides. Ich konnte auch in beide Richtungen dolmetschen – den Programmierern das Schwammige erklären und den Kreativen die Einsen und Nullen übersetzen. Ich konnte all die Teile zusammenfügen und das ganze Unternehmen im Kopf behalten.

Für mich war das faszinierend, aufregend und inspirierend. Ich wollte nichts anderes machen. Und das hieß, Führungsverantwortung zu haben. Ich fühlte mich zu der Arbeit hingezogen, aber was noch wichtiger war: Die Mission erforderte es. Das Team brauchte es.

Also lernte ich, mich zurückzuhalten – jedenfalls ein bisschen.

Mit das Schwierigste am Führen ist das Loslassen. Die Arbeit nicht selbst zu machen. Sie müssen die Angst überwinden, das Produkt könnte leiden oder das Projekt scheitern, sobald Sie persönlich weniger involviert sind. Sie müssen Ihrem Team vertrauen – Sie müssen Ihren Mitarbeitern genügend Spielraum geben, um kreativ zu sein, und Chancen, sich zu bewähren.

Aber Sie dürfen es nicht übertreiben – Sie dürfen nicht so viel Raum lassen, dass Sie selbst den Überblick verlieren oder zuletzt nur noch überrascht zur Kenntnis nehmen können, was aus dem Produkt geworden ist. Sie dürfen das Team nicht in die Mittelmäßigkeit abgleiten lassen, nur weil Sie Sorge haben, Sie könnten es erdrücken. Auch wenn Ihre Hände nicht mehr mit dem Produkt beschäftigt sind, sollten sie immer noch das Steuer halten.

Das Produkt in allen Einzelheiten zu untersuchen und sich intensiv für die Qualität dessen zu interessieren, was Ihr Team herstellt, ist kein Mikromanagement. Es ist genau das, was Sie tun sollten. Ich weiß noch, wie Steve Jobs eine Uhrmacherlupe aufsetzte und die einzelnen Pixel auf einem Bildschirm betrachtete, um sicherzugehen, dass die Grafik der Bedienoberfläche ordentlich ausgeführt war. Dieselbe Aufmerksamkeit widmete er jedem Stück Hardware, jedem Wort auf der Verpackung. Auf diese Weise lernten wir, wie viel Detailgenauigkeit bei Apple erwartet wurde. Und die erwarteten wir dann auch von uns selbst.

Als Vorgesetzter sorgen Sie in erster Linie dafür, dass das Team das bestmögliche Produkt schafft. Ihre Sache ist es, zu sagen, wie das Ergebnis auszusehen hat. Wie das Team dieses Ergebnis dann erreicht, ist seine Angelegenheit. Wenn Sie zu tief in den Arbeitsprozess des Teams eingreifen, anstatt sich auf das Ergebnis dieser Arbeit zu fokussieren, sind Sie auf dem besten Weg zum Mikromanagement. (Natürlich zeigt sich manchmal, dass der Prozess mangelhaft ist und zu schlechten Ergebnissen führt. Wenn das der Fall ist, darf der Vorgesetzte in den Prozess eingreifen und ihn verändern. Auch das gehört zu seinen Aufgaben.)

Es hilft, sich frühzeitig über den Prozess zu einigen, ihn im Vorfeld zu definieren: Das ist unser Produktentwicklungsprozess, das unser Designprozess, unser Marketingprozess, unser Vertriebsprozess. Das ist unser Zeitplan, so arbeiten wir und so gestalten wir unsere Zusammenarbeit. Jeder – Vorgesetzter und Mitarbeiter – bekennt sich dazu, und dann muss der Vorgesetzte loslassen. Er muss das Team machen lassen.

In regelmäßigen Teammeetings vergewissert er sich, dass alle in die richtige Richtung gehen.

Diese Meetings sollten Sie so gestalten, dass sie Ihnen und dem Team so viel Klarheit wie möglich geben. Sie sollten einen wöchentlichen Spickzettel haben, um Ihre Prioritäten und die zu stellenden Fragen im Gedächtnis zu behalten. [Siehe auch Kapitel 4.5: Sich für die Arbeit umbringen: Alle hielten mich für verrückt.] Machen Sie sich eine Liste mit Ihren Bedenken bezüglich jedes Projekts und jedes Mitarbeiters. So sehen Sie sofort, wann die Liste zu lang wird und Sie entweder vermehrt eingreifen oder sich stärker heraushalten müssen.

Hilfreiche Informationen erhalten Sie auch in 1-zu-1-Gesprächen mit Teammitgliedern. Diese entwickeln sich nur allzu leicht zu freundlichen Schwätzchen, die nirgendwohin führen. Genau wie Ihre Teammeetings einen Ablaufplan haben müssen, sollten Sie deshalb auch Ihren wöchentlichen 1-zu-1-Gesprächen mit Ihren Mitarbeitern eine Agenda und einen klaren Zweck geben, damit beide Seiten davon profitieren, indem Sie die Informationen über den Stand de Produktentwicklung erhalten, die Sie benötigen, und Ihre Mitarbeiter von Ihnen Feedback zu ihrer Leistung erhalten. Versuchen Sie, die Situation aus dem Blickwinkel Ihrer Mitarbeiter zu betrachten – sprechen Sie deren Ängste und Ihre eigenen Bedenken explizit an und verbalisieren Sie Ihre Gedanken so, dass Ihre Mitarbeiter das Feedback annehmen können, die Ziele verstehen und Antworten auf ihre Fragen und Bedenken erhalten.

Und scheuen Sie sich nicht zuzugeben, dass auch Sie nicht alle Antworten parat haben. Sie können sagen: »Helfen Sie mir.« Wenn Sie erstmals in der Rolle der Führungskraft oder neu im Unternehmen oder in der Abteilung sind, lassen Sie es die Mitarbeiter einfach wissen.

»Ich mache das zum ersten Mal. Ich lerne noch. Sagen Sie mir bitte, was ich tun kann, um Ihnen zu helfen.«

Mehr ist es nicht. Aber das ist ein gewaltiger Wechsel der Einstellung. Allzu oft habe ich Leute dichtmachen sehen – aus Angst, irgendjemand könnte mitbekommen, dass sie nicht wissen, was sie tun. Aber natürlich wissen Sie nicht, was Sie tun – wenn Sie das vorgeben, fällt niemand darauf herein und Sie geraten nur noch tiefer in den Schlamassel. Wenn Ihnen zum ersten Mal Führungsverantwortung übertragen wurde, dann führen Sie wahrscheinlich Menschen, die vorher Ihre Kollegen waren. Kollegen, die Sie kennen und Ihnen vertrauen. Also bewahren Sie sich dieses Vertrauen. Sagen Sie ihnen: »Ich weiß, ich bin jetzt euer Vorgesetzter, aber wir können immer noch so miteinander reden, wie wir das immer getan haben.«

Und dann seien Sie einfach ehrlich zu ihnen. Scheuen Sie nicht davor zurück, ihnen die bittere Wahrheit zu sagen, selbst wenn es einmal nicht so gut läuft. Reißen Sie das Pflaster ab. Wenn einer von Ihnen nervös ist, können Sie das Gespräch mit etwas Positivem beginnen, um erst einmal Entspannung zu schaffen, aber ignorieren Sie nicht den Elefanten im Raum, schleichen Sie nicht um den heißen Brei herum, der den Grund Ihres Gesprächs bildet. Denken Sie unbedingt daran: Selbst wenn Sie die Arbeit oder das Verhalten eines anderen kritisieren müssen, tun Sie das nicht, um ihn zu verletzen. Ihre Aufgabe ist es zu helfen. Jedes Wort sollte aus Fürsorge gesprochen werden. Sagen Sie ihm also, was ihn ausbremst. Und machen Sie dann einen Plan, um gemeinsam daran zu arbeiten.

Wahrscheinlich müssen Sie alle sechs Monate formelle schriftliche Leistungsbeurteilungen erstellen – oder vielleicht auch öfter, wenn Sie bei einem Unternehmen wie Google oder Facebook arbeiten, wo man sich ständig in irgendeinem Prüfzyklus zu befinden scheint. Doch diese formellen Beurteilungen sollten lediglich eine Übung im schriftlichen Formulieren dessen sein, worüber Sie jede Woche sprechen. Ihre Mitarbeiter sollten Ihr Feedback – ob gut oder schlecht – zeitnah bekommen, statt ein paar Monate später davon überrascht zu werden.

Ich wünschte, ich könnte Ihnen irgendeine Zauberformel nennen, wie ich das alles herausgefunden habe, aber abgesehen von Versuch und Irrtum habe ich hauptsächlich daran gearbeitet, mich selbst zu verbessern. Ich wurde nicht zum Programmierer, indem ich mit den Fingern schnippte und eine Stelle bekam – ich arbeitete daran. Ich ging zur Schule. Ich übte jahrelang. Derselbe Prozess ist auch für die Personalführung nötig.*

Ich fing mit einigen Führungsseminaren an. Kein Seminar wird Ihnen sämtliche Fragen beantworten, aber es ist besser als nichts. Und dann ging ich über die Grundlagenlehrgänge hinaus, die man bei einem großen Unternehmen bekommt – ich tauchte tief in das Thema ein. Ich fing an, Managementbücher zu lesen, und erkannte, dass ein Großteil des Führens damit zusammenhängt, wie man seine eigenen Ängste und Befürchtungen in den Griff bekommt. Das brachte mich auf Psychologiebücher. Und die wiederum zu einer Therapie. Und zu Yoga. Mit beidem begann ich 1995, lange bevor so etwas allgemein üblich wurde. Nicht, weil ich verrückt war oder die Führungsverantwortung mich verrückt machte. Therapie und Yoga machte ich aus ein und demselben Grund: um das Gleichgewicht zu finden, meine Reaktion auf die Welt zu ändern und mich, meine Emotionen und deren Wahrnehmung durch andere besser zu verstehen.

Das Entscheidende war für mich, die Probleme der Firma von meinen persönlichen Problemen zu trennen und zu erkennen, wann mein eigenes Handeln beim Team zu Frustration führte, beziehungsweise, dass einiges davon vollständig außerhalb meiner Kontrolle lag. So etwas kann man nur schwer selbst herausfinden – es ist schwer, in seinem eigenen Gehirn zu wühlen, wie es anfangs auch schwer ist, Yoga ohne Anleitung zu betreiben. Mein Therapeut war mein Coach und mein Lehrer – er half mir zu verstehen, warum ich so ein Mikromanager war. Er zeigte mir, welche Teile meiner Persönlichkeit ich in Schach halten musste, um erfolgreich ein Team leiten zu können.

Ehe ich lernte, etwas Distanz zu schaffen zwischen dem, was ich fühlte, und dem, was ich bei der Arbeit zum Ausdruck bringen musste, ließ ich meine Sorgen und Ängste viel zu stark in meine Stimme und meine täglichen Interaktionen einfließen. Teams neigen dazu, die Stimmung des Teamleiters zu übernehmen. Wann immer ich frustriert war, schossen diese Gefühle

---

* Falls Sie mehr darüber wissen möchten: Im Podcast *Tim Ferriss Show* spreche ich ausführlich über Führungsthemen und meine Erfahrungen damit.

durch das Büro und kamen mit zehnfacher Wucht zurück. Je mehr ich mich über unseren mangelnden Fortschritt aufregte, desto stärker befiel diese Frustration auch meine Mitarbeiter. Ich musste also lernen, mich zu regulieren und meinen persönlichen Stil ein paar Gänge herunterzuschalten, um einen erfolgreichen Führungsstil zu etablieren.

Aber ich versuchte nicht, mich als Person zu verändern. Man ist nun mal, wer man ist. Wenn man seine Persönlichkeit komplett umstrukturieren muss, um eine Führungskraft zu werden, bleibt es immer Schauspielerei, und man wird sich in der Rolle niemals wohlfühlen.

Ich bin ein lauter und leidenschaftlicher Mensch. Ich werde nie so sein wie Sundar Pichai, der CEO von Google und Alphabet. Sundar ist ruhig, sanft, brillant und überaus analytisch – er durchdenkt immer alles sorgfältig, ehe er eine angemessene Reaktion zeigt. Ich habe mehr oder weniger nur eine Lautstärkeeinstellung: ziemlich laut mit einem raschen Crescendo in Richtung SEHR ERREGT. Mein Sohn hat mir einmal ein Dezibel-Messgerät geschenkt – als Witz natürlich, aber es stellte sich heraus, dass ich für gewöhnlich bei 70 bis 80 Dezibel liege. Ich bin ein lärmiges Restaurant, ein Wecker, ein Staubsauger. Selbst wenn jedes Business-Buch der Welt mir raten würde, meinen Mitarbeitern gegenüber mit leiser, besänftigender Stimme aufzutreten, würde mir das nicht – oder nicht immer – gelingen.

Mein Führungsstil ist also laut und leidenschaftlich und, mehr als auf alles andere, auf die Mission fokussiert. Ich wähle ein Ziel aus und renne dann mit Höchstgeschwindigkeit darauf zu, lasse mich von niemandem bremsen und erwarte, dass alle mit mir rennen.

Aber mir ist ebenso klar, dass das, was mich motiviert, nicht unbedingt auch mein Team motiviert. Die Welt besteht nicht nur aus Tony Fadells (und dafür sollten wir dankbar sein). Es gibt auch normale, gesunde Menschen mit Privatleben und Familien und vielem anderen, was sie tun können und müssen und was an ihrer Zeit zerrt.

Als Vorgesetzter müssen Sie also herausfinden, was Sie mit Ihren Mitarbeitern verbindet. Wie können Sie Ihre Leidenschaft mit diesen teilen, wie können Sie sie motivieren?

Die Antwort lässt sich wie gewöhnlich auf Kommunikation eingrenzen. Sie müssen Ihren Mitarbeitern Gründe bieten. Warum bin ich so leidenschaftlich? Warum ist diese Mission von Bedeutung? Warum ist dieses kleine Detail so wichtig, dass ich gerade ausflippe, während kein anderer zu glauben scheint, dass es eine Rolle spielt? Niemand will jemandem folgen, der grundlos gegen Windmühlen ankämpft. Wenn Sie Ihre Leute auf Ihre Seite bringen, sie zu einem Team zusammenschweißen und sie mit derselben Energie und derselben Motivation füllen wollen, die in Ihnen brodeln, müssen Sie ihnen das Warum liefern.

Und manchmal müssen Sie es mit ein bisschen Was ergänzen. Was wird mir dafür gezahlt? Was bekomme ich, wenn ich Erfolg habe? Selbst wenn Ihr Team für die Mission brennt: Unterschätzen Sie nicht die Bedeutung der extrinsischen Motivation. Sie haben es mit Menschen zu tun, die vielleicht eine Gehaltserhöhung, eine Beförderung oder sogar eine Party brauchen. Ein freundliches Wort. Finden Sie heraus, was Ihren Mitarbeiter ein Gefühl der Wertschätzung vermittelt. Was sie bei der Arbeit glücklich macht.

Ihre Aufgabe als Führungskraft ist es, anderen zum Erfolg zu verhelfen. Sie sind dafür verantwortlich, dass jene sich zu den besten Versionen ihrer selbst entwickeln können. Sie müssen eine Umgebung schaffen, in der jene Sie überraschen, Sie übertreffen können.

Diese Vorstellung gefällt vielen nicht – sie wollen niemanden einstellen, der dann ihre Arbeit erledigt. Der ihre Arbeit womöglich besser erledigt als sie es selbst könnten. Von neuen Start-up-CEOs bekomme ich das immer wieder zu hören: »Wenn ich dafür jemanden einstelle, was bleibt mir denn dann noch selbst zu tun?!«

Die Antwort lautet natürlich: Die Aufgaben, für die Sie andere einstellen, obliegen nicht länger Ihrer Zuständigkeit. Wenn Sie Vorgesetzter oder Führungskraft oder CEO sind, besteht Ihre Aufgabe darin, Vorgesetzter oder Führungskraft oder CEO zu sein. Hören Sie auf, stolz auf Ihre individuellen täglichen Errungenschaften zu sein. Seien Sie stattdessen stolz auf die gemeinsamen Erfolge Ihres Teams.

Kwon Oh-hyun, der ehemalige CEO von Samsung Semiconductor und ein unglaublicher Partner, großer Bruder und gelegentlicher Mentor für mich in jener Zeit, als wir gemeinsam am iPod arbeiteten, sagte es einmal so: »Die meisten Vorgesetzten haben Angst, dass ihre Untergebenen besser werden als sie selbst. Aber du musst dir die Rolle des Vorgesetzten eher wie die eines Mentors oder eines Elternteils vorstellen. Welche liebenden Eltern würden sich NICHT wünschen, dass ihr Kind Erfolg hat? Du willst doch, dass deine Kinder erfolgreicher sind als du, oder nicht?«

Es gibt natürlich diese angeborene Angst davor, bloßgestellt zu werden. Meist lautet dieser Gedanke: »Moment mal, wie kann ich Jane führen, wenn Jane besser ist als ich? Wenn sie das super macht und ich nicht, denkt doch jeder, dass sie meinen Job übernehmen sollte.«

Und ich will Ihnen mal was sagen – das könnte stimmen. Und es ist toll.

Denn wenn jemand unter Ihrer Führung etwas Spektakuläres leistet, zeigt das dem Unternehmen bloß, dass Sie ein großartiges Team zusammengestellt haben. Und dass Sie dafür belohnt werden sollten. Es sollte immer mindestens eine oder zwei Personen in Ihrem Team geben, die Ihre Nachfolge antreten könnten. Das sind die Personen, mit denen Sie mehr 1-zu-1-Gespräche führen, die Sie mit in die Führungsmeetings nehmen und auf die jeder aufmerksam wird.

Je mehr man auf sie aufmerksam wird, desto besser. Das erleichtert es Ihnen, befördert zu werden, denn dann stellt sich nicht die Frage, wer Ihr Team führen kann, wenn Sie eine andere Position übernehmen.

Es hat einen Grund, warum Eltern gratuliert wird, deren Kinder etwas Großes zustande bringen: Nicht nur sind diese Errungenschaften zugleich auch die der Eltern, sondern sie spiegeln auch den Einfluss der Eltern wider. Die Eltern können stolz sein auf die Leistung ihres Kindes, weil sie wissen, wie viel Zeit, Mühe, Anleitung, schwierige Gespräche und harte Arbeit dahinterstehen.

Wenn Sie Führungsverantwortung haben – Glückwunsch, jetzt sind Sie Eltern geworden! Nicht, weil Sie Ihre Mitarbeiter wie Kinder behandeln sollten, sondern weil es nun in Ihrer Verantwortung liegt, ihnen zu helfen, Misserfolge zu verarbeiten und Erfolge zu erringen. Und sich zu freuen, wenn das geschieht.

Einer meiner Untergebenen bei Apple war Matt Rogers. Er war der erste Praktikant im iPod-Technikteam und studierte noch. Fünf Jahre später war er Senior Manager im Bereich iPod- und iPhone-Software. Er war eindeutig ein Superstar – ein toller Mensch und ein unglaubliches Talent. Als ich Apple verließ und über die Gründung eines weiteren Unternehmens nachdachte, traf ich mich mit Matt. Wir wurden ein Gründerteam und schufen gemeinsam Nest.

Bei Nest stellten wir einen Praktikanten namens Harry Tannenbaum ein. Harry ist analytisch, unermüdlich, strategisch. Fünf Jahre später war er der Leiter von Business Analytics und E-Commerce bei Google Nest. Noch ein Jahr später wurde er Hardware-Chef bei Google. Nachdem Matt Nest verlassen hatte, holte er Harry. Sie gründeten ihr Unternehmen 2020.

Ich bin so verdammt stolz auf die beiden.

Und ich kann es kaum erwarten, die nächste Talentgeneration kennenzulernen, die sie aufspüren und fördern und mit der sie Firmen gründen.

Wenn Sie ein guter Vorgesetzter sind und ein gutes Team schaffen, wird dieses Team richtig abgehen. Also hängen Sie sich rein. Jubeln Sie Ihren Mitarbeitern zu, wenn sie befördert werden. Glühen Sie vor Stolz, wenn jene bei einer Vorstandskonferenz brillieren oder ihre Arbeit vor der gesamten Firma präsentieren. So werden Sie ein guter Vorgesetzter. So fangen Sie an, den Job zu lieben.

Kapitel

2.2

FAKTEN VERSUS MEINUNG

Sie treffen täglich Hunderte kleiner Entscheidungen, aber dann sind da die maßgeblichen, bei denen Sie versuchen, die Zukunft vorherzusehen, und bei denen eine Menge Ressourcen auf dem Spiel stehen. In diesen Fällen ist es wichtig zu erkennen, mit was für einer Art von Entscheidung Sie es zu tun haben:

Faktenbasiert: Sie können Fakten und Zahlen zusammentragen, studieren und diskutieren, die es Ihnen ermöglichen, eine recht zuversichtliche Wahl zu treffen. Diese Entscheidungen sind relativ leicht zu treffen und zu rechtfertigen, und die meisten Mitarbeiter im Team können sie nachvollziehen.

Meinungsbasiert: Sie müssen Ihrem Bauchgefühl und Ihrer Vision folgen bei dem, was Sie tun wollen, weil Sie nicht über ausreichend viele Fakten verfügen, an denen Sie sich orientieren und auf die Sie sich stützen können. Diese Entscheidungen sind immer schwer und werden immer hinterfragt – schließlich hat jeder seine eigene Meinung.

Jede Entscheidung enthält Fakten- und Meinungselemente, aber angetrieben wird sie letztlich von den einen *oder* den anderen. Das eine Mal müssen Sie sich ganz auf die Fakten verlassen, ein andermal müssen Sie sich sämtliche Zahlen anschauen, um am Ende doch auf Ihr Bauchgefühl zu hören. Und dem eigenen Gefühl zu vertrauen, ist äußerst unheimlich. Viele Menschen haben entweder keinen guten Instinkt, dem sie folgen können, oder Ihnen fehlt das nötige Selbstvertrauen. Es braucht Zeit, dieses Vertrauen zu entwickeln. Deshalb versuchen sie, eine meinungsbasierte geschäftliche Entscheidung in eine faktenbasierte zu verwandeln. Aber Fakten können ein meinungsbasiertes Problem nicht lösen. Wie viele Zahlen auch immer Sie zusammentragen, es bleibt der Zweifel. Das führt zur Analyse-Paralyse: Tod durch zu viel Nachdenken.

Wenn Sie nicht genügend Fakten haben, um auf dieser Basis eine Entscheidung zu treffen, brauchen Sie Erkenntnisse, um sich eine Meinung zu bilden. Dabei kann es sich um wichtige Erkenntnisse zu Ihren Kunden, Ihrem Markt oder Ihrem Produktraum handeln – etwas Substanzielles, das Ihnen ein intuitives Gefühl vermittelt, was Sie tun sollten. Sie können sich auch Input von außen holen: Sie können mit Experten reden und sich mit Ihrem Team beratschlagen. Eine Einigung werden Sie nicht erzielen, aber hoffentlich ein Bauchgefühl entwickeln. Hören Sie darauf und übernehmen Sie die Verantwortung für das, was kommt.

* *

Bei General Magic sprachen wir ständig darüber, ein Produkt für Otto Normalverbraucher zu entwickeln, aber keiner hatte den Typen je kennengelernt.

Wir führten Nutzertests durch, nachdem wir die technische Entwicklung beendet hatten, aber ich bin mir ziemlich sicher, dass wir davor wenig bis gar keine Anwenderforschung betrieben hatten. Wir hatten keine Ahnung, was Otto Normalverbraucher wollen könnte, also bauten wir Features ein, die uns gefielen, und gingen einfach davon aus, dass die restliche Welt das genauso sehen würde.

Damals war ich ein Mitarbeiter ohne Führungsverantwortung. Ich nahm an, die Vorgesetzten wüssten, was sie taten. [Siehe auch Kapitel 1.4: Nicht (nur) nach unten sehen.]

Dann ging ich zu Philips. Jetzt war ich der Vorgesetzte. Und das Pendel schwang heftig aus.

Keine Annahmen mehr. Kein intuitives Entwickeln. Ich hatte einen Haufen Leute von General Magic mitgebracht und wir alle erholten uns von dem beschämenden Misserfolg des Magic Link. Wir wussten, dass wir dieselben Fehler nicht noch einmal machen durften. Wir mussten unsere Zielgruppe genau kennen und wissen, was sie wollte. Diesmal würde unser Produkt auf unmissverständlichen, widerspruchsfreien Fakten beruhen. Und in den Neunzigern bedeutete das Verbraucherbefragungen. Die waren der große Renner.

Wir beauftragten also eine externe Beratungsfirma und teilten ihr mit, dass wir es auf »mobile Geschäftsleute« abgesehen hatten. Sie führte Befragungen in verschiedenen Bundesstaaten durch und zahlte dreißig bis vierzig Leuten je 100 US-Dollar, damit sie sich ein paar Stunden lang unsere Präsentation anschauten.

Dann zeigten wir ihnen alles. *Alles.*

Einmal hatten wir zehn Prototypen für die klitzekleine Tastatur am Velo. Welche fühlte sich besser an? Welche sah brauchbarer aus? Welche wirkte zuverlässiger? Schauen Sie auf die Tastatur oder auf den Bildschirm, wenn Sie schreiben? Schreiben Sie mit allen Fingern? Oder nur mit den Daumen? Gefällt Ihnen die graue? Die schwarze? Die blaue? Die blaugraue?

Wir sahen uns die Videoaufzeichnungen der Sitzungen an. Beobachteten ihre Gesichter, ihre Finger, studierten ihre Antworten auf unseren kleinen Formularen. Dann taten die Berater dasselbe – sie trugen alles zusammen und erstatteten sechs Wochen später Bericht.

Der Kunde hat immer recht, oder?

Nur dass Kundenpanels nun einmal nicht designen können. Diese Leute können einfach nicht klar genug sagen, was sie wollen, um definitiv in die eine oder andere Richtung zu weisen – besonders, wenn sie es mit etwas völlig Neuem zu tun haben, das sie noch nie benutzt haben. Kunden fühlen sich immer wohler mit dem, was bereits existiert, selbst wenn es Mist ist.

Aber wir gingen in dieselbe Falle wie alle anderen auch. Wir waren beeindruckt von den Beratern und begeistert von den Zahlen. Und rasch verließen wir uns viel zu sehr darauf: Alle wollten Fakten, damit sie die Entscheidungen nicht selbst treffen mussten. Statt mit einem Design voranzukommen, hieß es: »Okay, testen wir das mal.« Keiner wollte die Verantwortung für das übernehmen, was er herstellte.

Also wurden Tests durchgeführt. Und dann noch mal. Am Montag wählten die Testkunden Option X, am Freitag entschied sich dieselbe Gruppe für Option Y. Derweil bezahlten wir Millionen US-Dollar an die Berater, die anderthalb Monate brauchten, um noch einmal ihren eigenen Senf dazuzugeben.

Die Fakten waren keine Leitlinie. Im besten Fall waren sie eine Krücke, im schlimmsten Zementstiefel. Das war Analyse-Paralyse.

Und das gilt nicht nur für die altmodischen Kundenbefragungen. Wäre es 2016 gewesen statt 1996, hätten wir uns auf A/B-Tests gestürzt – das allgegenwärtige Instrument des Internetzeitalters. A/B-Tests sind einfach ein digitales Experiment, bei dem man an Kunden Testoption A gegen Testoption B testet. Die einen sehen einen blauen, die anderen einen orangefarbenen Button, und Sie sehen, welcher Button am häufigsten angeklickt wird. Es ist ein unglaubliches Tool – unendlich viel schneller als Kundenbefragungen und erheblich leichter zu interpretieren.

Doch selbst mit A/B-Tests hätten wir wahrscheinlich dieselben schwammigen Ergebnisse bekommen, dieselbe produkttödliche Angst, die falsche Entscheidung zu treffen.

Ungeachtet dessen, dass heutzutage viele Unternehmen wie besessen jedes einzelne Element ihres Produkts testen und bedingungslos den Klicks folgen, sind A/B- und Anwendertests kein Produktdesign. Sie sind Instrumente. Tests. Im besten Falle Diagnosen. Sie können Ihnen sagen, dass etwas nicht funktioniert, aber nicht, wie man das beheben kann. Oder sie zeigen Ihnen eine Option, die ein scharf begrenztes Problem löst, aber an anderer Stelle völlig versagt.

Sie müssen also die Optionen und die Tests so gestalten, dass Sie wirklich wissen, was Sie da überhaupt testen. Sie müssen sich Gedanken darüber machen, was A und B sind, statt sie willkürlich von einem Algorithmus zuweisen zu lassen oder sie unüberlegt gegen eine Wand zu werfen, um zu gucken, was hängenbleibt. Und das erfordert Einsicht und Kenntnis der gesamten Kundenerfahrung. Sie benötigen eine Hypothese und diese Hypothese sollte Teil einer größeren Produktvision sein. Sie können also einen A/B-Test dazu machen, wo der »Kaufen«-Button auf einer Website platziert werden und ob er blau oder orange sein soll, aber Sie sollten nicht testen, ob ein Kunde online kauft oder nicht.

Wenn Sie den Kern Ihres Produkts testen und die Grundfunktionalität zur Disposition steht und sich je nach den Launen eines A/B-Tests ändern kann, dann gibt es keinen Kern. Dann ist da ein Loch, wo Ihre Produktvision sein sollte, und Sie schaufeln die Daten einfach ins Leere.

In unserem Fall – und im Falle jedes Produkts der ersten Generation – hätten wir ewig weiterschaufeln können. Wir hätten nie genug Daten gehabt, um eine sichere Wahl treffen zu können.

Wenn ein Produkt wirklich neu ist, lässt es sich mit nichts vergleichen. Es gibt dann nichts zu optimieren und nichts zu testen.

Wir haben gut daran getan, unsere Zielgruppe frühzeitig zu definieren, sie anzusprechen und herauszufinden, welche Probleme sie hatte. Aber dann wäre es unsere Aufgabe gewesen, die besten Möglichkeiten zum Lösen dieser Probleme zu entwickeln. Es war richtig, nach ihrer Meinung zu fragen und uns ein Feedback zu unseren Entwürfen zu holen. Aber es wäre unsere Aufgabe gewesen, diese Erkenntnisse zu nutzen, um uns in die Richtung zu bewegen, an die wir selbst glaubten.

Am Ende merkte unser Team das auch – wir hörten auf, den Consultants Geld hinterherzuwerfen und uns im Kreis zu drehen, und fingen an, uns vorwärts zu bewegen und auf uns selbst und die vertrauenswürdigen Ansichten kluger Menschen in unserem Umfeld zu bauen.

Wir trafen Entscheidungen. Ich traf Entscheidungen. Das ist »in«. Das ist »out«. So wird es gehen.

Nicht alle Mitarbeiter waren mit mir einer Meinung. Das passiert manchmal, wenn einer die letzte Entscheidung treffen muss. In solchen Momenten ist es Ihre Verantwortung als Vorgesetzter oder Führungskraft zu erklären, dass dies keine Demokratie ist, dass dies eine meinungsbasierte Entscheidung ist und Sie die richtige Wahl nicht im Konsens treffen werden. Aber es ist auch keine Diktatur. Sie können nicht einfach Befehle erteilen, ohne sich zu erklären.

Teilen Sie dem Team also Ihre Gedankenprozesse mit. Gehen Sie alle Zahlen durch, die Sie betrachtet haben, alle Erkenntnisse, die Sie gewonnen haben, und warum Sie schließlich diese Entscheidung getroffen haben. Nehmen Sie den Input der Leute entgegen. Hören Sie zu, reagieren Sie nicht. Es mag eine Minderheit von Mitarbeitern geben, die der Entscheidung zustimmen; vielleicht gibt es gute Rückmeldungen, die Sie Ihren Plan modifizieren lassen. Falls nicht, halten Sie eine Rede: Ich verstehe euren Standpunkt. Das sind die Punkte, die für unsere Kunden Sinn ergeben, und das sind die Punkte, die es nicht tun. Wir müssen weiterkommen und in diesem Fall muss ich meinem Bauchgefühl folgen. Los geht's.

Selbst wenn manche Ihrer Mitarbeiter diese Antwort nicht gutheißen werden, werden sie sie respektieren. Und sie werden Ihnen vertrauen – sie wissen, dass sie sich äußern und Ihre Entscheidungen kritisieren können, ohne sofort erschossen zu werden. Und dann können sie seufzen, mit den Schultern zucken und zu ihrem Team zurückkehren, um das »Warum« der Entscheidung mitzuteilen, und ins Boot einsteigen.

So hat es bei mir immer geklappt. So kam das Team von Philips dazu, meine Entscheidungen zu akzeptieren.

Die ständig wechselnde Geschäftsführung von Philips tat das allerdings nicht. Bis unmittelbar vor der Markteinführung verlangten sie von uns noch Zahlen, die beweisen sollten, dass ein Markt für unsere Produkte existierte. Aber wenn Sie etwas Neues machen, gibt es keine Möglichkeit, definitiv zu beweisen, dass es den Leuten gefallen wird. Man muss es einfach herausbringen – es in die Welt setzen (oder wenigstens nachsichtigen Kunden oder internen Nutzern vorsetzen) und abwarten, was passiert.

In dieser Phase ist es wichtig, dass Sie einen Chef haben, der versteht, mit welcher Art von Entscheidungen Sie es zu tun haben. Sie brauchen einen Vorgesetzten, der Ihnen vertraut und bereit ist, Ihnen den Rücken zu stärken.

Doch solche Führungskräfte – solche Menschen – sind schwer zu finden.

Die meisten Menschen wollen nicht mal eingestehen, dass es meinungsbasierte Entscheidungen überhaupt gibt oder dass die Entscheidungen, die sie zu treffen haben, von dieser Art sind. Denn wenn Sie Ihrem Bauchgefühl folgen und Ihr Bauchgefühl falsch ist, können Sie niemandem die Schuld in die Schuhe schieben. Wenn Sie dagegen ausschließlich den Fakten folgen und damit scheitern, muss der Fehler woanders gelegen haben: Jemand anderes hat Mist gebaut.

Das ist eine häufige Taktik von Menschen, die sich absichern wollen. Es ist nicht mein Fehler! Ich hab nur das gemacht, was die Zahlen verlangten! Zahlen lügen schließlich nicht.

Deshalb verlangen manche Manager, Führungskräfte und Shareholder auch dann nach Zahlen, wenn es keine gibt, und jagen dann diese imaginären Zahlen geradewegs in den Abgrund. Das sind die Menschen, die ihren Navi-Empfehlungen blind folgen und ihr Auto gnadenlos in die tiefste Schlucht lenken. Wenn irgend möglich, wollen sie das menschliche Element – das menschliche Urteil – aus der Gleichung tilgen.

Das sind auch die Menschen, die bedenkenlos die großkopferten, sehr teuren (und meiner Meinung nach vollkommen nutzlosen) Consultants hinzuziehen, die nichts Besseres zu tun haben, als die getroffene Entscheidung in Frage zu stellen, an sich zu reißen an Leute weiterzureichen, die weder den Kontext kennen, noch ein Verständnis für Produkt, Unternehmen und Unternehmenskultur mitbringen.

Wenn das passiert, müssen Sie sich ein Bild vom Geschehen machen, um dann zu versuchen, die Führungsebene in eine andere Richtung zu lenken. Hier sind ein paar Gründe, warum eine Führungskraft auf Ihrer Idee sitzen und dann die Berater hinzuziehen könnte:

1. **Verzögerung.** Vielleicht wartet sie auf etwas – eine Beförderung oder einen Bonus – und will kein Risiko eingehen, ehe sie es bekommen hat.
2. **Angst um ihren Arbeitsplatz.** Möglicherweise glaubt sie, die Konsequenz einer Niederlage würde darin bestehen, dass sie dieses Projekt, ihre Position oder – wenn die Niederlage spektakulär genug ist – ihren Arbeitsplatz verliert.
3. **Sie hat keine Zeit oder will sich nicht die Mühe machen.** Sie glaubt nicht, dass es die Mühe lohnt, sich mit der zu treffenden Entscheidung zu befassen und sie wirklich zu durchdringen, eine der verfügbaren Optionen zu wählen und ein Risiko einzugehen. Sie will einfach, dass jemand anderes das tut und sie gut dastehen lässt.
4. **Sie weiß, was sie will, möchte aber niemandem auf die Füße treten.** Sie will für »nett« gehalten werden, weshalb sie einfach weiterhin das Terrain sondieren lässt und immer und immer wieder um neue Daten bittet, bis Sie ausgelaugt und erschöpft sind.

Was sollten Sie also machen, wenn Sie es mit einem Vorgesetzten zu tun haben, der unaufhaltsam auf eine Schlucht zusteuert – idealerweise, während er sein ganzes Geld zum Fenster hinaus und Beratern in den Rachen wirft? Oder was machen Sie, wenn Sie Zahlen haben, die jedoch nicht eindeutig sind – wenn keiner mit Sicherheit sagen kann, wohin das führt? Oder was, wenn Sie Ihr Team davon überzeugen müssen, Ihnen zu folgen, obwohl Sie gar nicht beweisen können, dass Sie auf dem richtigen Weg sind?

Erzählen Sie einfach eine Geschichte. [Siehe auch Kapitel 3.2: Storytelling.]

Mit Storytelling bringen Sie Menschen dazu, sich zu etwas Neuem zu überwinden. All unsere großen Entscheidungen lassen sich letztlich darauf zurückführen, an eine Geschichte zu glauben, die wir uns selbst oder die andere uns erzählen. Ein glaubwürdiges Narrativ zu schaffen, dem jeder sich anschließen kann, ist entscheidend für das Vorankommen und das Treffen schwieriger Entscheidungen. Es ist das, worum es beim Marketing geht. Es ist der Kern des Verkaufens.

Und jetzt verkaufen auch Sie etwas – nämlich Ihre Vision, Ihr Bauchgefühl, Ihre Ansicht.

Speisen Sie die Leute also nicht mit der üblichen Präsentation ab: »Das ist Jane, das ist ihr Leben, und so wird ihr Leben sich verändern, wenn sie unser Produkt verwendet.« Anderen den Blickwinkel des Kunden zu vermitteln, ist ein wichtiges Instrument, aber es ist nur ein Teil dessen, was Sie tun müssen. Ihre Aufgabe in diesem Moment ist es, ein Narrativ zu erschaffen, das die Führung von der Vertrauenswürdigkeit Ihres Bauchgefühls überzeugt, davon, dass Sie alle verfügbaren Zahlen gefunden haben, dass Sie auch in der Vergangenheit immer gute Entscheidungen getroffen haben, dass Sie die Bedenken der Entscheidungsträger nachvollziehen und jene Risiken vermeiden können, dass Sie Ihre Kunden und deren Bedürfnisse wirklich verstehen und – was am wichtigsten ist – dass Ihr Vorschlag positive geschäftliche Auswirkungen haben wird. Wenn Sie diese Geschichte gut erzählen, wenn Sie die Menschen mitnehmen und auf diesen Weg bringen können, dann werden sie Ihrer Vision folgen, selbst wenn es keine harten Fakten gibt, auf die Sie sich stützen können.

Nichts ist jemals zu 100 Prozent sicher. Selbst wissenschaftliche Untersuchungen mit vollständig zahlengestützten Ergebnissen sind in Wirklichkeit voller Schwachstellen – diese Stichprobe haben wir nicht gemacht, da gab es jene Variante, wir müssen bei diesem Test noch mal nachfassen. Die Antwort ist vielleicht gar nicht die Antwort. Es besteht immer die Möglichkeit, dass wir uns geirrt haben.

Sie können also nicht auf die perfekten Zahlen warten. Sie existieren nicht. Sie müssen diesen ersten Schritt ins Unbekannte wagen. Kombinieren Sie alles, was Sie herausgefunden haben, und nehmen Sie die bestmögliche Einschätzung dessen vor, was als Nächstes passieren wird. So ist das Leben nun einmal. Die meisten unserer Entscheidungen sind datengeprägt, aber nicht datengeneriert. Die blitzgescheite, einfühlsame, erfrischend einsichtige und uneitle Designerin Ivy Ross, Vice President of Hardware Design bei Google, sagte einmal: »Es ist keine Frage von Zahlen oder Intuition, sondern von Zahlen und Intuition.«

Sie brauchen beides. Sie nutzen beides. Und manchmal bringen die Zahlen Sie nur bis zu einem bestimmten Punkt. In solchen Augenblicken müssen Sie einfach springen. Gucken Sie dabei nur nicht nach unten.

Kapitel

2.3

ARSCHLÖCHER

Im Verlauf Ihres Berufslebens werden Sie einigen echten Arschlöchern begegnen. Das sind (meistens) Männer und (manchmal) Frauen in verschiedenen Ausprägungen von Egoismus, Verlogenheit oder Grausamkeit, die alle eines gemeinsam haben: Man kann ihnen nicht trauen. Sie können und werden Sie und Ihr Team in die Pfanne hauen – entweder, um sich selbst einen Vorteil zu verschaffen, oder einfach, um Sie fertigzumachen und sich selbst als Helden darzustellen. Man findet sie auf allen Ebenen, als Mitarbeiter ohne Führungsverantwortung wie auch im Management, aber die höchste Konzentration gibt es an der Spitze – laut Simon Croom, Professor an der University of San Diego, weisen bis zu 12 Prozent der Spitzenführungskräfte in Konzernen psychopathische Züge auf. [Siehe auch Kapitel 5.1: Einstellen: Jeder im Team wusste, wozu wir die Gespräche führten.]

Sie werden auch Menschen begegnen, mit denen es sich sehr schwer zusammenarbeiten lässt – die griesgrämig oder laut oder herrisch oder aufbrausend sind – und die zunächst wie Arschlöcher wirken, deren Motivation und Handeln aber eine ganz andere Geschichte erzählt.

Es ist wichtig zu erkennen, mit was für einem Menschen Sie es zu tun haben, damit Sie wissen, wie Sie am besten mit ihm zusammenarbeiten – oder ihm, wenn nötig, aus dem Weg gehen.

Mit diesen Arten von Arschlöchern könnten Sie es zu tun bekommen:

1. **Intrigante Arschlöcher:** Sie beherrschen die Kunst der Unternehmenspolitik, tun aber nichts anderes, als sich mit fremden Federn zu schmücken. Diese Arschlöcher sind meist unglaublich risikoscheu – sie sind ganz auf das Überleben fokussiert und schubsen andere he-

rum, damit sie nach oben kommen. Selbst tun sie überhaupt nichts – bei tatsächlicher Arbeit und schwierigen Entscheidungen sind sie nicht anwesend –, aber sie sind sofort zur Stelle und rufen »Hab ich doch gleich gesagt«, wenn das Projekt eines anderen ins Trudeln gerät, und mischen sich dann ein, um es zu »retten«. Oft halten sie sich bei großen Meetings zurück, weil sie vor ihren Chefs keinen Fehler machen wollen – sie können es nicht riskieren, als Idioten betrachtet zu werden. Stattdessen arbeiten sie im Hintergrund, um Sie und alle anderen zu untergraben, die nicht in ihrem »Team« sind. Diese Arschlöcher bilden meist Koalitionen von verbündeten Arschlöchern – Nachahmern, die das als Weg zum Erfolg begreifen. Und es gibt immer eine Person, die sie hassen und gegen die sie paktieren und die sie irgendwie aus dem Weg räumen wollen.

2. **Kontrollierende Arschlöcher:** Mikromanager, die systematisch alle Kreativität und Freude in ihrem Team ersticken. Mit diesen Arschlöchern kann man nicht diskutieren. Sie lehnen jede gute Idee ab, die nicht von ihnen selbst kommt, und fühlen sich extrem bedroht von jedem Mitarbeiter, der talentierter ist als sie. Sie missgönnen anderen die Lorbeeren für ihre Arbeit, knausern mit Lob und geben die Arbeit anderer als ihre eigene aus. Das sind die Arschlöcher, die sich auf großen Meetings aufspielen, andere nicht zu Wort kommen lassen und defensiv und wütend reagieren, wenn irgendjemand ihre Ideen kritisiert oder Alternativen vorschlägt. Manchmal sind sie richtig gut in dem, was sie tun – sie verfeinern ihre Taktik immer mehr und nutzen sie dann, um jeden in ihrem Umfeld runterzumachen.
3. **Arschloch-Arschlöcher:** Sie machen die Arbeit und alles andere mies. Das sind die gemeinen, neidischen, unsicheren Deppen, denen Sie bei einer Party aus dem Weg gehen würden, die aber unweigerlich im Büro neben Ihnen sitzen. Sie bringen keine Leistung und sind zutiefst unproduktiv, weshalb sie alles in ihrer Macht Stehende tun, um die Aufmerksamkeit von sich abzulenken. Sie lügen, verbreiten Klatsch und manipulieren andere, um sie in die Irre zu führen. Das einzig Gute an diesen Arschlöchern ist, dass sie im Allgemeinen ziemlich schnell wieder weg sind – sie können nur eine begrenzte Zeit täuschen, ehe

die anderen merken, dass sie überhaupt keinen Wert einbringen. Und niemand arbeitet gern mit ihnen zusammen.

Darüber hinaus können Arschlöcher sich unterschiedlich verhalten:

Aggressiv: Sie flippen aus. Sie brüllen. Sie beschuldigen Sie aller möglichen unsinnigen Vergehen. Sie verspotten Sie bei Meetings und erniedrigen Sie vor Ihrem Chef. Diese Arschlöcher sind leicht zu erkennen.

Passiv-aggressiv: Sie lächeln. Sie nicken. Sie stimmen Ihnen zu und verhalten sich freundlich. Dann verbreiten sie hinter Ihrem Rücken bösartige Gerüchte und versuchen Sie auf Schritt und Tritt zu bescheißen. Das ist die deutlich gefährlichere Spielart von Arschlöchern – Sie ahnen nichts, bis Sie das Messer im Rücken spüren.

Bei der Arbeit werden Sie noch einer weiteren Art von Menschen begegnen, die leicht mit den kontrollierenden Arschlöchern zu verwechseln ist. Man ist spontan geneigt, sie als egoistische Idioten abzutun, aber ihre Motivation ist eine ganz andere: Es geht ihnen stets um bessere Arbeit und nicht um den eigenen Vorteil oder darum, andere zu verletzen. Das Wichtigste aber ist: Sie können ihnen vertrauen. Vielleicht treffen sie nicht immer Entscheidungen, die Ihnen gefallen, aber sie sind auf den übergeordneten Nutzen fokussiert und haben immer ein Ohr für Argumente, die von der Verbesserung des Produkts und dem Nutzen für den Kunden handeln. Das unterscheidet sie grundlegend von echten Arschlöchern. Es macht die Arbeit mit ihnen allerdings auch nicht leichter:

4. **Missionsgetriebene »Arschlöcher«:** Sie sind irre leidenschaftlich – und ein bisschen irre. Sie nehmen kein Blatt vor den Mund, scheren sich nicht um die zwischenmenschlichen Gepflogenheiten des modernen Bürolebens und rollen wie Dampfwalzen über die delikate Ordnung des »So machen wir das hier« hinweg. Genau wie echte Arschlöcher sind sie niemals locker und es ist nie leicht, mit ihnen zu arbeiten. Anders als echte Arschlöcher sind ihnen ihre Mitarbeiter nicht egal. Sie nehmen sie ernst. Sie hören zu. Sie arbeiten unglaublich hart und drängen ihre Mitarbeiter dazu, besser zu werden – oft gegen deren Willen. Sie sind erbarmungslos, wenn sie sich im Recht wissen,

aber zugleich bereit, sich eines Besseren belehren zu lassen. Sie loben die Bemühungen anderer, wenn sie wirklich toll sind. Wenn Sie wissen wollen, ob Sie mit einem missionsgetriebenen »Arschloch« zusammenarbeiten, hören Sie sich am besten die Mythen an, die sich um ihn ranken – es kursieren immer ein paar ausgewählte Geschichten über irgendetwas Verrücktes, das er gemacht hat, und diejenigen, die eng mit ihm zusammengearbeitet haben, betonen stets, dass er in Wahrheit gar nicht so übel sei. Entscheidend aber ist, dass das Team ihm früher oder später vertraut, sein Handeln respektiert und liebevoll auf die Erfahrung der gemeinsamen Arbeit zurückblickt, weil er das Team dazu getrieben hat, die beste Arbeit ihres Lebens zu leisten.

* *

Viele Menschen halten mich für ein Arschloch.

Meistens liegt das daran, dass ich laut werde. Ich frage ein paar Mal nett nach, und dann – wenn es zu nichts führt – höre ich auf, nett zu sein. Ich erwarte das Beste – von mir, von allen anderen. Mir liegt viel an unserer Mission, unserem Team, unseren Kunden. Ich kann nicht anders, als mich dafür zu interessieren.

Also mache ich Druck. Wenn etwas nicht so ist, wie es sein sollte, und ich eine Chance sehe, es besser zu machen und dem Kunde mehr zu geben, dann gebe ich keine Ruhe. Ich lasse die Dinge nicht schleifen. [Siehe auch Kapitel 6.1: CEO werden.] Die Experten, die bereits wissen, wie man es macht – wie es immer gemacht wurde –, treibe ich an, nach neuen Wegen zu suchen. Und das verlangt ihnen eine Menge ab. Es ist nicht leicht, so zu arbeiten. Etwas anderes würde ich auch niemals behaupten.

Aber wer andere zur Spitzenleistung antreibt, ist damit noch lange kein Arschloch. Wer Mittelmäßigkeit nicht toleriert, ist deswegen kein Arschloch. Wer Selbstverständlichkeiten infrage stellt, ist damit kein Arschloch. Ehe Sie jemanden als »Arschloch« abtun, müssen Sie zuerst versuchen, seine Motivation zu verstehen.

Es ist ein Riesenunterschied, ob man empathisch und leidenschaftlich zum Nutzen des Kunden handelt oder ob man andere mobbt, um sein eigenes Ego zu stärken.

Für das Gegenüber ist dieser Unterschied nicht immer offensichtlich. Es ist schwierig, in einen Wirbelsturm zu laufen und zu denken: Ah, das ist ein Wirbelsturm der Leidenschaft. Ich muss ihn bloß eine Zeit lang wüten lassen, um anschließend ein paar hilfreiche Daten einzuwerfen.

Mit manchen Wirbelstürmen kann man argumentieren. Mit anderen jedoch nicht.

Für den Umgang mit Menschen wie mir – um Wirbelstürmen die Wucht zu nehmen – habe ich deshalb den Rat: Fragen Sie nach den Gründen.

Es liegt in der Verantwortung eines leidenschaftlichen Menschen – besonders eines Vorgesetzten –, seine Entscheidungen zu erläutern und dafür zu sorgen, dass Sie sie aus seinem Blickwinkel sehen können. Wenn er Ihnen sagen kann, warum er so für etwas brennt, können Sie seine Gedankengänge nachvollziehen und sich ebenfalls für die Sache begeistern oder aber auf mögliche Probleme hinweisen.

Fragen Sie also nach. Scheuen Sie sich nicht, Druck zu machen. Man wird Sie mehr respektieren, wenn Sie für das einstehen, woran Sie glauben. Missionsgetriebene »Arschlöcher« wollen besser in ihrem Job sein und die alles entscheidende Mission erfüllen – sie wollen dafür sorgen, dass die Firma den richtigen Weg einschlägt.

Wenn es also im Interesse des Kunden ist, werden sie Sie anhören und gegebenenfalls — früher oder später – ihre Meinung ändern.

Das habe ich immer meinem Team bei Apple gesagt, wenn Steve Jobs komplett abhob: »Ja, die Idee ist verrückt. Aber die Vernunft wird sich durchsetzen! Selbst wenn Steve sich heute irrt, könnt ihr darauf vertrauen, dass er früher oder später zur richtigen Antwort gelangt. Wir müssen einfach eine bessere Methode finden und die Sache begründen.«

Seien Sie auf etwas Sturm und Hagel vorbereitet, aber fürchten Sie nicht, weggeblasen zu werden: Ein missionsgetriebenes »Arschloch« wird vielleicht Ihre Arbeit in der Luft zerreißen, aber Sie persönlich wird so jemand nicht attackieren. Er wird Sie nicht beschimpfen oder rausschmeißen, nur weil Sie eine andere Meinung vertreten als er.

Das ist der Unterschied zwischen einem missionsgetriebenen und einem kontrollierenden »Arschloch«.

Kontrollierende Arschlöcher hören nicht zu. Sie würden niemals zugeben, dass sie Mist gebaut haben. Intrigante Arschlöcher ebenso wenig. Sie ignorieren offensichtliche Probleme und lassen vernünftiges Feedback an sich abprallen – entweder, weil es strategisch nicht hilfreich ist, oder weil ihr Ego es nicht verkraftet. Sie verteidigen nicht das Produkt oder den Kunden oder das Team. Sie verteidigen sich selbst.

Und um das klarzustellen: Steve Jobs war weder das eine noch das andere – weder kontrollierend noch intrigant. Natürlich ging er manchmal zu weit – er war schließlich ein Mensch –, ich habe es weder gebilligt noch entschuldigt und es war nicht die Regel. Steve war ein missionsgetriebenes »Arschloch«, ein leidenschaftlicher Wirbelsturm.

Am Ende setzte sich immer das durch, was für das Produkt optimal war, weil nur das Produkt zählte. Steve war stets auf die Arbeit fokussiert. In jedem Augenblick.

Die Arbeit zum Elend machen in Wahrheit jene Arschlöcher, die es auf die Mitarbeiter abgesehen haben – darauf, diese unter ihre Fuchtel zu bringen. Echte Arschlöcher machen immer etwas Persönliches daraus. Ihre Motivation ist ihr Ego, nicht ihre Arbeit. Solange sie auf der Siegerseite stehen, ist es ihnen scheißegal, was mit dem Produkt passiert oder was der Kunde vorgesetzt bekommt. Diese Arschlöcher sind es, die es Ihnen zunehmend schwieriger machen, etwas zu schaffen, auf das Sie stolz sein können.

Wie der Vorgesetzte, der einer Freundin von mir unumwunden sagte: »Reden Sie nicht mit dem CEO!«

Während der Produktentwicklung wandte sich der CEO oft mit seinen Fragen oder Ideen unmittelbar an sie. Von ihrem Vorgesetzten bekam er die Informationen nicht in der gewünschten Geschwindigkeit, und so zog er es vor, mit ihr direkt zu sprechen.

Ihr Vorgesetzter war fuchsteufelswild. Wie konnte sie es wagen, die Hackordnung zu durchbrechen? So läuft das hier nicht!

Also sagte er: »Sprechen Sie nie wieder mit dem CEO. Rufen Sie ihn nicht an. Schreiben Sie ihm keine E-Mail. Es geht alles nur über mich.«

Aber nicht sie rief ihn an. Er rief sie an. Und sie war nicht blöd. Wenn der CEO mit ihr sprechen wollte, ging sie darauf ein. Sie bot ihrem Vorgesetzten an, ihm alles zu erzählen, worüber sie der CEO und sie gesprochen hatten, doch das reichte ihm nicht. Statt sich in die Arbeit zu vertiefen und sich auf die möglichen Fragen des CEO gebührend vorzubereiten, erteilte er ihr einfach ein Redeverbot.

Sie verdrehte die Augen und ignorierte seine Anweisung. Aber sie musste mit ihm klarkommen, um ihr Projekt auf den Weg zu bringen. Also machte sie das Einzige, was Sie tun können, wenn Sie es mit einem kontrollierenden Arschloch zu tun haben:

1. Freundlich sein.
2. Ignorieren.
3. Bestmöglich aus dem Weg gehen.
4. Kündigen.

In dieser Reihenfolge.

Fangen Sie damit an, dass Sie ihm einen Ausrutscher zugestehen. Vielleicht hat er schlechte Erfahrungen gemacht oder einst eine schwierige Arbeitsbeziehung zu einem ehemaligen Mitglied Ihres Teams gehabt. Vielleicht weiß er einfach nicht, wie er mit Ihnen arbeiten soll. Vielleicht ist das alles ein großes Missverständnis – Sie werden es aus dem Weg räumen und ihm zeigen, dass daraus eine produktive Beziehung werden kann.

Vergewissern Sie sich zuerst, dass nicht Sie das Problem sind – dass Sie nicht durch irgendetwas einen falschen Eindruck erzeugt oder versehentlich ein Problem geschaffen haben. Führen Sie ein offenes Gespräch, in welchem Sie einräumen, dass Sie keinen guten Start hatten. Seien Sie freundlich. Seien Sie nett. Loben Sie ihn vor anderen – zollen Sie ihm Anerkennung für irgendetwas, das er gemacht hat (selbst wenn er es falsch gemacht hat). Manchmal hilft schon das.

Manchmal auch nicht.

Nachdem Sie alle Register gezogen – mit ihm gesprochen, ihn um Rat gefragt, ihn fair behandelt und ein paar ehrliche Gespräche geführt – haben und absolut nichts dabei rausgekommen ist, gehen Sie in die Defensive. Wenn Sie einen guten Vorgesetzten haben, bitten Sie ihn, Sie vor dem Arschloch zu schützen. Vielleicht kann er den Betrieb ein wenig umstrukturieren, damit Sie nichts mehr mit diesem Menschen zu tun haben und sich seine Kommentare nicht länger anzuhören brauchen.

Wenn das nichts nützt, ignorieren Sie ihn einfach. Beziehen Sie ihn nicht mehr in Ihre Entscheidungen ein. Bitten Sie um Verzeihung, nicht um Erlaubnis – und irgendwann nicht einmal mehr darum. Wenn Sie etwas für das Unternehmen Wertvolles und unzweifelhaft Sinnvolles tun, kann das Arschloch toben und mit den Füßen stampfen, so viel es will: Ihm sind die Hände weitestgehend gebunden. Seien Sie dabei aber nicht aggressiv oder unangenehm – machen Sie einfach Ihr Ding.

Manchmal können Sie sich damit genügend Zeit verschaffen, um Ihr Projekt in Ruhe abzuschließen.

Manchmal aber auch nicht.

Nachdem mich ein Arschloch, mit dem ich beruflich zu tun hatte, wochenlang ignoriert und Meeting für Meeting scheibchenweise zu demontieren versucht hatte, zog er mich einmal in sein Büro – in dem sich auch die Personalchefin befand –, guckte mir in die Augen und sagte: »In diesem Raum schwingen zwei Schwänze. Und meiner ist der größte.«

Eines muss man ihm lassen: Das war schwer zu ignorieren.

Ich weiß noch, wie ich dasaß und die Aussage zu verarbeiten versuchte. Was hatte er gedacht, dass ich darauf erwidern würde? Oder tun? Wollte er, dass ich ihm eine reinhaue? War es das, was er damit bezweckte? Es war so ein bizarrer Augenblick, so ein Schockmoment, dass ich genau das Richtige tat. Ich saß schweigend da und starrte ihn an. Er fuhr fort – das war nur die Eröffnungssalve gewesen. Aber ich ließ mich nicht auf einen Streit ein. Ich nahm den Fehdehandschuh nicht auf. Ich sortierte bloß meine Weltsicht neu. Okay, so ist dieser Typ also tatsächlich. Das ist das Spiel, das wir spielen. Er ist nicht in meiner Mannschaft. Er verdient meinen Respekt nicht.

Jetzt musste ich in die Offensive gehen. Und ich brauchte Rückendeckung.

Wenn Sie Ärger mit einem Arschloch haben, sind Sie für gewöhnlich nicht als Einziger genervt. Suchen Sie sich Leute, die mit Ihnen einig sind, dass dieses Arschloch gehen muss – sprechen Sie mit seinen Kollegen, mit der Personalabteilung. Passen Sie den richtigen Moment ab, um mit seinem Vorgesetzten zu reden – im Allgemeinen wird er nicken und sagen, dass er schon etwas unternommen hat. Das wird vermutlich ewig dauern und sehr chaotisch sein, aber zuletzt wird das Arschloch hoffentlich entweder aus Ihrem Projekt oder ganz aus Ihrem Leben verschwinden.

Falls das nicht funktioniert, können Sie Ihrerseits versuchen, das Team zu wechseln. Aber wenn Sie es mit einem echten Arschloch zu tun haben, hat sich dessen Ruf wahrscheinlich schon in der ganzen Firma verbreitet. Sollte ein anderes Team wissen, dass es den Zorn des fraglichen Arschlochs auf sich zieht, wenn es Sie an Bord holt, könnte es zu dem Schluss kommen, dass es den Stress nicht wert ist. Ich kann mich erinnern, wie einmal jemand zum Paria wurde – kein anderes Team wollte ihn haben aus Angst, dass der verlierende Vorgesetzte auf Rache sinnen könnte.

An diesem Punkt könnte Ihre einzige Option der letzte Punkt in der Liste sein.

Kündigen.

Sagen Sie Ihrem Chef, Ihrer Personalabteilung und allen, die es hören wollen, dass Sie alles versucht haben und nicht länger mit diesem Menschen zusammenarbeiten können. [Siehe auch Kapitel 2.4: Ich kündige: Doch wenn Sie am Ende Ihrer Geduld sind.]

Wenn Sie wertvoll und nützlich sind, wird das Management vermutlich allerhand anstellen, um Sie zu behalten und die Situation zu klären. Entscheidend ist stets, dass Sie Ihren Beitrag zu einem bedeutsamen Projekt leisten. Wenn Sie liefern und der andere nicht, wird das Arschloch zuletzt als Arschloch erkannt und isoliert oder seines Wirkungsfelds beraubt. Das kann sehr lange dauern, aber meist verlieren seine Ansichten dann an Kraft und verblassen.

Aber nicht immer.

Manchmal kann er Ihnen selbst dann noch schaden, wenn er des Unternehmens verwiesen wird.

Behalten Sie also immer die Social Media im Auge. Achten Sie nicht nur auf internes Grummeln, sondern schauen Sie auch auf Glassdoor, Facebook, Twitter, Medium, LinkedIn, ja – sogar auf Quora. TikTok. Was auch immer. Wer angepisst ist, vergiftet überall die Brunnen. Social Media sind eine neue Waffe im Arsenal eines jeden Arschlochs. Wenn es ihm nicht gelingt, das Gewünschte auf der Arbeit von Ihnen zu kriegen, kann er die Sache sehr, sehr persönlich und sehr, sehr öffentlich machen.

Das ist immer problematisch und unglaublich unangenehm, aber ob es sich um ein kontrollierendes Arschloch oder nur um ein gewöhnliches Feld-Wald-und-Wiesen-Arschloch handelt, er wird sich vermutlich selbst das Wasser abgraben, und irgendwann kommt die Wahrheit ans Licht.

Politische Arschlöcher sind da eine ganz andere Hausnummer.

Das Schlimme an politischen Arschlöchern ist, dass sie oft Koalitionen mit anderen politischen Arschlöchern bilden. Menschen, die ansonsten eigentlich ganz in Ordnung sind, achten darauf, dass die Arschlöcher befördert werden, und glauben, das wäre der richtige Weg für sie. Damit wächst die Koalition der Arschlöcher, die viel Mühe in die Pflege eines guten Verhältnisses zu ihren Vorgesetzten investieren, auf dass die Geschäftsführung nicht durchschaut, was da gespielt wird.

Politische Arschlöcher gedeihen in großen Organisationen, wo sie dann eine Art machiavellistische Brüderschaft gründen, die jeden, der sie mit Worten beschreibt, total übergeschnappt und paranoid wirken lässt. Sie suchen sich Leute, die nicht überragend gut in ihrem Job sind, und fördern sie im Austausch gegen ihre Ergebenheit. Sie schnüffeln bei ihren Kollegen herum – Wer hat eine Affäre mit seiner Assistentin? Können wir das von der Personalabteilung vertuschen lassen? –, und dann sind diese Leute ihnen auf Lebzeiten verpflichtet.

Das ist wie bei der Mafia. Aber statt Menschen zu töten, töten sie gute Ideen.

Politische Arschlöcher brauchen eine Truppe, um Zwietracht zu säen oder Klatsch aufzuschnappen und zu instrumentalisieren. So kontrollieren sie andere. So kommen sie damit durch.

Wie also kämpfen Sie gegen die Mafia?

Gemeinsam mit den Leuten, mit denen Sie zusammenarbeiten, erstellen Sie einen Plan, wie Sie Ihre Sache voranbringen können. Sie tun das aber nicht, um sich selbst zu schützen oder Beförderungen oder Macht oder Boni zu bekommen oder das, worauf die Arschlöcher aus sind. Sie schließen sich im Dienste Ihrer Kunden zusammen.

Politische Cliquen sind *Survivor*-artige Pyramiden voller Retourkutschen, in denen jedes Arschloch sich abmüht und kämpft, um ganz nach oben zu gelangen. Ihre Gruppe sollte sich darauf konzentrieren, einander zu unterstützen und die Kunden vor den fürchterlichen Entscheidungen der Arschlöcher zu schützen. Wenn ein Bündnis aus Arschlöchern anfängt, Lügen zu verbreiten oder Ideen zu klauen oder Projekte an sich zu reißen, die es nichts angeht, redet es der Führungsetage gegenüber wie aus einem Mund. Es achtet penibel darauf, dass alle Beteiligten ein und dasselbe Narrativ verbreiten. Sie geben sich gegenseitig Rückendeckung, bis man sie nicht mehr ignorieren kann.

Hier nun braucht Ihr Team ein eigenes Narrativ, mit dem es dem Narrativ der Arschlöcher entgegentreten kann. Hier kommt jedoch die Bullshit-Asymmetrie-Theorie oder Brandolinis Gesetz ins Spiel: »Bullshit zu entkräften, kostet um ein Vielfaches mehr an Energie, als ihn zu produzieren.«

Sie müssen also eine überzeugende Story entwickeln und in Meetings bereit sein, einander Rückendeckung zu geben. Verständigen Sie sich im Vorfeld darauf und sorgen Sie dafür, dass jeder das Skript kennt. Tragen Sie unterstützende Fakten zusammen, damit nicht nur Ihr Wort gegen das der anderen steht. Wenn sich nun die Arschlöcher zu Wort melden, hat Ihre Crew die Munition und die Manpower, um sie herauszufordern.

Sie werden hoffentlich in der Lage sein, die Mafia zu neutralisieren oder ihre Bemühungen wenigstens auf eine leichtere Beute zu lenken. Und am Ende haben solche Kämpfe sogar etwas Gutes: Sie bieten Ihnen Gelegenheit, langfristige Beziehungen zu einer Vielzahl wunderbarer Menschen zu knüpfen.

Nachdem wir die Arschlöcher daran gehindert hatten, das Produkt zu ruinieren und die Kunden in die Flucht zu jagen, konnten wir aufhören, Narrative zu entwickeln. Wir konnten die albernen Spielchen beenden, die wir nie hatten spielen wollen, und wieder zu der Arbeit zurückkehren, die wir liebten.

So ist das mit Arschlöchern – sie sind so unglaublich unangenehm, dass sie sich ins Gedächtnis einprägen. Sie haben ein ganzes Kapitel in diesem Buch bekommen. Aber die meisten Leute wollen einfach ins Büro gehen und etwas Cooles machen. Die große Mehrheit der Menschen, die Ihnen Ärger machen, sind nicht bösartig oder machiavellistisch – sie tun sich schwer oder haben zum ersten Mal Führungsverantwortung oder den falschen Job oder einfach einen echt miesen Tag. Vielleicht hat ihr Kleinkind zu Hause sie die ganze Nacht wach gehalten. Oder ihre Mutter ist gestorben. Selbst die nettesten Menschen der Welt benehmen sich manchmal wie Arschlöcher. Oder vielleicht sind sie einfach Wirbelstürme der Leidenschaft, die Sie mehr vorantreiben, als Sie es jemals für möglich gehalten hätten, weil sie wissen, dass Sie begabt sind und Ihr Potenzial noch nicht voll ausgeschöpft haben.

Die meisten Menschen sind keine Arschlöcher.

Und selbst wenn, sind sie trotzdem Menschen. Also versuchen Sie in Ihrer neuen Position nicht, irgendwen zu entlassen. Fangen Sie mit Freundlichkeit an. Versuchen Sie, Frieden zu schließen. Gehen Sie vom Besten aus.

Und wenn Sie damit keinen Erfolg haben? Trösten Sie sich: Im Leben bleibt nichts ungesühnt. Mag es auch manchmal so seine Zeit brauchen ...

Kapitel

2.4

ICH KÜNDIGE

Beharrlichkeit ist ein wichtiger Wert. Wenn Sie etwas mit Leidenschaft machen, müssen Sie hartnäckig dranbleiben, und das kann auch bedeuten, eine Zeit lang weniger Geld zu verdienen oder bei einem schwierigen Unternehmen zu bleiben, damit Sie Ihr Projekt beenden können.

Aber manchmal müssen Sie einfach gehen. Daran erkennen Sie es:

1. **Die Mission erfüllt Sie nicht mehr mit Eifer.** Wenn Sie des Gehalts wegen bleiben, oder um den Titel zu bekommen, den Sie sich wünschen, sich aber jede Stunde am Schreibtisch zieht wie Gummi, bringen Sie sich besser in Sicherheit. Was immer es ist, das Sie bleiben lässt, es ist die nervenaufreibende Misere eines Jobs, der Sie hinter keinem Ofen hervorlockt, nicht wert.
2. **Sie haben alles versucht.** Sie brennen immer noch für die Mission, aber das Unternehmen lässt Sie hängen. Sie haben mit Ihrem Vorgesetzten gesprochen, mit anderen Teams, mit der Personalabteilung und der Geschäftsführung. Sie haben versucht, die Hindernisse zu verstehen, und Lösungen und Optionen vorgeschlagen. Aber trotzdem kommt Ihr Projekt nicht voran, und Ihr Chef ist unmöglich oder das Unternehmen geht den Bach runter. In diesen Fällen sollten Sie kündigen, aber an der Mission festhalten und sich ein anderes Team suchen, das einen ähnlichen Traum verfolgt.

Wenn Sie erst einmal beschlossen haben zu kündigen, sorgen Sie dafür, dass Sie auf die richtige Art gehen. Sie sind eine Verpflichtung eingegangen, also halten Sie sie ein und versuchen Sie, so viel wie möglich von dem zu Ende zu bringen, was Sie begonnen haben. Suchen Sie einen natürlichen Ausstiegspunkt in Ihrem Projekt – den nächsten großen Meilenstein –, und gehen Sie dann. Je länger Sie bereits bei einer Firma sind und je weiter oben Sie stehen, desto länger ist die Kündigungsfrist. Mitarbeiter ohne Führungsverantwortung können im Allgemeinen mit einer Frist von wenigen Wochen oder Monaten kündigen. Bei CEOs kann diese Frist ein Jahr oder mehr betragen.

* *

Ich kündigte bei Philips, nachdem ich meine Projekte durchgezogen hatte – und jede Möglichkeit ausgelotet hatte, mein Team zum Erfolg zu führen. Ich kündigte, weil wir die Konkurrenz nie ausstechen würden, wenn alle dasselbe Microsoft-Betriebssystem nutzten, das den Großteil unserer Features bestimmte. Ich kündigte nach vier Jahren harter Arbeit und Frustration und Dazulernens und persönlicher und beruflicher Weiterentwicklung.

Ich kündigte bei RealNetworks nach zwei Wochen, weil ich die Vorzeichen sah: Ich würde diesen Job hassen.

Dennoch blieb ich noch vier Wochen, nachdem ich meine Kündigung eingereicht hatte. Ich schrieb Optionen für verschiedene Geschäftsbereiche auf, die sie auftun konnten, skizzierte Businesspläne und Projektpräsentationen. Ich wollte sicherstellen, dass ich mit etwas Greifbarem ging – echter Arbeit, die auf guten Ideen basierte –, damit niemand mir würde nachsagen können, ich wäre gekommen und gegangen und hätte sie reingelegt (obwohl ich sicher bin, dass sie es trotzdem gesagt haben).

Aber ich musste da weg. In dem Augenblick, in welchem sie ihr Versprechen zurücknahmen und sagten, ich müsse nach Seattle ziehen, verlor ich mein gesamtes Vertrauen in das Unternehmen. Und mit Menschen, denen man nicht vertraut, kann man nicht zusammenarbeiten. Alles in mir schrie, dass dies hier nur noch schlimmer werden konnte.

Die meisten Menschen haben ein Gefühl dafür, wann sie gehen sollten, und bringen dann Monate – oder Jahre – damit zu, es sich auszureden. Aber ich wusste von Anfang an, dass ich gut bezahlt und total unglücklich sein würde.

Und um das absolut klarstellen: Kein Geld entschädigt jemals für eine Arbeit, die Sie hassen.

Ich muss es wiederholen: Egal welche Beförderungen, Titel oder Vergünstigungen man Ihnen verspricht, wenn Sie bleiben: Es ist alles nichts wert, wenn Sie Ihre Arbeit hassen.

Ich weiß, das ist leicht gesagt, wenn man ein reicher Glückspilz ist wie ich. Aber ich bin nicht dadurch reich geworden, dass ich ein dicke Gehälter oder Posten akzeptierte, um eine Arbeit zu machen, von der ich wusste, dass ich sie hassen würde. Ich folge stets und ausschließlich meiner Neugier und meiner Leidenschaft. Und das bedeutet bisweilen auch den Verzicht auf Geld – so viel Geld, dass manche mich auch schon mal für verrückt erklärten. »Schau doch, was du dir da entgehen lässt – den Chefposten für das iPhone, die Firma Apple ... und das ganze Geld! Was ist los mit dir?«

Aber es war jeden Cent wert.

Wenn Sie jemals in einem Job festsaßen, den Sie hassten, kennen Sie das Gefühl. Jedes Meeting, jedes sinnlose Projekt, jede Stunde zieht sich endlos hin. Sie empfinden keinen Respekt für Ihren Chef, Sie verdrehen die Augen über der Mission, Sie stolpern am Ende des Tages völlig erschöpft aus der Tür, schleppen sich nach Hause, um sich bei Familie und Freunden auszuheulen, bis jene sich genauso elend fühlen wie Sie. Das sind Zeit und Energie und Gesundheit und Freude, die für immer aus Ihrem Leben verschwinden. Aber hey, diese Position, diese Stellung, das Geld – das ist es doch wert, oder?

Erliegen Sie nicht diesem Irrtum. Nur weil Sie sich keiner denkbaren Alternative bewusst sind, heißt das nicht, dass eine solche nicht existiert. Es gibt anderes Geld. Es gibt andere Stellen.

Sobald Sie es offen verkünden, dass Sie Ihre Stelle gekündigt haben und auf der Suche sind, tun sich mit größter Wahrscheinlichkeit neue Chancen auf. Das erlebe ich bei Freunden immer wieder. Sie posten ein Update bei LinkedIn, und sofort werden sie kontaktiert. Oh! Dieser Mensch ist verfügbar. Das ist toll.

Natürlich hilft es wie immer, die richtigen Leute zu kennen.

Um sie zu finden, sind Netzwerke der Schlüssel. Damit meine ich nicht, zu einer Konferenz zu gehen, überall Ihre Visitenkarten oder QR-Codes zu verstreuen und potenziellen Arbeitgebern aufzulauern, die gerade dabei sind, ihrem Stapel Minisandwiches zu Leibe zu rücken. Ich meine einfach: Schließen Sie neue Bekanntschaften über das Geschäftliche hinaus – sprechen Sie mit Menschen außerhalb Ihrer Blase. Lernen Sie, was es da draußen noch so gibt. Begegnen Sie neuen Menschen. Netzwerken ist etwas, das Sie ständig tun sollten – auch wenn Sie glücklich beschäftigt sind.

Ich erinnere mich an ein Mittagessen mit einer Führungskraft, die gerade bei Apple aufgehört hatte und ein neues Unternehmen gründen wollte. Der Mann hatte seit Ende der neunziger Jahre für Apple gearbeitet und war schon Jahre vorher ein Protégé von Steve Jobs gewesen. Man sollte meinen, dass er alle nur erdenklichen Vorteile hatte – er hatte die letzten zehn Jahre auf den höchsten Ebenen des berühmtesten Unternehmens in Silicon Valley verbracht – Seite an Seite mit dessen dynamischster Führungspersönlichkeit. Wer würde ihn nicht bereitwillig Geld geben? Wer würde sich nicht darum reißen, mit ihm zu arbeiten?

Doch es war, als wäre er gerade aus dem Knast entlassen worden. Er hatte nie mit irgendwem außerhalb von Steves Einflussbereich gesprochen. Er wusste nicht, an wen er sich wenden und wie er Kapital zusammenbringen sollte. Seine einzige Beziehung zur Welt war die durch Apple, und nachdem er dort aufgehört hatte, war er hilflos. Am Ende schaffte er es natürlich, aber es dauerte viel länger, als er erwartet hätte.

Lassen Sie sich also nicht täuschen.

Und betrachten Sie Netzwerke nicht als Mittel zum Zweck – eine Hand wäscht die andere: Wenn Sie jemandem einen Gefallen tun, wird er Ihnen auch einen tun. Keiner möchte das Gefühl haben, ausgenutzt zu werden.

Sie sollten mit Menschen sprechen und Kontakte knüpfen, weil Sie von Natur aus neugierig sind. Sie wollen wissen, wie andere Teams in Ihrem Unternehmen arbeiten und wie die Leute so drauf sind. Sie wollen mit den Vertretern der Konkurrenz sprechen, weil Sie alle an der Lösung derselben Probleme arbeiten und jene dabei einen anderen Ansatz verfolgen. Sie wollen, dass Ihre Projekte erfolgreich sind, also sprechen Sie beim Mittagessen nicht nur mit Ihren Teamkollegen – Sie gehen mit den Vertretern Ihrer Zulieferer essen, mit Ihren Kunden und mit deren Kunden und Zulieferern. Sie sprechen mit wem auch immer und lernen seine Ideen und Sichtweisen kennen. Dabei ergibt sich dann die Gelegenheit, dass Sie irgendwo behilflich sein können, mit jemanden Freundschaft schließen oder einen interessanten Austausch beginnen.

Und aus einem interessanten Austausch kann ein Bewerbungsgespräch werden. Oder auch nicht. Aber wenigstens ist er interessant. Vielleicht springt ein Funke über, der Sie auf einen ganz neuen Weg führt, auf dem wieder andere Gespräche warten. Und so immer weiter, bis Sie am anderen Ende Licht sehen: eine Firma oder eine Stelle oder ein Team, das Ihnen wieder Lust aufs Arbeiten macht. Das Ihnen hilft, sich wieder wie Sie selbst zu fühlen.

Und wenn das passiert, kündigen Sie Ihre alte Stelle. Kündigen, kündigen, kündigen.

Aber marschieren Sie nicht einfach ins Büro Ihres Chefs, um ihm das Kündigungsschreiben auf den Tisch zu schleudern und alles hinter sich zu lassen, woran Sie gearbeitet haben. Selbst wenn Sie Ihren Job hassen, sollten Sie kein Gewirr loser Fäden zurücklassen. Beenden Sie, was möglich ist, räumen Sie auf, wo das nicht geht, und übertragen Sie alles Ihrem Nachfolger, der hoffentlich Ihren Verantwortungsbereich übernimmt. Das kann Wochen dauern, sogar Monate. Wenn Sie Vorgesetzter oder höhere Führungskraft sind, wird sich das, um ehrlich zu sein, wie eine Ewigkeit anfühlen – ich hatte bei Google Nest eine neunmonatige Kündigungszeit. Bei Apple waren es zwanzig Monate.

Die Leute erinnern sich nicht daran, wie Sie angefangen haben. Sie erinnern sich daran, wie Sie gegangen sind.

Aber das soll Sie nicht davon abhalten, diese Entscheidung zu treffen und zu gehen.

Sobald Sie einen Ort gefunden haben, an dem Sie an die Mission glauben, ändert sich alles.

Natürlich müssen Sie vielleicht auch diese Stelle kündigen. Denn wenn Sie sich einmal einer Mission oder einer Idee verschrieben haben, ist es das, woran Sie festhalten müssen. Das Unternehmen ist zweitrangig. Wenn Sie etwas finden, das Sie inspiriert, sollten Sie alle Chancen nutzen, es zu verfolgen. Mich faszinierte die Vision vom individuellen Endgerät und so verfolgte ich diese Leidenschaft durch fünf Firmen hindurch. Erst ganz am Ende wurde es lukrativ, aber weil ich für meine Vision brannte, fand ich immer neue Chancen, sie weiterzuverfolgen. Jede Stelle hatte eine andere Sichtweise, einen neuen Blickwinkel auf dasselbe Problem und am Ende hatte ich einen umfassenden 360-Grad-Blick auf das Problem, das ich lösen wollte, und alle Lösungsmöglichkeiten. Die Idee war viel kostbarer als das Unternehmen, das mein Gehalt bezahlte.

Doch es ist eine Abwägung. Bei RealNetworks stand einfach alles unter einem schlechten Stern und es kam zu einem akuten Vertrauensverlust, aber für die übrigen Unternehmen arbeitete ich vier, fünf oder beinahe zehn Jahre. Wenn Sie eine gute Gelegenheit gefunden haben, Ihrer Leidenschaft zu folgen, sollten Sie niemals aufgeben, ehe Sie nicht alles versucht haben, Ihre Vision bei der Firma zu verwirklichen, für die Sie gegenwärtig arbeiten.

Wenn also etwas nicht funktioniert, bringt es wenig, sich bei denen zu beklagen, die daran auch nichts ändern können, um dann die Hände in die Luft zu werfen und zu kündigen. Selbst mit Ihrem Vorgesetzten zu sprechen, reicht nicht aus. Besonders, wenn Ihr Vorgesetzter das Problem ist.

Falls die Mission, für die Sie brennen, aufgrund interner Taktiken, schlechter Verwaltung, Führungswechsel oder einfach schlechter Entscheidungen verblasst, seien Sie nicht schüchtern. Machen Sie sich ans Netzwerken. Sprechen Sie mit jedem. Keine Teeküchenplaudereien oder interner Klatsch, nicht einfach nur jammern ohne Lösungen. Machen Sie Vorschläge für die hartnäckigen Probleme, mit denen Sie und Ihr Team es zu tun haben. Sprechen Sie mit Ihrem Vorgesetzten, der Personalabteilung, anderen Teams – suchen Sie sich geeignete Führungskräfte, die zuhören. Einige werden Ihnen hoffentlich zustimmen oder Ihre Sichtweise hinterfragen oder Ihnen dabei helfen, Ihre Einstellung zu differenzieren. All das ist nützlich. Betrachten Sie die Situation aus dem Blickwinkel Ihrer Gesprächspartner.

Das schließt auch die obersten Führungskräfte mit ein. Die Geschäftsführung. Sie können sogar Vorstandsmitglieder und Investoren ansprechen, wenn Sie ihrer habhaft werden. So habe ich es gemacht – bei Philips, bei Apple. Gehen Sie so hoch, wie Sie können, und schildern Sie dort Ihre Schwierigkeiten. Findet sich für diese keine Lösung, kündigen Sie wahrscheinlich ohnehin. Sie haben also nichts zu verlieren.

Die meisten Menschen an der Spitze interessieren sich dafür zu erfahren, was weiter unten geschieht. Sie honorieren Sie möglicherweise dafür, dass Sie sie darauf aufmerksam gemacht haben. Es kann sogar sein, dass sie Ihre Frustration teilen (auch wenn sie Ihnen das wohl nicht sagen werden).

Und ja, wahrscheinlich treiben Sie Ihren Chef in den Wahnsinn. Den Vorgesetzten zu übergehen, ist immer riskant. Ich habe meine Chefs völlig verrückt gemacht, wann immer ich sie links liegen ließ, um irgendwelche anderen Führungskräfte zu kontaktieren. Wenn Ihr Vorgesetzter fragt, sagen Sie am besten, was Sie tun – und warum. Das ist eine Zeit, um Verzeihung zu bitten, nicht um Erlaubnis. Erklären Sie, dass Sie jenen anderen Führungskräften gesprochen haben (und das sollten Sie zunächst getan haben), dass aber noch nichts beschlossen wurde. Schildern Sie, was Ihnen Sorgen bereitet, und schlagen Sie Lösungen vor. Erklären Sie, wen Sie ansprechen wollen und was Sie sich davon erhoffen.

Wenn Sie sich mit dem Gedanken tragen, diesen Weg einzuschlagen – Ihren Vorgesetzten zu übergehen und das ganze Unternehmen aufzumischen –, sollten Sie sich jedoch zuvor vergewissern, dass die Ursache der von Ihnen aufgeworfenen Probleme nicht eigentlich Sie selbst sind.

Ich weiß noch, wie wir bei Apple einmal eine riesige Gesamtversammlung hatten – solche Meetings gab es nur zwei- oder dreimal im Jahr. Und ein Typ steht während der Fragerunde auf und fragt Steve Jobs, warum er keine Gehaltserhöhung oder eine gute Beurteilung bekommen hat. Steve sieht ihn ungläubig an und sagt: »Das kann ich Ihnen nicht sagen. Denn Sie stellen diese Frage vor zehntausend Personen.«

Kurz darauf wurde er entlassen.

Seien Sie also nicht dieser Typ.

Sie können persönliche Probleme haben – nicht genug Geld, eine stockende Karriere – oder Probleme mit dem Projekt, an dem Sie arbeiten. Aufgrund persönlicher Probleme zu kündigen, ist völlig in Ordnung; sich bei jedem im Unternehmen darüber zu beschweren nicht. Sie müssen nicht vor zehntausend Menschen die Welle machen – und sich bei genau einer Führungskraft in einem fort über die Höhe der eigenen Gratisaktien zu beschweren, ist auch nicht besser.

Bevor Sie jedermanns Aufmerksamkeit auf sich lenken, sollten Sie sich vergewissern, dass es der Mission dient und nicht Ihrem persönlichen Vorteil. Werden Sie sich über die Probleme klar, die Ihr Projekt behindern. Notieren Sie wohlüberlegte und fundierte Lösungsvorschläge und präsentieren Sie sie dem Management. Vielleicht funktionieren diese Lösungen nicht, aber wenigstens ist es ein lehrreicher Prozess. Nerven Sie nicht, aber lassen Sie auch nicht locker. Wählen Sie den Zeitpunkt mit Bedacht, halten Sie sich an die Regeln der Professionalität und verschweigen Sie nicht die Konsequenzen, falls Sie keinen Erfolg haben. Sagen Sie dem Management, dass es Ihnen am Herzen liegt, die Sache zu stemmen, dass Sie aber, wenn sich diese Probleme nicht lösen lassen, höchstwahrscheinlich kündigen werden.

Das müssen Sie aber auch so meinen. Es darf nicht nur ein Verhandlungstrick sein. Allzu viele Menschen vermasseln sich ihre Chancen in einem Unternehmen mit einem Wutanfall. Sie dürfen keinesfalls mit Kündigung drohen, nur um dann ins Wanken zu geraten, sich umzuentscheiden und zu bleiben. Dann verlieren Sie sofort allen Respekt. Sie müssen es durchziehen.

Die Drohung mit der Kündigung kann ausreichen, damit Ihr Unternehmen Ernst macht und die von Ihnen geforderten Veränderungen vornimmt. Vielleicht aber auch nicht. Die Drohung mit der Kündigung sollte niemals eine Verhandlungstaktik sein, sondern höchstens die allerletzte Karte, die Sie ziehen.

Und denken Sie daran: Selbst wenn die Führung Ihnen zugesteht, dass Sie im Recht sind, und eine signifikante Veränderung verspricht, kann es eine Weile dauern, bis diese eintritt. Vielleicht kommt sie auch nie. Aber es lohnt den Versuch. Immer zu kündigen, wenn es schwierig wird, macht nicht nur keinen besonders guten Eindruck in Ihrem Lebenslauf, sondern beraubt Sie auch jeder Chance, etwas zu Ende zu bringen, auf das Sie stolz sein können. Gut Ding will Weile haben. Große Vorhaben brauchen länger. Wenn Sie von Projekt zu Projekt, von Firma zu Firma schwirren, machen Sie niemals die entscheidende Erfahrung, etwas Bedeutsames anzufangen und zu beenden.

Jobs sind nicht austauschbar. Die Arbeit ist kein Pullover, den Sie ausziehen können, wenn es heiß wird. Viel zu viele Menschen springen genau in dem Augenblick von Bord, wo sie sich reinknien und die harte, zermürbende Arbeit auf sich nehmen sollten, etwas wahr werden zu lassen. Entsprechend deutlich zeigt sich das dann auch in ihren Lebensläufen.

Ein zweiseitiger Lebenslauf kann Ihnen die Geschichte eines dreihundertseitigen Romans erzählen, wenn Sie erst einmal wissen, worauf Sie achten müssen. Und allzu viele Plots weisen riesengroße Löcher auf.

Ehe Sie kündigen, sollten Sie also eine Geschichte parat haben. Eine gute, glaubwürdige, auf Tatsachen beruhende Geschichte. Sie benötigen eine Begründung für Ihre Kündigung. Und Sie benötigen ebenso eine als Rechtfertigung, warum Sie ausgerechnet bei dem Unternehmen einsteigen wollen, bei dem Sie sich als nächstes bewerben. Das sollten zwei ganz unterschiedliche Narrative sein. Sie brauchen sie für das Vorstellungsgespräch, aber auch für sich selbst – um sicherzugehen, dass Sie sich die Sache wirklich gut überlegt haben. Und dass Ihre Wahl beim nächsten Mal auf den richtigen Arbeitsplatz fällt.

Ihre Geschichte dazu, warum Sie gegangen sind, muss ehrlich und fair sein, und Ihre Geschichte für Ihren nächsten Job muss inspirierend sein: Das will ich lernen, mit einem solchen Team möchte ich gern arbeiten, das gehört zu der Mission, die mich wirklich beflügelt.

Denken Sie daran, wenn die Recruiter mit Ihnen Kontakt aufnehmen. Denn wenn Sie erfolgreich sind, werden jene nicht auf sich warten lassen. Zu wissen, wann man kündigen und einem Recruiter folgen sollte, ist ein zweistufiger Prozess: Zuerst müssen Sie erkennen, dass Ihr bisheriger Arbeitsplatz nichts mehr für Sie ist, und dann müssen Sie beschließen, dass der neue besser ist. Zu viele Menschen werfen beides in einen Topf, geblendet von den Versprechungen der Recruiter, und übersehen die Chancen, die ihr gegenwärtiger Arbeitsplatz ihnen bietet. Oder sie versäumem das interne Netzwerken, so dass ihnen nicht einmal bewusst ist, welche Chancen dort liegen. Ich habe allzu oft erlebt, wie Leute abgesprungen sind, ehe sie sich informiert und alles wirklich gründlich durchdacht haben. Meist kommen sie nach drei oder sechs Monaten mit eingezogenem Schwanz zurück und bitten kleinlaut darum, ihren alten Job zurückzubekommen.

Seien Sie also auch nicht so ein Mensch.

Doch wenn Sie am Ende Ihrer Geduld sind, wirklich am Ende – nicht nur von einem Recruiter becirct –, dann sollten nicht zögern zu gehen.

Ich habe Apple dreimal verlassen. Das erste Mal war direkt nach der Markteinführung des iPod. Unser Team hatte Himmel und Hölle in Bewegung gesetzt, um ihn Monate früher herauszubringen, als irgendjemand für möglich gehalten hätte, weil wir uns begeisterte Bewertungen wünschten. Und das haben wir geschafft, obwohl mein Chef sich sehr anstrengte, das

Lob für die harte Arbeit unseres Teams für sich einzustreichen [siehe auch Kapitel 2.3: Arschlöcher].

Ich hatte alles versucht – ihn zu begeistern, ihn zu ignorieren, ihn zu bekämpfen, seinem Ego zu schmeicheln –, aber jetzt war das Projekt geschafft. Mein Team hatte zehn Monate lang ununterbrochen gearbeitet. Also fragte ich nach dem, was mir versprochen worden war – der Position, die ich eigentlich bereits hätte haben sollen: »Wann werde ich VP?«

Und er sagte: »Warten wir mal noch ein Jahr ab. So etwas braucht seine Zeit. Kein Mensch wird so schnell befördert.«

Er wusste ganz genau, dass ich von Anfang an einen höheren Rang verdient hätte, dass er mich übers Ohr gehauen hatte (wenn Sie neugierig sind, können Sie die vollständige Geschichte in Walter Isaacsons *Steve Jobs* nachlesen). Aber jetzt hatte ich geliefert. Ich hatte mehr als geliefert.

Ich versuchte, ruhig zu bleiben. Ich trug meine Begründung vor. Er aber zuckte bloß die Achseln und grinste schief. »Sorry. Jetzt noch nicht.«

Das letzte bisschen Respekt, das ich für ihn empfunden hatte, flatterte durchs Fenster davon.

Ich glaubte weiter an die Mission. Ich war stolz auf das, was wir geschaffen hatten. Ich hätte furchtbar gerne weitergemacht. Aber es gab keinen Weg an diesem Typen vorbei. Er würde mich in die Pfanne hauen, egal wie fantastisch meine Arbeit sein würde. Das wäre eine Wunde, die nicht heilen würde.

Genug war genug. Also sagte ich das Einzige, was es noch zu sagen gab: »Ich kündige.«

Manchmal können wir uns nur retten, indem wir gehen.

Zwei Wochen später, als ich mein Büro leer räumte, bekam ich einen Anruf von Cheryl Smith, der für unser iPod-Team zuständigen Personalchefin. Sie war eine wunderbare Partnerin, die mir, als ich neu gewesen war, die Augen dafür geöffnet hatte, wie die Apple-Maschinerie funktionierte und wie ich mich darin zurechtfinden konnte. »Ich habe gehört, was passiert ist«, sagte sie. »Das ergibt absolut keinen Sinn. Du darfst nicht gehen! Lass uns eine Runde spazieren gehen.«

Je länger wir über den Apple-Campus liefen und ich ihr die Details dessen erzählte, was sich zugetragen hatte, desto lauter wurden wir und desto wilder fuchtelten wir mit den Händen. Sie war einfühlsam, sagte, sie würde sich darum kümmern, ich solle dranbleiben – aber ich erkannte, dass es zu spät war. Vierundzwanzig Stunden später würde ich Apple für immer den Rücken kehren.

Am nächsten Tag, nur wenige Stunden, bevor ich hinauskomplimentiert werden sollte, rief Steve Jobs mich an.

»Du gehst nirgendwohin. Du bekommst, was du willst.«

Ich marschierte hinüber in das Büro meines Vorgesetzten. Cheryl wartete draußen mit einem breiten Grinsen.

Mein Vorgesetzter war widerstrebend an den Tisch gekommen. Dabei verzog er das Gesicht und schien jede einzelne Minute zu verabscheuen. »So läuft das hier bei uns eigentlich nicht«, brummte er, während er die Papiere für meine Beförderung unterschrieb.

Abends ging ich auf meine Abschiedsparty und sagte: »Ich bleibe!«

Die Zeit verging, und ich musste erneut kündigen. Diesmal, um das Produkt und das Team zu schützen. Und dann ein weiteres Mal – um meine Gesundheit und meine Familie zu schützen. Und es gab natürlich ein Drama. Ein riesengroßes. Meinem Team und Steve den Rücken zu kehren, war nicht einfach.

Aber ich wusste, es war das Richtige. Nachdem ich zehn Jahre lang all meine Energie in Apple gesteckt hatte, war es an der Zeit zu gehen.

Manchmal werden Ihnen all die Berechnungen, die Verhandlungen, die Diskussionen mit Ihrem Chef und die Meetings mit der Personalabteilung nicht weiterhelfen. Manchmal ist es einfach an der Zeit zu gehen. Und vermutlich werden Sie es selbst merken, wenn dieser Moment gekommen ist.

Gehen Sie und tun Sie etwas, das Ihnen Freude macht.

Teil

III

EIN PRODUKT AUFBAUEN

Die Grundlagentechnologie für den ersten iPod wurde nicht bei Apple entwickelt.

Sie war nicht mal für ein Taschengerät gedacht.

Ende der Neunziger begannen die Leute, ihre Laufwerke mit MP3-Dateien zu füllen. Erstmals ließ sich Musik in (ausreichend) guter Qualität in ausreichend kleinen Dateien speichern, um sich riesige Songbibliotheken auf den Rechner laden zu können.

Doch selbst wenn Sie eine tolle Stereoanlage besaßen, konnten Sie sich diese Musik damit noch lange nicht anhören. Stereoanlagen waren für Cassetten und CDs gemacht. Ihre frisch heruntergeladene Musik aber ließ sich nur über die schäbigen Computerlautsprecher abspielen.

Im Jahr 1999 erkannte ich das Potenzial für etwas Besseres. Nicht einen MP3-Player – eine digitale Jukebox.

Man konnte damit jede CD in MP3-Dateien umwandeln, auf dass man sie sich anschließend auf dem Fernseher und der Stereoanlage anhören konnte – nebst allem, was man sich herunterlud. Noch vor dem berühmten iPod-Slogan »1000 Songs in der Hosentasche« wollten wir »1000 CDs im Heimkino« machen.

Zumindest war das mein Pitch bei RealNetworks. Aber es waren der falsche Ort und die falschen Leute. Alles war falsch. Also dachte ich mir: Verdammt, dann mache ich es eben selbst.

Die Worte, denen Tausende von Start-ups ihre Existenz verdanken.

Ich nannte meines Fuse Systems.

Die Inspiration dazu war mir durch ein Projekt bei Philips gekommen. Dort hatten sie versucht, einen Heimkino- und DVD-Player zu entwickeln, der unter Windows lief, auf dass man auf dem Fernseher im Internet surfen und Audios aus dem Internet »streamen« konnte (so gut man eben in der Vor-WLAN-Zeit etwas streamen konnte).

Es war der Kern einer guten Idee. Die Internetverbindungen zu Hause wurden schneller, von 56 kB/s zu enormen 1 MB/s, was die Übertragung von Audios und sogar von körnigen, briefmarkengroßen Videos ermöglichte. Es wurde deutlich, dass Musik- und Filmsammlungen auf die Computer wandern würden. Aber niemand wollte sich die Musik auf den jämmerlichen, grauen Windows-Computern anhören, die wir in den Neunzigern hatten. Die Heimkinos waren viel besser – sie hatten HDTV und Surround Sound. Doch nur die ausgefuchstesten Audio-Video-Nerds konnten sie installieren.

Philips erkannte das, konnte aber keinen Profit daraus schlagen. Dort konzentrierten sie sich ganz auf Microsoft und entwickelten einen PC, der sich einbildete, eine Stereoanlage zu sein. Sie fokussierten sich auf das, was sie konnten, ohne sich zu fragen, warum das jemand würde haben wollen. Ich schaute mir das an und dachte: Nein. Nein und noch mal nein. Dafür kann man nicht Windows nehmen – ich redete mir seit Jahren den Mund fusselig: Für Verbraucherelektronik war das Microsoft-Betriebssystem eine Sackgasse. Wer will denn zwei Minuten warten, bis sein Fernseher hochgefahren ist? Und man musste das Heimkino für Nicht-Nerds vereinfachen. Etwas machen, das einfach auf Plug & Play basierte.

Ich wollte eine Komponente entwickeln, die sich mit dem Internet verband, aber nicht aussah oder sich anfühlte wie ein Computer. Fuse sollte den Menschen ein Verbraucherelektronik-Erlebnis verschaffen: Man würde sich ein ganzes Heimkino zusammenstellen und bestellen können – einschließlich eines CD/DVD-Players, der die Musik auf einer eingebauten Festplatte speicherte. Dann verband man sich mit dem weltweit ersten Online-Store, um sich weitere Songs herunterzuladen und irgendwann auch Filme und Fernsehsendungen. TiVo war damals total angesagt, aber ich wollte, dass Fuse noch weiter ging.

Ich bekam ein bisschen Startkapital und legte los. Ich musste ein Unternehmen gründen.

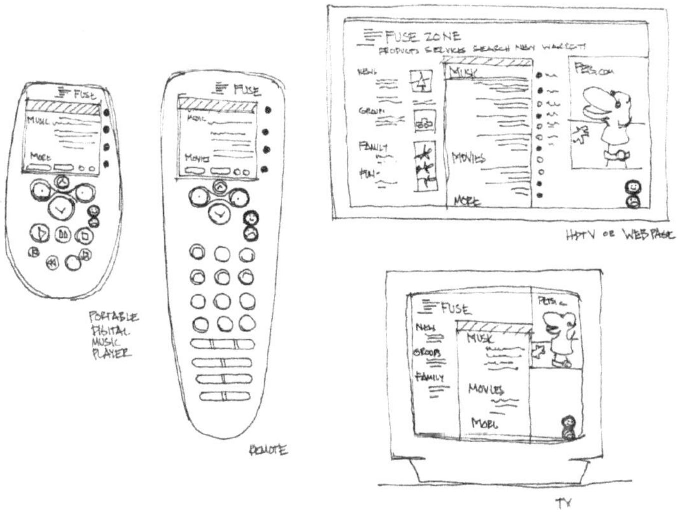

Abbildung 3.0.1: Mit diesen Zeichnungen auf unseren Pitch-Folien für Fuse zeigten wir, wie Internet, Musik und Fernsehen zusammenkommen könnten. Der MP3-Player lässt mich glucksen. Und über die Anzeige für pets.com muss ich laut lachen.

Und zwar kein Nebenbei-College-Start-up mit bescheidenen Ambitionen, sondern eine richtige Firma. Ein ernst zu nehmendes Business.

Diesmal würde ich es hinkriegen. Wir würden es mit den größten Playern der Welt aufnehmen. Wir würden Sony herausfordern.

Aber zuerst musste ich Menschen überzeugen, bei mir zu arbeiten. Ich war aus der enormen Infrastruktur von Philips ausgestiegen, aus ihren gigantischen Prozessen und Geldbeträgen, und im Nichts gelandet. Ich hatte eine tolle Idee, aber mehr auch nicht. Und all diese Leute, die ich anzuwerben versuchte, erwarteten ein Gehalt. Sie erwarteten eine Krankenversicherung. Sie erwarteten eine Personalabteilung und bezahlbare Rechnungen und all das, was man für eine Selbstverständlichkeit hält, wenn man für eine richtige Firma arbeitet.

Also musste ich arbeiten. Und arbeiten. Und arbeiten. Und arbeiten.

Ich stellte das Team zusammen – ich stellte zwölf Personen ein. Wir schlossen eine Partnerschaft mit Samsung, einer damals noch wenig bekannten koreanischen Verbrauchermarke, die sich anschickte, den amerikanischen Markt zu erschließen. Der Plan war, dass wir alles entwickeln und Samsung es herstellen würde; wir würden unseren Markennamen darauf setzen und es verkaufen. Die Leute würden sich ihr Heimkinosystem aus unseren digitalen Komponenten zusammenstellen, ergänzt um Fernseher und Lautsprecher Marke Samsung, und das Ganze online bestellen. Das würde ihnen dann als leicht zu installierendes Gesamtpaket nach Hause geliefert.

Es war 1999. Silicon Valley explodierte vor Geld und Talent und Ideen und wir waren auf dem Weg. Ich würde das Scheitern von General Magic und das vergeudete Potenzial von Velo und Nino wiedergutmachen. Ich war beseelt. Ich war entschlossen.

Nichts würde uns aufhalten können.

Und das sind natürlich die Worte, die Tausende Start-ups haben kläglich scheitern lassen.

Im April 2000 platzte die Internetblase. Gerade als ich auf der Suche nach Finanzierungskapital war, versiegte über Nacht der stetige Geldwasserfall, der sich über das Silicon Valley ergossen hatte. [Siehe auch Kapitel 4.3: Geldheirat: Die Investmentwelt ist zyklisch.]

Ich hielt achtzig Pitches vor verschiedenen Venture-Capital-Firmen. Achtzig. Alle misslangen. Die Investoren mühten sich, die Start-ups zu retten, in die sie bereits (über-)investiert hatten, und keiner hatte Interesse daran, kostspielige Verbraucherelektronik zu finanzieren, während die Börse zusammenkrachte, Unternehmen die Grätsche machten und Milliarden US-Dollar den Bach runtergingen. Timing ist alles, und mein Timing hätte nicht schlechter sein können. Ich konnte nicht einen Cent zusammenbringen.

Eines Tages, auf dem Höhepunkt meines verzweifelten Mühens und Ringens um eine Finanzierung für mein Unternehmen, aß ich mit einem alten Freund von General Magic zu Mittag. Ich erzählte ihm, woran ich arbeitete und womit ich zu kämpfen hatte – von dieser strudelartigen, schwindelerregenden Mischung aus Begeisterung für das, was wir schufen, und der wachsenden Panik, dass ich die ganze Sache einstellen musste. Er bedauerte mich, aß sein Sandwich und wünschte mir viel Glück.

Am nächsten Tag ging er mit einem Kollegen zu Mittag essen, der bei Apple arbeitete. Er erwähnte, dass sie ein neues Projekt angestoßen hätten.

Ob er zufällig jemanden mit Erfahrung in der Produktion von Handheld-Geräten kenne?

Tags darauf bekam ich einen Anruf von Apple.

Wo Sie dieses Buch in Händen halten, ist Ihnen der Rest der Geschichte vermutlich bekannt. Ich bekam zunächst von Apple einen Beratervertrag und hoffte lediglich, dass das Honorar reichen würde, um damit meine Mitarbeiter zu bezahlen, oder dass mir der Job den Hebel geben würde, um Apple zu einem Aufkauf von Fuse zu bewegen. Meine Hoffnungen auf Apple zu setzen, war ziemlich weit hergeholt. Steve Jobs war damals wieder am Ruder, nachdem Apple zehn Jahre lang in einer Todesspirale gesteckt und eine Reihe mittelmäßiger Produkte herausgebracht hatte, die das Unternehmen an den Rand des Ruins brachten. Der Macintosh hatte Mühe, in den USA auf einen Marktanteil von mehr als 2 Prozent zu kommen. Ihre Computerverkaufszahlen stagnierten. Damals lag der Marktwert von Apple bei ungefähr 4 Milliarden Dollar. Der von Microsoft betrug 250 Milliarden Dollar.

Apple lag im Sterben. Noch schneller aber starb Fuse.

Also nahm ich den Job an.

Abbildung 3.0.2: Das ist das Styropormodell, das ich im März 2001 herstellte, um Steve zu überreden, grünes Licht für das iPod-Projekt zu geben.

- Der Anruf von Apple kam in der ersten Januarwoche 2001.
- Ein paar Wochen später leitete ich als »Consultant« die iPod-Vorarbeiten. Aber es war noch nicht der iPod. Der Deckname lautete P68 Dulcimer – und es gab kein Team, keine Prototypen, keinen Entwurf, nichts.
- Im März präsentierten Stan Ng und ich Steve Jobs die Idee zum iPod.
- In der ersten Aprilwoche wurde ich Vollzeitangestellter und nahm das Fuse-Team mit.
- Ende April fanden Tony Blevins und ich mit Inventec in Taiwan einen Hersteller.
- Im Mai stellte ich DJ Novotney und Andy Hodge ein – die ersten Ergänzungen zum ursprünglichen Fuse-Team.
- Am 23. Oktober 2001, zehn Monate nach meinem Einstieg bei Apple, erblickte der iPod das Licht der Welt – unser dickes Baby aus Plastik und Metall.

Abbildung 3.0.3: Das war der erste iPod, der im Oktober 2001 mit dem bekannten Slogan »Tausend Songs in der Hosentasche« herausgebracht wurde. Er maß 10,67 mal 6,17 Zentimeter, kostete 399 US-Dollar und kam dem Styropormodell, das ich sieben Monate zuvor gebastelt hatte, verdammt nahe.

Ich hatte das unglaubliche Glück, an der Spitze des Teams zu stehen, das die ersten achtzehn iPod-Generationen herausbrachte. Dann bekamen wir eine weitere unglaubliche Chance – das iPhone. Mein Team entwickelte die Hardware – das Metall und das Glas, das Sie in der Hand halten – und die grundlegende Software, um das Gerät zu betreiben und zu produzieren. Wir schrieben die Software für den Touchscreen, das Mobilfunkmodem, das Mobiltelefon, WLAN, Bluetooth und so weiter. Dann taten wir das erneut für die zweite iPhone-Generation. Und dann noch einmal für die dritte.

Im Handumdrehen war es 2010.

Ich verbrachte neun Jahre bei Apple. Dort bin ich endlich erwachsen geworden. Ich führte nicht mehr bloß ein Team. Ich führte erst Hunderte, dann Tausende von Mitarbeitern. Es war ein grundlegender Wandel meiner Berufslaufbahn und meiner selbst.

Nach einem Jahrzehnt des Scheiterns machte ich endlich etwas – und dann noch etwas –, das die Leute wirklich wollten. Ich hatte es endlich geschafft.

Aber zunächst fühlte es sich nicht wie Erfolg an. Nicht einmal zum Ende hin. Es war immer noch Arbeit, jeder einzelne Schritt.

Bei Apple lernte ich, die Grenze zu ziehen – wurde genug getan? Ist es gut genug?

Dort lernte ich die wahre Bedeutung von Design kennen.

Und dort lernte ich, unter heftigem, zermürbendem, nie endendem Druck mein Gehirn und mein Team zu organisieren.

Wenn Sie also vor einer neuen Phase Ihrer Laufbahn stehen, in immer höhere Sphären aufsteigen, Teams schaffen, Beziehungen aufbauen, sich immer weiter von dem entfernen, was Sie eigentlich machen, aber für so viel mehr Verantwortung tragen als zuvor und gestresster sind, als Sie je für möglich gehalten hätten, so will ich Ihnen hier erzählen, was ich gelernt habe.

Kapitel

3.1

DAS UNGREIFBARE GREIFBAR MACHEN

Wir Menschen lassen uns leicht ablenken. Wir sind von Natur aus darauf eingestellt, unsere Aufmerksamkeit auf greifbare Dinge zu richten, die wir sehen und berühren können - und zwar so sehr, dass uns die Bedeutsamkeit ungreifbarer Erfahrungen und Gefühle häufig entgeht. Doch wenn Sie ein neues Produkt erschaffen, egal ob es aus Atomen oder Elektronen besteht, ob für Business oder Verbraucher, ist das, was Sie eigentlich schaffen, nur winziger Teil eines gewaltigen, ungreifbaren, unterschätzten Nutzererlebnisses, das schon lange vor der ersten tatsächlichen Berührung des Kunden mit Ihrem Produkt beginnt und erst lange danach endet.

Erschaffen Sie also nicht einfach nur einen Prototyp Ihres Produkts in der Annahme, damit wären Sie fertig. Bilden Sie das Nutzererlebnis möglichst umfassend ab. Machen Sie das Ungreifbare greifbar, um die weniger offensichtlichen, aber unglaublich wichtigen Teile des Erlebnisses nicht zu übersehen. Sie sollten genau skizzieren und visualisieren können, wie ein Kunde Ihr Produkt entdeckt, in Erwägung zieht, installiert, verwendet, repariert und sogar zurückschickt. Alles zählt.

* *

Als Kind habe ich mit meinem Großvater viel gebaut – Vogelhäuser, Seifenkisten für Rennen. Wir reparierten Rasenmäher und Fahrräder oder bauten das Haus aus.

Das war ein gutes Gefühl. Während mir als Kind vieles verwirrend erschien und ganz offensichtlich außerhalb meiner Kontrolle lag, besaßen physische Objekte keinerlei Mehrdeutigkeit. Man baute sie, hielt sie in den Händen, gab sie anderen. Befriedigend. Sauber.

Selbst nachdem ich mich Hals über Kopf ins Programmieren gestürzt hatte, stellte ich niemals meine tief verwurzelte Überzeugung infrage, dass der Schlüssel zu allem jener Kasten – der Computer – war. Elektronen waren nichts ohne Atome.

Deshalb freute ich mich so, als ich nach dem College zu General Magic gehen konnte. Ich hatte programmiert und programmiert, aber jetzt würde ich einen Gegenstand schaffen. Ein Gerät, ein physisches Objekt, einen Computer wie jenen, der mein Leben verändert hatte.

Doch je länger ich Gegenstände schuf – bei General Magic, bei Philips, bei Apple –, desto deutlicher erkannte ich, dass viele Dinge gar nicht geschaffen werden müssen.

Nach dem iPod fingen viele Menschen an, mir ihre Geräte zu präsentieren. Sie sagten: »Tony ist der Hardwaremensch – der wird deine Idee super finden.« Und das Erste, was ich tat, wenn jemand mir voller Stolz seinen glänzend polierten Prototyp hinstreckte, war, ihn beiseitezulegen. »Wie könntest du dein Problem auch ohne das hier lösen?«

Sie waren verblüfft. Warum wollte der »Hardwaremensch« denn ihre coolen Geräte nicht ausprobieren?

Viele begeistern sich dafür, etwas mit Atomen zu machen – sie stürzen sich in das Design, die Oberfläche, die Farben, Materialien, Strukturen und werden blind für einfachere, leichtere Lösungen. Aber etwas mit Atomen zu machen, ist unglaublich schwierig – das ist keine App, die man mit einem Klick kopieren und aktualisieren kann. Hardware lohnt nur dann die Mühe der Produktion und Verpackung und Auslieferung, wenn sie unabdingbar notwendig und transformativ ist. Wenn Hardware nicht völlig unverzichtbar ist, um das Gesamterlebnis zu ermöglichen, sollte sie nicht existieren.

Natürlich brauchen Sie manchmal Hardware – das lässt sich nicht vermeiden. Doch wenn das der Fall ist, sage ich den Leuten immer noch, sie sollten sie beiseitelegen. Ich sage: »Sage mir nicht, was das Besondere an diesem Objekt ist. Sage mir stattdessen, wie es das Kundenerlebnis verändert.«

Ihr Produkt ist nicht nur irgendein Produkt.

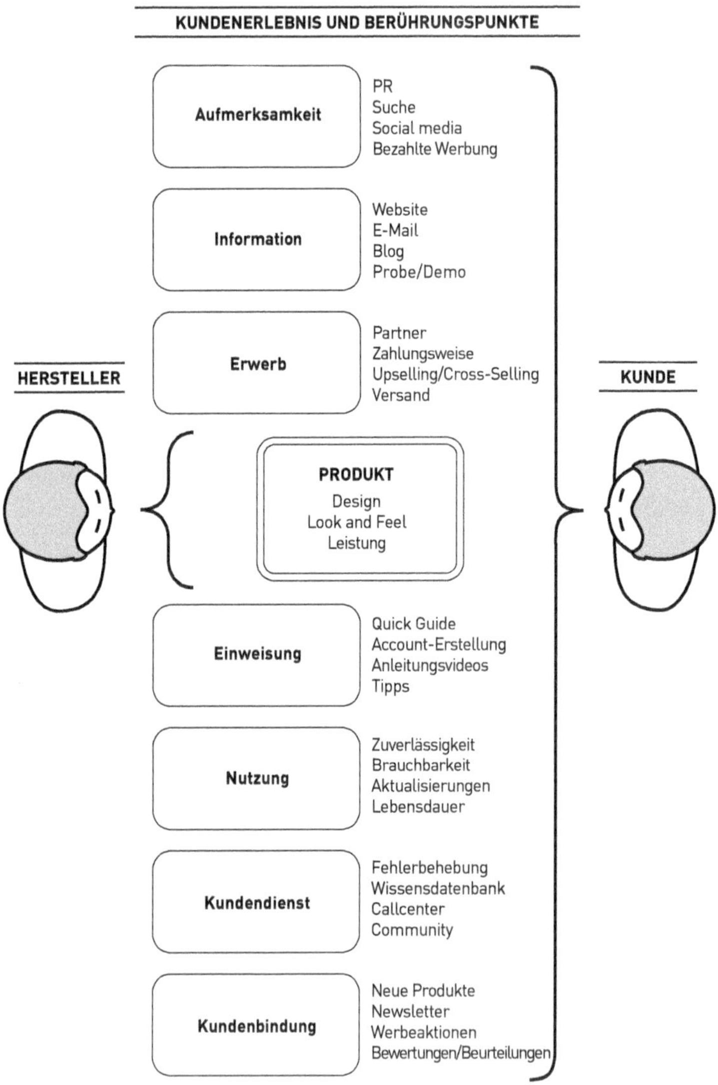

Abb. 3.1.1: Die Hersteller fokussieren sich oft auf das glänzende Objekt – das von ihnen geschaffene Produkt – und vergessen bis kurz vor Beginn der Auslieferung den gesamten Rest des Erlebnisses. Doch die Kunden sehen und erleben ebenso das ganze Drum und Dran. Sie sind diejenigen, die das Erlebnis durchlaufen – Schritt für Schritt. Und allzu leicht können sie stolpern und stürzen, wenn ein Schritt fehlt oder sich nicht harmonisch einfügt.

Es ist das gesamte Nutzererlebnis – eine Kette, die beginnt, wenn jemand zum ersten Mal von Ihrer Marke hört, und endet, wenn Ihr Produkt aus seinem Leben verschwindet, zurückgegeben oder weggeworfen, an einen Freund verkauft oder in einer Elektronensalve gelöscht wird.

Ihr Kunde unterscheidet nicht zwischen Ihrer Werbung und Ihrer App und Ihren Kundendienstmitarbeitern – das alles ist Ihr Unternehmen. Ihre Marke. Es ist alles eins.

Doch das vergessen wir. Die Hersteller denken bei »Nutzererlebnis« allzu häufig nur an den Moment, in dem der Kunde einen Gegenstand berührt oder auf einen Bildschirm tippt. Den Moment, in dem er das Teil tatsächlich verwendet – mag dieses aus Atomen oder Bits oder beidem bestehen. Im Mittelpunkt steht immer nur das Ding.

So war es auch in der Anfangszeit von Nest. Alle waren ganz besessen vom Thermostaten – seinem Design, seiner KI, seiner Nutzeroberfläche, seiner Elektronik, seinen mechanischen Teilen, Farben, und Strukturen. Sie bedachten sorgfältig jedes Element seiner Installation, wie sich das Drehen seines Schaltknopfs anfühlen sollte, wie hell es beim Vorbeigehen aufleuchten sollte. Alle arbeiteten unermüdlich an der Hard- und an der Software, um sicherzustellen, dass das Gerät selbst perfekt würde.

Doch dem wohl wichtigsten Teil des Kundenerlebnisses schenkten wir zu wenig Aufmerksamkeit: der App auf dem Smartphone.

Wir erwarteten, dass das einfach sein würde – bloß eine App. Wir hatten 2011 einen Prototyp erstellt, als wir uns erstmals mit dem Erlebnis beschäftigt hatten. Seither aber waren nicht mehr auf ihn zurückgekommen und hatten ihn keiner weiteren Überarbeitung unterzogen, während der Thermostat selbst allmählich Form annahm.

Alle dachten, die App käme schon noch an die Reihe. Früher oder später. Es gab je schließlich noch so vieles zu tun, und es war ja bloß eine Handy-App. Das würde ein Klacks sein.

Das war so einer der Anlässe, wo ich ein bisschen laut wurde. Okay, sehr laut.

Die App war kein Wegwerfelement oder etwas, das man später hinzufügen konnte. Sie war genauso wichtig wie der Thermostat. Die Leute mussten dieses Ding von überall auf der Welt steuern können. Und sei es vom Sofa aus. Die App war absolut entscheidend für unseren Erfolg, und sie gut zu machen, gehörte zum Schwierigsten überhaupt.

Der Thermostat war natürlich wichtig, aber er stellte nur einen Bruchteil des Kundenerlebnisses dar:

- 10 Prozent des Nutzererlebnisses unserer Kunden waren die Website, Werbung, Verpackung und die Präsentation im Geschäft: als Erstes mussten wir die Leute vom Kauf überzeugen oder wenigstens davon, die Möglichkeit eines Kaufs in Betracht zu ziehen und sich zu informieren.
- 10 Prozent waren die Installation: der Anleitung folgen, um das Teil mit einem Minimum an Nervosität und Stromausfällen an die Wand zu bekommen.
- 10 Prozent waren Look and Feel des Geräts: Es musste schön sein, damit die Leute es in ihrer Wohnung haben wollten. Doch nach einer Woche kannte es die Vorlieben seiner Kunden und wusste, wann sie außer Haus waren, so dass sie es kaum noch zu berühren brauchten. Wenn wir unsere Arbeit richtig machten, würden die Kunden nur ab und zu damit interagieren, wie etwa bei unerwarteten Kälteeinbrüchen oder Hitzewellen.
- 70 Prozent des Kundenerlebnisses fanden auf dem Smartphone oder Laptop statt: Man öffnete die App, um auf dem Heimweg die Heizung aufzudrehen, sah in der Verbrauchsübersicht nach, wie lange die Klimaanlage lief, oder passte das Schema an. Dann schaute man in seine E-Mails und fand eine Zusammenfassung des Energieverbrauchs im letzten Monat. Und wenn man ein Problem hatte, konnte man auf unsere Website gehen und die Online-Hilfe nutzen oder einen Support-Beitrag lesen.

Hätten wir irgendeinen dieser Bereiche des Kundenerlebnisses nicht gut umgesetzt, wäre Nest ein Misserfolg geworden. Jede Phase dieses Weges muss sich großartig anfühlen, damit die Kunden ganz natürlich in die nächste wechseln und es dazwischen zu keinen Reibungspunkten kommt.

Es gibt Hemmschwellen zwischen Aufmerksamkeit und Erwerb, zwischen Einweisung und Nutzung, zwischen allen Phasen des Weges, über die man den Kunden hinweghelfen muss. In all diesen Momenten fragt der Kunde: »Warum?«

Warum sollte mich das interessieren?

Warum sollte ich das kaufen?

Warum sollte ich das verwenden?

Warum sollte ich dabei bleiben?

Warum sollte ich die nächste Version kaufen?

Ihr Produkt, Ihr Marketing und Ihr Kundendienst müssen diese Schwellen ebnen – kommunizieren und verbinden Sie sich fortwährend mit den Kunden, geben Sie ihnen die nötigen Antworten, damit sie das Gefühl haben, auf einem ebenen Weg zu sein, auf einer einzigen kontinuierlichen, unausweichlichen Reise.

Um das hinzubekommen, brauchen Sie Prototypen des gesamten Erlebnisses – geben Sie jedem Teil das Gewicht und die Realität eines physischen Objekts. Ob Ihr Produkt nun aus Atomen oder Bits oder beidem besteht – der Prozess ist derselbe. Malen Sie Bilder. Bauen Sie Modelle. Erstellen Sie Moodboards. Skizzieren Sie das Gerüst des Prozesses in groben Zügen. Schreiben Sie imaginäre Pressemitteilungen. Entwickeln Sie detaillierte Simulationen, die zeigen, wie ein Kunde sich von der Werbung zur Website zur App bewegt und welche Informationen er an jedem Berührungspunkt zu sehen bekommt. Schreiben Sie die Reaktionen auf, die Sie von Early Adopters erhalten möchten, die Überschriften, die Sie in den Bewertungen lesen wollen, die Gefühle, die Sie bei jedem hervorrufen wollen. Machen Sie es sichtbar. Physisch. Holen Sie es aus Ihrem Kopf heraus und machen Sie daraus etwas, das man anfassen kann. Und warten Sie nicht, bis Ihr Produkt startklar ist – skizzieren Sie den gesamten Weg in derselben Weise, wie Sie skizzieren, was Ihr Produkt – das Teil – alles kann.

So hacken Sie Ihr Gehirn. So hacken Sie die Gehirne sämtlicher Teammitglieder.

Beginnen Sie mit dem allerersten Moment des Kundenerlebnisses. Sie sollten einen Prototyp für Ihr Marketing erstellen, lange bevor Sie irgendetwas zu bewerben haben.

Bei Nest hieß das, sich auf die Schachtel zu fokussieren.

Die Verpackung leitete alles. Der Produktname, die Tagline, die wichtigsten Features, ihre Reihenfolge, die wichtigsten Werteversprechen – sie waren sprichwörtlich auf einen Karton gedruckt, den wir ständig in den Händen hielten, anschauten, veränderten, überarbeiteten. Die physischen Einschränkungen der Schachtel zwangen uns, genau einzugrenzen, was die Leute als Erstes, als Zweites, als Drittes begreifen sollten. Damit es auf die winzige Fläche passte, entwickelte das Kreativteam knackige Beschreibungen, die wir später in unseren Videos, unserer Werbung, auf unserer Website und bei Interviews mit der Presse nutzen konnten. Um der Marke Nest Leben einzuhauchen, versahen wir die Schachtel mit warmen, satten Fotos, sodass die Menschen sich dieses Objekt in ihrem eigenen Zuhause, in ihrem eigenen Leben vorstellen konnten.

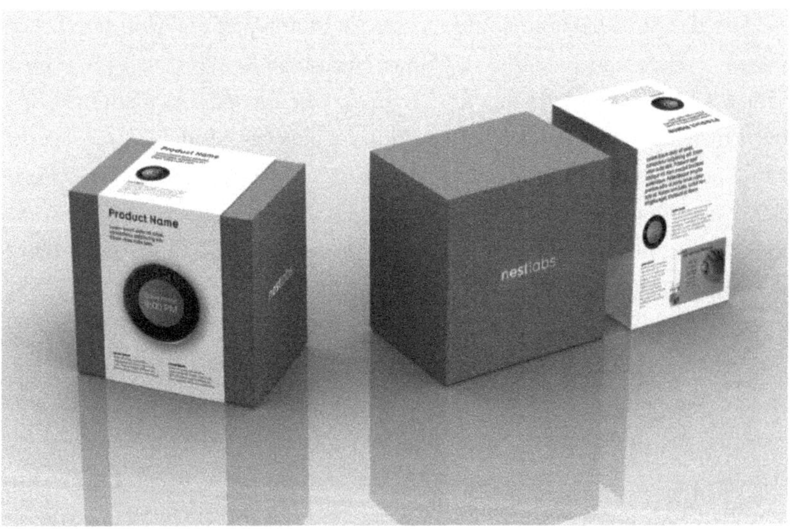

Abbildung 3.1.2: Fast ein Jahr vor der Markteinführung des Nest Learning Thermostat – ehe wir überhaupt einen Namen dafür hatten – gab es bereits diesen ersten Verpackungsprototyp, den wir verwendeten, um unsere Marketingbotschaft zu optimieren.

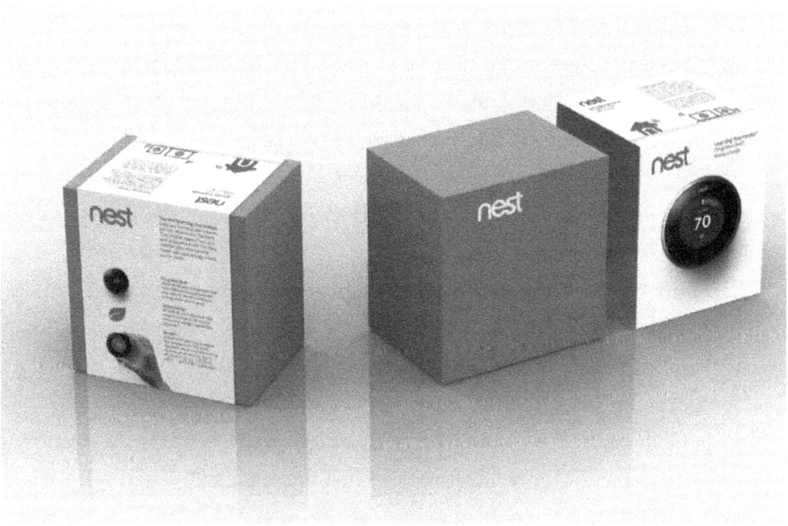

Abbildung 3.1.3: Das ist es, was wir im Oktober 2011 schließlich auf den Markt brachten. Der Text fokussierte sich auf Lernfähigkeit und Energieeinsparung; das Design ließ es einfach und hochwertig wirken.

Wir machten die Schachtel zu einem Mikrokosmos unseres gesamten Marketings, sodass der Kunde im Laden sie in die Hand nehmen und sofort alles erfassen konnte, was wir ihm mitteilen wollten.

Doch um den angemessenen Prototyp für diesen Moment zu schaffen – um die halbe Sekunde, in der jemand die Verpackung bemerkt und sich vorbeugt, um sie anzufassen, wirklich zu verstehen –, kann man diese theoretische Person nicht einfach »jemand« nennen.

Wir mussten sie kennen. Wer war sie? Warum sollte sie die Schachtel hochnehmen? Was würde sie wissen wollen? Was war am wichtigsten für sie?

Wir nahmen alles, was wir über die Branche und über die potenziellen Kunden von Nest, über Demografie und Psychografie wussten, und schufen zwei verschiedene Charaktere: eine Frau und einen Mann. Der Mann stand auf Technik, liebte sein iPhone, war immer auf der Suche nach coolen neuen Geräten. Die Frau war die Entscheiderin – sie bestimmte, was ins Haus kam und was zurückgewiesen wurde. Auch sie liebte schöne Dinge, aber sie war skeptisch gegenüber brandneuer, unerprobter Technik.

Wir gaben ihnen Namen und Gesichter. Wir erstellten ein Moodboard für ihr Zuhause, ihre Kinder, ihre Interessen, ihre Berufe. Wir wussten, welche Marken sie mochten, was sie an ihrem Haus nervte und wie hoch im Winter ihre Heizkosten waren.

Wir mussten uns in sie hineinversetzen, um zu verstehen, warum der Mann die Schachtel in die Hand nehmen würde. Und um die Frau zu überzeugen, dass sie sie kaufen sollten.

Im Laufe der Zeit fügten wir weitere Charaktere hinzu – Paare, Familien, Mitbewohner – und gewannen ein besseres Kundenverständnis. Doch zunächst begannen wir mit zweien – zwei Menschen, die sich jeder vorstellen konnte, deren Fotos man anfassen konnte.

So geht das mit Prototypen. So verwandelt man abstrakte Konzepte in physische Repräsentationen. Man verwandelt die Architektur seiner Botschaft in Worte und Bilder auf einer Schachtel. [Siehe auch Abbildung 5.4.1 in Kapitel 5.4.] Man verwandelt »jemand im Laden« in Beth aus Pennsylvania.

Und dann macht man weiter. Man geht jeden Schritt des Weges und berührt jedes Glied der Kette.

Als wir Prototypen des eigentlichen Thermostaten hatten, schickten wir sie echten Menschen zum Testen. Wir wussten, dass die Selbstinstallation ein potenzieller großer Stolperstein war, also warteten wir mit angehaltenem Atem darauf, wie es lief. Kriegten die Leute einen Stromschlag? Lösten sie einen Brand aus? Schmissen sie das Projekt mittendrin hin, weil es zu kompliziert war?

Bald berichteten unsere Tester: Es lief gut. Alles war angebracht und funktionierte! Aber die Installation dauerte über eine Stunde.

Wir krümmten uns. Verdammt. Eine Stunde war viel zu lang. Beth aus Pennsylvania wäre alles andere als begeistert, wenn eine Stunde lang der Strom abgestellt, die Wand aufgebohrt und mit unbekannten Drähten herumgefummelt werden müsste. Das musste ein einfaches Do-it-yourself-Projekt sein, eine schnelle Angelegenheit.

Wir vertieften uns also in die Berichte – was dauerte denn so lange? Was war uns entgangen?

Uns war nichts entgangen, wie sich herausstellte – aber unseren Testern. Sie hatten die ersten dreißig Minuten damit verbracht, nach Werkzeug zu suchen – der Abisolierzange, dem Schlitzschraubendreher: Aber halt, wir brauchen ja einen Akkuschrauber. Wo hab ich den denn nun wieder hingetan?

Nachdem sie alles beisammen hatten, verging die restliche Installation wie im Fluge. Zwanzig Minuten, höchstens dreißig.

Ich vermute, die meisten Unternehmen hätten erleichtert aufgeatmet. Die eigentliche Installation dauerte zwanzig Minuten, das würden sie also den Kunden sagen. Super. Problem gelöst.

Doch dies würde der erste Augenblick sein, in dem die Leute mit unserem Gerät interagierten. Ihre erste Erfahrung mit dem Nest. Sie kauften einen Thermostaten für 249 US-Dollar – sie erwarteten ein anderes Erlebnis. Und wir mussten diese Erwartungen übertreffen. Jede Minute vom Öffnen der Schachtel über das Lesen der Anleitung und die Montage an der Wand bis zum ersten Aufdrehen der Temperatur musste unglaublich geschmeidig verlaufen. Eine butterzarte, warme, erfreuliche Erfahrung.

Und wir kannten Beth. Die Suche nach einem Schraubendreher in der Küchenschublade, dann in der Werkzeugkiste in der Garage – nein, warte, vielleicht ist er doch in der Schublade – würde ihr kein warmes und butterzartes Gefühl vermitteln. Sie würde nach fünf Minuten die Augen verdrehen. Sie wäre frustriert und verärgert.

Also änderten wir den Prototyp. Nicht den Thermostat-Prototyp – den Installations-Prototyp. Wir fügten ein neues Element hinzu: einen kleinen Schraubendreher. Er hatte vier verschiedene Aufsätze und passte in eine Handfläche. Er war formschön und niedlich. Vor allem aber war er unglaublich praktisch.

Die Kunden brauchten also jetzt nicht mehr Werkzeugkisten und Schränke zu durchwühlen auf der Suche nach dem richtigen Werkzeug, um ihren blöden alten Thermostaten abzumontieren, sondern konnten einfach in die Nest-Schachtel greifen und genau das herausholen, was sie brauchten. Ein Moment der Frustration wurde in einen Moment der Freude verwandelt.

Und dann in noch wesentlich mehr.

Der Schraubendreher diente von Anfang an nicht allein der Installation. Er hatte einen Welleneffekt auf das gesamte Kundenerlebnis.

Abbildung 3.1.4: Die Herstellungskosten des ursprünglichen Nest-Schraubendrehers betrugen 1,50 US-Dollar. Ihn jeder Verpackung beizulegen führte daher im Team zu gewaltigen Kontroversen, denn alle waren darauf fokussiert, sparsam und profitabel zu arbeiten. Aber die Form des Schraubendrehers machte die Installation des Thermostaten weniger beängstigend, und er war so praktisch, dass er auch lange nach dem Verkauf noch als Marketing-Tool funktionierte.

Ein entscheidender Teil des Kundenerlebnisses ist der Kundenservice. Wie bleiben Sie mit Ihrem Kunden auf nützliche Weise in Kontakt? Wie bereiten Sie ihm dauerhaft eine Freude, statt ihm nur Werbung zu schicken und zu verkaufen, was das Zeug hält, bis er die Nase voll hat von Ihnen?

Unser Thermostat sollte zehn Jahre lang bei den Leuten an der Wand hängen. Er war dazu gedacht, zu einem Kunstwerk zu werden – gelegentlich bewundert und angepasst, meist aber mit dem Hintergrund verschmelzend.

Jedes Mal jedoch, wenn ein Kunde seine Kramschublade in der Küche aufzog, sah er den niedlichen kleinen Nest-Schraubendreher. Und schmunzelte.

Jedes Mal, wenn er die Batterien im Spielzeugauto seines Kindes erneuern wollte, griff er nach unserem Schraubendreher. Und plötzlich war der Schraubendreher das Spielzeug und das Auto war vergessen.

Wir wussten, dass er nicht nur ein Werkzeug war – er war ein Marketing-Tool.

Er half dem Kunden, sich an Nest zu erinnern. Es half ihm, sich zu verlieben.

Und er half den Menschen, uns zu entdecken. Journalisten schrieben Artikel über den Schraubendreher. Er tauchte in jeder Fünf-Sterne-Rezension auf. Er war kostenlose PR, ein Megafon für die Mundpropaganda. Auf dem Empfangstresen von Nest stand statt einer Bonbonschüssel eine Schale mit Schraubendrehern. Sie wurden zum Symbol für das gesamte Kundenerlebnis – durchdacht, elegant, langlebig und überaus nützlich.

Deshalb ließ ich nicht zu, dass irgendjemand ihn wegstrich.

Es war ein ständiger Kampf, neu ausgefochten bei jeder neuen Generation von Thermostaten. Die Schraubendreher waren teuer. Jeder einzelne zehrte an unserer Gewinnmarge. Daher gab es immer eine Reihe von Mitarbeitern, die sich für seine Entfernung stark machten – sie sahen schlicht nicht, wozu es gut sein sollte, in dieser Weise die Stückkosten zu erhöhen.

Sie verstanden nicht, dass es sich nicht einfach um Stückkosten handelte. Es war eine Marketingaufwendung. Und eine Kundendienstaufwendung. Dieser Schraubendreher ersparte uns enorm viele Kosten beim telefonischen Kundendienst. Anstelle von wütenden Anrufen hatten wir glückliche Kunden, die online von ihrem tollen Erlebnis schwärmten.

Hätten wir die Installation nicht mit ebenso viel Sorgfalt und Aufmerksamkeit wie den Thermostaten selbst bedacht, wäre es uns nie in den Sinn gekommen, jeder Schachtel einen Schraubendreher beizulegen.

Und hätten wir nicht über den gesamten Kundenlebenszyklus nachgedacht – vom Kundenfang über den Kundenservice bis zur Kundenbindung –, so hätten wir es bei einem schmucklosen Einmalwerkzeug belassen, wie er den IKEA-Möbeln beizuliegen pflegt. Unser formschönes Teil hingegen kam mit vier Aufsätzen – mehr, als für die Installation des Thermostaten erforderlich war –, sodass die Leute ihn für praktisch alles verwenden konnten. Damit blieb Nest so lange in ihren Köpfen, wie der Schraubendreher in ihren Schubladen blieb. Und länger.

Wenn ein Unternehmen jedem Teil des Weges so viel Achtsamkeit und Aufmerksamkeit schenkt, merken die Leute das. Unser Produkt war gut. Am Ende aber war es der gesamte Weg, der unsere Marke definierte. Das ist es, was Nest besonders machte. Das ist es, was Apple besonders macht. Das lässt Unternehmen über ihre Produkte hinauswirken und Verbindungen schaffen – nicht zu Nutzern und Kunden, sondern zu Menschen.

So schaffen Sie etwas, das die Menschen in ihr Herz schließen werden.

Kapitel

3.2

STORYTELLING

Jedes Produkt sollte eine Story haben – ein Narrativ, das die Notwendigkeit der Existenz Ihres Produkts erklärt und beschreibt, wie es die Probleme Ihrer Kunden löst. Eine gute Produktstory zeichnet sich durch drei Dinge aus:

- Sie spricht die rationale ebenso wie die emotionale Seite der Menschen an.
- Sie macht komplizierte Zusammenhänge leicht verständlich.
- Sie bringt den Menschen das zu lösende Problem zu Bewusstsein und fokussiert sich auf das »Warum«.

Das »Warum« ist der wichtigste Teil der Produktentwicklung – es muss als Erstes kommen. Sobald Sie eine starke Antwort darauf haben, warum Ihr Produkt notwendig ist, können Sie sich auf seine Funktionalität konzentrieren. Vergessen Sie jedoch nicht, dass Menschen, die Ihrem Produkt zum ersten Mal begegnen, nicht denselben Kontext haben wie Sie. Sie können dem Kunden nicht das »Was« an den Kopf werfen, solange er noch nicht das »Warum« verinnerlicht hat.

Und denken Sie daran. Ihre Kunden sind nicht die Einzigen, die diese Story zu hören bekommen. Durch das Erzählen der Story locken Sie Menschen in Ihr Team oder Investoren in Ihr Unternehmen. Ihr Vertreter packt sie in seine Verkaufsunterlagen und Sie packen sie in Ihre Vorstandspräsentation.

Die Story Ihres Produkts, Ihrer Firma und Ihrer Vision sollte die Grundlage für alles sein, was Sie tun.*

* Wenn Sie mehr über Design und das dahinterstehende Storytelling erfahren möchten, empfehle ich Ihnen mein Gespräch mit Peter Flint in seinem NFX-Podcast.

* *

Ich weiß noch, wie ich auf der Tribüne saß und Steve Jobs dabei zusah, wie er 2007 der Welt vom iPhone erzählte:

> *Das ist der Tag, auf den ich zweieinhalb Jahre lang gewartet habe.*
> *Hin und wieder läuft uns ein revolutionäres Produkt über den Weg, das alles verändert, und Apple … also lassen Sie mich sagen: Es ist allein schon ein großes Glück, wenn man während seiner beruflichen Laufbahn auch nur einmal an einem solchen Produkt mitwirken darf. Mit Apple meint das Glück es wirklich gut. Das Unternehmen konnte bereits mehrere davon in die Welt setzen.*
> *1984 haben wir den Macintosh eingeführt. Er hat nicht nur Apple verändert. Er hat die gesamte Computerbranche auf den Kopf gestellt.*
> *2001 haben wir den ersten iPod herausgebracht. Und er hat nicht nur die Art und Weise verändert, wie wir alle Musik hören. Er hat die gesamte Musikbranche verändert.*
> *Nun, heute stellen wir drei revolutionäre Produkte dieser Kategorie vor. Das erste ist ein Breitbild-iPod mit Touch-Steuerung. Das zweite ist ein revolutionäres Mobiltelefon. Und das dritte ist ein bahnbrechendes Internet-Kommunikationsgerät.*
> *Drei Dinge also: ein Breitbild-iPod mit Touch-Steuerung, ein revolutionäres Mobiltelefon und ein bahnbrechendes Internet-Kommunikationsgerät. Ein iPod, ein Telefon und ein Internet-Kommunikator. Ein iPod, ein Telefon … dämmert es Ihnen? Das sind keine drei separaten Geräte; das ist ein Gerät, und wir nennen es iPhone. Apple ist dabei, das Telefon neu zu erfinden, und hier ist es.*

Das ist der Teil der Rede, an den sich jeder erinnert. Die Klimax und schließlich die Enthüllung, der brillante Aufbau. Über sie werden noch heute noch Artikel verfasst. Man hat ihren zehnten Jahrestag gefeiert.

Doch der Rest der Rede war genauso wichtig. Nach der Einleitung brachte Steve den Zuhörern das Problem zu Bewusstsein, das Apple für sie zu lösen gedachte: »Die meisten modernen Telefone werden Smartphones genannt. Doch das Problem ist: So smart und so leicht zu benutzen sind sie gar nicht.« Er ließ sich eine Zeit lang über normale Mobiltelefone und Smartphones und deren jeweilige Probleme aus, ehe er auf die Features des neuen iPhone zu sprechen kam.

Er bediente sich einer Technik, der ich später den Namen »Virus des Zweifels« gab. Es ist eine Methode, sich den Zuhörern einzuprägen, sie an eine tägliche Frustration zu erinnern, ihren Ärger darüber aufs Neue zu entfachen. Wenn man sie mit dem Virus des Zweifels infizieren kann – »Vielleicht ist meine Erfahrung nicht so gut, wie ich dachte, vielleicht könnte sie besser sein« –, dann macht man sie bereit für die Lösung. Man macht sie wütend darüber, wie es jetzt läuft, damit sie sich über eine neue Methode freuen können.

Steve war ein Meister darin. Ehe er einem sagte, was ein Produkt konnte, nahm er sich immer die Zeit zu erklären, warum man es brauchte. Und er ließ das alles ganz natürlich, ganz einfach erscheinen.

Ich hatte auch schon andere CEOs pitchen sehen – sie wussten kaum, was ihre angeblich revolutionären Produkte überhaupt waren. Manchmal konnten sie sie nicht einmal richtigherum halten. Für Steves Präsentationen aber waren Kunden und Medien immer voller Bewunderung. »Es ist ein Wunder«, sagten sie. »Er ist so ruhig, so gesammelt. Keine vorbereiteten Reden, Folien fast ohne Worte – er weiß, wovon er spricht und das hat alles Hand und Fuß.«

Es fühlte sich nie wie eine Rede an. Es fühlte sich wie eine Unterhaltung an. Wie eine Story.

Und das hatte einen einfachen Grund: Steve las kein Skript für eine Präsentation ab. Er hatte während der Entwicklung monatelang Tag für Tag die eine andere Version ein und derselben Geschichte erzählt – uns, seinen Freunden, seiner Familie. Er arbeitete ständig daran und verfeinerte sie. Wann immer sein nichtsahnendes frühes Publikum ihn fragend ansah oder um Verdeutlichung bat, schmirgelte er ein wenig an seiner Story und optimierte so lange, bis sie perfekt poliert war.

Es war die Story des Produkts. Und sie hatte Einfluss auf das, was wir schufen.

Wenn ein Teil der Story nicht funktionierte, würde auch ein Teil des Produkts nicht funktionieren und einer Veränderung bedürfen. Das war letztlich auch der Grund, warum das iPhone einen Bildschirm aus Glas statt aus Kunststoff und keine Tastatur hatte. Weil die Story vom »Jesus-Telefon« sich nicht hätte aufrechterhalten lassen, wenn es beim ersten Verstauen in der

Hosentasche einen Kratzer bekommen hätte oder man gezwungen gewesen wäre, Filme auf einem winzigen kleinen Bildschirm zu gucken. Wir erzählten die Story eines Telefons, das alles verändern würde. Also mussten wir das auch entwickeln.

Und wenn ich »Story« sage, meine ich damit nicht bloß Worte.

Die Story Ihres Produkts ist sein Design, seine Features, Bilder und Videos, Kundenzitate, Tipps von Rezensenten, Gespräche mit Kundendienstmitarbeitern. Es ist die Summe dessen, was die Menschen in dem von Ihnen geschaffenen Ding sehen und welches Gefühl sie damit verbinden.

Und die Story existiert nicht bloß, um Ihr Produkt zu verkaufen. Sie hilft Ihnen, es zu definieren, es zu verstehen und Ihre Kunden zu verstehen. Sie ist das, was Sie den Investoren erzählen, um sie davon zu überzeugen, Ihnen ihr Geld zu geben, und neuen Mitarbeitern, um sie davon zu überzeugen, in Ihr Unternehmen einzutreten, und Partnern, um sie davon zu überzeugen, mit Ihnen zusammenzuarbeiten, und der Presse, um sie davon zu überzeugen, sich dafür zu interessieren. Und sie ist schließlich das, was Sie dem Kunden erzählen, um ihn davon zu überzeugen, dass er haben will, was Sie ihm verkaufen möchten.

Und alles beginnt mit dem »Warum«.

Warum muss dieses Ding existieren? Warum spielt es eine Rolle? Warum werden die Leute es brauchen? Warum werden sie es lieben?

Um dieses »Warum« zu verstehen, müssen Sie den Kern des Problems erkennen, das Sie zu lösen versuchen, die eigentliche Schwierigkeit, mit der Ihre Kunden es regelmäßig zu tun haben. [Siehe auch Kapitel 4.1: Wie man eine tolle Idee erkennt: Die besten Ideen sind Schmerzkiller, keine Vitamine.]

Und an diesem »Warum« müssen Sie festhalten, während Sie das »Was« herstellen – die Features, die Innovationen, die Antwort auf alle Probleme Ihrer Kunden. Denn je länger Sie an etwas arbeiten, desto stärker schiebt sich das »Was« in den Vordergrund. Das »Warum« hingegen wird so offensichtlich – ein Bauchgefühl, ein Teil von allem, was Sie tun –, dass Sie es scheinbar nicht einmal mehr zu erwähnen brauchen. Sie vergessen, wie sehr es darauf ankommt.

Wenn Sie sich in diesem »Was« verlieren, eilen Sie den Leuten voraus. Sie glauben, alle könnten sehen, was Sie sehen. Dem ist aber nicht so. Jene haben nicht Wochen, Monate oder gar Jahre daran gearbeitet. Halten Sie also inne und artikulieren Sie unmissverständlich das »Warum«, ehe Sie irgendjemanden davon zu überzeugen versuchen, sich für das »Was« zu interessieren.

Das gilt für alles, was Sie machen. Selbst wenn Sie B2B-Bezahlsoftware verkaufen. Selbst wenn Sie hochtechnologische Lösungen für Kunden entwickeln, die noch gar nicht existieren. Selbst wenn Sie Schmierstoffe an eine Fabrik verkaufen, die dieselben schon seit zwanzig Jahren kauft.

Es gibt einen Wettbewerb um Marktanteile und einen Wettbewerb um Herzensanteile. Wenn Ihr Mitbewerber bessere Storys erzählt als Sie, wenn er das Spiel spielt und Sie nicht, dann spielt es keine Rolle, ob sein Produkt schlechter ist. Er kriegt die Aufmerksamkeit. Von allen Kunden, Investoren, Partnern oder guten Mitarbeiter, die eine oberflächliche Suche durchführen, wird er als führend in dieser Kategorie wahrgenommen. Je mehr Leute über ihn reden, desto größer wird sein Herzensanteil, und desto mehr wird über ihn geredet.

Sie müssen also eine Möglichkeit finden, Storys zu schaffen, die beim Publikum hängenbleiben und Sie im Gespräch halten. Selbst wenn Ihr Kunde Sie und Ihr Produkt kennt oder technisch versiert ist, gibt es Reibungspunkte, die Sie eliminieren können. Sie können dem Kunden erklären, warum er die eine Art von Schmierstoff und nicht die andere braucht, oder ihm Informationen geben, die er noch nie bekommen hat. Oder Sie machen ihm klar, warum er dasselbe Produkt besser von Ihnen als von der Konkurrenz kauft. Sie können sich sein Vertrauen verdienen, indem Sie zeigen, dass Sie Ihr Produkt wirklich kennen oder seine Bedürfnisse verstehen. Oder ihm etwas Nützliches bieten und eine neue Verbindung zu ihm herstellen, die ihn in dem Gefühl bestätigt, mit Ihrem Unternehmen die richtige Wahl getroffen zu haben. Sie erzählen ihm eine Story, in die er einsteigen kann.

Eine gute Story ist ein Akt der Empathie. Sie nimmt Rücksicht auf die Bedürfnisse des Publikums. Und sie vermittelt Fakten ebenso wie Gefühle, sodass der Kunde von beidem genug erhält. Zuerst einmal benötigen Sie genügend Einblicke und konkrete Informationen, damit Ihre Argumentation sich nicht zu schwach und substanzlos anfühlt. Es brauchen keine definitiven Zahlen zu sein, aber sie müssen sich handfest genug anfühlen, um bei den

Zuhörern den Eindruck zu erzeugen, dass Sie wissen, wovon Sie sprechen. Sie können es aber auch übertreiben – wenn Ihre Story nur informativ ist, ist es durchaus möglich, dass die Leute Ihnen zwar beipflichten, aber dennoch entscheiden, dass das Gebotene noch nicht ausreicht, um zu handeln. Vielleicht nächsten Monat. Vielleicht nächstes Jahr.

Sie müssen also an die Gefühle der Menschen appellieren – sie mit etwas in Verbindung bringen, das ihnen wichtig ist: mit ihren Sorgen, ihren Ängsten. Oder Sie zeigen ihnen eine verlockende Vision der Zukunft: Beschreiben Sie ein menschliches Beispiel, wie eine reale Person dieses Produkt erlebt – ihren Alltag, ihre Familie, ihre Arbeit, die Veränderung, die sie erlebt. Räumen Sie dem Aspekt der Emotionalität jedoch nicht so viel Raum ein, dass am Ende nur noch der Reiz des Neuen übrig bleibt und das Argument der Notwendigkeit verblasst.

Eine überzeugende Story zu erzählen, ist nicht nur eine Kunst, sondern genauso eine Wissenschaft.

Und denken Sie daran: Das Gehirn Ihres Kunden funktioniert nicht unbedingt so wie das Ihre. Manchmal erreichen Sie mit Ihren rationalen Argumenten, dass der emotionale Funke überspringt. Und manchmal liefert Ihre emotionale Story den Leuten die rationale Begründung, die sie brauchen, um Ihr Produkt zu kaufen. Einige Nest-Kunden sahen sich den wundervollen Thermostat an, den wir liebevoll gestaltet hatten, um ihre Herzen und Seelen zu erreichen, und sagten: »Joah, okay, ganz nett«, und reagierten dann begeistert und emotional auf die Möglichkeit, 23 US-Dollar Heizkosten zu sparen.

Jeder Mensch ist anders. Und jeder wird Ihre Story anders lesen.

Deshalb können Analogien beim Storytelling so ein nützliches Tool sein. Sie bringen komplizierte Zusammenhänge auf eine einfache Formel, indem sie eine Brücke schlagen zu einer allgemeinen Erfahrung.

Auch das habe ich von Steve Jobs gelernt. Er sagte immer, dass Analogien dem Kunden Superkräfte verleihen. Eine gute Analogie lässt den Kunden augenblicklich ein schwieriges Feature verstehen und es dann anderen beschreiben. Deshalb war »1000 Songs in der Hosentasche« so stark. Jeder hatte CDs und Kassetten in platzraubenden Playern, mit denen man nur zehn bis fünfzehn Songs oder ein Album am Stück hören konnte. »1000 Songs in der Hosentasche« war also ein unglaublicher Kontrast. Damit konnten sich die Menschen das Ungreifbare bildlich vorstellen – alle ihre Lieblingssongs zusammen an einem Ort, leicht auffindbar, einfach mitzunehmen –, und es gab ihnen eine Möglichkeit, ihren Freunden und Angehörigen zu erzählen, warum dieser neue iPod so eine coole Sache war.

Alles bei Nest wimmelte nur so von Analogien. Sie füllten unsere Website und unsere Videos und unsere Werbeanzeigen und sogar unsere Support-Beiträge und Installationsanweisungen. Das mussten sie auch. Denn viele Merkmale unseres Produkts konnte man nur mit umfangreichen Kenntnissen über HVAC-Systeme und Stromnetze und das Streulichtprinzip von Rauchmeldern verstehen – Kenntnisse, die kaum jemand besaß. Deshalb schummelten wir. Wir versuchten nicht, alles zu erklären. Wir verwendeten einfach eine Analogie.

Ich erinnere mich an ein nichttriviales Feature, das dazu gedacht war, die Belastung der Kraftwerke an den heißesten oder kältesten Tagen im Jahr zu reduzieren, wenn alle gleichzeitig die Klimaanlagen beziehungsweise Heizungen aufdrehten. Das Problem beschränkte sich meist auf nur wenige Stunden am Nachmittag oder ein paar Tage im Jahr, wenn ein oder mehrere Kohlekraftwerke zusätzlich hochgefahren wurden, um Blackouts zu vermeiden. Wir entwickelten also ein Feature, das es erlaubte, solche Momente vorherzusehen, woraufhin der Nest Thermostat die Heizung oder die Klimaanlage vor den Spitzennutzungszeiten hoch- und anschließend wieder herunterregelte, bevor alle anderen ihre Geräte auf Hochtouren brachten. Alle, die sich für dieses Programm registrierten, bekamen eine Ermäßigung auf ihrer Energiekostenabrechnung. Immer mehr Menschen machten dabei mit und schufen so eine Win-win Situation – sie hatten es weiterhin behaglich und sparten Geld und die Energieversorger mussten ihre umweltschädlichsten Werke nicht länger in Gang setzen.

Und das ist alles gut und schön, aber ich habe gerade 140 Wörter gebraucht, um es zu erklären. Nachdem wir endlos lange darüber gegrübelt und alle denkbaren Varianten durchgespielt hatten, einigten wir uns auf einen Begriff: Rushhour-Ermäßigung.

Jeder versteht das Konzept einer Rushhour – jenes Momentes, in dem auf den Straßen allzu viele Menschen gleichzeitig unterwegs sind und der

Verkehr nur noch im Schneckentempo vorankommt. Dasselbe passiert auch mit der Energie. Wir mussten nicht viel mehr erklären – Rushhours sind ein Problem, aber wenn es eine Energie-Rushhour gibt, kann man dafür etwas bekommen. Man kann eine Ermäßigung bekommen. Man kann tatsächlich Geld sparen, statt mit allen anderen im Stau zu stehen.

Wir machten eine ganze Webseite dazu – mit einer Autografik und kleinen qualmenden Kraftwerken. Vielleicht haben wir ein wenig übertrieben und die Metapher überstrapaziert, aber uns war bewusst, dass die meisten Kunden sich andernfalls kaum für das Thema interessiert hätten.

Für den Großteil der Kunden machten wir es einfach. Mit einem griffigen Namen und einer Analogie halfen wir ihnen, es zu verstehen – wenn es eine Energie-Rushhour gibt, hilft Ihr Nest Theromstat Ihnen bares Geld sparen!

Es ist eine Story. Eine sehr kurze, aber das sind ja die besten.

Kurze Storys kann man sich leicht merken. Und was noch wichtiger ist: Man kann sie leicht wiedergeben. Wenn jemand Ihre Geschichte weitererzählt, erreicht er damit mehr Menschen und tut mehr dafür, dass andere Ihr Produkt kaufen, als es Ihnen selbst mit noch so vielen Worten auf Ihren eigenen Plattformen gelänge. Sie sollten immer danach streben, eine Story zu erzählen, die so gut ist, dass sie beginnt, ein Eigenleben zu führen, so dass Ihr Kunde sie sich merkt, sie lieben lernt, sie verinnerlicht, sie zu seiner eigenen macht. Und sie jedem erzählt, den er kennt.

Kapitel

3.3

EVOLUTION VERSUS DISRUPTION VERSUS UMSETZUNG

Evolution: ein kleiner Schritt, um etwas zu verbessern – eine Fortentwicklung.

Disruption: eine Gabelung des Evolutionsbaums – etwas grundlegend Neues, das den Status quo verändert, meist mittels eines neuartigen oder revolutionären Lösungsansatzes für ein altes Problem.

Umsetzung: die bravouröse Einlösung eines Versprechens, das Sie gegeben haben.

Die Erstversion Ihres Produktes (v1) sollte keine Fortentwicklung, sondern nichts weniger als disruptiv sein. Aber Disruption allein ist noch keine Erfolgsgarantie – Sie können die Grundlagen der Umsetzung nicht ignorieren in dem Glauben, Sie bräuchten nichts weiter als eine brillante Disruption. Und selbst wenn Sie Ihre Idee gut umsetzen, ist das vielleicht nicht genug. Wenn Sie eine große, alteingesessene Branche revolutionieren, müssen Sie vielleicht auch das Marketing oder die Vertriebskanäle oder die Herstellung oder die Logistik oder das Geschäftsmodell oder etwas, an das Sie vorher gar nicht gedacht haben, einer disruptiven Transformation unterziehen.

Angenommen, v1 war zumindest ein respektabler Erfolg. Dann ist die zweite Version typischerweise eine Evolution der ersten. Verbessern Sie auf Basis der Zahlen und Erkenntnisse, die Sie von leibhaftigen Kunden gewonnen haben, das, was Sie in v1 gemacht haben und steigern Sie Ihre ursprüngliche Disruption. Die Umsetzung sollte noch einen Gang hochgeschaltet werden – jetzt, wo Sie wissen, was Sie tun, und in der Lage sein sollten, ein deutlich funktionaleres Produkt zu bieten.

Sie können dieses Produkt eine Zeit lang weiterentwickeln, aber halten Sie immer nach neuen Disruptionsmöglichkeiten Ausschau. Sie dürfen nicht erst dann darüber nachdenken, wenn die Konkurrenz aufzuholen droht oder Ihr Geschäft zu stagnieren beginnt.

* *

Wenn Sie sich mit Herz und Seele in etwas stürzen wollen, sollte es etwas Disruptives sein. Es sollte kühn sein. Es sollte eine echte Veränderung bewirken. Es muss kein Produkt sein – der Dienstleister Amazon war bereits disruptiv, noch ehe er anfing, seine eigene Hardware zu kreieren. Sie können disruptiv die Art verändern, wie Dinge verkauft, geliefert, vom Kundendienst betreut oder finanziert werden. Sie können disruptiv die Art verändern, wie Dinge vermarktet oder recycelt werden.

Disruption sollte für Sie persönlich wichtig sein – wer will nicht etwas Aufregendes und Bedeutsames tun? –, aber sie ist auch wichtig für die Gesundheit Ihres Geschäfts. Wenn Sie etwas wirklich Disruptives in die Welt gesetzt haben, kann Ihre Konkurrenz es vermutlich nicht so schnell kopieren.

Der Schlüssel liegt darin, das richtige Gleichgewicht zu finden – nicht so disruptiv, dass es am Ende womöglich an der Umsetzung hapert, aber auch nicht so leicht umsetzbar, dass es niemanden hinterm Ofen hervorlockt. Wo Sie sich dazwischen für Ihren Kampf positionieren, liegt ganz bei Ihnen.

Ohne Kampf aber wird es nicht gehen.

Wenn Sie zu kurz greifen – wenn Sie etwas schaffen, das lediglich die Fortentwicklung von etwas Bestehenden, einen weiteren Schritt auf einem ausgetretenen Pfad darstellt, werden die Adressaten Ihres Pitches – es sollten die klügsten Köpfe sein, die Sie kennen, aus einem breiten Spektrum von Disziplinen – nur mit den Achseln zucken. »Joah. Ganz okay.«

Sie können die enttäuschten Schnaufer förmlich hören.

Sie brauchen etwas, das Ihre Zuhörer aufhorchen und sagen lässt: »Wow. Erzähle uns mehr darüber.« Es ist das disruptive Element, das Ihr Produkt definiert – und das die Menschen neugierig werden lässt.

Und es ist genau dieses disruptive Element, das sie zum Lachen bringt. Wenn Sie große, etablierte Branchen auf den Kopf stellen, werden Ihre Wettbewerber Sie anfangs belächeln. Man wird sagen: Was Sie da machen, ist ja nichts weiter als eine Spielerei und keine Bedrohung. Ja, man wird Sie geradezu auslachen.

Sony lachte über den iPod. Nokia lachte über das iPhone. Honeywell lachte über den Nest Learning Thermostat.

Anfangs.

Im Kontext der Trauerverarbeitung sprechen wir hier von der Phase des Leugnens.

Doch stößt Ihr disruptives Produkt, der Prozess oder das Geschäftsmodell erst einmal bei den Kunden auf Interesse, beginnt Ihre Konkurrenz, sich Sorgen zu machen. Sie wird aufmerksam. Und sobald sie erkennt, dass Sie ihr Marktanteile wegnehmen könnten, wird sie stinkig. Richtig stinkig. Wenn Menschen die Wutphase der Trauer erreichen, schlagen sie um sich. Wenn Ihre Konkurrenz wütend wird, wird Sie versuchen, Sie im Preis zu unterbieten, Sie mit Werbung zu beschämen, Ihnen mittels negativer Presse den Boden unter den Füßen wegzuziehen und sie über Exklusivverträge aus den Vertriebskanälen zu drängen.

Und vielleicht gehen sie gerichtlich gegen Sie vor. Wenn sie es nicht über den Weg der Innovation schaffen, prozessieren sie eben.

Die gute Nachricht ist: Ein Gerichtsprozess bedeutet, dass Sie offiziell angekommen sind. Wir feierten eine Party, als Honeywell gegen Nest klagte. Wir waren begeistert. Dieser lächerliche Prozess (sie klagten gegen unseren Thermostaten, weil er rund war) bedeutete, dass wir eine echte Bedrohung waren und sie es wussten. Deshalb holten wir den Champagner heraus. Ganz genau, ihr Wichser. Wir kommen und holen uns euch.

Wir hatten nicht die Absicht, klein beizugeben. Wir wussten, dass Honeywell schon seit Jahrzehnten kleine innovative Unternehmen aus dem Geschäft klagte. Man legte ihnen eine Schlinge um den Hals, bis die Neulinge keine andere Chance hatten, als für ein Butterbrot an Honeywell zu verkaufen. Jede Gefahr wurde sofort niedergewalzt. Aber Chip Lutton, der Justiziar von Nest, und ich hatten solche Kämpfe schon zu Apple-Zeiten gemeinsam durchgefochten und ließen uns davon nicht einschüchtern. [Siehe auch Kapitel 5.7: Anwalt am Start: Das erste Mal, dass ich mit einem Prozess zu tun hatte.]

Wenn Ihr Unternehmen disruptiv ist, müssen Sie auf starke Reaktionen und noch stärkere Emotionen vorbereitet sein. Manche Leute werden das, was Sie gemacht haben, total toll finden. Andere werden es heftig und rückhaltlos hassen. Das ist die Gefahr bei Disruptionen. Sie sind nicht überall willkommen. Disruption schafft Feinde.

Auch wenn Sie etwas Neues in einem großen Unternehmen anfangen, bietet Ihnen das keinen Schutz. Sie müssen auf Intrigen, Eifersucht und Angst gefasst sein und lernen, damit umzugehen. Schließlich versuchen Sie, etwas zu verändern, und Änderungen erzeugen Angst – besonders bei denjenigen, die ihr Fach zu beherrschen glauben und absolut nicht darauf vorbereitet sind, dass ihnen der Boden unter den Füßen weggezogen wird.

Um einen Erdrutsch auszulösen, braucht es nur eine große furchteinflößende neue Sache. Vielleicht zwei.

Übertreiben Sie es nur nicht. Versuchen Sie nicht, alles auf einmal umzuwälzen. Machen Sie nicht das Amazon Fire Phone.

Ich weiß noch, wie Jeff Bezos die Idee zum ersten Mal erwähnte. Wir hatten ein Frühstücksmeeting, bei dem es darum ging, ob ich in den Vorstand von Amazon eintreten würde. Jeff deutete Pläne an, eine neue Produktlinie mit Amazon-Geräten zu schaffen – insbesondere einem Telefon. Es sollte spektakulär disruptiv sein: alles war in 3-D, man konnte sämtliche Medien damit filzen, man konnte jeden Gegenstand auf der Welt scannen und dann bei Amazon kaufen. Es würde alles verändern.

Ich sagte ihm, er habe bereits eine Hardware-Disruption vorgenommen – mit dem Kindle. Der war wunderbar innovativ und hatte eine einzigartige Plattform, die niemand nachahmen konnte. Um Amazon auf die Handys der Leute zu bringen und ihr Online-Kaufverhalten zu verändern, brauchte man kein komplett neues Gerät zu entwickeln. Man brauchte bloß eine echt gute App, die auf den Geräten aller anderen lief.

Ich sagte ihm: Ich würde das Telefon nicht machen.

Er machte das Telefon.

Ich bekam den Sitz im Vorstand nicht.

Als es herauskam, machte das Fire Phone alles, was Bezos versprochen hatte – aber nichts davon gut. Man hatte zu viel hineingepackt, wollte zu viel verändern. Dadurch wurden die Disruptionen zu Gimmicks und das Projekt scheiterte. Es war eine bittere, schmerzliche Lektion und man beließ es bei dem einen Versuch. Machen. Scheitern. Lernen.

Das ist das Vertrackte an Disruptionen: Sie stellen einen extrem heiklen Balanceakt dar. Wenn sie scheitern, so meist aus einem von drei Gründen:

1. Wir fokussieren uns auf die Erschaffung von etwas total Umwerfenden, vergessen darüber aber, dass es Teil einer zusammenhängenden, fließenden Erfahrung sein muss. [Siehe auch Abbildung 3.1.1 in Kapitel 3.1.] Wir ignorieren also die Millionen kleiner Details, deren Entwicklung nicht so aufregend ist – besonders bei v1 –, und enden mit einem hübschen kleinen Demo-Teil, von dem niemand so weiß, wozu es gut sein soll.
2. Oder wir starten mit einer disruptiven Vision, stellen sie aber zurück, weil die Technik zu schwierig oder zu kostspielig ist oder nicht gut genug funktioniert. Wir setzen also alles andere wunderschön um, während dieser eine zentrale Bestandteil, die unser Produkt einzigartig gemacht hätte, vor sich hinwelkt.
3. Oder wir verändern zu vieles zu schnell, mit der Folge, dass Normalsterbliche nicht erkennen oder verstehen können, was wir da gemacht haben. Das ist eines der vielen Probleme von Google Glass. Das Aussehen, die Technologie – es war alles derart neu, dass die Leute keine Ahnung hatten, was sie damit sollten. Es gab kein intuitives Verständnis des Anwendungsbereichs. Es ist, als hätte Tesla von Anfang an beschlossen, Elektroautos mit fünf Rädern und zwei Lenkrädern zu bauen. Man kann den Motor oder das Armaturenbrett verändern, aber es sollte immer noch wie ein Auto aussehen. Man kann die Leute nicht allzu weit über die Grenzen ihrer Vorstellungswelt hinaustreiben. Jedenfalls nicht am Anfang.

Dieser dritte Grund erklärt, warum der iPod der ersten Generation keinen iTunes Music Store hatte. Es gab noch keine Verkaufsplattform für Musik, der Begriff »Podcast« war noch Monate entfernt, und die Anwender rippten einfach mit iTunes ihre CDs oder luden sie illegal aus dem Internet.

Und das liegt nicht daran, dass wir nicht daran gedacht hätten. Wir träumten von verschiedenen iTunes-Features, während wir den iPod entwickelten. Aber wir hatten keine Zeit für die Umsetzung. Und wir stellten schon genug auf den Kopf. Wir mussten die Leute von CDs zu MP3s bringen – schon das war ein großer Sprung. Das konnte nur gelingen, wenn wir den Menschen Zeit ließen, ihr Gleichgewicht wiederzufinden, ehe wir sie erneut zum Springen aufforderten.

Als wir mit der Arbeit an v2 und v3 anfingen, war das Hinzufügen einer digitalen Verkaufsplattform der logisch nächste Schritt. Wir maximierten und kapitalisierten unsere anfängliche Disruption. Es gab reichlich niedrig hängende Früchte und so entwickelten wir einfach alles weiter. v4, v5, v6.

Je weiter unser Verfeinerungsprozess gedieh, desto mehr wollten wir verändern. Einmal stellten wir Steve radikal neue Entwurfsmodelle vor, die uns wirklich begeisterten – sie waren kleiner und leichter, innovativ und wunderschön. Und wir hatten das Klickrad weggelassen. Er schaute sie sich an und sagte: »Die sind toll. Aber ihr habt aus dem Auge verloren, was es heißt, ein iPod zu sein.«

Die Welt sah das Klickrad und dachte »iPod«. Es wegzulassen, war daher keine Evolution – es war eine Disruption, die zu diesem Zeitpunkt keinen Sinn ergab. Hätten wir weitergemacht, so hätten wir einen kleineren, leichteren Music Player geschaffen und unsere eigene Marke herabgesetzt.

Lektion verstanden.

Bei jeder Weiterentwicklung müssen Sie den definierenden Kern Ihres Produkts im Auge behalten. Was zeichnet Ihr Feature-Angebot und Ihre Markenstrategie aus? Worauf haben Sie den Blick Ihrer Kunden getrimmt? Beim iPod war es das Klickrad. Beim Nest Learning Thermostat war es der runde, klare Bildschirm mit der großen Temperaturanzeige in der Mitte.

Um den Kern Ihres Produkts zu bewahren, müssen Sie typischerweise ein oder zwei Dinge unangetastet lassen, während Sie alles andere verändern können.

Und das ist eine nützliche Einschränkung. Sie brauchen ein paar Randbedingungen, die Sie zur Kreativität anspornen, damit Sie Möglichkeiten in Betracht ziehen, an die Sie sonst niemals gedacht hätten.

Bei Apple forderten wir uns unablässig heraus. Wir wussten, dass wir jedes Jahr einen neuen, deutlich verbesserten iPod auf den Markt bringen mussten, der sich gut als Weihnachtsgeschenk eignete. Das war das erste Mal, dass Apple so einen Takt festgelegte, wurden die Mac-Produkte doch immer von den Prozessor-Upgrades unserer Zulieferer bestimmt. [Siehe auch Kapitel 3.5: Herzschlag und Handschellen: Lange Zeit unterlagen die Macintoshs den Launen von IBM.] Doch im Kopf hörten wir die Schritte von Sony und der übrigen Konkurrenz, die uns verfolgte. Wir lagen vorn, aber damit das so blieb, mussten wir uns immerzu weiterentwickeln und durften bei der Umsetzung nicht patzen. Jedes Jahr musste der iPod deutlich besser sein als das Vorjahresmodell – entweder die Hardware oder die Software oder beides. Wir mussten die Konkurrenz auf Abstand halten und den Kunden einen Grund zum Neukauf liefern.

Also lernten wir, eher weniger zu versprechen, diese Versprechungen dann aber umso mehr zu übertreffen. Bei zentralen Features wie der Akkulaufzeit agierten wir konservativ – den gesamten Entwicklungsprozess hindurch achteten wir darauf, eine Zahl zu erreichen, mit der Steve zufrieden war. Dreizehn, vierzehn Stunden. Hinter den Kulissen aber versuchten wir ständig, noch eins draufzulegen – hier noch eine Minute herauszuschlagen und dort noch eine.

Dann brachten wir den neuesten iPod mit den neuesten Spezifikationen heraus: vierzehn Stunden Akkulaufzeit.

Die Rezensenten bekamen den neuen iPod in die Hände und er erfüllte die Erwartungen nicht nur, sondern übertraf sie sogar. Er lief um Stunden länger, als sie erwarteten.

Wir machten das immer wieder, Jahr um Jahr, aber irgendwie holte uns niemand ein. Es war jedes Mal wieder eine Überraschung. Eine Freude. Und das festigte den überlegenen Ruf von Apple ebenso wie das Design und das Nutzererlebnis des iPod.

Dieser unerschütterliche Vormarsch trug viel dazu bei, die Marke iPod zu definieren und Apple Aufmerksamkeit zu sichern. Und er deprimierte die Konkurrenz zutiefst. Ich hatte Freunde bei Philips, die erzählten mir: Jedes Mal, wenn sie eine tolle Idee hatten, um den iPod aus dem Feld zu schlagen, brachten wir wenige Monate später ein ähnliches Feature heraus und für sie hieß es nur: Zurück an die Zeichentische! Es verhagelte ihnen die Laune. Wir bewegten uns so schnell voran, dass sie, wenn sie uns endlich eingeholt zu haben glaubten, schon wieder im Hintertreffen lagen.

Doch man kann sich nur eine gewisse Zeit lang weiterentwickeln.

Irgendwann rückte die Konkurrenz näher. Der iPod hatte jeden anderen MP3-Player vom Markt verdrängt und unser weltweiter Marktanteil betrug über 85 Prozent. Ultrakompetitive Handyhersteller begannen jedoch allmählich herausgefunden, wie sie sich ein Stück von unserem Kuchen sichern konnten. Sie fingen an, MP3s auf ihre Mobiltelefone zu bringen, weil sie das Potenzial erkannt hatten, das darin lag, alles in einem Gerät zu vereinen: Anrufe, Textnachrichten, das Computerspiel Snake *und* Musik.

Gleichzeitig wurden Handys wie verrückt angenommen und die Mobilnetze wurden deutlich besser, schneller und billiger. Es war ganz offensichtlich, dass die meisten Leute nur zu bald Musik würden streamen können, statt sie herunterzuladen. Das würde für das iPod-Geschäft alles verändern.

Es würde sich also entweder die Landschaft unter unseren Füßen verändern, oder wir würden die Landschaft verändern.

Wir mussten uns selbst auf den Kopf stellen.

Der iPod war Apples einziges erfolgreiches Nicht-Mac-Produkt seit fünfzehn Jahren. Zeitweise machte er über 50 Prozent des Firmenumsatzes aus. Er war immens beliebt und erlebte weiterhin ein rasches Wachstum. Für Millionen von Nicht-Mac-Usern definierte er das Unternehmen.

Doch wir beschlossen die Selbstkannibalisierung. Wir mussten das iPhone machen, auch wenn wir wussten, dass es den iPod aller Voraussicht nach killen würde.

Es war ein enormes Risiko. Doch bei jeder Disruption hält sich die Konkurrenz nur eine gewisse Zeit lang mit Leugnung und Wut auf. Irgendwann erreicht sie das Stadium der Akzeptanz, und wenn noch Leben in ihr ist, beginnt sie wie besessen zu arbeiten, um uns einzuholen. Womöglich inspirieren wir auch eine ganze Flutwelle neuer Firmen, die unsere ursprüngliche Disruption als Trittbrett nutzen können, um uns zu überflügeln.

Wenn Sie merken, dass die Konkurrenz Ihnen auf den Fersen ist, müssen Sie etwas Neues machen. Sie müssen sich in ein komplett anderes Unternehmen verwandeln. Sie müssen sich bewegen.

Sie dürfen nicht davor zurückscheuen, das aufs Spiel zu setzen, was Sie überhaupt erst erfolgreich gemacht hat. Selbst wenn es Sie überaus erfolgreich gemacht hat. Sehen Sie sich Kodak an. Sehen Sie sich Nokia an. Wenn ein Unternehmen zu groß wird, zu bequem, zu sehr auf die Bewahrung und den Schutz dieser ersten großen Innovation fixiert, die es ins Rampenlicht gebracht hat – dann gerät es ins Wanken. Es löst sich auf. Es stirbt.

Falls Sie gerade Ihren größten Marktanteil aller Zeiten erleben, bedeutet das: Sie stehen kurz vor der Erstarrung, der Stagnation. Höchste Zeit, dass Sie sich stärker engagieren, sich selbst anspornen und herausfordern. Google, Facebook und all die anderen Tech-Giganten sind schon bald fällig für eine Disruption – sonst werden sie durch die Gesetzgebung dazu gezwungen.

Leicht hätte Tesla in dieselbe Falle tappen können. Das Unternehmen war mit einer gewaltigen Disruption angetreten – einer Revolution der Autobranche, die Elektroautos erstmals für die Verbraucher attraktiv machte. Doch als sämtliche Autohersteller der Welt ihrem Beispiel folgten, lief Tesla Gefahr, zu einem E-Auto unter vielen in einem überschwemmten Markt zu verkommen. Man begann dort also, alle möglichen Fahrzeuge zu elektrifizieren und Ladenetzwerke, Einzelhandel, Service, Batterien und Lieferketten vollkommen umzukrempeln. So sorgte man dafür, dass die Konkurrenz jeden einzelnen Geschäftsbereich auf den Kopf stellen musste, um überhaupt ins Rennen einsteigen zu können. Wenn erst einmal jeder Autohersteller ein Elektrofahrzeug im Portfolio hat, werden die Kunden sich plötzlich für all die übrigen Bereiche interessieren, in denen Tesla schon lange disruptiv unterwegs ist und seine Entwicklungen auf den Markt gebracht hat.

Auf die – unmittelbare oder mittelbare – Konkurrenz ist Verlass. Irgendjemand sieht immer zu und versucht, jeden Makel bei einem erfolgreicheren Mitbewerber für sich auszunutzen.

Jahrelang bestand die Haupteinnahmequelle von Microsoft darin, Windows an Großkonzerne zu verkaufen. Es war eine verkaufsorientierte, keine produktorientierte Kultur. Daher blieb das Produkt weitgehend unverändert, Jahr um Jahr und auch noch lange, nachdem das Internet geboren war und alles andere sich zu verändern begann. Lange, nachdem klar geworden war, dass das Geschäftsmodell von Microsoft zum Sterben verurteilt war. Lange, nachdem die Unternehmenskultur in einen elenden Zustand verfiel und die Branche Microsoft bereits als hoffnungslosen Dinosaurier abschrieb.

Doch nach jahrelangem Taumeln brachte der neue CEO Satya Nadella frisches Leben in die Unternehmenskultur und zwang das Unternehmen, nach anderen Produkten und Geschäftsmodellen Ausschau zu halten. Man begann, das Spektrum zu erweitern. Es gab jede Menge Fehlstarts – jede Menge erfolglose Produkte. Viele Bereiche gingen ein – doch einige trugen Früchte: die Surface-Produkte, Azure Cloud-Computing. Man sah in Windows nicht länger die Cashcow und verwandelten Office in ein Online-Abo. Das Unternehmen hat sich aus dem Sumpf der Stagnation befreit und ist zurückgekehrt, um Produkte in die Welt zu setzen, die die Fantasie beflügeln, wie Hololens und die Surface-Produkte.

Natürlich würden die meisten Gründer morden, um ein Unternehmen ins Leben zu rufen, das so groß ist, dass vom Risiko der Stagnation überhaupt die Rede sein könnte. So weit bringt es kaum jemand.

Die meisten bleiben bereits beim ersten Schritt auf der Strecke. Es ist leicht, »etwas Bedeutsames verändern« zu sagen, und unendlich viel schwerer, eine tolle Idee zu entwickeln und sie so umzusetzen, dass sie bei den Kunden Anklang findet. [Siehe auch Kapitel 4.1: Wie man eine tolle Idee erkennt.]

Vor allem, weil eine großartige Disruption allein womöglich nicht ausreicht. Gut möglich, dass Sie Dinge revolutionieren müssen, an die Sie nie zuvor gedacht haben.

Hätte Nest nur eine Hardware-Disruption zustande gebracht – hätten wir nichts weiter als den Nest Learning Thermostat geschaffen –, so wären wir gescheitert. Mit Pauken und Trompeten.

Wir mussten zugleich den Verkauf und die Vertriebskanäle auf den Kopf stellen.

Damals ging eigentlich niemand los und kaufte Thermostate. Man konnte sie in einem Elektrofachmarkt bekommen, aber sie waren bewusst kompliziert, damit man sie nicht leicht selbst installieren konnte. Und online wurden sie nicht verkauft, sodass man keine Vergleichsangebote einholen und die enormen Aufschläge erkennen konnte, die Heizungsinstallateure einem berechneten. Wenn Ihr Thermostat kaputtging, riefen Sie also einfach einen Handwerker an, damit er ihn ersetzte. Und wenn Ihre Heizung oder Ihre Klimaanlage den Geist aufgab, wurde Ihnen auch ein neuer Thermostat aufgeschwatzt (ob Sie ihn brauchten oder nicht).

Für jeden Zusatzverkauf eines schicken neuen Honeywell-Thermostaten bekam der Heizungsinstallateur einen netten kleinen Bonus für gute Arbeit.

Bei genügend verkauften Thermostaten wurde er von Honeywell nach Hawaii in den Urlaub geschickt.

Das war ein eingefahrener Markt, in dem die vorhandenen Player alles in ihrer Macht Stehende unternahmen, um sich die Konkurrenz vom Leibe zu halten. Es gab keinerlei Anreize für Heizungsinstallateure, Nest Learning Thermostats zu verkaufen oder zu installieren. Wir vergaben keine Boni – die Installateure verdienten mit dem Verkauf unserer Geräte sogar weniger als mit den alten. Und erst recht schickten wir niemanden nach Hawaii. Wir waren ein winziges Unternehmen und Honeywell hatte sich über die Jahrzehnte hinweg die Loyalität der Handwerker erkauft.

Also mussten wir die existierenden Kanäle komplett umgehen. Wir mussten einen neuen Markt schaffen: direkt an die Hauseigentümer verkaufen in einer Welt, in der Hauseigentümer keine Thermostate kauften. Und wir mussten an Orten verkaufen, an denen nie zuvor Thermostate verkauft worden waren. Unser erster Einzelhandelspartner war Best Buy – die keine Ahnung hatten, wo sie den Nest hintun sollten. Es war ja nicht so, als hätten sie einen eigenen Gang für Thermostate gehabt.

Aber ich sorgte dafür, dass wir nicht die Fehler von Philips wiederholten. Wir würden nicht zulassen, dass der Nest sich irgendwo im Laden hinter einer Stereoanlage versteckte. Also sagten wir Best Buy, dass wir keinen Gang für Thermostate wollten – wir wollten einen Gang für Smart-Home-Produkte. Den hatten sie natürlich auch nicht. Also erfanden wir ihn gemeinsam.

Ich bin nicht ins Thermostatengeschäft eingestiegen, um Best Buy auf den Kopf zu stellen. Aber genau das mussten wir tun, um Thermostate zu verkaufen.

Wenn man es richtig anstellt, führt eine Disruption zur nächsten. Eine Revolution löst die nächste aus. Man lacht Sie aus und sagt Ihnen, das wäre grotesk, doch das bedeutet nur, dass man aufmerksam geworden ist. Sie haben etwas gefunden, das zu tun sich lohnt. Machen Sie weiter damit.

Kapitel

3.4

IHR ERSTES ABENTEUER – UND IHR ZWEITES

Wenn Sie ein Team oder ein Projekt leiten, um v1 einzuführen – die erste Version eines Produkts, das für Sie und Ihre Mitarbeiter neu ist –, ist das so, als würden Sie zum ersten Mal mit Freunden in die Berge gehen. Sie glauben, Sie hätten alles, was Sie zum Campieren und Klettern brauchen, aber Sie haben es noch nie gemacht. Deshalb sind Sie zögerlich. Und langsam. Doch sie entscheiden nach bestem Gewissen, was Sie brauchen und wohin Sie gehen, und brechen in die Wildnis auf.

Im nächsten Jahr beschließen Sie, das erneut zu tun. Diesmal ist es v2. Und es ist völlig anders – Sie wissen, wohin Sie gehen, Sie wissen, was Sie dafür brauchen, und Sie kennen Ihr Team. Sie haben jetzt genügend Selbstbewusstsein, um mutiger zu sein, größere Risiken einzugehen und weiter zu gehen, als Sie jemals zuvor für möglich gehalten hätten.

Auf der allerersten Reise haben Sie diese Vorteile aber nicht. Sie müssen viele auf Meinungen basierende Entscheidungen treffen – ohne den Vorzug von Fakten oder Erfahrungen, auf die Sie sich stützen können. [Siehe auch Kapitel 2.2: Fakten versus Meinung.]

Im Folgenden finden Sie die für solche Entscheidungen erforderlichen Tools in der Reihenfolge ihrer Wichtigkeit:

1. **Vision:** Seien Sie sich darüber im Klaren, was Sie machen wollen, warum Sie es machen, für wen es gedacht ist und warum die Menschen es kaufen werden. Sie brauchen eine oder mehrere starke Führungspersönlichkeit, um sicher zu gehen, dass die Vision unverfälscht vermittelt wird.

2. **Kundenkenntnis:** Sie gewinnen sie durch Kunden- oder Marktforschung oder einfach dadurch, dass Sie sich in Ihren Kunden hineinversetzen und sich fragen: Was mag er, was mag er nicht, mit welchen Problemen sieht er sich regelmäßig konfrontiert und auf welche Lösungen spricht er an.
3. **Daten:** Zu wirklich neuen Produkten gibt es kaum oder keine verlässliche Daten. Das heißt nicht, dass Sie sich nicht redlich bemühen sollten, objektive Informationen zu bekommen – über die Größenordnung der Chance, die Art und Weise, wie vorhandene Lösungen genutzt werden, und so weiter. Doch diese Informationen werden niemals definitiv sein – sie werden Ihnen die Entscheidungen nicht abnehmen können.

Haben Sie erst einmal begonnen, ein existierendes Projekt weiterzuentwickeln – v2, Ihr zweites Abenteuer –, können Sie auf Erfahrungen, Kunden und einen Schatz faktenbasierter Entscheidungen zurückgreifen. Ein eingeschränkter Fokus auf Zahlen kann Sie jedoch ausbremsen oder vom Weg ablenken. Sie benötigen also immer noch dieselben Tools wie oben genannt, nur in anderer Reihenfolge.

1. **Daten:** Sie können nachverfolgen, wie Kunden Ihr aktuelles Produkt nutzen, und neue Versionen testen. Sie können Hypothesen anhand harter, von echten, bezahlenden Kunden gewonnener Fakten bestätigen oder widerlegen. Mit diesen Daten können Sie die Fehler beheben, die Sie machten, solange sie lediglich auf ihr Bauchgefühl hörten.
2. **Kundenerkenntnisse:** Haben die Leute erst einmal beschlossen, Geld für Ihr Produkt zu bezahlen, sind sie eine viel verlässlichere Quelle nützlicher Erkenntnisse. Ihre Kunden können Ihnen sagen, was kaputtgegangen ist und was sie als Nächstes haben möchten.
3. **Vision:** Angenommen, Sie haben v1.0 mehr oder weniger gut hingekriegt. Dann tritt diese ursprüngliche Vision hinter die Daten und Erkenntnisse zurück, die Sie durch tatsächliche Kunden erhalten. Doch Ihre ursprüngliche Vision sollte bei der Weiterentwicklung nicht ganz unter den Tisch fallen. Behalten Sie immer Ihre längerfristigen Ziele

und Missionen im Sinn, damit der Grundzweck Ihres Produkts nicht verloren geht.

Sie sollten auch daran denken, dass Sie nicht nur v1 oder v2 Ihres Produkts machen – Sie schaffen auch die erste oder zweite Version Ihres Teams und Ihres Prozesses.

v1-Team: Hier arbeiten Sie überwiegend – oder ausschließlich – mit Menschen zusammen, die Ihnen neu sind. Sie tasten einander noch ab und versuchen zu erkennen, inwieweit Sie einander vertrauen können und wer dranbleibt, wenn es schwierig wird. Sie brauchen sich nicht auf einen einheitlichen Prozess zu verständigen, was oft schwerer ist, als sich auf ein Produkt zu einigen. Jeder hat in der Vergangenheit seine eigenen Erfahrungen gemacht und seine Präferenzen entwickelt und das wechselseitige Vertrauen kann schnell beschädigt werden. Die mit dem Schaffen von etwas Neuem verbundenen Risiken werden durch mangelndes Vertrauen innerhalb des Teams stets noch verstärkt.

v2-Team: Möglicherweise müssen Sie Teile Ihres Teams ersetzen, sobald Sie sich ehrgeizigere Ziele setzen, aber viele Ihrer Teammitglieder, die die Stürme von v1 überstanden haben, sind bereit, sich für v2 wieder ins Getümmel zu stürzen. Sie vertrauen einander – hoffentlich –, haben sich bereits in einem funktionierenden Entwicklungsprozess eingerichtet und verfügen über einen Sprachcode, die alles beschleunigt. Dieses gegenseitige Vertrauen ermöglicht es Ihnen, größere Risiken eingehen und spannendere Produkte zu schaffen.

* *

Den größten Aufstand gegen Steve Jobs probte das Marketingteam – wegen der iPhone-Tastatur. Aber auch viele von uns übrigen rebellierten. Den mit Abstand vordersten Platz im Beliebtheitsranking unter den »Smartphones« belegte 2005 der BlackBerry – gern auch Crackberry genannt. Die Leute waren verrückt danach. BlackBerry hatte einen Marktanteil von 25 Prozent und wuchs rasch. Und eingefleischte BlackBerry-Fans sagten immer, das Allerbeste an ihrem Lieblingsgerät sei total offensichtlich. Es sei die Tastatur.

Er war konstruiert wie ein Panzer. Es dauerte ein paar Wochen, sich an ihn zu gewöhnen, aber dann konnte man auf ihm unglaublich schnell

Textnachrichten und E-Mails schreiben. Er lag gut in der Hand. Er war solide.

Als Steve dem Team daher seine Vision für das erste Telefon von Apple mitteilte – ein großer Touchscreen, keine Tastatur –, gab es ein beinahe hörbares Nach-Luft-Schnappen. Die Leute tuschelten auf den Fluren: »Im Ernst, soll das wirklich ein tastaturloses Telefon werden?«

Abbildung 3.4.1: Sieh an, der BlackBerry – von seinen Anhängern liebevoll Crackberry genannt. Das ist der BlackBerry 7290, der 2004 auf den Markt kam. Er war Internet- und E-Mail-fähig, hatte eine beleuchtete QWERTZ-Tastatur und ein Schwarz-Weiß-Display, das umwerfende fünfzehn Textzeilen anzeigen konnte.

Touchscreen-Tastaturen nervten. Jeder wusste das. Ich wusste es verdammt gut. Ich hatte zweimal eine entwickelt – erst bei General Magic und dann bei Philips. Man musste mit einem Stift auf einen Bildschirm herumtippen, der nicht nachgab und keine Rückmeldung gab. Man tippte daneben, rutschte ab und war zum Verzweifeln langsam. Es fühlte sich einfach überhaupt nicht natürlich an. Daher bezweifelte ich, dass bereits die Technologie für einen Touchscreen existierte, der unseren Erwartungen entsprechen würde. Seit ich 1991 damit zu arbeiten begonnen hatte, waren in diesem Bereich nicht viele technische Durchbrüche passiert. Der größte war der Graffiti von Palm, der einen zwang, in hieroglyphischer Kurzschrift zu schreiben, damit ein Computer es auch verstehen konnte.

Die Marketingabteilung sorgte sich weniger um die Technologie als vielmehr um den Verkauf. Sie war *überzeugt*, dass die Leute Hardware-Tastaturen wollten. Nachdem der BlackBerry lange Zeit nur für das Verkaufspersonal von Apple gestattet gewesen war, hatte endlich auch das Marketing Zugriff auf ihn bekommen, um herauszufinden, was denn nun so aufsehenerregende an ihm war. Und auch dort verliebten sie sich in ihn. Für die Marketingabteilung stand also fest, dass wir ohne eine Hardware-Tastatur nicht mit vorhandenen Smartphones würden konkurrieren können. Mobile Geschäftsleute würden das einfach nicht kaufen – sie waren süchtig nach ihren Crackberrys.

Steve gab nicht nach.

Abbildung 3.4.2: Das erste iPhone kam 2007 auf den Markt und war winzig – kleiner als jedes iPhone, das man heute bekommt. Es maß 11,5 x 6,1 Zentimeter, wog 135 Gramm und verfügte über einen 3,5-Zoll-Bildschirm. Demgegenüber misst das iPhone 13 mini 14,7 x 6,4 Zentimeter, wiegt 141 Gramm und prunkt mit einem 5,4-Zoll-Bildschirm.

Das iPhone würde etwas Neues sein. Etwas völlig anderes. Und es war nicht für reisende Geschäftsleute gedacht. Sondern für Normalsterbliche. Aber niemand konnte wissen, wie jene reagieren würden, denn auf dem Verbrauchermarkt war zehn Jahre lang nichts mehr passiert. Als das »Smartphone« der ersten Generation von General Magic unterging, hatte es den Willen der gesamten Branche mit sich gerissen, persönliche Geräte für Otto Normalverbraucher zu entwickeln.

Die meisten Hardware-Hersteller der neunziger und frühen zweitausender Jahre machten das, was ich auch machte: Sie fokussierten sich auf Businessgeräte. Philips, Palm, BlackBerry. Sie alle richteten sich an Geschäftsleute, die hauptsächlich Mails verfassen, Textnachrichten verschicken und Dokumente überarbeiten mussten. Nicht Filme gucken. Nicht Musik hören. Nicht im Internet surfen oder Fotos machen, um sich mit Freunden zu vernetzen.

Und das iPhone würde winzig klein sein – Apple wollte es nicht viel größer als den iPod haben, damit man es mühelos in die Hosentasche stecken konnte. Am Ende maß die Diagonale des Bildschirms 8,9 Zentimeter. Und Steve hatte nicht die Absicht, die Hälfte davon für eine geriffelte Plastiktastatur zu opfern, die unmöglich zu ändern war, ohne dass man sprichwörtlich an den Zeichentisch zurückkehrte.

Eine Hardware-Tastatur sperrt einen in einer Hardware-Welt ein. Was, wenn man auf Französisch schreiben will? Oder auf Japanisch? Oder auf Arabisch? Was, wenn man Emojis will? Was, wenn man eine Funktion hinzufügen oder entfernen muss? Und was, wenn man ein Video anschauen will? Ein Telefon, das zur Hälfte aus Tastatur besteht, lässt sich nicht ins Querformat drehen.

Ich stimmte Steve zu. Im Prinzip. Ich glaubte bloß nicht, dass wir das mit irgendeiner Technologie, die ich bis zu diesem Zeitpunkt gesehen hatte, durchziehen konnten. Ich brauchte genügend Daten, um zu wissen, ob ich seine Vision Wirklichkeit werden lassen konnte. Um also auf der sicheren Seite zu sein und die Meinungsstreitigkeiten zu beenden, legten wir den Hardware- und Software-Teams wöchentliche Aufgabestellungen vor, um ein besseres Demo zu schaffen. Wie schnell konnten wir es machen? Wie hoch würde die Fehlerrate sein? Die Tasten waren kleiner als Finger, folglich waren Vertipper unvermeidlich. Wie konnten wir diese Fehleingaben vermeiden oder ausbügeln? Und mit welcher Geschwindigkeit? Wann wurde eine »Taste« aktiviert – wenn der Finger den Bildschirm berührte oder wenn er ihn wieder losließ? Wie würde sich das anhören? Wir brauchten eine auditive Rückmeldung, wenn die Tasten aktiviert wurden. Und dann war da noch der qualitative Test: Fühlte es sich gut an? Wollte ich es verwenden? Trieb es mich in den Wahnsinn? Auf allen Ebenen des Systems mussten wir die Algorithmen immer und immer wieder verändern.

Abbildung 3.4.3: Man erkennt leicht, worauf Steve hinauswollte, wenn man das BlackBerry Curve 8310 (eingeführt im August 2007) mit dem ersten iPhone vergleicht (eingeführt im Juni 2007). Der Bildschirm des BlackBerry maß nur 2,5 Zoll. Seine Tastatur war so raumgreifend, dass für den Bildschirm fast kein Platz blieb.

Acht Wochen später war es immer noch alles andere als perfekt, aber die Richtung stimmte. In Anbetracht dessen, wie viel wir in nur wenigen Monaten verbessert hatten, kam ich zu dem Schluss: Auch wenn es nicht so gut war wie eine Hardware-Tastatur, war es doch gut genug. Ich redete es mir ein.

Doch die Marketingabteilung sah das anders.

Nach wochenlangem Hin und Her sprach Steve ein Machtwort. Es gab keine Daten, die definitiv bewiesen, dass es funktionieren würde. Es gab aber auch keine Daten, die bewiesen, dass es nicht funktionieren würde. Bei dieser Entscheidung kam es auf Meinungen an und Steves Meinung zählte am meisten. »Also kommt ihr jetzt entweder an Bord, oder ihr seid raus«, sagte Steve. Das sorgte für Ruhe in der Marketingabteilung.

Natürlich wurde Steve letztlich bestätigt. Das iPhone veränderte alles. Und das war nur möglich, weil er an seiner Vision festhielt.

Das soll allerdings nicht heißen, dass ein Festhalten an der Vision immer zum Erfolg führt.

Nicht einmal im Fall von Steve Jobs.

Die meisten Leute wissen gar nicht, wofür der iPod ursprünglich entwickelt wurde. Er sollte nicht nur Musik abspielen – er wurde geschaffen, um Macintosh-Computer zu verkaufen. Das war Steves Gedanke: Wir stellen etwas Wunderbares her, das nur mit unseren Macs funktioniert. Es wird den Leuten so gut gefallen, dass sie wieder anfangen, Macs zu kaufen.

Zu dieser Zeit war Apple so gut wie tot. Das Unternehmen hatte kaum noch Marktanteile – nicht einmal in den USA. Doch der iPod würde das Problem lösen. Er würde die Firma retten.

Wäre es nach Steve Jobs gegangen, hätte der iPod niemals mit einem PC funktioniert. Das wäre völlig am Ziel vorbeigegangen – schließlich mussten wir mehr Computer verkaufen!

Und deshalb missglückte die erste iPod-Generation.

Die Kritiker liebten ihn. Ebenso wie die Menschen, die bereits Apple-Computer besaßen. Leider waren das zu jener Zeit nicht eben viele. Der iPod kostete 399 US-Dollar. Der Einsteiger-iMac kostete 1300 US-Dollar. Obwohl der iPod mit Abstand der beste MP3-Player auf dem Markt war, würde niemand 1700 US-Dollar für ein komplettes Apple-Paket hinblättern, nur um sich Radiohead bequemer anhören zu können.

Doch das hielt uns nicht auf. Schon am Tag der Einführung der ersten Version hatten wir angefangen, an der zweiten zu arbeiten. v2 sollte flacher, leistungsstärker und schöner werden. Wir gingen zu Steve und sagten ihm, der iPod müsse nun einmal auch mit PCs funktionieren. Es musste einfach sein.

Nein.

Absolut nein.

Steve zu zwingen, von einem ursprünglichen Plan abzuweichen, war nahezu ein Ding der Unmöglichkeit. Doch wir zettelten einen regelrechten Krieg an im Versuch, ihm zu beweisen, dass dies keine meinungsabhängige Entscheidung mehr war. Das waren Daten. Wir arbeiteten am v2. Wir hatten echte Umsatzzahlen und Erkenntnisse von echten zahlenden Kunden (wenn auch von beidem nicht genug).

Wir wiederholten uns. Wir kletterten erneut auf den Berg. Es war an der Zeit, die Vision auf Platz drei zu verweisen.

Wir schafften es, dass Steve wenigstens eine kleine Änderung für den iPod der zweiten Generation in Betracht zog – die Möglichkeit der Synchronisation mit der Musicmatch Jukebox (der wichtigsten iTunes-Alternative, aber für PCs), auf dass man auch von Windows-Geräten die eigene Musikbibliothek auf den iPod übertragen konnte. Und selbst das war ein Kampf.

Am Ende einigten wir uns darauf, den bekannten Technikrezensenten Walt Mossberg zu bitten, das endgültige Urteil zu fällen (ohne Walts Wissen). Das war natürlich eine Falle. Ich bin mir sicher: Steve wollte einfach jemandem die Schuld in die Schuhe schieben können, falls die Sache nicht funktionierte.

Letztlich stellte sich heraus, dass Steve falschgelegen hatte. Den iPod auch mit PCs funktionieren zu lassen, beflügelte die Umsätze sofort. Ab der dritten Generation verkauften wir zigmillionen, später dann hunderte Millionen Exemplare. Das wendete für Apple das Blatt. Das rettete das Unternehmen. Ironischerweise war es auch das, was den Mac rettete – Kunden, die sich für den iPod begeisterten, fingen an, sich andere Apple-Produkte anzuschauen, und die Macintoshs wurden wieder verkauft. Doch die Lektion hieraus ist nicht, dass Steve Jobs fehlbar war. Natürlich war er das. Er war schließlich auch nur ein Mensch.

Die Lektion handelt davon, wann und wie Visionen und Daten unsere Entscheidungen bestimmen sollten. Ganz am Anfang, bevor es Kunden gibt, ist die Vision wichtiger als so ziemlich alles andere.

Aber Sie müssen Ihre Vision nicht ganz allein austüfteln. Genau genommen sollten Sie das wohl auch nicht. Sich in einem Raum einzuschließen, um ein Manifest von der eigenen ganz persönlichen leuchtenden Vision zu schaffen, ist nicht mehr zu unterscheiden vom absoluten Wahnsinn. Holen Sie sich mindestens eine Person – aber besser noch eine kleine Gruppe –

dazu, um sich die Ideen-Bälle zuzuspielen. Skizzieren Sie Ihre Mission gemeinsam. Und setzen Sie sie anschließend gemeinsam um.

Am Ende erschaffen Sie vielleicht etwas Magisches und Weltveränderndes. Vielleicht aber auch nicht.

Es besteht immer die Möglichkeit, dass Sie tapfer und gegen alle Widerstände an Ihrer Vision für v1.0 festhalten und sich diese zuletzt als Irrweg herausstellt. [Siehe auch Kapitel 3.6: Drei Generationen: Der »Abgrund« ist das Loch, in das Unternehmen fallen.] Was immer Sie auch unternehmen – es funktioniert einfach nicht. Vielleicht haben Sie eine meinungsbasierte Entscheidung getroffen, obwohl geeignete Daten verfügbar waren. Vielleicht haben Sie sich einfach verrechnet oder es war der falsche Zeitpunkt oder etwas in der Makroumgebung hat sich verändert, worauf Sie keinen Einfluss hatten.

An diesem Punkt müssen Sie zurückgehen und – so schmerzlich das auch sein mag – ehrlich und gründlich analysieren, warum Sie gescheitert sind. Das ist der Moment, in dem Sie Daten zusammentragen müssen. Ihr Bauchgefühl hat Sie hierhergebracht: Suchen Sie jetzt also nach Zahlen, die Ihnen zu erkennen helfen, warum Ihr Bauchgefühl Sie getrogen hat.

Vielleicht kommen Sie von dort nicht wieder zurück. Möglicherweise haben Sie kein Geld mehr, die Mitarbeiter sind Ihnen abhanden gekommen oder Sie haben Ihre Glaubwürdigkeit verloren. Doch der einzige Weg nach vorn ist eine ehrliche Analyse der Vergangenheit. Lernen Sie Ihre Lektionen – besonders die schweren. Und versuchen Sie es dann noch einmal. Zurück an den Zeichentisch. v1.

Früher oder später wird Ihre Vision sich verbessern. Sie lernen, Ihrem Bauchgefühl wieder zu vertrauen. Und Sie gelangen auf die andere Seite: v2. Und das ist eine ganz andere Geschichte.

Wenn Sie die zweite Version Ihres Produkts schaffen, können Sie mit richtigen Kunden reden und genau verstehen, was diese denken und was sie als Nächstes haben wollen. Sie können all das tun, was Sie so verzweifelt bei v1 tun wollten, aber nicht konnten. Sie können die Zahlen analysieren, Kosten und Nutzen verstehen. Sie können Ihre Erkenntnisse durch Informationen, A/B-Tests, Diagramme und Zahlen bestätigen. Sie können Anpassungen an die Kundenbedürfnisse vornehmen und sich bei immer mehr

Entscheidungen an herrlichen, einfachen, klar umrissenen, schwarz-weißen Fakten orientieren.

Doch solange dieser Zeitpunkt nicht gekommen ist, müssen Sie den Sprint und den Marathon von v1 überstehen. Sie brauchen Leute, denen Sie vertrauen, um voranzukommen. Und Sie müssen wissen, wann es Zeit zum Aufhören ist.

Wenn Sie warten, bis Ihr Produkt perfekt ist, werden Sie nie fertig werden. Aber es ist sehr schwer zu entscheiden, wann es genug ist – wann Sie aufhören müssen, Ihr Produkt immer noch weiter zu entwickeln, und es einfach in die Welt hinausschicken müssen. Wann ist es gut genug? Wann sind Sie Ihrer Vision hinreichend nahe gekommen? Wann sind die unvermeidlichen Probleme so unmaßgeblich geworden, dass Sie gut damit leben können?

Für gewöhnlich ist Ihre Vision um ein Vielfaches größer als das, was sich in v1 materialisiert. Es gibt immer noch eine weitere Überarbeitung, immer noch etwas, das Sie tun, verändern, hinzufügen, optimieren wollen. Wann reißen Sie sich los von dem, was Sie da gerade erschaffen, und ... lassen es einfach auf sich beruhen? Liefern Sie. Entlassen Sie Ihr Kind in die Freiheit. Und schauen Sie, was passiert.

Hier ist ein Trick: Schreiben Sie eine Pressemitteilung.

Aber schreiben Sie sie nicht, wenn Sie fertig sind. Schreiben Sie sie, wenn Sie anfangen.

Ich habe damit bei Apple angefangen und irgendwann erkannt, dass andere das auch herausgefunden haben (ich meine dich, Bezos). Es ist ein unglaublich nützliches Tool, um den Blick wirklich auf das zu richten, was zählt.

Für eine gute Pressemitteilung muss man sich fokussieren. Die Pressemitteilung muss bei den Lesern verfangen – nur so wecken Sie das Interesse der Journalisten für das, was Sie machen. Sie müssen Aufmerksamkeit heischen. Sie müssen prägnant und interessant schreiben und das Entscheidende, was Ihr Produkt leistet, in den Vordergrund stellen. Sie können nicht alles auflisten, was Sie machen wollen – Sie müssen Prioritäten setzen. Wenn Sie eine Pressemitteilung schreiben, sagen Sie: »Hier. Das. Das ist nachrichtenwürdig, was wirklich zählt.«

Verwenden Sie also etwas Zeit darauf, eine bestmögliche Pressemitteilung zu schreiben. Beraten Sie sich, wenn nötig, mit Marketing- und PR-Leuten. Diese werden Ihnen helfen, sich auf das Wesentliche zu beschränken.

Und wenn Sie dann Wochen oder Monate später kurz vor dem Abschluss stehen, wenn Sie darüber debattieren, was drinbleibt und was rauskommt, worauf es ankommt und worauf nicht – dann holen Sie die Pressemitteilung heraus. Und lesen sie.

Angenommen, Sie würden heute Ihr Produkt auf den Markt bringen: Könnten Sie jene Pressemitteilung in mehr oder weniger unveränderter Form in die Welt schicken und würde sie dem Ergebnis gerecht? Wenn die Antwort ja lautet, Glückwunsch: Ihr Produkt ist wahrscheinlich fertig oder wenigstens so gut wie. Sie haben den Kern Ihrer Vision erreicht. Alles Weitere wäre möglicherweise *nice to have*, hat aber keine Priorität.

Natürlich kann es sein, dass Sie in der Zwischenzeit so viele Kehrtwendungen vollzogen haben, dass die ursprüngliche Pressemitteilung geradezu lachhaft unpassend geworden ist. So etwas passiert manchmal.

Kein Problem. Schreiben Sie eine neue Pressemitteilung. Ausprobieren. Wiederholen.

Dies ist ein Abenteuer, und Abenteuer verlaufen nie nach Plan. Deshalb machen sie ja so viel Spaß. Und so viel Angst. Und lohnen sich so sehr. Atmen Sie also tief durch, umgeben Sie sich mit großartigen Leuten und brechen Sie auf in die Wildnis.

Kapitel

3.5

HERZSCHLAG UND HANDSCHELLEN

Sie brauchen Beschränkungen, um gute Entscheidungen zu treffen, und die beste Beschränkung der Welt ist die Zeit. Wenn Sie an eine knallharte Deadline gefesselt sind, können Sie nicht mal dies und mal das ausprobieren, Ihre Meinung ändern und immer noch weiter an etwas herumfeilen, das niemals fertig wird.

Wenn Sie sich selbst an eine Deadline ketten – idealerweise einen äußeren, unbeweglichen Termin wie Weihnachten oder eine große Konferenz –, müssen Sie handeln und kreativ werden, um rechtzeitig fertig zu werden. Der *äußere Impulsgeber,* die Einschränkung, regt die Kreativität an, die wiederum die Innovation befördert.

Ehe Sie v1 auf den Markt bringen, ist Ihre externe Deadline immer ein bisschen wacklig. Es gibt zu viele Unbekannte, um sie in Stein zu meißeln. Also halten Sie alles am Laufen, indem Sie starke interne Deadlines schaffen – Herzschläge, nach denen Ihr Team seinen Kalender ausrichtet:

1. **Team-Herzschläge:** Jedes einzelne Team schafft seinen eigenen Rhythmus und seine Fristen für die Fertigstellung seines Puzzlestücks. Dann einigen sich alle Teams auf ...
2. **Projekt-Herzschläge:** Das sind die Momente, in denen die verschiedenen Teams sich abstimmen, um sicherzustellen, dass das Produkt immer noch sinnvoll ist und alle Teile sich mit der richtigen Geschwindigkeit bewegen.

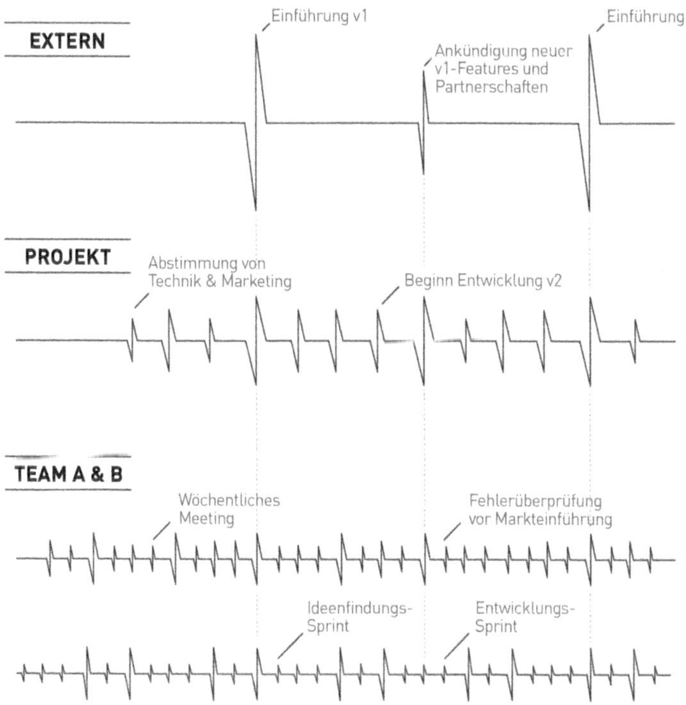

Abbildung 3.5.1: Jedes Team hat seinen eigenen Rhythmus basierend auf seinem Stil, der von ihm durchgeführten Arbeit und den Anforderungen des Projekts. Verschiedene Teams kommen zu Meilensteinen zusammen, die vom Projekt-Herzschlag bestimmt werden, der wesentlich durch den externen Impulsgeber vorgegeben ist. Die besten äußeren Impulse werden nicht vom Unternehmen festgelegt, sondern von äußeren Faktoren wie beispielsweise einem Feiertag oder einer großen Konferenz. Ein steter Produkt-Herzschlag ist nötig, damit das Team keine dieser entscheidenden äußeren Deadlines versäumt.

* *

Als ich zu General Magic ging, war geplant, in neun Monaten an den Markt zu gehen. Dann wurde der Termin um sechs Monate verschoben. Und dann noch einmal um sechs Monate. Und noch einmal. So ging das vier Jahre lang.

Womöglich der einzige Grund, warum wir dann überhaupt lieferten, war, dass Apple den Newton herausbrachte und die Investoren anfingen, den Druck zu erhöhen. Da begegneten wir unserer ersten Beschränkung: der näher kommenden Konkurrenz.

Der Magic Link kam erst auf den Markt, als er musste. Wir begannen erst dann, schwere Entscheidungen zu treffen – das bleibt, das fliegt raus, das ist gut genug, das nicht –, als wir keine andere Wahl mehr hatten. Wir konnten nicht ewig weitermachen im Bemühen, Perfektion zu erzielen. General Magic lief aus dem Ruder und musste an die Kandare genommen werden. Ich musste einen Termin für die Markteinführung festlegen und ihn einhalten.

Aber das ist bei v1 immer das Problem: Wann kommt man damit heraus? Man hat keine Kunden, man hat der Welt noch nicht wirklich erzählt, woran man arbeitet. Es ist nur zu leicht, einfach immer weiterzuarbeiten.

Sie müssen sich also zum Aufhören zwingen. Schaffen Sie eine Deadline und ketten Sie sich an sie.

Für die erste Version des iPhones gaben wir uns zehn Wochen.

Zehn Wochen, um herauszufinden, ob wir es hinkriegten. Ob wir eine Minimalversion schaffen konnten, die beweisen würde, dass wir auf dem richtigen Weg waren.

Unser ursprüngliches Konzept war ein iPod + Telefon: das Klickrad behalten, alles andere verändern. Binnen drei Wochen sahen wir, dass das ein Rohrkrepierer war. Das Klickrad war das wichtigste Designelement, aber wir konnten daraus kein Einstellrad machen, ohne das Ganze in ein Telefon mit Wählscheibe zu verwandeln.

Die ursprüngliche Hypothese – dass wir die kulthafte Gestaltung und Hardware des iPod einem neuen Zweck zuführen konnten – erwies sich als falsch. Also machten wir einen Reset. Neue Hypothese. Dieses Mal würden wir ganz von vorn anfangen und so gaben wir uns fünf Monate.

Das zweite Konzept hatte im Wesentlichen die Form und das Design eines iPod mini, allerdings mit einem Bildschirm auf der ganzen Vorderseite und ohne Klickrad – sehr ähnlich dem, was wir heute haben.

Mit der Entwicklung des Prototyps für das zweite iPhone standen wir vor einer Vielzahl neuer Probleme – wir kriegten die Technik einfach nicht richtig hin. Die Antennen, das GPS, die Kameras, die Kühlung. Wir hatten ja nie zuvor ein Mobiltelefon hergestellt, ganz zu schweigen von einem Smartphone, und unsere Annahmen waren falsch. Mal wieder.

Reset. Wieder von vorn.

Abbildung 3.5.2: Dieses iPod-Phone-Modell war eigentlich gar nicht von uns – es stammte von einem Hersteller, dem zu Ohren gekommen war, dass wir an einem Telefon arbeiteten, und der uns seine Idee vorstellen wollte. Das seltsam anmutende Gerät zeigt die Unmöglichkeit, ein Telefon rund um das Klickrad zu gestalten. Die obere Hälfte war um 180 Grad drehbar, damit man den Bildschirm nutzen konnte, wenn man eine Telefonnummer oder eine Textnachricht eintippte – eigentlich gar keine schlechte Idee, aber es ist kein iPhone.

Erst bei der dritten Version verstanden wir alle Puzzleteile gut genug, um das richtige v1-Gerät zu schaffen.

Doch wir hätten diesen dritten Entwurf nie erreicht, wenn wir uns für die ersten beiden nicht straffe Deadlines gesteckt hätten – wenn wir nicht nach ein paar Monaten innegehalten hätten, um alles auf Null zu setzen und dann weiterzumachen.

Wir zwangen uns so viele Bedingungen auf wie nur möglich: nicht zu viel Zeit, nicht zu viel Geld und nicht zu viele Teammitglieder.

Der letzte Punkt ist wichtig.

Stellen Sie nicht wie verrückt Mitarbeiter ein, nur weil Sie es können. Bei den meisten Projekten in der Entwurfsphase können Sie enorm viel mit zehn oder sogar weniger Personen schaffen. Sie wollen schließlich nicht jede Menge Leute hinzuziehen und dann gezwungen sein, Komitees über die Gestaltung entscheiden zu lassen, oder einen Haufen Leute untätig am Rand sitzen zu haben, die warten, bis Sie zu Potte kommen.

Abbildung 3.5.3: Wir wendeten viel Zeit für das Spielen mit verschiedenen Konzepten auf, und diese verrückten Kunststoffplatten stammen aus irgendwelchen frühen Gestaltungsentwürfen. Wir konnten daran erkennen, wie unsere Ideen sich in der Hand und in der Tasche anfühlten, während wir herauszufinden versuchten, was sinnvoll war und was nicht.

Am Ende des ersten iPhone-Projekts hatten wir ungefähr achthundert Personen, die daran arbeiteten. Aber können Sie sich vorstellen, was passiert wäre, wenn alle achthundert von Anfang an dabei gewesen wären und zugesehen hätten, wie wir die Vision begruben und das Projekt von vorn begannen? Und dann ein paar Monate später noch einmal? Das wäre ein einziges Chaos gewesen. Achthundert panische Menschen, die wir ständig hätten beruhigen müssen, indem wir uns auf das Positive konzentrierten und versuchten, alle diese Menschen über so viele Anläufe hinweg bei der Stange zu halten.

Halten Sie Ihr Projekt also klein, so lange Sie können. Und verteilen Sie zu Beginn nicht zu viel Geld. Menschen begehen Dummheiten, solange sie ein großes Budget haben – sie übertreiben es mit dem Gestalten und dem Denken. Das führt unweigerlich zu längeren Anlaufzeiten, längeren Zeitplänen und einem langsameren Herzschlag. Viel, viel langsamer.

Grundsätzlich sollte ein nagelneues Produkt niemals länger als achtzehn Monate bis zur Markteinführung brauchen – allerhöchstens vierundzwanzig. Der optimale Zeitraum liegt irgendwo zwischen neun und achtzehn Monaten. Das gilt für Hardware wie für Software, für Atome wie für Bits. Natürlich gibt es Dinge, die länger brauchen – Forschung kann zum Beispiel Jahrzehnte dauern. Aber selbst wenn die Untersuchung einer Frage zehn Jahre dauert, können Sie mit regelmäßigen Überprüfungen sicherstellen, dass Sie weiter nach der richtigen Antwort suchen. Oder noch immer die richtige Frage stellen.

Jedes Projekt braucht einen Impulsgeber.

Vor der Einführung von v1 ist dieser Herzschlag gänzlich intern. Sie sprechen noch nicht mit der Außenwelt und benötigen deshalb einen starken inneren Impuls, der Sie auf einen festgelegten Markteinführungstermin hintreibt.

Dieser Impuls besteht aus großen Meilensteinen – Vorstandssitzungen, Vollversammlungen oder Projektmeilensteinen zu bestimmten Augenblicken der Produktentwicklung, wenn alle, Technik und Marketing und Vertrieb und Kundendienst, innehalten und sich miteinander abstimmen können. Das kann alle paar Wochen oder alle paar Monate geschehen, aber es muss geschehen, damit weiterhin alle im Gleichschritt auf die externe Ankündigung zumarschieren.

Und um den Projekt-Herzschlag aufrechtzuerhalten, muss jedes Team seine eigenen Anforderungen in seiner eigenen Geschwindigkeit erfüllen. Der Herzschlag eines jeden Teams ist anders – das können Sechs-Wochen-Sprints sein oder wöchentliche Besprechungen oder tägliches Nachhaken. Es kann Scrum sein oder Waterfall oder Kanban, je nachdem, welches Organisationsmuster oder Projektmanagementsystem für Sie am besten funktioniert. Ein kreatives Team wird einen ganz anderen Herzschlag haben als ein Programmiererteam; eine Firma, die Hardware herstellt, wird langsamere Teamrhythmen haben als Firmen, die nur Elektronen umherschieben. Es spielt keine Rolle, was für ein Herzschlag es ist, Sie müssen ihn bloß gleichmäßig halten, damit Ihr Team weiß, was von ihm erwartet wird.

Das habe ich bei Philips gelernt, als ich zum ersten Mal einen Herzschlag von Grund auf schaffen musste.

Als wir anfingen, war das ganze Team noch recht jung und unerfahren im Projektmanagement. Daher zogen wir einige Berater hinzu, die uns bei der Erstellung eines Ablaufplans beraten sollten. Sie schlugen vor, dass wir unsere Aufgaben nach halben Tagen anordnen sollten. Das Team sollte abschätzen, wie viele halbe Tage es für die Fertigstellung der einzelnen Projektteile brauchen würde, und wir berechneten dann die für jede nur erdenkliche Aufgabe erforderlichen Monate, Wochen und Tage. Dann erstellten wir detaillierte Pläne für zwölf bis achtzehn Monate im Voraus, die auf der individuellen Arbeitsbelastung jedes Einzelnen basierten.

Das schien absolut vernünftig. Wir stimmten den Consultants nickend zu. Prima! Wir haben einen echten Plan! Wir können das tatsächlich durchziehen! Bis wir erkannten:

1. Niemand kann präzise abschätzen, wie viel Zeit und welche Schritte er für eine gegebene Aufgabe braucht.
2. So lange im Voraus derart ins Detail zu gehen, ist nutzlos. Irgendwas kommt immer dazwischen.
3. Wir verbrachten unsere gesamte Zeit mit dem Planen und der Diskussion darüber, was an einem halben Tag geschafft werden konnte und was nicht und verloren vor lauter halben Bäumen den Wald aus dem Blick.

Wann immer das Produkt sich veränderte und weiterentwickelte, würden wir ins Schleudern kommen. Wir müssten jedermann hinterherlaufen, damit er uns sagt, wie viele halbe Tage er wohl brauchen wird, mit der Veränderung klarzukommen, statt ihn einfach machen zu lassen. Wir würden allwöchentlich Stunden damit zubringen, mit jedem Teammitglied »den Plan zu erarbeiten«, statt tatsächlich zu arbeiten.

Nach ein paar Monaten ließen wir das ganze System fallen. Keine halben Tage mehr. Wir ordneten unsere Zeit in größeren Einheiten an – Wochen, Monaten. Wir begannen, unsere Projekte aus der Makroperspektive zu betrachten. Und das ermöglichte es uns, v1 des Velo in rund achtzehn Monaten zu entwickeln. Dann überreichten wir ihn, neu und glänzend, dem Marketing.

Dort aber hatten sie absolut keine Ahnung, was sie damit anfangen sollten. Sie hatten ihn nie zuvor gesehen. Sie wussten nicht, wie sie ihn verkaufen sollten, wo sie ihn verkaufen sollten, wie sie dafür Werbung machen sollten. Wir hatten kaum einen Gedanken an die Marketingabteilung verschwendet, die uns nunmehr ebenso wenig auf dem Schirm hatte.

Wir hatten unseren internen Herzschlag gefunden, ihn aber nie mit anderen Teams abgestimmt. Kein anderer konnte mit unserem Rhythmus mithalten. Wir tanzten zu unserem eigenen Beat, gewiss, dass alle Augen auf uns gerichtet waren, und unser Tanzpartner stand auf der anderen Seite des Raums, trank sich einen an und dachte an Elektrorasierer.

Wir brauchten interne Meilensteine in dem Projekt – regelmäßige Zusammenkünfte, bei denen wir sicherstellten, dass jeder mitbekam, wie das Produkt sich entwickelte, damit er seinen Teil des Geschäfts entsprechend mitentwickeln könnte. Um sicherzustellen, dass das Produkt nach wie vor Sinn ergab. Und um zu sehen, ob es dem Marketing noch gefiel. Ob es dem Verkauf noch gefiel. Ob der Kundendienst es noch erklären konnte. Ob alle wussten, was sie da schufen, und wie der Plan für seine Markteinführung lautete.

Solche Meilensteine bewirken kurzfristig eine Verlangsamung, beschleunigen aber letztlich die gesamte Produktentwicklung. Und sorgen für ein besseres Produkt.

Und dann, endlich, irgendwann, eines Tages sind Sie fertig. Oder wenigstens fertig genug. Und Sie erreichen Ihre erste externe Deadline für v1.

Hoffentlich läuft das gut. Hoffentlich gefällt es der Welt. Hoffentlich will sie mehr davon, damit dieser erste externe Herzschlag von einem weiteren gefolgt wird. Und noch einem.

Wenn Sie erst mal über v1 und v2 hinaus sind, beginnt der Takt Ihrer externen Ankündigungen – und womöglich jener Ihrer Mitbewerber –, Ihren internen Herzschlag zu bestimmen.

Seien Sie nur vorsichtig.

Wenn Sie etwas Digitales herstellen – eine App, eine Website, eine Software –, können Sie Ihr Produkt sprichwörtlich jederzeit verändern. Sie können jede Woche Features hinzufügen. Sie können das ganze Erlebnis einmal im Monat neu gestalten. Aber dass Sie das können, heißt noch lange nicht, dass Sie es auch sollten.

Der Herzschlag sollte nicht zu schnell sein. Wenn ein Team andauernd sein Produkt aktualisiert, steigen die Kunden womöglich irgendwann aus. Sie haben nicht die Zeit, um zu lernen, wie das Produkt funktioniert – und ganz sicher nicht, um es zu beherrschen –, ehe es plötzlich schon wieder etwas Neues ist.

Nehmen Sie Google. Der Google-Herzschlag ist erratisch und unvorhersehbar. Dort funktioniert es – meistens, manchmal –, aber es könnte wesentlich besser funktionieren. Google hat unbestreitbar nur einen großen externen Herzschlag jährlich beim Google I/O und die meisten Teams machen sich nicht die Mühe, sich auf ihn einzustellen. Im Allgemeinen bringen sie das ganze Jahr hindurch heraus, was und wann sie wollen – manchmal mit einem echten Marketing dahinter, manchmal auch nur mit einfachen E-Mail-Kampagnen.

Das bedeutet: Es findet keine organisationsweit abgestimmte Kundenkommunikation statt. Das eine Team macht dies, das andere das, die Ankündigungen überschneiden sich entweder oder lassen naheliegende Chancen, ein Narrativ zu schaffen, ungenutzt. Und niemand, ob Kunde oder Beschäftigter, kann da mithalten.

Man braucht natürliche Pausen, damit andere aufschließen können – damit Kunden und Rezensenten Gelegenheit erhalten, Feedback zu geben, das Sie dann in die nächste Version einbauen können. Und damit Ihr Team versteht, was der Kunde nicht versteht.

Aber Sie können auch zu stark verlangsamen. Der Herzschlag von Unternehmen, die mit Atomen statt mit Elektronen arbeiten, ist oft viel zu langsam. Denn Atome sind gruselig: Ein Atom kann man nicht relaunchen.

Den Prozess und das Timing richtig hinzubekommen, ist ein Balanceakt – nicht zu schnell, nicht zu langsam.

Blicken Sie also auf das vor Ihnen liegende Jahr.

Nach der Einführung von v1 sollten Sie binnen Jahresfrist zwei bis vier weitere Ankündigungen machen. Neue Produkte, neue Features, neue Überarbeitungen oder Updates. Etwas Substanzielles, das die Aufmerksamkeit der Leute wert ist. Es spielt keine Rolle, ob Sie ein großes oder ein kleines Unternehmen sind, ob Sie Hardware oder Apps produzieren, ob B2B oder B2C – das ist der richtige Rhythmus für Kunden. Für Menschen generell.

Mit mehr Mitteilungen oder allzu großen Veränderungsschritte verwirren Sie die Leute eher. Mit weniger laufen Sie Gefahr, in Vergessenheit zu geraten. Sorgen Sie also für mindestens eine wirklich große Markteinführung und weitere ein bis drei kleinere Neuerungen pro Jahr.

Der externe Herzschlag von Apple wummerte am lautesten bei der jährlichen MacWorld-Konferenz in San Francisco. Dieses Ereignis bestimmte den Takt des gesamten Unternehmens. Die größten Ankündigungen hatten regelmäßig bei der MacWorld zu erfolgen.

Und die MacWorld fand immer im Januar statt.

Der Hauptgrund dafür war das Preisbewusstsein der Organisatoren der MacWorld. Die erste Woche des Jahres war die kostengünstigste Zeit, um Konferenzräume in San Francisco zu mieten, weil Touristen und Geschäftsleute dann nach der Weihnachtswelle eine Reisepause einlegten. Und die MacWorld war jedenfalls klein. In den Neunzigern ging es Apple schlecht und der Kundenstamm war winzig, also waren die wenigen Hartgesottenen, die an der Veranstaltung teilnahmen, Silicon-Valley-Techies aus der Gegend. Die Stadt San Francisco war froh, dass die Nerds im Januar kamen und sie die lukrativeren Frühjahrs- und Sommerzeiten für größere Konferenzen aufsparen konnte, die mehr Stadtfremde anlockten.

Also wurde es der Januar.

Das hieß allerdings alljährlich, dass Apple über die Feiertage keine Ferien machen konnte. Absolut alles musste bis zum 1. Januar fertig sein. Wenn Sie bei bestimmten Apple-Teams arbeiteten, richtete sich Ihre Familie einfach darauf ein, dass sie Sie zwischen Thanksgiving und Neujahr nicht zu Gesicht bekam. Die meisten Teams tauchten nach der MacWorld wieder auf, ausgelaugt, aber triumphierend, und rieben sich im Sonnenlicht blinzelnd die Augen.

So ging das jahrelang.

Bis Steve Jobs endlich sagte: »Schluss damit.«

Er entschied, dass Apple stark genug sei, um die MacWorld auszulassen. Er bestimmte einen neuen Herzschlag.

Der alte Herzschlag umfasste große Neuheiten bei der MacWorld im Januar und kleinere Produkteinführungen bei der Apple Worldwide Developers Conference (WWDC) im Juni und dann noch mal im September.

Beim neuen Herzschag waren es kleinere Ankündigungen im März, dann ein großer Knaller bei der WWDC im Sommer und weitere kleinere Starts im Herbst.

Heute hat Apple über so viel zu sprechen, dass es Einführungen im März, Juni, September und Oktober gibt, kurz vor den Ferien.

Aber nicht im Januar. Niemals im Januar. Diese Lektion hat gesessen.

Leider kann man seinen Herzschlag nicht immer kontrollieren. Manchmal beruht er auf den Konferenzen anderer. Manchmal kreist er um die Produkte anderer.

Lange Zeit unterlagen die Macintoshs den Launen von IBM, Motorola und Intel – den Herstellern ihrer Prozessoren. Wenn ein neuer Prozessor sich verspätete, kamen auch die neuen Macs später. Deshalb stützte Macintosh sich so lange auf Intel-Prozessoren – weil die von der Schar am wenigsten unzuverlässig waren. Doch selbst Intel war nicht zu hundert Prozent vorhersehbar, und jede geringfügige Änderung der Intel-Pläne verursachte endlose Mühen und Neuanpassungen aufseiten von Apple.

Es gab keine Chance, einen beständigen Herzschlag für die Mac-Kunden oder einen vernünftigen Rhythmus für das Apple-Team zu schaffen, wenn man von Intel-Prozessoren abhängig war. So wie Steve sich also für einen eigenen Produkteinführungsplan entschied, beschloss er schließlich auch, dass Apple seine eigenen Prozessoren herstellen musste.

Das war die einzige Möglichkeit, die Welt vorhersehbar zu machen.

Und nichts mögen die Menschen mehr als eine vorhersehbare Welt.

Wir glauben gern, dass wir nicht von Plänen gelenkt werden, dass wir die Fesseln der Gewohnheit jederzeit abstreifen können – doch die meisten Menschen sind Gewohnheitstiere. Es beruhigt sie zu wissen, was als Nächstes passiert. Sie brauchen das, um ihr Leben und ihre Projekte planen zu können.

Dank Vorhersehbarkeit weiß Ihr Team, wann es sich in die Arbeit vertiefen und wann es den Kontakt zu anderen Teams suchen oder sich vergewissern sollte, dass es noch auf dem richtigen Weg ist. [Siehe auch Kapitel 1.4: Nicht (nur) nach unten sehen.]

Dank Vorhersehbarkeit können Sie einen Produktentwicklungsprozess festlegen, statt jedes Mal wieder ganz von vorne anzufangen. Sie können ein lebendiges Dokument mit Prüfstationen, Meilensteinen, Ablaufplänen und

Entwürfen schaffen, das neue Mitarbeiter schult und alle lehrt: So machen wir das hier. Dies ist das Schema, nach dem wir ein Produkt schaffen.

Letztlich ist es diese Vorhersehbarkeit, die Sie Ihre Deadline einhalten lässt.

Den Rhythmus Ihres externen Impulsgebers zu unterbrechen, sollte um jeden Preis vermieden werden, aber manchmal passiert es trotzdem. Etwas geht kaputt. Etwas dauert länger, als man erwartet hat. Bei v1 passiert das fast immer, wenn man ganz von vorne anfängt und versucht, alles gleichzeitig zu bewerkstelligen.

Aber wenn Sie erst einmal Ihre Prozesse eingeführt und v1 schließlich in die Welt entlassen haben, kann Ihr Herzschlag ruhiger werden. Regelmäßiger.

Und wenn Sie v2 herausbringen, liegen Sie tatsächlich im Zeitplan. Und alle – Ihre Mitarbeiter, Kunden, die Presse – spüren den Rhythmus.

Kapitel

3.6

DREI GENERATIONEN

Einem Witz zufolge dauert es zwanzig Jahre, über Nacht erfolgreich zu werden. Im Geschäftsleben sind es eher sechs bis zehn Jahre. Es dauert immer länger, als Sie glauben, den Product-Market-Fit zu finden, die Aufmerksamkeit der Kunden zu erlangen, eine vollständige Lösung zu entwickeln und dann Geld damit zu verdienen. Für gewöhnlich müssen Sie mindestens drei Generationen eines neuen, disruptiven Produkts schaffen, ehe Sie es richtig hinbekommen und Gewinn erzielen. Das gilt für B2B wie für B2C, für Unternehmen, die mit Atomen oder Elektronen oder beidem arbeiten, für nagelneue Start-ups und für nagelneue Produkte.

Denken Sie an die drei Stadien der Profitabilität:

1. **Nicht einmal annähernd profitabel:** Mit der ersten Version eines Produkts testet man den Markt, testet das Produkt und versucht, Kunden zu finden. Viele Produkte und Firmen gehen an diesem Punkt ein, ohne je einen Cent abgeworfen zu haben.
2. **Unit Economics oder Bruttomargen:** Mit v2 können Sie hoffentlich einen Bruttogewinn mit jedem verkauften Produkt oder jedem Abonnenten Ihrer Dienstleistung erzielen. Denken Sie daran, dass auch fantastische Unit Economics nicht genug sind, um ein Unternehmen profitabel zu machen. Sie müssen immer noch jede Menge Geld ausgeben, um Ihr Geschäft am Laufen zu halten und durch Vertrieb und Marketing Kunden zu generieren.
3. **Business Economics oder Nettomargen:** Mit v3 haben Sie das Potenzial, mit jedem Abonnementen oder verkauften Produkt Nettomargen zu erzielen. Das bedeutet: Was Sie an Verkaufsumsatz ein-

nehmen, übersteigt Ihre Aufwendungen, sodass Ihr Unternehmen insgesamt Geld verdient.

Dass es so lange dauert, Bruttomargen zu erzielen, und sogar noch länger, Nettomargen zu erreichen, liegt daran, dass Lernen Zeit braucht. Für Ihr Unternehmen und Ihre Kunden.

Ihr Team muss herausfinden, wie für v1 ein Product-Market-Fit aussehen könnte. Anschließend muss es das Produkt optimieren und mit v2 durch gutes Marketing einer größeren Zielgruppe vermitteln. Erst dann können Sie sich auf eine Optimierung des Geschäfts fokussieren, sodass es mit v3 nachhaltig und profitabel wird.

Und die Kunden brauchen Zeit, um sich auf Sie einzustellen. Die große Mehrheit der Menschen sind keine Early Adopters – sie probieren etwas Neues nicht sofort aus. Sie brauchen Zeit, um sich an die Vorstellung zu gewöhnen, ein paar Bewertungen zu lesen, ihre Freunde zu fragen und dann auf die nächste Version zu warten, die noch cooler zu werden verspricht.

* *

Ich weiß noch, wie ich 1992 oder 1993 durch die Flure von General Magic lief und dabei *Crossing the Chasm* [dt. etwa: Den Abgrund überqueren] von Geoffrey Moore las. Viele von uns lasen das Buch damals, diskutierten darüber und verwiesen darauf, wie zutreffend es war, selbst als wir immer tiefer in den Abgrund rutschten und es offensichtlich wurde, dass wir es niemals mehr hinaus schaffen würden.

Der »Abgrund« ist das Loch, in das Unternehmen fallen, wenn normale Leute – nicht nur Early Adopters – ihr Produkt nicht kaufen. Heute spricht man davon, den Product Market-Fit zu finden.

Crossing the Chasm machte die Welt mit der berühmten Kundenakzeptanzkurve vertraut, die in der Abbildung unten zu sehen ist. Die dahinterstehende Idee ist recht simpel: Ein kleiner Teil der Kunden kauft frühzeitig ein neues Produkt, egal wie gut es funktioniert – diese Kunden sind einfach heiß auf den neuesten Schrei. Die meisten jedoch warten, bis das Produkt schon eine Zeit lang auf dem Markt ist und seine Kinderkrankheiten hinter sich gelassen hat.

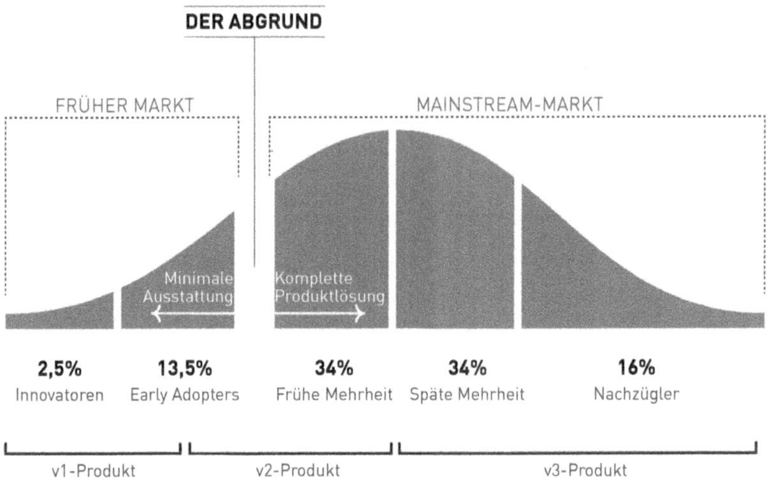

Abbildung 3.6.1: Geoffrey Moore schlüsselte in seinem Buch *Crossing the Chasm* erstmals auf, wann verschiedene Personengruppen offen für neue Produkte sind. Aber das ist nicht die ganze Geschichte. Entscheidend ist auch zu erkennen, wo v1, v2 und v3 Ihres Produkts in diesem Diagramm angesiedelt sind und wie das Ihren Fokus verändert – Disruption, Optimierung oder Geschäft.

Für wen ist es

v1 **Innovatoren und Early Adopters.**	v2 **Frühe Mehrheit.**	v3 **Späte Mehrheit und Nachzügler.**
Das sind Leute, die von dem, was Ihr Unternehmen macht, total begeistert sind – vielleicht sind sie Technikfans oder sie schwimmen einfach genau auf Ihrer Wellenlänge. Sie reagieren enthusiastisch auf alles Neue und Coole und kaufen es im vollen Bewusstsein dessen, dass es wahrscheinlich noch Mängel aufweisen wird.	Das sind Trendsetter. Sie beobachten die Early Adopters und lesen ein paar Bewertungen, ehe sie sich auf das Produkt einlassen. Sie gehen davon aus, dass systematische Mängel bereits behoben wurden, und erwarten einen ordentlichen Kundensupport und einfache Möglichkeiten, sich über das Produkt zu informieren und es zu erwerben.	Das sind alle anderen – die Mainstream-Konsumenten, die Perfektion erwarten. Sie kaufen nur die klaren Marktgewinner und nehmen keine Scherereien hin.

Produkt

v1	v2	v3
Sie bringen im Prinzip Ihren Prototyp auf den Markt.	**Sie beheben die Fehler, die Ihnen bei v1 unterlaufen sind.**	**Sie optimieren ein bereits sehr gutes Produkt.**
Die Kundenakquisekosten sind exorbitant; einige Features, die Sie wirklich gern haben wollten, fehlen; Marketing, Vertrieb und Kundendienst sind alle noch ein bisschen wacklig; Sie haben nicht die notwendigen Partnerschaften, und Sie werden noch herausfinden, was alles schiefgelaufen ist.	In dieser Phase wissen Sie, welches Ihre Probleme sind und wie sie behoben werden können – sowohl die unerwarteten Schwierigkeiten, die nach der Markteinführung unweigerlich auftauchen, als auch das, was Sie beim ersten Mal nicht ganz so genau genommen haben. v2 kommt im Allgemeinen bald nach v1 auf den Markt, weil Sie in so kurzer Zeit so viel gelernt haben und es gar nicht erwarten können, alles in die nächste Generation einfließen zu lassen.	Ihr Fokus sollte weniger auf dem Produkt liegen als vielmehr auf dem Geschäft und darauf, alle Berührungspunkte des Kundenlebenszyklus zu verbessern.

Outsourcing vs. interne Fertigung

v1	v2	v3
Herausfinden, wie es geht, und auslagern.	**Allmählich mehr intern abwickeln.**	**Internes Fachwissen sichern und selektiv kleinere Projekte outsourcen.**
Sie haben nur ein kleines Team und müssen Sie daher zahlreiche Abteilungen outsourcen – Marketing, PR, Personal, Recht. Sie sind dadurch schnell und schaffen eine Menge, aber es ist teuer, nicht anpassungsfähig und wird sich nicht rechnen.	Sie nehmen alles, was Sie von Dritten gelernt haben, mit denen Sie an v1 gearbeitet haben, und beginnen diese Muskeln intern auszubilden. [Siehe auch Kapitel 5.3. Design für jedermann: Aber Sie sollten ein Problem nicht outsourcen.] Ihre Teams und Ihre Fachkenntnisse wachsen.	Bestimmte zentrale interne Teams fokussieren sich auf die wichtigsten Alleinstellungsmerkmale Ihres Geschäfts. Das kann internes Branding sein oder Rechtsabwicklung oder was immer für Ihr Unternehmen am wichtigsten ist. Indem diese Teams wachsen und mehr leisten, beginnen sie wieder mit dem Outsourcing, allerdings beschränkt auf bestimmte kleinere Aufgaben, deren Ausführung vom internen Team engmaschig kontrolliert wird.

Produkt		
v1 Product-Market-Fit.	**v2 Profitables Produkt.**	**v3 Profitables Geschäft.**
Das heißt einfach, dass Sie das Produkt gut genug machen, um zu beweisen, dass es einen Markt dafür gibt, sodass Sie den Abgrund überqueren können. Wenn Sie nicht beweisen können, dass wenigstens die Early Adopters Ihre v1 kaufen, müssen Sie wieder an den Zeichentisch zurückkehren und von vorne anfangen.	An diesem Punkt erweitern Sie den Markt, knöpfen sich weitere Bereiche des Kundenerlebnisses vor und verdienen vielleicht sogar ein bisschen Geld mit dem Produkt – aber wahrscheinlich nicht genug, um die Kosten zu decken.	Angenommen, Sie haben mit v2 Bruttogewinne erzielt. Dann werden Sie mit v3 einen Nettogewinn anstreben. In dieser Phase beginnen Sie, mit Partnern bessere Konditionen auszuhandeln; Sie optimieren Ihren Kundendienst und Ihre Vertriebskanäle und erwerben neue Medienarten für das Marketing. Zuletzt ist Ihr Umsatzvolumen hoffentlich groß genug, damit Sie Ihre Preise reduzieren und tatsächlich reales Geld verdienen können. Mit v3 haben Sie die Chance, alles hinzubekommen – das Produkt, das Unternehmen und Ihr Geschäftsmodell.

Doch das ist nicht die ganze Geschichte. Wenn Sie nicht wissen, wie sich die Kundenakzeptanz zur Produkt- und Unternehmensentwicklung verhält, fehlt Ihnen ein einscheidendes Puzzleteil.

Nachdem ein Unternehmen seinen Product-Market-Fit gefunden hat, kann es anfangen, sich auf die Profitabilität zu konzentrieren. Geschäfte, die auf Atomen gründen, sind auf die Fertigungskosten fokussiert. Jenseits der unmittelbaren Arbeitskosten geben sie ihr Geld hauptsächlich für die eigentliche Erzeugung des Produkts aus. Sie müssen daher die Herstellungskosten ihres Produkts senken, um profitabel zu werden.

Unternehmen, bei denen mit Elektronen gearbeitet wird, sind auf Kundengewinnungskosten fokussiert. Jenseits der unmittelbaren Arbeitskosten geben sie ihr Geld für den Verkauf ihres Produkts und den Kundendienst aus.

Unternehmen, die sowohl mit Elektronen als auch mit Atomen zu tun haben, müssen sich sowohl um die Fertigungs-, als auch um die Kundengewinnungskosten Gedanken machen, sollten sich jedoch im Normalfall auf eines davon punktuell konzentrieren. Erst die Fertigungskosten senken, dann die Kundengewinnungskosten ins Auge fassen. Erst das Produkt schaffen, dann den Service hinzufügen.

Und trotz der vielen Unterschiede zwischen Atomen und Elektronen, zwischen Hardware und Software gibt es etwas, das beide gleichermaßen im Würgegriff hält: die Zeit.

Egal was Sie schaffen, das Erreichen der Profitabilität wird länger dauern, als Sie denken. Ziemlich sicher werden Sie mit v1 kein Geld verdienen. Sie müssen sich mindestens dreimal neu erfinden. Manchmal auch deutlich öfter.

Und selbst wenn Ihre Zeitachse geschrumpft ist – wenn Sie beispielsweise lediglich eine App aufmöbeln –, muss Ihr Produkt erst einmal krabbeln und dann laufen lernen, ehe es zum Renner werden kann. Das kann bei einer App oder einer Dienstleistung genauso lange dauern wie bei einer Hardwareeinführung. Sie benötigen Zeit, um Ihr Produkt weiterzuentwickeln und zu verändern, um auf Kundenfeedback zu reagieren und um jede Station des Kundenerlebnisses genauso stark zu machen wie das Produkt selbst. Und die Kunden benötigen Zeit, um Sie kennenzulernen, Ihr Produkt auszuprobieren und zu entscheiden, ob es sein Geld wert ist. Anders formuliert: Sie brauchen Zeit, um auf der Akzeptanzkurve nach oben zu wandern.

Der iPod benötigte drei Generationen – und drei Jahre –, bis er die profitablen Unit Economics erreichte.

So auch das iPhone. Die erste Version war wirklich nur etwas für Early Adopters – sie hatte kein G3, keinen App Store, und das Preismodell war total verkehrt. Steve wollte nie, dass das Telefon subventioniert wurde – er wollte, dass jeder seinen echten Preis kannte, um es angemessen würdigen zu können –, und er wollte auch einen Anteil vom Datentarif. [Siehe auch Kapitel 6.4: Scheiß auf Massagen: Wenn man für etwas bezahlen muss, würdigt man es.] Doch das iPhone war dazu bestimmt, den Abgrund zu überqueren – die Menschen liebten es. Sie wollten lediglich, dass wir die Details optimierten, ehe sie es kauften.

Doch den Abgrund zu überqueren, ist keine Garantie, selbst bei äußerst beliebten Produkten. Und tatsächlich Geld zu verdienen, ist viel, viel schwerer.

Zwar scheint so manches Geschäftsmodell des Internetzeitalters diese verbreitete Vorstellung Lügen zu strafen. Dennoch durchliefen viele Unternehmen – Instagram, WhatsApp, YouTube, Uber – fünf oder zehn Generationen, ehe sie herausfanden, wie man Geld verdient. Viele andere haben das noch gar nicht geschafft. Unprofitable Unternehmen sind nur deshalb noch auf dem Markt, weil sie über ein enorm großes Risikokapital verfügen oder von noch größeren Technologieunternehmen aufgekauft wurden. Sie haben sich darauf konzentriert, zuerst den Product-Market-Fit zu finden und ihren Kundenstamm aufzubauen, und sich gedacht, dass sie später am Geschäftsmodell schrauben könnten, um Geld zu verdienen. Doch das klappt nicht bei jedem. Es hängt ab von einem kurzen Eintauchen in den Abgrund und einem anschließenden langen, mäandernden Paddeln zur Profitabilität durch einen gewaltigen Kapitalfluss. Das kann ein Unternehmen ebenso fatal zum Untergang bringen, wie beim ersten Schritt in den Abgrund zu stürzen.

Vor einigen Jahren wurden die Großstädte auf aller Welt von Scooter- und Leihfahrrad-Firmen überschwemmt. Sie schienen plötzlich überall zu sein. Und das war auch der Plan – diese Firmen wollten so viel Marktanteil erringen wie möglich, um Kunden zu gewinnen.

Sie hatten genügend Kapital, um einfach alle Fahrräder zu kaufen, die sie kriegen konnten, und zu expandieren, zu expandieren, zu expandieren.

Doch sie schafften es nie, profitabel zu werden. Sie erreichten weder v2 noch v3. Als ihnen das dämmerte, war ihnen schon das Geld ausgegangen – der endlose Strom war versiegt.

Jetzt entsteht die zweite und dritte Generation der Scooter- und Fahrradanbieter, aber sie verfolgen eine völlig andere Strategie, nachdem sie gesehen haben, wie ihre Vorgänger in die Binsen gegangen sind. Sie sind extrem wählerisch in Bezug auf ihre Märkte und wählen die richtigen Atome – unglaublich haltbare Räder und Roller. Sie achten sorgsam darauf, wofür sie ihr Geld ausgeben, und sorgen dafür, dass sie die Unit Economics bis in das kleinste Detail kennen.

Mit einem derart laserscharfen Fokus auf einige entscheidende Unterscheidungsmerkmale ist die Wahrscheinlichkeit, dass Sie Ihre Ziele erreichen, sehr viel größer, als wenn Sie einfach ein großes Netz auswerfen und auf das Beste hoffen.

Anfangs war Tesla so sehr auf das Auto selbst fokussiert – genaugenommen nur auf einige seiner Teile –, dass fast nichts anderes eine Rolle spielte. Es gab praktisch keinen Kundendienst – niemanden, den man hätte anrufen können. Wenn Sie also ein Problem mit Ihrem Tesla hatten, kam jemand zu Ihnen nach Hause und holte ihn ab. Dann standen Sie da ohne Auto und fragten sich, wie Sie klarkommen sollten.

Zum Glück gibt es in der Heimat von Tesla, dem Silicon Valley, zahlreiche Technikfans und Early Adopters. Ein Freund von mir kaufte sich einen der ersten Tesla-Roadster – eine v1. Im Grunde war es ein elektrifizierter Lotus. Er war nicht von Grund auf neu gestaltet worden, verfügte aber über eines der Kernmerkmale von Tesla: regenerative Bremsen. Jedes Mal, wenn man auf die Bremse trat, nutzte das Auto den Motor als Generator, um den Akku aufzuladen.

Das Problem war, dass mein Freund oben auf einem Berg wohnte. Er fuhr also den Berg hoch und schloss das Auto über Nacht an die Ladesäule an, aber wenn er morgens zurückfuhr, funktionierten seine Bremsen kaum. Wie sich herausstellte, durfte er den Tesla nicht zu 100 Prozent aufladen – dass er auf dem Weg bergab so viel bremsen musste, führte zu einer Überladung des Akkus. Tesla musste die Brems- und Ladealgorithmen korrigieren, damit mein Freund keinen Unfall baute.

Doch dieser war der Inbegriff eines Early Adopters – er liebte seinen Roadster. Auch wenn das Auto mehr Zeit in der Werkstatt als auf der Straße verbrachte. Auch als er anfing, die Techniker einfach direkt anzurufen, wenn es Probleme gab.

Early Adopters wissen, dass niemand bei v1 alles richtig macht. Niemand kann überhaupt alles umsetzen, was ursprünglich für v1 geplant war. Produkt und Kundenstamm entwickeln sich mit jedem Iterationsschritt, und jede Phase bringt andere Risiken und Herausforderungen und Investitionen mit sich. Keiner kann das alles gleichzeitig bewältigen. Kein Start-up und auch kein großes Unternehmen.

Deshalb müssen Sie, Ihre Mitarbeiter und Ihre Kunden die richtigen Erwartungen haben. Und das gilt auch für Ihre Investoren.

Viel zu viele Leute erwarten Profitabilität für das Produkt und für das Geschäft gleich von Anfang an. Als ich bei Philips war, erlebte ich, wie die meisten neuen Produktkategorien und Geschäfte, die sich auf der Agenda des Unternehmens befanden, eingestellt wurden – darunter sogar Produkte, die schon fast auslieferungsbereit waren. Entwickelt. Getestet. Fertig. Die reifen Trauben vertrockneten an den Reben, weil die Chefetage sich selbst schützte. Alle Führungskräfte, die ins Team kamen, wollten quasi eine Garantie, dass neue Produkte Geld einbrachten. [Siehe auch Kapitel 2.2: Fakten versus Meinung: Die meisten Menschen wollen nicht mal eingestehen, dass es meinungsbasierte Entscheidungen überhaupt gibt.] Sie verlangten, dass man ihnen im Voraus zeigte, dass Unit und Business Economics des Produkts stabil waren. Doch das war unmöglich.

Sie erwarteten, dass wir ihnen die Zukunft mit nahezu 100-prozentiger Gewissheit vorhersagten. Sie forderten einen Beweis dafür, dass ein Baby einen Marathon schaffen kann, ehe es überhaupt laufen gelernt hat.

Diese Leute wussten nicht viel über Babys. Und noch weniger darüber, wie man neue Geschäftsbereiche aufzieht.

Darum scheiterten so viele Kickstarter-Projekte. Sie dachten sich: »Wenn ich das für 50 US-Dollar produziere und für 200 US-Dollar verkaufe, mache ich Gewinn. Mein Unternehmen wird ein Erfolg.« Aber so funktionieren Unternehmen nicht. Diese 150 US-Dollar Gewinn gehen für neue Bürostühle und Krankenversicherungskosten für Ihre Mitarbeiter drauf, sie werden von jedem Kundendienstanruf und jeder Instagram-Werbung aufgefressen. Ehe Sie das Geschäft nicht optimieren – und nicht nur das Produkt –, können Sie niemals etwas Dauerhaftes schaffen.

So erging es allen heutigen Technologie-Giganten: Google und Facebook und Twitter und Pinterest. Google war lange Zeit nicht mal annähernd profitabel. Erst mit der Einführung von AdWords begann das Unternehmen, Geld zu verdienen. Facebook entschied sich für die Blickrichtungserkennung und überlegte sich das Geschäftsmodell erst später. Das gilt auch für Pinterest und Twitter. Sie schufen ein v1-Produkt, erweiterten es zu v2 und optimierten das Geschäft bei v3.

Der Nest Learning Thermostat folgte demselben Muster.

V1

V2

V3

Abbildung 3.6.2: Mit jeder Generation wurde das Produkt schnittiger, schlanker und preiswerter in der Herstellung. Sie erkennen den Sprung von v1 zu v2 im Produkt selbst. Als wir die erste Generation herausbrachten, war es der modernste, ansprechendste Thermostat auf dem Markt. Sobald wir v2 auslieferten, wirkte das ursprüngliche Modell sofort schwer und klobig und veraltet. Als wir v3 erreichten, waren die Produktveränderungen subtiler, aber unser Geschäft war völlig neu aufgestellt worden – die Kosten waren gesenkt worden, wir verkauften an neue Kanäle und Länder, wir hatten eine Reihe neuer Partnerschaften, und der Kundendienst gestaltete sich reibungsloser.

Es war alles so viel leichter bei v2. Weniger Notwendigkeit, die Zukunft vorauszusagen, und mehr Kontakt zur Realität. Wir wussten, was den Kunden gefiel und was nicht. Wir wussten, was sie wollten und welche Features ihnen am meisten helfen würden. Und wir widmeten uns der langen Liste von Dingen, die es nicht in die erste Version geschafft hatten, die wir in der zweiten aber unbedingt verwirklichen wollten. v2 erschien gerade einmal ein Jahr nach v1 – wir konnten die Einführung kaum erwarten.

Der Nest Learning Thermostat der dritten Generation kam drei Jahre später. Auch er unterscheidet sich optisch von seinem Vorgänger, aber die Veränderungen sind subtiler. Ein schlankeres Profil. Ein größerer Bildschirm. Die meisten Veränderungen haben hinter den Kulissen stattgefunden.

Gen 3 ist, wenn wir unsere Vertriebspartner wirklich sicher haben. Bei v1 konnten wir nicht so richtig in den Einzelhandel vordringen. Wir konnten unseren Thermostaten lediglich über nest.com verkaufen – um zu beweisen, dass die Leute ihn haben wollten. v2 ließ den Einzelhandel auf uns aufmerksam werden: Oh, vielleicht sollten wir diesen Artikel in unser Sortiment aufnehmen.

Doch mit v3 waren wir bei Target und BestBuy und Home Depot und Lowe's und Walmart und Costco angekommen – und nicht nur irgendwo ganz hinten im Regal. Wir schufen ganz neue Bereiche in jedem Laden – Bereiche, die den Smart-Home-Produkten vorbehalten waren – und schufen damit einen Raum nicht nur für Nest, sondern für das gesamte aufstrebende Smart-Home-Ökosystem, das sich rings um uns herum zu entwickeln begann.

Alle unsere Partner sahen, dass wir Fuß fassten, und wollten mit uns im Geschäft bleiben. Folglich bekamen wir bessere Bedingungen, bessere Verträge. Wir verbesserten unseren Kundendienst, senkten unsere Kosten pro Anruf und bauten unser Wissen aus.

Als wir mit der Arbeit am Nest Protect Rauch- und Kohlenmonoxidmelder begannen – unserem zweiten Produkt –, dachten wir daher, es würde einfacher werden. Dass alles, was wir bereits geschaffen hatten, uns ein paar Schritte überspringen lassen würde. Doch in dem Augenblick, in dem man mit einem neuen Produkt anfängt, muss man auf Neustart drücken – selbst als großes Unternehmen. Manchmal ist es beim zweiten Mal sogar noch schwerer, weil einem die ganze Infrastruktur, die für das erste Produkt geschaffen wurde, in die Quere kommt. Sie müssen also auch hier wieder mindestens drei Generationen durchlaufen, ehe Sie es richtig hinbekommen.

Sie schaffen das Produkt. Sie verbessern das Produkt. Sie bauen ein Geschäft auf.

Sie schaffen das Produkt. Sie verbessern das Produkt. Sie bauen ein Geschäft auf.

Sie schaffen das Produkt. Sie verbessern das Produkt. Sie bauen ein Geschäft auf.

Bei jedem Produkt. In jedem Unternehmen. Jedes Mal.

Teil

IV

EIN GESCHÄFT AUFBAUEN

Ich muss dieses Unternehmen gründen, oder?

Mist.

Ein Start-up war nicht der Plan. Der Plan war eine Pause. Eine lange. Ich brauchte sie – ich hatte Apple 2010 endlich verlassen, nach fast zehn Jahren Sprint, ohne aufzuschauen. Wir hatten die ersten drei Generationen des iPhones herausgebracht, und jetzt waren die großen Ausschläge vorüber. Nach achtzehn iPod-Generationen wusste ich, wie es laufen würde – wir würden eine Optimierung nach der anderen vornehmen, bis in alle Ewigkeit. Oder ich konnte das iPad in Angriff nehmen, das im Grunde dieselben Innereien hatte wie der iPod Touch, der eigentlich ein iPhone war.

Doch der wichtigere Grund für meine Kündigung war meine Familie. Ich hatte meine Frau bei Apple kennengelernt – Dani war Vice President der Personalabteilung. Wir hatten zwei Kinder, die noch klein waren. Und obwohl wir uns immer auch Zeit für sie nahmen, arbeiteten wir dennoch eine Menge. Dies hier nun war eine Chance, anders zu leben. Deshalb gingen Dani und ich von Apple weg. Dann gingen wir außer Landes.

Wir reisten um die ganze Welt und arbeiteten hart daran, nicht an die Arbeit zu denken. Doch ganz gleich, wohin wir gingen – einem konnten wir nicht entkommen: dem verdammten Thermostaten. Diesem wuterregenden, fehlerbehafteten, energieverschleudernden, komplett dämlichen, unmöglich zu programmierenden, immer irgendwo im Haus zu heiß und an anderer Stelle zu kalt eingestellten Thermostaten.

Jemand musste ihn reparieren. Und schließlich erkannte ich, dass ich dieser Jemand sein würde.

Die großen Firmen machten es nicht. Honeywell und andere White-Box-Mitbewerber hatten seit dreißig Jahren keine echten Innovationen mehr geschaffen. Es war ein toter, ungeliebter Markt mit weniger als 1 Milliarde US-Dollar Jahresumsatz in den Vereinigten Staaten. Und nach einer gescheiterten grünen Innovationswelle 2007 und 2008 hatten sich die Ökotech-Investoren von energiesparenden Geräten abgewandt. Ein kleines Start-up mit neuen Gesichtern und wenigen Kontakten hatte nicht die Glaubwürdigkeit, um eine Finanzierung zu erhalten. Ich konnte die Wagniskapitalgeber schon spotten hören: »Thermostate? Echt jetzt? Sie wollen Thermostate machen? Der Markt ist aber winzig klein und ermüdend und schwer.«

Doch eines Tages machte ich eine Radtour mit Randy Komisar. Randy ist ein langjähriger Freund, Mentor und Partner der angesehenen Venture-Firma Kleiner Perkins. Das erste Mal waren wir uns begegnet, als ich ihm 1999 eine Investition in Fuse vorgeschlagen hatte. Da ich Randy absolut vertraute, beschloss ich, meine Idee für einen smarten Thermostaten an ihm zu testen.

Er bot mir auf der Stelle einen Scheck an.

Ich war genau so ein Gründer, wie Investoren sie mögen. Vier gescheiterte Start-ups und Jahre der beruflichen Enttäuschung hatten den Weg für ein erfolgreiches Jahrzehnt geebnet. Ich war vierzig Jahre alt, wusste genau, wie schwer das werden würde und welche Fehler ich nicht noch einmal machen durfte. Ich hatte an Hardware und an Software, in ganz kleinen und in riesengroßen Firmen gearbeitet. Ich verfügte über Kontakte, Glaubwürdigkeit und genügend Erfahrung, um zu wissen, was ich nicht wusste. Und ich hatte eine Idee.

Ihr Thermostat sollte lernen, welche Temperaturen Sie wann haben wollen. Er sollte sich mit Ihrem Smartphone verbinden, damit Sie ihn von überall aus steuern können. Er sollte die Heizung oder die Klimaanlage herunterregeln, wann immer Sie nicht zu Hause sind, um Energie zu sparen. Und natürlich sollte er schön aussehen – etwas, das Sie sich voller Stolz an die Wand hängen würden.

Das Einzige, was noch fehlte, war der Wille, den Sprung zu wagen. Ich war nicht bereit, mir ein weiteres Start-up auf die Schultern zu laden. Nicht zu diesem Zeitpunkt. Nicht allein.

Und dann geschah das Magische: Matt Rogers nahm Kontakt zu mir auf. Matt hatte zu Beginn des iPod-Projekts als einer der ersten Praktikanten angefangen und ich hatte zugesehen, wie er in einem bereits handverlesenen Spitzenklasseteam alle anderen überflügelte. Nach seinem Abschluss stellten wir ihn in Vollzeit ein und er wurde bald ein fantastischer Vorgesetzter – fokussiert auf Teambuilding, immer bereit, Fragen zu stellen oder Möglichkeiten auszuloten, unersättlich neugierig auf jeden Aspekt des Geschäfts.

Nachdem ich Apple verlassen hatte, begann er sich darüber zu ärgern, wie die Dinge liefen. Wir gingen also zusammen essen und er fragte mich, was ich als Nächstes tun würde. Ich erzählte ihm von meiner Idee. Er war begeistert. Und wenn ich sage begeistert, müssen Sie wissen, dass Matt ein Perpetuum mobile von unerschöpflicher Energie ist. Er stieg sofort in das Thema ein, machte Vorschläge und äußerte Ideen, und je länger wir sprachen, desto mehr entflammte er.

Das war der Anstoß, den ich brauchte, um mich darauf einzulassen. Er war ein echter Partner, der die Last mit mir teilen konnte, der genauso hart arbeiten und sich genauso hineinknien würde wie ich. Wir wussten bereits, wie wir zusammenarbeiteten, und waren uns darin einig, wie man Produkten schafft. Ich brauchte nicht noch eine Führungspersönlichkeit mittleren Alters mit jahrzehntelanger Erfahrung, die mir sagte, was alles nicht ging. Ich brauchte einen echten Mitgründer. Ich brauchte Matt.

Gemeinsam formten wir die Idee zu einer Vision. Was wir den Investoren präsentierten, war ein vernetzter Thermostat. Doch wir wussten, welches Unternehmen wir in Wahrheit schufen – es würde nicht bei dem Thermostaten bleiben. Wir würden eine Vielzahl von Produkten entwickeln und ungeliebte, aber wichtige Objekte neu erfinden, die jeder zu Hause brauchte. Und was das Wichtigste war: Wir würden eine Plattform schaffen. Wir würden das vernetzte Zuhause kreieren.

Das Konzept war nicht neu. Vernetzte Heimsysteme gab es schon seit ein paar Jahrzehnten. Ich weiß noch, wie Bill Atkinson von General Magic in den Neunzigern versuchte, ein vernetztes Zuhause zu entwickeln. Er versuchte, es selbst zusammenzubasteln, und mühte sich, etwas Nützliches zu schaffen. Doch im Lauf der Jahre hatten eine Menge reicher Tech-Leute einfach mal eine Viertelmillion US-Dollar ausgegeben, um sich ein hochwertiges System in die Wände einbauen zu lassen – komplett mit Sensoren und Bildschirmen und Schaltern und Kontrollfeldern für Thermostate, Alarmanlagen, Licht, Musik. Alles sehr elegant, sehr schick. Und totaler Scheiß. Müll. Nichts davon hatte funktioniert.

Unsere Investoren zuckten zusammen, als wir das in unserem Pitch erwähnten. Ja, sie alle waren darauf hereingefallen. Ja, ihre Ehepartner waren immer noch sauer deswegen.

Wir wollten anders vorgehen. Anstatt eine komplett ausgearbeitete Plattform mit jedem nur vorstellbaren Tinnef vollzustopfen, würden wir mit nur einem wirklich guten Produkt anfangen – einem wunderschönen Thermostaten, der Jahrzehnte oder länger bei den Leuten an der Wand hängen würde. Hatten sie sich erst einmal in unseren Thermostaten verliebt, würden sie weitere Produkte kaufen, die damit zusammen funktionierten. Die Kunden konnten sich Stück für Stück ein vernetztes Zuhause schaffen und dabei ein einzigartiges System aufbauen, das für ihr Haus und ihre Familie sinnvoll war.

Der Thermostat wäre unsere Eintrittskarte.

Aber zuerst einmal mussten wir den Thermostaten entwickeln.

Ihn schön zu machen, würde nicht allzu schwer sein. Großartige Hardware, eine intuitive Bedienoberfläche – das konnten wir. Das hatten wir spätestens bei Apple gelernt. Um unser neues Produkt erfolgreich – und bedeutsam – zu machen, galt es, zwei große Probleme zu lösen:

Das Gerät musste Energie sparen helfen. Und wir mussten es verkaufen.

In Nordamerika und Europa sind Thermostate ausschlaggebend für die Hälfte der Energiekosten – rund 2500 US-Dollar pro Jahr. Alle vorherigen Versuche, diese Zahl zu verringern – durch Thermostathersteller, durch Energieversorger, durch Behörden –, waren aus einer Vielzahl von Gründen jämmerlich gescheitert. Wir brauchten ein robustes und zugleich für die Kunden einfach zu bedienendes Gerät.

Dann mussten wir es verkaufen. Fast alle Thermostate wurden zu dieser Zeit von professionellen Heizungsinstallateuren verkauft und installiert. In diese eingeschworene Riege würden wir niemals einen Fuß setzen können.

Wir mussten erst einen Weg in die Köpfe der Menschen und dann in ihre Häuser finden. Und unser Thermostat musste so einfach anzubringen sein, dass es wirklich jeder selbst erledigen konnte.

Also machten wir uns an die Arbeit.

Abbildung 4.0.1: Der Nest Learning Thermostat kam in Oktober 2011 für 249 US-Dollar auf den Markt. Er hatte einen einzigartigen runden 2,75-Zoll-Bildschirm und maß 8,1 x 8,1 x 4,05 Zentimeter. Mit der eigenen Handy-App und der eingebauten KI erlernte er Ihre Zeitabläufe und regulierte sich herunter, wenn Sie abwesend waren.

Er wurde dicker, als wir gewollt hatten. Der Bildschirm war nicht ganz das, was ich mir vorgestellt hatte. Eigentlich ein bisschen wie beim ersten iPod. Aber er funktionierte. Er verband sich mit dem Handy. Man konnte ihn selbst installieren. Er lernte, welche Temperaturen man mochte. Er regulierte sich herunter, wenn niemand zu Hause war. Er half, Energie zu sparen.

Und die Leute fanden ihn toll.

Vor der Markteinführung wussten wir nicht, ob sich irgendjemand dafür interessieren würde, und so wollten wir nicht unser gesamtes Geld ausgeben und bergeweise Lagerbestände anhäufen. Verblüffenderweise wurden wir schon am ersten Tag alle vorgefertigten Exemplare los und anschließend waren wir über zwei Jahre lang ununterbrochen ausverkauft.

Rasch ließen wir den Thermostaten der zweiten Generation nachfolgen, bei dem wir alles behoben, was uns beim ersten Anlauf nicht zufriedenstellend geglückt war.

Und dann konzentrierten wir uns auf unser nächstes Produkt. Welches Gerät existierte in jedem Haushalt der USA und verursachte sogar noch mehr Ärger als der Thermostat?

Ganz einfach: der Rauchmelder.

Dieser nervige Rauchmelder, der ständig Fehlalarm gab und immer dann losging, wenn man kochte, oder nachts um 2 Uhr zu piepsen begann, so dass man sich auf die Jagd nach dem Gerät machen musste, bei dem die Batterien alle waren, und natürlich war es immer dasjenige, an das man nicht herankam.

Hätten wir vorher gewusst, wie schwer es sein würde, im Bereich Rauch und Kohlenmonoxid zu innovieren, hätten wir wohl gar nicht erst damit angefangen. Wir wussten lediglich, dass Rauchmelder allgegenwärtig sind – in jedem Raum eines jeden Hauses. Und sie waren furchtbar. Wirklich absolut entsetzlich. Sie waren gesetzlich in jedem Haus vorgeschrieben, daher hatten die Hersteller von Rauchmeldern keinerlei Anreiz, sie irgendwie zu verbessern – ob furchtbar oder nicht, es gab kein Entrinnen.

Doch ihre Furchtbarkeit war so allumfassend, dass die Leute im wahrsten Sinne des Wortes ihr Leben riskierten, um sie zum Schweigen zu bringen – sie nahmen die Batterien heraus oder rissen die Rauchmelder nach zu vielen Fehlalarmen einfach von der Wand, schlugen sie mitten in der Nacht mit einem Golfschläger von der Decke, um dieses infernalische Piepsen loszuwerden.

Und so wurde 2013 der Rauch- und Kohlenmonoxidmelder Nest Protect geboren.

Ich hatte schon zuvor erfolgreiche Produkte gemacht – den iPod, das iPhone –, aber beim Nest war es das erste Mal, dass ich wirklich ein großes, erfolgreiches Geschäft aufzubauen versuchte. Es war das erste Mal, dass ich ganz von vorne anfing – von einer einzelnen Zelle einer Idee – und zusah, wie die Zelle sich teilte und zu einem vollentwickelten Baby wurde. Zu unserem Baby. Unserem Unternehmen.

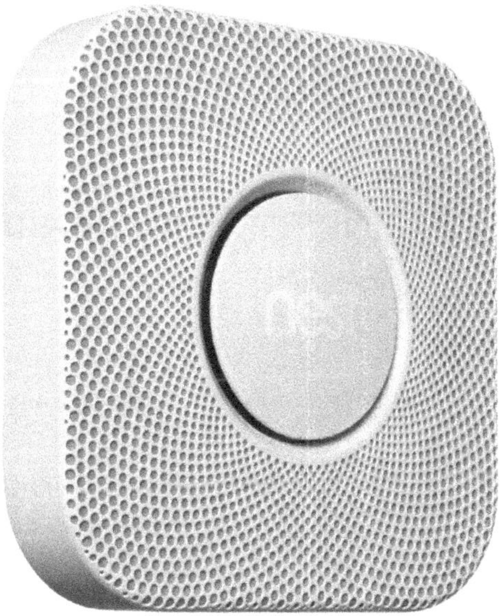

Abbildung 4.0.2: Der Nest Protect war im Handel für 119 US-Dollar erhältlich, maß 13,4 x 13,4 Zentimeter und bot Schutz vor Kohlenmonoxid und Rauch. Fehlalarme konnte man über die App stoppen, und man konnte sich eine Warnmeldung aufs Handy schicken lassen, wenn Gefahr bestand.

Wenn Sie also einen Geschäftsbereich oder ein neues Produkt oder Projekt innerhalb einer großen Firma starten wollen – oder es bereits in Gang gesetzt haben und voller Freude, Angst und Aufregung zusehen, wie es ein Eigenleben anzunehmen beginnt –, so will ich Ihnen jetzt erzählen, was ich über die Auswahl einer Idee, das Gründen einer Firma, das Finden von Investoren und über stressbedingte Beinaheohnmacht gelernt habe.

In den folgenden Abschnitten erfahren Sie, was ich bis heute über die einzelnen Wachstumsstadium herausgefunden habe – und darüber, was Sie tun können, falls Ihr Baby schon kein Baby mehr ist.

Kapitel

4.1

WIE MAN EINE TOLLE IDEE ERKENNT

Eine großartige Idee zeichnet sich durch drei Merkmale aus:

1. Sie klärt das »Warum«. Lange bevor Sie sich überlegen, was ein Produkt machen soll, müssen Sie begreifen, warum das jemand könnte haben wollen. Das »Warum« beeinflusst das »Was«. [Siehe auch Kapitel 3.2: Storytelling.]
2. Sie löst ein Problem, mit dem sich viele Menschen im Alltag konfrontiert sehen.
3. Sie verfolgt Sie. Selbst nachdem Sie zu ihr umfangreiche Recherchen angestellt, sie ausprobiert und dabei erkannt haben, wie schwer es sein wird, sie umzusetzen, können Sie einfach nicht aufhören, über sie nachzudenken.

Ehe Sie beschließen, sich der Umsetzung einer Idee zu widmen – ein Unternehmen zu gründen oder ein neues Produkt herauszubringen –, sollten Sie unbedingt recherchieren und erste Tests durchführen. Üben Sie sich in verzögerter Intuition. Dieser Begriff wurde von dem brillanten Wirtschaftswissenschaftler, Psychologen und Nobelpreisträger Daniel Kahnemann geprägt und beschreibt das einfache Konzept, dass Verlangsamung zu besseren Entscheidungen führt.

Je großartiger Ihnen eine Idee vorkommt – je mehr sie Sie gefangen nimmt und für alles andere blind macht –, desto länger sollten Sie warten und erst einmal Prototypen anfertigen und möglichst viele Informationen zu ihr zusammentragen, ehe Sie sich auf sie einlassen. Falls diese Idee Jahre Ihres Lebens aufzehren wird, sollten Sie sich mindestens ein paar Monate Zeit lassen, um sie zu untersuchen, (hinreichend) detaillierte Pläne für die Geschäfts- und

Produktentwicklung zu erstellen und dann zu schauen, ob Sie immer noch so begeistert von ihr sind. Ob sie Sie immer noch verfolgt.

Und denken Sie daran: Nicht jede Entscheidung steigt bis auf dieses Level auf. Die meisten Alltagsentscheidungen können und sollten schnell getroffen werden, besonders wenn Sie etwas wiederholen, das bereits existiert. Natürlich sollten Sie sich trotzdem Zeit nehmen, um Ihre Optionen durchzugehen und sich Ihre nächsten Schritte gründlich zu überlegen, aber nicht jede Idee muss Sie einen Monat lang verfolgen.

* *

Die besten Ideen sind Schmerzkiller, keine Vitamine.

Vitaminpillen sind gut für Sie, aber nicht unerlässlich. Sie können Ihre Morgenvitamine einen Tag, einen Monat, ein Leben lang weglassen, ohne dass Sie einen Unterschied bemerken.

Aber wenn Sie ein Schmerzmittel zu nehmen vergessen, merken Sie das echt schnell.

Schmerzmittel eliminieren etwas, das Sie ständig quält. Einen ständigen Reiz, den Sie nicht loswerden. Und der »beste« Schmerz ist einer, den Sie auch selbst verspüren. Die meisten Start-ups sind entstanden, weil Menschen sich dermaßen über etwas ärgerten, dem sie sich täglich ausgesetzt sahen, dass sie anfingen, nach einer Lösung zu suchen.

Nicht jede Produktidee muss aus Ihrem eigenen Leben heraus entstehen, aber das »Warum« muss immer knackig und leicht zu formulieren sein. Sie müssen in der Lage sein, leicht, klar und überzeugend zu erklären, warum die Leute es brauchen. Nur so verstehen Sie, welche Eigenschaften das zukünftige Produkt haben soll, ob der Zeitpunkt dafür gekommen ist und ob der Markt dafür eher klein oder aber riesengroß zu werden verspricht.

Haben Sie erst einmal ein richtig starkes »Warum«, dann haben Sie auch den Keim einer großartigen Idee. Doch ein Geschäft können Sie nicht auf einem Keim aufbauen. Zuerst müssen Sie herausfinden, ob diese Idee wirklich stark genug ist, um ein Unternehmen zu tragen. Sie müssen einen Business- und einen Umsetzungsplan entwerfen. Und Sie müssen sich darüber klar werden, ob es etwas ist, woran Sie die nächsten fünf oder zehn Jahre Ihres Lebens arbeiten wollen.

Das können Sie nur herausfinden, indem Sie schauen, ob die Idee Sie verfolgt. Und der Ablauf dabei ist immer derselbe:

- Zuerst sind Sie völlig überwältigt davon, wie fantastisch diese Idee ist. Wie kann es sein, dass noch kein anderer darüber nachgedacht hat?
- Dann betrachten Sie sie genauer. Und oh, okay – andere haben schon darüber nachgedacht. Sie haben es probiert und sind gescheitert. Oder vielleicht sind Sie wirklich auf etwas gestoßen, das noch kein anderer jemals gemacht hat. Und der Grund dafür ist dieses verrückte, unmögliche Hindernis, an dem man nicht vorbeikommt. Sie fangen an zu begreifen, welche Mühe es kosten würde, diese Idee umzusetzen – es gibt da so vieles, was Sie nicht wissen. Also schieben Sie die Idee beiseite.
- Aber sie geht Ihnen einfach nicht aus dem Kopf. Also recherchieren Sie hier und dort. Sie machen Skizzen oder programmieren oder schreiben, sie erstellen kleine Prototypen dessen, was diese Sache sein könnte. Ständig rutschen Ihnen Serviettenskizzen aus den Taschen. Ihr Notizbuch ist voll mit Ideen für Features, Vertriebsmöglichkeiten, Werbung, Geschäftsmodelle. Sie glauben, dass die Leute, die es schon zuvor mit dieser Idee versucht haben, vielleicht falsch an die Sache herangegangen sind. Oder vielleicht kann ein Hindernis, das andere ausgebremst hat, inzwischen mit einer neuen Technologie beseitigt werden – vielleicht ist der Augenblick für diese Idee endlich gekommen.
- Jetzt wird es für Sie realer. Sie beschließen also, sich eingehender mit der Idee zu befassen, tiefer in sie einzutauchen, um eine informierte Entscheidung zu treffen. Sie müssen herausfinden, ob diese Idee es wert ist, dass Sie sie weiterverfolgen, oder nicht.
- Eines Tages erkennen Sie, dass es einen Weg gibt, um dieses unmögliche Hindernis zu überwinden. Sie sind ganz Feuer und Flamme – bis Sie den nächsten riesigen Bremsklotz auf Ihrem Weg liegen sehen. Mist. Das kann ja niemals funktionieren. Aber Sie bohren weiter und probieren Dinge aus und bekommen Rat von Experten und Freunden und erkennen, dass es in Wahrheit auch dafür eine Lösung geben könnte.

- Die Leute fangen an, Ihnen Fragen zu Ihrem Projekt zu stellen – wann fängst du damit an? Kann ich mitmachen? Brauchst du ein Angel Investment? Jedes Hindernis verwandelt sich in eine Chance, jedes Problem treibt Sie an, nach einer neuen Lösung zu suchen, und jede Lösung lässt Ihre Begeisterung wachsen.
- Mag es auch immer noch eine Million Unbekannte geben – es sind keine unbekannten Unwägbarkeiten mehr. Sie kennen mittlerweile das Umfeld. Sie sehen, was aus diesem Geschäft werden könnte. Und all die Recherchen, die Sie angestellt haben, und die Barrieren, die Sie überwunden haben, geben Ihnen Schwung. Es fühlt sich an, als füge sich alles zusammen. Ihr Bauchgefühl sagt Ihnen, dass dies die richtige Entscheidung ist. Also springen Sie über Ihren Schatten und lassen sich ganz auf Ihre Idee ein.

Bei mir dauerte dieser ganze Prozess zehn Jahre. So lange verfolgte mich der Thermostat.

Das ist übrigens ziemlich extrem. Wenn man eine Idee für ein Geschäft oder ein neues Produkt hat, muss man normalerweise nicht zehn Jahre warten, um zu der Gewissheit zu gelangen, dass die Sache sich lohnt.

Aber Sie sollten einen Monat investieren – oder zwei, oder sechs –, um zu recherchieren und herumzuprobieren und ein paar grobe Prototypen zu erstellen, um Ihre Geschichte über das »Warum« zu formulieren. Wenn Sie innerhalb dieses Monats – dieser zwei oder sechs Monate – nur immer begeisterter von der Idee sind und nicht aufhören können, über sie nachzudenken, können Sie ernsthafter an die Sache herangehen. Nehmen Sie sich mindestens ein paar weitere Monate – womöglich bis zu einem Jahr –, um die Idee aus allen Richtungen zu studieren. Beraten Sie sich mit Leuten, denen Sie vertrauen, erstellen Sie ein paar Businesspläne und Präsentationen und bereiten Sie sich bestmöglich vor.

Sie wollen ja kein Unternehmen gründen, nur um dann festzustellen, dass Ihre auf den ersten Blick so tolle Idee eine glänzende Hülle über einem hohlen Zahn ist, die beim leisesten Druck Risse bekommen wird.

Viele Start-ups in Silicon Valley haben eine »Fail-fast«-Mentalität. Dieser Trendbegriff bedeutet, dass Sie nicht sorgfältig planen, was Sie machen wollen, sondern erst mal entwickeln und alles andere später herausfinden. Man iteriert, bis man den Erfolg »findet«. Das kann sich auf zwei Arten äußern – entweder verwirft man ein Produkt schnell wieder und iteriert dann sogar noch schneller, um etwas zu bekommen, das die Leute haben wollen, oder man kündigt seinen Job, entbindet sich von seinen Pflichten und sitzt über Start-up-Ideen grübelnd herum, bis man ein Business gefunden hat, das funktioniert. Der erstere Ansatz klappt manchmal, der letztere scheitert fast immer.

Eine tolle Idee finden Sie nicht, indem Sie Dartpfeile auf eine Wand werfen. Alles Maßgebliche braucht Zeit. Zeit, um zu verstehen. Zeit, um sich vorzubereiten. Zeit, um es richtig zu machen. Sie können vieles beschleunigen und mit anderem knausern, aber mit der Zeit können Sie nicht tricksen.

Zugegeben, zehn Jahre sind ein bisschen lang. Allerdings hatte ich während eines Großteils dieser Zeit, in der ich mir so meine Gedanken über Thermostate machte, gar nicht die Absicht, wirklich welche zu bauen. Ich war bei Apple und entwickelte das erste iPhone. Ich leitete ein riesiges Team. Ich lernte und wuchs und steckte bis zum Hals in Arbeit. Und schließlich heiratete ich und bekam Kinder. Ich war beschäftigt.

Andererseits war mir kalt. Kalt bis auf die Knochen.

Immer wenn meine Frau und ich freitagsabends nach der Arbeit in unsere Skihütte in Lake Tahoe fuhren, mussten wir bis zum nächsten Tag die Schneejacken anlassen. Es dauerte die ganze Nacht, bis das Haus warm wurde, denn wenn wir es nicht nutzten, hielten wir die Temperatur nur gerade über dem Gefrierpunkt, um keine Energie und kein Geld zu verschwenden.

Und ich spürte den Schmerz. Dass dieses Haus immer eiskalt war, wenn wir dort ankamen, trieb mich in den Wahnsinn. Es wollte mir nicht in den Kopf, dass es keine Möglichkeit geben sollte, es aufzuheizen, bevor wir eintrafen. Ich wandte Dutzende Stunden und Tausende Dollar für den Versuch auf, die an ein analoges Telefon gekoppelte Sicherheits- und Computerausstattung zu hacken, sodass ich den Thermostaten aus der Ferne hochdrehen konnte. Das halbe Wochenende steckte ich bis über beide Ellbogen in irgendwelchen Kabeln, während Elektronikteile den Boden übersäten. Meine Frau verdrehte die Augen – das sind deine Ferien! Aber nichts funktionierte.

Also war die erste Nacht jeder Reise immer gleich: Wir schmiegten uns auf einer eisigen Matratze unter vor Kälte steifen Decken aneinander und sahen zu, wie unser Atem zu Wölkchen kondensierte, bis das Haus sich gegen Morgen endlich etwas erwärmte.

Und am Montag kehrte ich dann zu Apple zurück und arbeitete an dem ersten iPhone.

Irgendwann ging mir plötzlich auf, dass ich da gerade die perfekte Fernbedienung für einen Thermostat herstellte. Wenn es mir gelänge, das Heizungs- und Klimasystem mit meinem iPhone zu verbinden, könnte ich es von überall aus steuern. Aber die Technologie, die ich brauchte, um das zu realisieren – zuverlässige und kostengünstige Verbindungen, preiswerte Bildschirme und Prozessoren –, existierte noch nicht. Deshalb versuchte ich, die Idee beiseite zu schieben. Mich auf meine Arbeit zu konzentrieren. Nicht an die Kälte zu denken.

Ein Jahr danach beschlossen wir, ein neues, supereffizientes Haus in Tahoe zu bauen. Tagsüber arbeitete ich am iPhone, und wenn ich nach Hause kam, brütete über den Anforderungen für unser Haus, wählte die Außenverkleidung und die Materialien und die Solarpaneele aus und befasste mich schließlich auch mit dem Heizungs- und Klimasystem. Und wieder suchte der Thermostat mich heim. Alle hochwertigen Thermostate waren spuckhässliche beige Kästen mit bizarr verwirrenden Bedienoberflächen. Sie brüsteten sich damit, dass sie Touchscreens und Uhren und Kalender hatten und digitale Fotos anzeigen konnten. Keiner half beim Energiesparen. Keiner ließ sich aus der Ferne bedienen. Und alle kosteten sie um die 400 US-Dollar. Das iPhone gab es für 499 US-Dollar.

Wie konnten diese hässlichen, schrottigen Thermostate fast ebenso viel kosten wie die allerneuste Technologie von Apple?

Ich jammerte den Architekten und Technikern des Tahoe-Projekts immer wieder die Ohren damit voll, wie verrückt das alles war. »Eines Tages bringe ich das in Ordnung – merkt euch meine Worte!«, sagte ich ihnen. Sie alle verdrehten die Augen – Tony beklagt sich wieder einmal!

Zuerst waren das nur leere Worte, aus der Frustration geboren. Doch dann änderten sich die Dinge. Der Erfolg des iPhones minderte die Kosten für die ausgeklügelten Komponenten, deren ich zuvor nicht hatte habhaft werden können. Plötzlich wurden hochwertige Adapter und Bildschirme und Prozessoren millionenfach und billig hergestellt und konnten für andere Technologien umgenutzt werden.

Und auch mein Leben veränderte sich. Ich kündigte bei Apple und begann, mit meiner Familie um die Welt zu reisen. Und in jedem Hotel, jedem Haus, jedem Land, auf jedem Kontinent – überall nervten die Thermostaten. Uns war zu heiß, zu kalt, oder wir fanden einfach nicht heraus, wie man sie bediente. Die ganze Welt hatte dasselbe Problem – dieses vergessene, ungeliebte Produkt, das jeder in seinem Zuhause hatte, verursachte Unmengen Kosten und vergeudete massenhaft Energie, während sich die Erde immer weiter erwärmte.

Danach gewann die Sache an Tempo. Ich konnte die Idee, einen vernetzten Thermostaten herzustellen, einfach nicht mehr loswerden. Einen wirklich smarten Thermostaten. Einen, der mein Problem lösen und mir helfen würde, Energie zu sparen. Einen, der es mir ermöglichen würde, auf allem aufzubauen, was ich bisher gemacht hatte.

Also ließ ich mich von der Idee gefangen nehmen. Ich kehrte ins Silicon Valley zurück und machte mich an die Arbeit. Ich recherchierte die Technologie, die Chancen, das Business, die Konkurrenz, die Leute, die Finanzierung, die Geschichte. Wenn ich mein Leben und meine Familie auf den Kopf stellte, ein gewaltiges Risiko einging, fünf bis zehn Jahre der Entwicklung eines Geräts widmete, das nichts ähnelte, was ich bisher gemacht hatte, noch dazu in einem Bereich, über den ich nichts wusste, dann musste ich mir Zeit zum Lernen geben. Ich musste Gestaltungsentwürfe machen. Ich musste Features planen und über das Vertriebs- und Geschäftsmodell nachdenken.

In dieser Zeit spielte ich auch ein kleines Spiel mit mir selbst und mit Menschen, die ich wirklich respektierte. Sie fragten mich: »Womit beschäftigst du dich gerade? Was interessiert dich?« Also sagte ich ihnen, ich hätte eine Idee – vielleicht eine ganz tolle –, und nannte ihnen ein paar Details, um Reaktionen, Überlegungen und Fragen von ihnen zu bekommen. Ich entwickelte meinen Pitch, ersann die Story des Produkts, so wie Steve es getan hätte. Als dann Wochen der Recherche und der Strategieplanung ins Land gegangen waren, hörte ich auf zu sagen, es sei eine Idee, und erklärte stattdessen, ich würde ein Produkt herstellen. Obwohl das eigentlich noch nicht ganz der Wahrheit entsprach. Aber ich wollte, dass es sich echt anfühlte – damit sie und insbesondere ich echt in die Details gingen. Ich wollte sie überzeugen, und ich wollte sie herausfordern, und ich wollte die Story erzählen. Herausfinden, ob das alles passte.

Es dauerte etwa neun bis zwölf Monate, Prototypen und interaktive Modelle zu machen, die Software zu erstellen, mit Anwendern und Experten zu sprechen und es an Freunden zu testen, ehe Matt und ich entschieden, ins kalte Wasser zu springen und tatsächlich vor Investoren zu pitchen.

Wir hatten keine perfekten Daten, die uns den Erfolg garantierten. Auch noch so viel Recherche und verzögerte Intuition hätte das nicht leisten können. Wir hatten wahrscheinlich 40 bis 50 Prozent der Risiken bei dieser Unternehmensgründung identifiziert und Ideen gesammelt, wie wir sie bewältigen könnten. Aber es erwarteten uns noch immer gewaltige gähnende Abgründe des Unbekannten. Am Ende war es trotz all unserer harten Arbeit und Vorbereitung doch eine meinungsgesteuerte Entscheidung. [Siehe auch Kapitel 2.2: Fakten versus Meinung.] Also folgten wir unserem Bauchgefühl. Es machte echt Angst, aber es fühlte sich auch richtig an.

Das Interessante ist, dass verzögerte Intuition es im Allgemeinen nicht weniger furchteinflößend macht. Wenn überhaupt, verstärken sich die Schmetterlinge in Ihrem Bauch noch, je mehr Sie es verstehen. Weil Sie all die Möglichkeiten entdecken, was schiefgehen kann; Sie kennen die Millionen Dinge, die dieser Idee und Ihrem Geschäft und Ihrer Zeit den Garaus machen können.

Aber zu wissen, was Ihnen den Garaus machen kann, macht Sie stärker.

Und zu wissen, dass Sie bereits ein paar größere Einschläge abgewehrt haben, macht Sie sogar noch stärker.

Deshalb präsentierten wir nicht einfach nur unsere Vision, als wir den Investoren Pitches vorlegten. Wir präsentierten das Warum – erzählten unsere Story –, und dann präsentierten wir die Risiken. Viel zu viele Start-ups wissen gar nicht, worauf sie sich einlassen oder, was noch schlimmer ist, sie versuchen die Risiken eines Misserfolgs unter den Teppich zu kehren. Doch ein Investor, der Schwachstellen in Ihrem Plan diagnostiziert, die Sie selbst vollkommen übersehen oder ignoriert oder sorgfältig zu erwähnen vermieden haben, wird nicht das Vertrauen aufbringen, Ihnen Kapital zu geben. Daher haben wir unsere Risiken aufgelistet: das Schaffen einer KI, die Kompatibilität mit Hunderten verschiedener (und veralteter) Heiz-/Klimasysteme, die Installation durch den Kunden, den Einzelhandel und die alles überbordende Frage: Würde es überhaupt jemanden interessieren? Würde die Welt einen smarten Thermostaten haben wollen? Die Liste der potenziell existenzbedrohenden Probleme – und der Schritte zu ihrer Vermeidung – wurde immer länger. Doch dass wir sie auflisteten, herunterbrachen, offen über sie redeten, war am Ende genau das, was die Investoren überzeugte, dass wir wirklich wussten, worauf wir uns da einließen. Und dass wir es schaffen könnten.

Mit der Zeit wurde jedes dieser Risiken zu einem Schlachtruf für das Team – statt ihm aus dem Weg zu gehen, begrüßten wir es. So sagten wir einander ein ums andere Mal: »Wäre es einfacher, würden es alle machen!« Wir innovierten. Die Risiken und unsere Fähigkeit, Lösungen für sie zu finden, waren das, was uns heraushob. Wir würden etwas tun, das kein anderer für möglich gehalten hätte.

Und das war es schließlich, was die Gründung dieses Unternehmens lohnenswert machte.

Natürlich soll das alles nicht heißen, dass Sie einfach warten und bei jeder kleinen Entscheidung in Ihrem Leben endlos recherchieren sollten. Wenn Sie nicht ganz bei Null anfangen – wenn Sie iterieren –, geht alles schneller.

Ich brauchte zehn Jahre für den Entschluss, meinen ersten Thermostaten zu bauen. Der Entschluss, eine zweite Version zu machen, dauerte wahrscheinlich eine Woche. Tatsächlich wussten wir schon, wie die zweite Version aussehen sollte, ehe wir mit der ersten überhaupt fertig waren. Wir hatten das Marktpotenzial und die Technologie unter Beweis gestellt – jetzt ging es nur noch um die Verfeinerung: Natürlich würden wir einen Thermostaten der zweiten Generation machen. Das Schwierigste lag ja schon hinter uns. [Siehe auch Kapitel 3.4: Ihr erstes Abenteuer – und Ihr zweites.]

Wenn Sie optimieren, haben Sie Daten, Einschränkungen und Erfahrungen, von denen Sie sich leiten lassen. Sie wissen bereits, was für v1 nötig ist, daher ist der Weg zu v2 nicht mehr so schwer. Oder so rätselhaft. v2 ist niemals so furchterregend wie v1.

v1 ist immer absolut, über die Maßen beängstigend. Immer. Große, tolle, neue Ideen ängstigen jeden zu Tode, der sie hat. Das ist eines der Anzeichen dafür, dass sie toll sind.

Wenn Sie dieses Buch lesen, sind Sie wahrscheinlich neugierig und engagiert. Und das heißt: Sie werden in Ihrem Leben vielen, vielen, vielen guten Ideen begegnen. Gute Ideen scheinen überall zu sein. Doch um herauszufinden, ob sie wirklich großartig sind – bedeutsam, disruptiv, wichtig, Ihrer Zeit würdig –, müssen Sie genug über sie in Erfahrung bringen, um ihre enormen potenziellen Risiken zu erkennen, die erheblichen Nachteile, die eisblaue *Titanic*-große Katastrophe, die direkt unter der Oberfläche lauert. An diesem Punkt werden Sie die Idee wahrscheinlich verwerfen. Sie wenden sich anderen Gelegenheiten zu, anderen Jobs und anderen Projekten. Bis Sie erkennen, dass Sie einfach nicht von dieser einen Idee lassen können, egal was Sie tun. Dann hören Sie auf, vor ihr wegzulaufen, und knöpfen sich nunmehr die Risiken vor – eines nach dem anderen –, bis Sie zuversichtlich genug sind, dass Sie sie beherrschen können.

Falls Sie nicht bis zu diesem Punkt kommen, ist es keine tolle Idee. Dann war es ein Zeitvertreib. Suchen Sie in diesem Fall weiter, bis Sie auf eine Idee stoßen, die Sie nicht mehr loslässt.*

---

* Wenn Sie immer noch nicht sicher sind, ob Sie eine Idee verfolgen sollen oder nicht: Ich habe noch mehr zu diesem Thema im Podcast *Evolving for the Next Billion* gesagt.

Kapitel

4.2

SIND SIE STARTKLAR?

Die Welt ist voller Menschen mit Ideen, die Unternehmen gründen wollen. Oft fragen sie mich, ob sie startklar sind: Habe ich alles Notwendige, um ein erfolgreiches Start-up zu gründen? Sollte ich mein Projekt stattdessen lieber bei einer großen Firma unterbringen?

Die Antwort lautet: Das finden Sie nur heraus, indem Sie den Sprung wagen und es ausprobieren. Aber ich kann Ihnen sagen, wie Sie so startklar wie nur irgend möglich werden können:

1. Arbeiten Sie bei einem Start-up.
2. Arbeiten Sie bei einer großen Firma.
3. Suchen Sie sich einen Mentor, der Ihnen auf Ihrem Weg hilft.
4. Suchen Sie sich einen Mitgründer, der für Ihr Seelengleichgewicht sorgen und die Last mit Ihnen teilen kann.
5. Überzeugen Sie andere, bei Ihnen einzusteigen. Ihr Gründungsteam sollte in Nährboden ankern – tollen Leuten, die weitere tolle Leute mitbringen.

* *

Der archetypische Existenzgründer ist ein Zwanzigjähriger, der im elterlichen Keller per Zufall über eine brillante Idee stolpert und miterlebt, wie sie sich über Nacht in ein florierendes Unternehmen verwandelt. In der Filmversion baut er sein technisches Genie zu einem fehlerbehafteten, aber effektiven Führungsstil aus und kann dabei zusehen, wie die Millionen hereinströmen. Dann kauft er sich ein schickes Auto, ehe er den wahren Wert von Freundschaft kennenlernt.

Aber das ist nicht die Realität.

Es gibt immer Ausnahmen – ein unglaubliches Wunderkind, das auf einem Einhorn zum Mond reitet –, aber die meisten erfolgreichen Gründer sind Ende dreißig oder in den Vierzigern. Es hat ja seinen Grund, dass Investoren lieber Wiederholungsgründer unterstützen, selbst wenn diese beim ersten Mal gescheitert sind. Und der ist, dass diese Gründer ihre Zwanziger mit Scheitern und Lernen zugebracht haben. Die meisten gehen denselben Weg wie ich: Sie arbeiten schwer, scheitern und scheitern, scheuen kein Risiko, schließen sich dem Untergang geweihten Start-ups an, probieren es bei riesigen Konzernen, nehmen die falschen Jobs an und stoßen per Zufall auf ein wunderbares Team, kündigen zu früh oder kündigen nicht rechtzeitig. Sie flitzen herum wie eine Flipperkugel und stoßen sich ständig irgendwo den Kopf. Sie lernen. Feuerprobe.

Laut Ali Tamasebs Buch *Super Founders* haben rund 60 Prozent der Gründer von Milliarden-Dollar-Start-ups vor ihrem enormen Erfolg ein anderes Unternehmen gegründet, und viele haben dabei eine Menge Geld verloren. Nur 42 Prozent sind aus ihrem vorangegangenen Gründungsprojekt mit 10 Millionen US-Dollar oder mehr herausgegangen – die Mehrheit ist also nach den Standards des Risikokapitals »gescheitert«.

Aber sie haben daraus eine grundlegende Vorstellung vom Wesen eines Start-ups mitgenommen. Sie haben die betrieblichen Details begriffen und wie es aussehen könnte, wenn dieses kleine Start-up erfolgreich würde. Das ist es. Das ist der magische Schlüssel zum Erfolg.

Das Problem ist, dass es Jahre dauert, dorthin zu gelangen. Und jeder will die Abkürzung nehmen.

Doch es gibt nichts, was Sie auf die Gründung eines Start-ups vorbereitet, außer bei einem Start-up zu arbeiten. Suchen Sie sich also einen Job. Wählen Sie ein Start-up oder ein kleines, flinkes Unternehmen mit Gründern, die (mehr oder weniger) wissen, was sie tun. Sie brauchen ein Vorbild, dem Sie nacheifern können, oder ein Anti-Vorbild, das Ihnen zeigt, wie Sie es nicht machen sollten. Setzen Sie sich in ein Büro (oder eine Videokonferenz), schauen Sie sich alles an und bekommen Sie ein Gespür für die grundlegenden Bausteine:

Wie sieht ein Organisationsdiagramm aus?

Was ist der Vertrieb?

Wie sollte Marketing funktionieren?

Was ist mit Personal, Finanzen, Recht?

Sie brauchen Grundkenntnisse in jeder Disziplin – Sie müssen kein Experte sein, aber verstehen, wen Sie einstellen sollten, welche Qualifikationen diese Personen mitbringen sollten, wo Sie sie finden und wann Sie sie brauchen. Zum Beispiel werden Sie wohl nicht von Anfang an eine Personalabteilung benötigen. Sie müssen bloß Leute einstellen. Sie brauchen keine Finanzabteilung, nur eine Buchhaltung. Sie können Rechtsfragen einstweilen outsourcen, aber was ist mit der Kreativabteilung? Wann brauchen Sie eine Betriebsleitung? Wann brauchen Sie einen Kundendienst? Und was für einen? Der Kundendienst in einem Ladenlokal vor Ort ist ein ganz anderer als der Kundendienst für den Online-Handel.

Nutzen Sie die Zeit bei Ihrer Start-up-Anstellung, um das Business zu verstehen, an dessen Aufbau Sie mitwirken. Und dann suchen Sie sich eine neue Stelle – diesmal bei einer großen Firma. Nur so machen Sie sich mit den Problemen und Herausforderungen größerer Unternehmen vertraut – besonders jenen, die über das Produkt hinausgehen: den organisatorischen Fragen, den Prozessen, den Governance-Regeln, den internen Rangeleien und Intrigen. Je mehr Sie beobachten können, wie die verschiedenen Unternehmen agieren, desto weniger Fragen müssen Sie sich dann stellen, wenn Sie Ihr eigenes gründen.

Selbst wenn Sie eine brillante Idee für ein weltveränderndes Produkt haben: Wenn Sie ein Geschäft eröffnen, müssen Sie es auch führen. Etwas Neues zu machen, ist schwer genug – die unbekannten Unwägbarkeiten, die Sie nachts um den Schlaf bringen, sollten mit dem Problem zu tun haben, das Sie lösen wollen, und nicht mit der Frage, ob Sie eine Werbeagentur brauchen oder welche Art von Anwalt Sie einstellen sollten. Sie haben nicht die Zeit, um schon bei den einfachsten Dingen Mist zu bauen oder sich erst noch die Grundlagenkenntnisse anzueignen.

Geld verbrennt schnell. Wenn Sie nicht zuversichtlich sind, rasch voranzukommen, müssen Sie ständig abbremsen, um Hunderte Leute wegen Tausender Fragen zu konsultieren. »Was ist das Beste? Was ist das Neueste?«, wird es in Ihrem Kopf pausenlos schallen. Vor lauter Wegen, die Sie einschlagen könnten, verlieren Sie leicht aus den Augen, wohin Sie eigentlich wollen.

Das heißt natürlich nicht, dass Sie sich mit niemandem beraten sollten. Allein ist es unmöglich zu schaffen.

Sie brauchen einen Mentor oder einen Coach.

Sie brauchen ein wunderbares Gründungsteam.

Und Sie brauchen wahrscheinlich einen Mitgründer.

Ein Unternehmen zu gründen, ist unfassbar stressig und erfordert ein schon nicht mehr feierliches Maß an Arbeit und Opfern. Sie brauchen einen Partner, der einen Ausgleich schaffen kann – den Sie nachts um zwei anrufen können, weil Sie wissen, dass er noch wach ist und genau wie Sie an Ihrem Start-up arbeitet. Und den Sie anrufen können, wenn Sie deprimiert sind und Unterstützung brauchen. Das wird eine einsame, schmerzliche und zehrende Tortur, und nur indem Sie die Last mit jemanden teilen, können Sie verhindern, dass Sie unter ihr zusammenbrechen.

Doch seien Sie vorsichtig: Selbst wenn Sie einen Mitgründer haben, kann es nur einen CEO geben. Und wenn Sie zu viele Mitgründer hinzunehmen, ist der Ärger vorprogrammiert. Zwei funktionieren gut. Drei funktionieren manchmal. Dass es mit mehr als drei Gründern funktioniert, habe ich noch nie erlebt.

Ich erinnere mich an die Arbeit mit einem Start-up, das vier Gründer hatte. Jede Entscheidung wurde durch Konsens getroffen, mit der Folge, dass jede Entscheidung ewig dauerte. Sie hatten nie zuvor ein Unternehmen gegründet und so diskutierten sie selbst über die einfachsten Fragen ohne Ende – Einstellungen, Produktänderungen, von wem man Geld nehmen sollte und wie die Vereinbarung aussehen sollte. Wenn sie sich nicht einigen konnten, drucksten sie herum, versuchten nett zu sein, versuchten vernünftig zu sein, relativierten ihre Meinungen, bis das Unternehmen hinter die Konkurrenz zurückfiel, ihnen das Geld ausging und der Vorstand sich einschalten, einige Gründer herausnehmen und das gesamte Team neu aufstellen musste.

Die Last zu teilen, ist das eine; sie komplett abzuladen, ist etwas anderes. Wenn Sie ein Team führen wollen, müssen Sie auch wissen, wie das geht.

Wenn Sie die Augen schließen, sollten Sie Ihnen bereits genau vorschweben, wer Ihre ersten Mitarbeiter sein werden. Sie sollten, ohne auch nur eine Sekunde nachzudenken, eine Liste mit fünf Namen erstellen können. Ohne eine solche Namensliste brauchen Sie gar nicht erst anzufangen.

Die Liste allein reicht jedoch nicht. Sie müssen die Leute auch wirklich einstellen. Wenigstens ein paar von ihnen. Und sie dazu zu bringen, dass sie sich mit Haut und Haar der Sache verschreiben, ist etwas ganz anderes, als ihnen ein freundliches »Ja, das ist cool! Ich würde gern mit dir zusammenarbeiten« zu entlocken. Wenn Sie sie nicht dazu kriegen, auf der gestrichelten Linie zu unterschreiben, müssen Sie sich die ganze Sache vielleicht noch einmal durch den Kopf gehen lassen.

Denn am Anfang haben Sie noch keine Personalabteilung, die Ihnen dabei hilft, ein Spitzenteam zu finden und einzustellen. Sie haben nicht einmal einen Recruiter. Bei den ersten fünfundzwanzig Beschäftigen oder so hängt alles an Ihnen und Ihrem Mitgründer – Ihrer Vision, Ihrem Netzwerk, Ihrer Fähigkeit, Menschen davon zu überzeugen, dass Sie wissen, was Sie tun. Sie können sich auf Ihre Mentoren und den Vorstand stützen (und hoffentlich auf Ihre erste Investoren). Sie können jene daran arbeiten lassen, Ihren Ruf zu stärken, aber letztlich verkaufen Sie sich selbst und Ihre Erfolgsvision.

Sie brauchen eine Story, auf die die Leute anspringen. [Siehe auch Kapitel 3.2: Storytelling.] Leute, die Sie respektieren. Leute, die Ihnen helfen, etwas Großartiges zu schaffen. Ihr Team ist Ihr Unternehmen. Und Ihre ersten Einstellungen sind entscheidend – helfen sie Ihnen doch dabei zu errichten, was einmal Ihr Geschäft und Ihre Kultur sein wird.

Sämtliche Mitglieder Ihres Gründungsteams sollten Referenzen haben und sich in dem, was sie tun, verdammt gut auskennen (betrachten Sie gescheiterte Start-ups in ihrer Vergangenheit als Bonus – denn das bedeutet, dass sie wissen, was sie nicht erneut falsch machen dürfen), aber sie sollten auch die richtige Einstellung mitbringen. Von 0 auf 1 zu kommen, ist ein gigantischer Kraftakt, der jedem eine Menge abverlangt – besonders, wenn man bedenkt, dass er sich möglicherweise nicht auszahlt. Sie brauchen also Mitarbeiter, die darauf brennen, den gemeinsamen Sprung mit Ihnen zu wagen, entweder weil sie die Idee genauso toll finden wie Sie oder weil sie einfach jung oder ehrgeizig sind oder weil sie bereits einen gewissen finanziellen Erfolg hatten und sich eine Zeit lang keine Sorgen wegen ihrer Mietzahlungen zu machen brauchen.

Titel, Bezahlung und Boni sollten niemals Ihr Hauptmotiv sein, aber das heißt nicht, dass Sie knauserig sein sollen. Lassen Sie angemessene Vernunft walten, und gestalten Sie die Gehälter so, dass sie zu den Personen passen, die Sie einstellen. Einigen ist Bares lieber als Firmenanteile und das sollte immer eine Option sein. Doch die meisten in Ihrem Team sollten großzügige Anteilspakete bekommen – auch sie sind Eigentümer der Idee, also sollten sie auch Eigentümer des Unternehmens sein. Sie wollen schließlich, dass jeder einzelne Ihrer Mitstreiter ein berechtigtes Interesse an Ihrem Erfolg hat, damit er im Fall von Schwierigkeiten – die nicht ausbleiben werden – bei Ihnen bleibt.

In dieser allerersten Zeit brauchen Sie Leute, die vor allem wegen der Mission dabei sind. Halten Sie Ausschau nach Leidenschaft, Begeisterung und innerer Einstellung. Und halten Sie Ausschau nach einem Nährboden

Nährböden sind Personen, die so gut und so beliebt sind, dass sie beinahe im Alleingang große Teile Ihrer Organisation aufbauen können. Für gewöhnlich sind das erfahrene Führungskräfte, entweder Leiter großer Teams oder Supermitarbeiter, auf die jeder hört. Sind sie erst einmal dabei, ziehen sie eine Flutwelle weiterer fantastischer Leute hinter sich her.

So haben wir auch bei Nest unser Kernteam geschaffen. Wir suchten uns die Besten der Besten, und sie entwickelten ihre eigene Anziehungskraft – und holten immer weitere Talente dazu.

Ich weiß noch, wie ich mich in diesen Anfangstagen mit meinem Mentor, dem draufgängerischen, burschikosen, weisen Bill Campbell, im Büro umschaute. Wir standen da und grinsten bloß.

Ich lernte Bill kennen, als er Vorstandsmitglied bei Apple war. Als ich Hilfe bei der Gründung von Nest benötigte, nahm ich wieder Kontakt zu ihm auf. Ich weiß noch, wie er mir direkt in die Augen schaute, um jede kleinste Regung wahrzunehmen, und fragte: »Bist du coachingfähig?« Was so viel hieß wie: »Wirst du zuhören? Bist du bereit zu lernen?« Das war die einzige Qualifikation, die man brauchte, um von Bill gecoacht zu werden – die Fähigkeit zuzugeben, dass man nicht alles wusste. Dass man schiefliegen konnte. Und dass man bereit war, aus den eigenen Irrtümern zu lernen, sich Rat zu holen und danach zu handeln.

Mit Technik hatte Bill überhaupt nichts am Hut. Er war niemals Programmierer gewesen, kannte sich aber mit Menschen aus. Er wusste, wie man mit ihnen arbeitet und das Beste aus ihnen herausholt. Er konnte mir sagen, wie man ein Vorstandstreffen leitet. Er konnte mir sagen, was ich tun sollte, wenn mein Team sich festgefahren hatte. Und Probleme konnte er stets schon aus einer Meile Entfernung herankommen sehen. Wenn er merkte, dass ich dabei war, einen falschen Weg einzuschlagen, steckte er sich den Finger in den Mund, machte ein ploppendes Geräusch und sagte: »Weißt du, was das ist? Das ist das Geräusch, wenn du den Kopf aus dem Arsch ziehst.«

So jemanden brauchen Sie, wenn Sie ein Unternehmen oder ein großes neues Projekt starten möchten: einen Coach. Einen Mentor. Eine Quelle der Weisheit und der Unterstützung. Jemanden, der ein schwelendes Problem erkennt und Sie davor warnt, ehe es offen zutage tritt. Und jemanden, der Sie ruhig darauf hinweist, dass es Ihnen gerade dunkel vor den Augen ist, weil Ihr Kopf im eigenen Arsch steckt, und der Ihnen ein paar Tipps gibt, wie Sie ihn da schnell wieder herausbekommen.

Sie können ohne Mitgründer über die Runden kommen. Eine Zeit lang können Sie ohne Team überleben. Aber Sie schaffen es nicht ohne einen Mentor.

Suchen Sie sich mindestens eine Person, der Sie uneingeschränkt vertrauen und die an Sie glaubt. Keinen Verhaltenscoach oder Management-Consultant, keine Agentur, sondern jemanden, der viele Fallstudien gelesen hat und bereit ist, seine Zeit nach Stunden abzurechnen. Und nicht Ihre Eltern – sie lieben Sie zu sehr, um unparteiisch zu sein. Suchen Sie sich einen einsatzbereiten, klugen, hilfreichen Mentor, der so etwas schon mal gemacht hat, der Sie mag und der bereit ist, Ihnen unter die Arme zu greifen.

Sie werden sich auf ihn stützen müssen, wenn Sie ein Unternehmen gründen. Oder auch, wenn Sie innerhalb eines großen Unternehmens ein Projekt beginnen.

Glauben Sie nur nicht, Letzteres wäre einfacher – dass Sie die Schwierigkeiten eines Start-ups umgehen könnten, indem Sie Ihr Projekt unter einem fremden Dach starten. Große Firmen sind keine Abkürzung. Ihre geräumigen, attraktiven Büros sind gefüllt mit den Skeletten innovativer kleiner Projekte, die gestorben sind, weil sie von Anfang an zum Scheitern verurteilt waren.

Sie sollten nur dann ein »Start-up« innerhalb eines großen Unternehmens gründen, wenn dieses Ihnen etwas Einzigartiges bieten kann – eine

Technologie oder Ressourcen, auf die Sie andernorts keinen Zugriff hätten. Und Sie müssen sicherstellen, dass die Anreize, die Organisationsstruktur und die Rückendeckung des Managements stimmen, damit Sie sich berechtigte Hoffnungen auf einen Erfolg machen können.

Denken Sie daran: Sie werden die sprichwörtliche Mücke am Hintern des Elefanten sein, die mit anderen, erheblich größeren Umsatzquellen konkurriert und sich einen Platz an der Tafel zu verdienen versucht. Selbst wenn Sie bei einem Millardenunternehmen mit schier unbegrenzten Ressourcen arbeiten, können Sie nicht davon ausgehen, dass Ihnen diese Ressourcen ohne Kampf zufließen werden. Und Sie können nicht davon ausgehen, dass die Leute im Unternehmen bereit sein werden, für Ihr Projekt ein Risiko eingehen –sich Ihrem Team anschließen und einem anderen, etablierteren und angeseheneren Geschäftsbereich den Rücken zukehren –, ohne dass sie dafür eine echte Belohnung erhalten. Das gilt auch, wenn Sie außerhalb des Hauses nach Leuten suchen. Wenn Sie versuchen, jemanden für Ihr kleines neues Projekt bei einer großen Firma anstelle eines eigenständigen Start-ups zu gewinnen, brauchen Sie eine wirklich gute Erklärung, warum das funktionieren kann und den Versuch wert ist. Die Abwägung von Risiko und Ertrag muss ein schlüssiges Ergebnis liefern.

Einer der Gründe, warum es uns gelang, ein herausragendes Team für die Entwicklung des iPod zusammenzustellen, war die Tatsache, dass unsere Mitarbeiter relativ große Aktienanteile und Boni erhielten, die sie bei Apple anderswo nicht bekommen hätten. Ein weiterer wichtiger Grund war, dass Steve Jobs absolut hinter uns stand. Diese beiden Faktoren ermöglichten es uns, tolle Leute zu rekrutieren – obwohl wir ihnen nicht sagen konnten, woran sie arbeiten würden, bis sie sich verpflichtet hatten – und die internen Antikörper zu überleben. Steve gab unserem kleinen Team einen unfairen Vorteil – er gab uns Rückendeckung und warf Bomben ab, wenn irgendjemand sich mit uns anlegen wollte. Es gab Zeiten, da versuchten die internen Antikörper bei Apple, uns aus der Organisation zu drängen – ständig hörten wir: »Wir haben andere Prioritäten, wir helfen euch, wenn wir Zeit haben.« Oder: »Warum machen wir dieses Projekt überhaupt – das gehört doch gar nicht zu unserem Kerngeschäft.« Aber solange unser Team vernünftige (oder unvernünftige, aber wichtige) Anfragen stellte, bekamen die Teams, die gegen uns mauerten, einen Anruf von Steve. »Wenn die um etwas bitten, dann gebt ihr es ihnen, Himmel noch mal! Das ist sehr wichtig für die Firma!«

Niemand wollte so einen Anruf bekommen. Sie lernten, sich nicht vor einen fahrenden Zug zu werfen.

Wenn Sie also keinen CEO haben, der sich für Sie einsetzt, wenn Sie keine Sondervergütungen anzubieten haben, mit denen Sie ein großartiges Team anlocken können, wenn Sie nicht die Ressourcen eines Großkonzerns, dafür aber alle Nebenkosten haben, dann versuchen Sie nicht, Ihr Projekt innerhalb eines anderen Unternehmens anzusiedeln.

Ihre beste Option ist wohl, es auf die eigenständige Tour zu versuchen. Lassen Sie Ihre Idee entweder sterben, oder gründen Sie ein richtiges Start-up.

Viele Start-ups werden von Entrepreneuren gegründet, die gerade von großen Unternehmen weggegangen sind. Sie haben einen Bedarf diagnostiziert, ihn ihren Chefs vorgestellt, wurden abgewimmelt und probieren es nunmehr auf eigene Faust. Das habe ich auch bei Pierre Omidyar von General Magic erlebt. In seiner Freizeit schrieb er ein Programm, mit dem man Sammlerobjekte ver- und ersteigern konnte. Als es Form anzunehmen begann, fragte er bei General Magic nach, ob Interesse bestehe. »Nein danke«, lautete die Antwort, »was für eine lächerliche Idee!« Also ließ er sich von General Magic eine Erklärung unterschreiben, dass man keine Rechte an seiner Arbeit anmelden würde, kündigte und gründete sein eigenes kleines Start-up namens eBay.

Es gab viele Gründe für Pierres Erfolg – perfektes Timing, eine tolle Idee, den Willen, es durchzuziehen, die Fähigkeit, es umzusetzen, die erforderliche Führungsqualifikation. Er hatte zudem einen großen Vorteil, an den viele nicht denken: Er kam aus einem Start-up. Er wusste, wie es funktionierte, und kannte viele Beispiele dafür, was man tun muss und was nicht.

Viel zu oft habe ich Menschen erlebt, die aus der Unternehmenswelt kamen, beschlossen, eine Firma zu gründen, und völlig unvorbereitet darauf waren, was dazu alles nötig ist. Wenn Sie niemals zuvor in einem kleinen Team gearbeitet haben, das bei Null anfing, passiert es leicht, dass Sie zu zappeln beginnen wie ein Fisch an Land. Sie geben zu schnell zu viel Geld aus. Stellen zu viele Leute ein. Lassen sich nicht genug Zeit, zeigen keine

Start-up-Mentalität, können keine schwierigen Entscheidungen treffen, werden vom Streben nach Einigkeit erdrückt. Am Ende machen Sie mittelmäßige Produkte oder gar nichts.

Lassen Sie es nicht dazu kommen. Wenn Sie ein Unternehmen gründen wollen – wenn Sie überhaupt etwas in Gang setzen, etwas Neues schaffen wollen –, müssen Sie bereit sein, nach Größe zu streben. Und Größe kommt nicht von nichts. Sie müssen sich vorbereiten. Sie müssen wissen, wo Sie hinwollen, und sich erinnern, woher Sie kommen. Sie müssen schwere Entscheidungen treffen und das missionsgetriebene »Arschloch« sein. [Siehe auch Kapitel 2.3: Arschlöcher: Missionsgetriebene »Arschlöcher«.]

Also tun Sie Ihre Arbeit. Seien Sie sich darüber im Klaren, auf was Sie sich da einlassen. Vertrauen Sie auf Ihr Bauchgefühl. Und wenn die Zeit gekommen ist, sind Sie startklar.

Kapitel

4.3

GELDHEIRAT

Immer, wenn Sie sich Kapital beschaffen, stellen Sie sich das am besten wie eine Ehe vor: eine langfristige Verpflichtung zwischen zwei Individuen auf der Grundlage von Vertrauen, gegenseitigem Respekt und gemeinsamen Zielen. Selbst wenn Sie Geld von einer riesengroßen Risikokapitalgesellschaft (RKG) nehmen, geht letztlich alles um die Beziehung, die Sie mit einem einzelnen Partner bei dieser Firma eingehen, und um die Übereinstimmung Ihrer Erwartungen.

Wie im Fall der Ehe können Sie sich nicht einfach dem Erstbesten an den Hals werfen, der ein bisschen Interesse zeigt. Sie müssen sich Zeit nehmen, um jemanden zu finden, der mit Ihnen kompatibel ist – der keine Spielchen spielt oder zu viel Druck ausübt –, und schauen, ob es der richtige Moment ist, um sich zu binden. Sie sollten nicht heiraten, wenn Ihr Unternehmen noch so jung ist, dass Sie gar nicht wissen, wer Sie eigentlich sind oder was Sie werden wollen, oder weil alle Ihre Freunde es auch tun, oder weil Sie Angst haben, dass Sie niemanden mehr finden werden, wenn Sie sich jetzt nicht festlegen.

Sie müssen auch Ihren Partner und seine Prioritäten kennen. Eine RKG beispielsweise ist den eigenen beschränkt haftenden Gesellschaftern gegenüber in der Pflicht (das sind Großinvestoren oder Körperschaften wie Banken oder die Lehrergewerkschaft oder sehr wohlhabende Familien), die dieses Risikokapital (RK) stellen – sie kann Sie also zum Verkauf oder zum Börsengang drängen, ehe Sie eigentlich dazu bereit sind, um den Geldgebern Wert vorweisen zu können. Und ein Unternehmen mit einer RK-Abteilung wie Intel oder Samsung könnte seine Investition in Ihr Unternehmen nutzen, um auf Ihre Kosten einen besseren Geschäftsabschluss für sich selbst zu erzielen. Selbst wenn Ihre Kapitalgeber nur Ihr Bestes wollen – selbst wenn Ihre Mutter

Ihr Angel Investor ist –, heißt das noch lange nicht, dass der Geldsegen frei von Risiken und Fallstricken ist.

* *

Risikokapital existiert, um Transaktionen zu erleichtern – Sie brauchen Geld, man gibt Ihnen Geld. Doch der Grund, warum es funktioniert, sind Beziehungen – der gegenseitige Austausch zwischen Ihnen und einem Kapitalgeber während des Pitchingprozesses, die Art und Weise, wie ein Kapitalgeber Ihnen bei der Auswahl Ihrer Führungsmitarbeiter hilft oder nach dem Abschluss Ihren Vorstand führt, die Beziehungen, die er Ihnen für die nächste Runde vermittelt. Das Geld sucht sich hier nicht von allein seinen Weg. Risikokapital wird von Menschen verwaltet.

Und für alle erfolgreichen menschlichen Beziehungen gelten dieselben Regeln: Ehe Sie sich kopfüber in eine große, lebensverändernde Verpflichtung stürzen, sollten Sie einander kennenlernen. Einander vertrauen. Einander verstehen.

Das heißt, Sie müssen bereit sein, sich gründlich durchleuchten, sich untersuchen zu lassen und – sehr wahrscheinlich – für mangelhaft gehalten zu werden. Vielleicht hören Sie ein Dutzend Mal »nein«, ehe Sie »den Einen« finden. Das ist wie eine besonders brutale Form von Dating – aber statt dem anderen einen Drink auszugeben, betteln Sie ihn um Geld an. Das ist kein Spaß.

Noch etwas: Sie werden niemals zu hören bekommen: »Es liegt nicht an dir, es liegt an mir.« Es liegt immer an Ihnen. Es sind Ihr Unternehmen, Ihre Ideen, Ihre Persönlichkeit, die bewertet werden.

Es ist schwer, sich derart zu exponieren, es ist schwer, sich zu öffnen. Und das gilt sogar dann, wenn alle verrückt geworden sind – selbst ein mehr schlecht als recht zusammengeschusterter Pitch genügt, um eine Finanzierung zu bekommen.

So wie es 1999 war. Oder wie es gerade jetzt im Jahr 2022 ist.

Die Investmentwelt ist zyklisch. Das Finanzierungsklima pendelt immer hin und her zwischen gründerfreundlich und investorenfreundlich. Es ist wie bei Immobilien – manchmal haben wir einen Käufermarkt, manchmal einen Verkäufermarkt. Bei gründerfreundlichem Klima strömt so viel Geld an den Markt, dass die Investoren praktisch alles finanzieren, weil sie kein Geschäft verpassen wollen. Bei einem investorenfreundlichen Klima ist weitaus weniger Kapital im Umlauf, die Investoren sind wählerischer, und die Gründer finden schlechtere Bedingungen vor.

Und dann gibt es manchmal dieses verrückte Klima, wenn es scheint, als regne das Geld nur so vom Himmel, als wären alle Regeln über Bord geworfen und als würde das gar kein Ende mehr nehmen.

Doch das wird es. Genau wie es 2000 ein Ende nahm. Es gibt immer eine Rückkehr zur Normalität. Und selbst in verrückten Zeiten ist es nicht leicht. Sie müssen trotzdem noch dafür arbeiten. Es kommt immer noch auf die Details an. Selbst wenn es leicht aussieht, ist es das nicht. Es gibt nur unterschiedliche Schwierigkeitsgrade – von verdammt schwer bis fast unmöglich.

Ehe Sie also diesen Prozess in Gang setzen, müssen Sie sich zuerst selbst kennen und sicher sein, um was Sie bitten. Denn Sie bekommen bei Ihrer ersten Runde keine zweite Chance. Sie müssen die Sache ernst nehmen. Sie müssen sich vorbereiten. Und Sie müssen wissen, worauf Sie sich einlassen.

Die erste Frage, die Sie sich stellen sollten, ist zugleich die elementarste: Braucht Ihr Business derzeit überhaupt externes Geld? Bei vielen Start-ups in der allerersten Entstehungsphase lautet die Antwort erstaunlich häufig »nein«. Wenn Sie noch recherchieren, Dinge ausprobieren, sicherstellen, dass Ihre Idee das Laufen lernt, müssen Sie nicht sofort in die Finanzierung hineinspringen. Lassen Sie sich Zeit. Gewöhnen Sie sich an die verzögerte Intuition.

Wenn Sie glauben, startklar zu sein, um Geld anzunehmen, lautet die nächste Frage: Wofür genau planen Sie dieses Geld einzusetzen? Müssen Sie einen Prototyp entwickeln? Ein Team zusammenstellen? Eine Idee erforschen? Ein Patent anmelden? Bei den örtlichen Behörden eine Eingabe machen? Eine Partnerschaft voranbringen? Eine Werbekampagne auf die Beine stellen? Was ist der notwendige Minimalbetrag, um Ihre momentanen Bedürfnisse zu erfüllen, und wie viel brauchen Sie später, wenn diese Bedürfnisse sich verändern?

Haben Sie das erst einmal verstanden, können Sie überlegen, ob Sie ein Geschäft haben, in das Investoren investieren wollen würden. Es ist nicht gesichert, dass Ihr Unternehmen für Risikokapital geeignet ist. Die meisten

RKGs sind erstaunlich risikoscheu – sie investieren nicht in Start-ups, die nicht beweisen können, dass sie bereits klar auf dem Wachstumspfad sind. RKGs sind durch das Internetzeitalter darin geschult, Zahlen zu erwarten, ehe sie investieren: Wachstumsquoten, Registrierungsquoten, Klickquoten, Abmeldequoten, Durchlaufquoten, Quoten jedweder Art. Jede RKG hat ihrerseits »Chefs« – jene LPs, Personen und Organisationen, von der sie ihr Geld bekommt. Sie muss zeigen, dass sie kluge und profitable Investitionen in die richtigen Führungsteams tätigt.

Viele große RKGs gehen, wenn sie denn zu einer Investition bereit sind, davon aus, dass Sie sofort eine enorme Finanzspritze brauchen, um zügig hohe Renditen abwerfen zu können. Solche Erwartungen und Zeitvorstellungen ergeben für viele Start-ups keinen Sinn.

Gehen Sie also nicht davon aus, dass Sie sofort auf die Jagd nach Markennamen gehen müssen. Sie haben viele Optionen – riesige RKGs, die in Hunderte Unternehmen investieren und Hunderte Millionen US-Dollar vergeben, kleinere Nischen- oder regionale RKGs, die in eine Handvoll Unternehmen investieren, Angel Investors, die einen kleinen Beitrag zu Ihrem Start leisten und Sie für größere RKGs im weiteren Verlauf bereit machen können, und Unternehmen mit Investitionsabteilungen, die Ihr Produkt verwenden oder ein gutes Geschäft machen wollen. Alle diese Optionen gibt es in den gesamten Vereinigten Staaten und überall auf der Welt, nicht nur im Silicon Valley. Geld gibt es mittlerweile überall.

Doch ganz gleich, welche Kapitalquelle Sie wählen, letztlich kommt alles auf die Individuen an, mit denen Sie arbeiten. Selbst wenn Sie ein Meeting mit der größten Firma in Palo Alto bekommen, begegnen Sie dabei nicht der gesamten Firma. Sie müssen eine Person im Raum beeindrucken und eine Beziehung zu ihr aufbauen, und das ist der Partner. Er oder sie entscheidet über die Bedingungen Ihrer Vereinbarung und wer in Ihrem Vorstand sitzen wird. Das ist die Person, die Sie heiraten.

Ich habe mal mit einem Entrepreneur zusammengearbeitet, der bei einer großen, bekannten RKG pitchte. Nach einem tollen Meeting sagte der VC, sie würden einsteigen – sie würden gleich einen Vertragsentwurf schicken. Eine Woche verging, dann eine weitere. Dann begann der leitende Partner, Spielchen zu spielen, und versuchte, den Wert zu drücken. Er ignorierte den

Entrepreneur eine Woche lang, nur um ihn dann mit weiteren Fragen zu bombardieren. Und so ging das immer weiter – vier, fünf, sechs Wochen lang.

Inzwischen begann der Jungunternehmer, Gespräche mit anderen RKGs zu führen. Und eine davon schickte ihm gleich am nächsten Tag einen Vertragsentwurf.

Der Entrepreneur musste eine schwere Entscheidung treffen. Sollte er darauf warten, dass der größte Player wieder auf ihn zukam, oder sich für einen weniger bekannten, aber viel engagierteren Investor entscheiden? Wer würde der bessere Partner sein? Wer wäre auf lange Sicht hilfreicher?

Also rief der Entrepreneur die RKG mit dem großen Namen an und teilte seinem Partner dort die Neuigkeit mit: Er hatte bei einer anderen Firma unterschrieben. Jener war stinksauer – und brüllte Sachen, wie man sie von den Bösewichtern in Achtziger-Jahre-Filmen kennt: »Verdammte Scheiße! So gehen Sie nicht mit mir um!« Er knallte den Hörer auf die Gabel und ließ nie mehr von sich hören. Und das meine ich ganz wörtlich – dieser Partner spricht bis heute nicht mit dem Entrepreneur. Er tut so, als sei er Luft. Bei Partys geht er ihm aus dem Weg.

Doch es war deutlich besser, auf der Hassliste des Partners zu stehen, als sein Geld zu nehmen und das Arschloch dann ständig am Hals des Start-ups zu haben. Der Jungunternehmer hatte ein Unglück abgewendet. Die ganze Hinhalterei war eine Taktik gewesen, um das Selbstvertrauen des Entrepreneurs zu erschüttern und ihn zur Annahme schlechterer Bedingungen zu nötigen. Und als dieses alberne Spiel nach hinten losging, verwandelte sich einer der bekanntesten Namen im Valley in ein bockiges Kind. Mit so jemandem möchte man nicht ins Bett gehen, geschweige denn ihn heiraten.

Denken Sie daran: Sobald Sie Geld von einem Investor angenommen haben, sind Sie an ihn gebunden. Und das Machtgleichgewicht verlagert sich. Eine RKG kann einen Gründer rausschmeißen, aber der Gründer kann nicht die RKG rausschmeißen. Man kann sich nicht mit Verweis auf unüberwindliche Gegensätze von ihr scheiden lassen.

Und wenn es schlecht läuft, landen Sie womöglich in einer entfremdeten Ehe – Sie sind gesetzlich immer noch aneinander gebunden, reden aber nicht mehr miteinander. Wenn eine RKG Ihr Unternehmen abschreibt, heißt das im Wesentlichen, dass sie Sie ignoriert. Ihnen nicht hilft. Sie nicht mit anderen RKGs in Kontakt bringt. Sich nicht bei Partnern für Sie einsetzt. Sie steht einfach am Rand und guckt zu, wie Ihr Unternehmen bankrott geht.

Sie sollten also immer sehr genau darauf achten, wie eine RKG dann mit Ihnen umgeht, wenn sie ihr bestmögliches Verhalten zeigen sollte – wenn der Prozess vorankommt und es aussieht, als könnten Sie zu einer Einigung kommen. Wenn sie jetzt bereits mit Ihnen zu spielen anfängt, sollten in Ihrem Kopf die Alarmglocken läuten. Es gibt noch ein paar weitere Warnsignale:

- RKGs, die Ihnen alles nur Vorstellbare versprechen, damit Sie unterschreiben, und dann nichts davon einlösen. Oft wiederholen sie sich immer wieder und erzählen Ihnen, wie viel persönliche Aufmerksamkeit Sie erhalten werden, wie viel Hilfe, wie viel dies oder das. Sprechen Sie unbedingt mit anderen Start-ups, die mit derselben RKG zusammengearbeitet haben, um in Erfahrung zu bringen, was sie tatsächlich bietet, solange sie nicht im Verkaufsmodus ist.
- RKGs, die einen Zeitplan erzwingen – Ihnen einen Vertrag vorlegen und erwarten, dass Sie ihn jetzt gleich vor Ort unterschreiben – und Sie damit in Panik versetzen. Einmal reichte mir ein Kapitalgeber einen Vertrag, als ich das Meeting verließ, und drängte mich, ihn sofort zu unterschreiben. Ich fragte ihn, ob das hier ein Gebrauchtwagenhandel sei, und erklärte ihm, ich würde erst unterschreiben, nachdem ich die Bedingungen gelesen hätte.
- Gierige RKGs, die nur dann investieren, wenn sie einen unverhältnismäßig großen Anteil Ihres Unternehmens dafür bekommen. Typischerweise braucht eine RKG zwischen 18 und 22 Prozent, damit ihr Modell funktioniert – seien Sie vorsichtig, wenn sie mehr verlangt. Und glauben Sie nicht, dass dies die einzige Option ist – wenn Ihr Bauchgefühl Ihnen sagt, dass Sie lieber weitersuchen sollten, dann suchen Sie weiter.
- Manche RKGs umwerben sehr unerfahrene Start-ups in der Absicht, sie herumzukommandieren und ihnen zu sagen, was sie zu tun und lassen haben, statt den Gründer und CEO das Unternehmen führen zu lassen. Mentorschaft und Rat sind das eine; Anweisungen, die es blind zu befolgen gilt, etwas ganz anderes.

- Manchmal sieht ein potenzieller Investor etwas Interessantes in Ihrer Firma – womöglich haben Sie kein Geld von den richtigen RKGs bekommen, oder Sie sind finanziell klamm, oder Sie haben einen unglaublichen Durchbruchserfolg. Also bieten sie Ihnen einen wirklich verlockenden Deal an, doch unter Bedingungen, die zulasten der anderen Investoren gehen, die Sie überhaupt erst dahin gebracht haben, wo Sie heute stehen. Wir erleben immer wieder, wie große und kleine RKGs sich durch unfaires Spiel einen Vorteil zu verschaffen versuchen – sie werten vorherige Investoren übermäßig ab oder platzieren Bedingungen in Ihrem Vertrag, die neue abschrecken. Und wenn es dann nach ein paar Jahren nicht so gut läuft, haben sie keine Bedenken, auch Sie in die Pfanne zu hauen. Seien Sie also vorsichtig, wenn die Vertragsbedingungen nicht dem Standard entsprechen oder zu gut scheinen, um wahr zu sein – manchmal mag es so scheinen, als würde Ihnen nur ein kleines Zugeständnis abverlangt, doch wenn Sie dabei kein gutes Gefühl haben, kann es sein, dass die RKG bei IHnen einen Fuß in die Tür bekommen will, um fortan alle übrigen auflaufen zu lassen und früher oder später die Kontrolle über Ihr Unternehmen zu gewinnen.

Es macht zwar vielen Gründern Sorgen, ist aber im Allgemeinen kein Warnsignal, wenn eine RKG früher schon einmal CEOs oder Gründer rausgeschmissen hat. Machen Sie Ihre Recherchen – sehen Sie sich die Erfolgsbilanz der RKG an. Es gibt ein paar bekannte Firmen, die so auf das Unternehmen fokussiert sind, dass sie Gründer über die Klinge springen lassen, ohne ihnen eine zweite Chance zu geben, aber die meisten RKGs sind eher zurückhaltend damit, Gründer kaltzustellen. Manchmal zu zurückhaltend. Und wenn sie es doch gelegentlich tun, haben sie meist gute Gründe dafür.

Auf jeden Fall ist es schwierig, ein Pauschalurteil über eine Firma zu fällen. Meist geht es um Individuen. Genau wie bei allem anderen auch.

Wenn Sie also bei einem Investor pitchen, sollten Sie darauf achten, dass Sie die richtige Person ansprechen. Sprechen Sie mit Gründern, die in der Vergangenheit mit der RKG gesprochen haben – die mit ihr gemeinsam schwierige Zeiten durchgestanden haben –, und finden Sie heraus, welcher

Partner einsatzbereit und hilfreich und klug ist und welcher sich nur für das Geld interessiert.

Versuchen Sie, eine warme Empfehlung zu bekommen – entweder von einem anderen Gründer oder von Ihrem Mentor oder vom Freund eines Freundes. Selbst wenn es nur eine Verbindung über drei Ecken ist, ist das besser als nichts. Am schwersten ist es, ein Meeting mit einer RKG zu bekommen, wenn man sie einfach auf gut Glück kontaktiert. Und ehe Sie den Kontakt aufnehmen, sollten Sie versuchen, ein bisschen Presseaufmerksamkeit und gute PR zu bekommen, damit es etwas zu sehen gibt, wenn die RKG Sie in den Blick nimmt.

Denken Sie immer daran, dass Investoren mit Pitches überhäuft werden. Besonders die großen RKGs, aber auch die kleineren. Sie müssen irgendwie ganz nach vorne gelangen und ihre Aufmerksamkeit gewinnen.

Am besten geht das mit einer überzeugenden Story. Und indem Sie Ihr Publikum kennen. Selbst im Silicon Valley sind die meisten RKGs nicht technikzentriert. Fokussieren Sie sich also nicht auf die Technologie, sondern auf das »Warum«. [Siehe auch Kapitel 3.2: Storytelling.]

Es ist nicht einfach, alles, was Sie zu sagen haben, in fünfzehn Folien zu packen – es in ein fließendes Narrativ zu verpacken, es emotional und rational überzeugend zu gestalten, es so allgemein zu halten, dass man leicht die wichtigen Punkte erfasst, aber nicht so allgemein, dass es wirkt, als hätten Sie sich nicht mit den Details beschäftigt. Es ist eine Kunst.

Und wie jede Kunst erfordert auch diese Übung. Am Anfang werden Sie es wahrscheinlich nicht hinkriegen. Pitching ist schwer. Sie müssen die Präsentation fortwährend optimieren, verändern, verbessern und überarbeiten.

Daher sollten Sie Ihren ersten Pitch nicht vor der Spitzen-RKG in Ihrem Bereich halten. RKGs reden miteinander. Wenn eine Sie also verwirft, tun das möglicherweise auch die anderen in dieser Klasse. Pitchen Sie, wenn möglich, zuerst vor einer »freundlichen« RKG – einer, die Ihnen Feedback gibt und beim Besserwerden hilft und Sie dann hoffentlich ein zweites Mal empfängt.

Denken Sie daran, dass Sie bei diesem ersten Meeting nicht auf Hochglanz poliert daherkommen müssen. Sie können sagen: »Ich würde Ihnen gerne einen ersten Eindruck davon verschaffen. Vielleicht interessiert es Sie.

Ich wäre an Ihren Kommentaren dazu interessiert.« Lassen Sie sich Feedback geben und lernen Sie daraus. Sie müssen nicht jeden Rat und jede Kritik annehmen, aber Sie sollten die Gründe dahinter erkennen und entsprechende Anpassungen vornehmen.

Haben Sie erst einmal die einzelnen Bestandteile verstanden, können Sie besser planen und vorankommen. Sie können die Story auf die Person zuschneiden, die Ihnen gegenübersitzt. So fühlen Sie sich von Mal zu Mal besser vorbereitet.

Vergessen Sie nur nicht den anderen Faktor, der sich von hinten heranschleichen und Ihnen auf die Füße fallen kann: die Zeit.

Es wird länger dauern, als Sie denken, das Kapital zu bekommen. Rechnen Sie mit einem Prozess von drei bis fünf Monaten. Vielleicht geht es schneller – besonders in einem gründerfreundlichen Umfeld –, aber darauf würde ich nicht wetten. Allzu viele Unternehmen warten, bis ihnen das Geld ausgeht, fallen dann in ein Luftloch und sind beinahe bankrott, ehe sie verzweifelt nach jeder Finanzspritze greifen, die sie bekommen können. Beginnen Sie mit dem Pitching-Prozess, solange Sie eigentlich noch kein Geld brauchen. Sie sollten in einer starken Position sein, um zu vermeiden, dass Sie unter Druck nachgeben und schlechte Entscheidungen treffen. Achten Sie auch auf die Ferien- und Feiertage – August, chinesisches Neujahrsfest, Thanksgiving bis Neujahr. Manche Leute vergessen, dass auch Kapitalgeber Urlaub machen.

Hier noch einige Tipps, die Sie im Kopf behalten sollten, wenn Sie den Prozess durchlaufen:

- Spielen Sie keine Spielchen. So wie Sie nicht wollen, dass der Investor mit Ihnen spielt, wird auch er das Interesse an Ihnen verlieren, wenn Sie ihm gegenüber nicht ehrlich sind.
- Hören Sie sich das Feedback der Leute zu Ihrem Pitch und Ihrem Plan an, nehmen Sie Änderungen daran vor, wenn es sinnvoll erscheint, aber halten Sie an Ihrer Vision und Ihrem »Warum« fest, und stellen Sie sich nicht aufgrund der Launen jedes Investors, mit dem Sie sprechen, ganz neu auf.
- Sagen Sie dem Investor offen, wie viel Geld Sie brauchen und wie genau Sie es ausgeben wollen. Ihre Aufgabe ist es, für den Investor Wert

zu schöpfen und sicherzustellen, dass Sie die wichtigen Meilensteine zur Steigerung Ihres Unternehmensbewertung erreichen. So brauchen Sie beim nächsten Mal, wenn Sie Geld brauchen, gegenüber vorhandenen Investoren, Beschäftigten und sich selbst keine Kompromisse einzugehen.

- Entrepreneure glauben, ihre Unternehmensbewertung sollte ständig steigen, selbst wenn sie die selbstgesetzten Meilensteine nicht erreichen. Einem Investor aber geht es stets ums Geschäft – solange Sie nicht liefern, so steigt auch Ihre Unternehmensbewertung nicht, und Ihre eigene Aktienposition gerät ins Wanken. Sie müssen vielleicht auch mehr Zugeständnisse machen, weil Sie den Beschäftigten weitere Aktien geben müssen, um sie während der schwierigen Zeiten halten zu können.
- Gehen Sie nicht davon aus, dass Sie eine Bewertung wie andere Firmen ringsumher bekommen. Jedes Investment steht für sich.
- Ein Investor sieht es nicht gern, wenn Gründer oder Führungskräfte »voll ausgelastet« sind – er will eine Gewähr dafür, dass Sie einiges zu verlieren haben. Möglicherweise müssen Sie einige der Anteile umschichten, die Sie bereits haben, um Ihre Verbindlichkeit gegenüber neuen Investoren unter Beweis zu stellen.
- Denken Sie daran, dass Ihr Investor Referenzen haben wollen – er will im Rahmen des Due-Diligence-Prozesses mit Ihren Kunden sprechen. Legen Sie also einen Datenraum mit einer Dateiensammlung an, die ihm dies erleichtert.
- Seien Sie in nachfolgenden Meetings aufrichtig in Bezug auf Ihre Risiken und die Maßnahmen zu ihrer Vermeidung, wen Sie einstellen müssen und welche größeren Herausforderungen bevorstehen.
- Bemühen Sie sich um zwei ähnlich einflussreiche Investoren, die einander ausgleichen können. Alle RKGs kennen einander, alle RKGs reden – und keiner will seine potenziellen Partner verärgern. Wenn also einer Ihrer Investoren Spielchen spielt, kann der andere ihm sagen, er solle damit aufhören. Auf lange Sicht ist Ihr Geschäft für die RKGs vielleicht nicht übermäßig wichtig, aber im Allgemeinen möchte keiner seinen Ruf bei anderen RKGs und besonders bei der LP-Community ruinieren.

Und schließlich sollten Sie noch eines bedenken: Selbst wenn Sie ein unglaublich gutes Meeting haben – alle finden den Pitch toll, Sie finden die Investoren toll, der Raum bebt geradezu vor positiver Energie –, müssen die Leute, mit denen Sie geredet haben, das Investmentkomitee davon überzeugen, Ihnen Geld zu geben.

Bei jeder RKG verläuft dieser Prozess anders. Stellen Sie sich daher immer wieder die Frage: Was ist der nächste Schritt, der uns ein Ja bringt? Was ist der nächste Schritt? Was ist der nächste Schritt?

Es ist wie beim Schach. Sie müssen immer zwei Züge – und zwei Investmentrunden – vorausdenken.

Selbst wenn Sie noch nicht an RKGs interessiert sind. Selbst wenn Sie nur nach einem Angel Investor Ausschau halten.

Das Beste an Angel Investors ist, dass sie keinen LPs verpflichtet sind. Sie glauben einfach an Sie. Sie wollen Ihnen helfen. Und niemand guckt Ihnen über die Schulter, der einen sofortigen Gewinn verlangt.

Angel Investors sind im Allgemeinen viel risikofreudiger und finanzieren Sie eher, als es eine RKG täte. Sie lassen Ihnen mehr Spielraum und Zeit, um Ihr Unternehmen zu entwickeln, ohne allzu viel Druck auszuüben.

Das kann prima sein. Oder die fehlenden Einschränkungen sind wie ein Hammerschlag auf Ihre Knie. [Siehe auch Kapitel 3.5: Herzschlag und Handschellen.] Oder das Schuldgefühl ist ein Hammerschlag auf Ihr Herz.

Als ich zwanzig war, lieh ich mir Geld von meinem Onkel, um ASIC Enterprises zu gründen, mein Start-up, das Prozessoren für den Apple][herstellte. Doch dann stellte Apple den Apple][ein, und ASIC zerfiel, ebenso wie das Geld meines Onkels. Jahrelang fühlte ich mich schrecklich, wirklich hundeelend. Doch mein Onkel war sehr ehrlich zu mir. Er sagte, er habe gewusst, dass er einen Einsatz riskierte, einen Einsatz auf mich, und dass er wahrscheinlich verlieren würde.

Ehen scheitern mit 50-prozentiger, Start-ups mit 80-prozentiger Wahrscheinlichkeit.

Wenn Sie ein Unternehmen gründen, stehen Ihre Chancen nicht gut. Sie müssen also die Angst vor dem Versagen und vor dem Verlust von anderer Leute Geld überwinden. Wenn die Zeit gekommen ist, müssen Sie offen und ehrlich sein; Sie müssen eingestehen, was schiefgegangen ist und wie Sie daraus gelernt haben.

Aber nichts, was Sie sagen, macht es leichter. Das Geld einer RKG ist das eine, das Ihrer Mutter etwas ganz anderes. Wenn Sie Geld von einem Angehörigen und Freund annehmen, müssen Sie genauso schwer, wenn nicht noch schwerer arbeiten, als hätten Sie Kapital von einer RKG angenommen. Und Sie müssen damit rechnen, dass Sie mit leeren Händen zu ihm zurückkehren werden.

Selbst als ich Nest gründete, wollte ich diese Last nicht tragen. Ich lehnte es ab, Geld von Xavier Niel anzunehmen – einem guten Freund und großartigen Entrepreneur und Gründer des französischen Internetproviders Free. Ich war kein Zwanzigjähriger mehr, und Xavier war finanziell ganz anders aufgestellt als mein Onkel. Aber ich wollte nicht, dass Xavier dachte, ich wäre hinter seinem Geld her. Und ich erinnerte mich an dieses Gefühl des Versagens, jemandem, der mir etwas bedeutete, sagen zu müssen, dass sein Geld verloren war. Xavier fragte immer wieder, und ich sagte immer wieder nein.

Schließlich standen wir kurz nach dem Start von Nest gemeinsam auf der Bühne – vor zehntausend Menschen –, und er wandte sich ihnen zu und sagte: »Er wollte mich einfach nicht investieren lassen!« Zu diesem Zeitpunkt lief Nest gut und war nicht mehr annähernd so riskant, deshalb willigte ich endlich ein, sein Geld zu nehmen. Am Ende lief alles hervorragend, aber anfangs hatte ich nicht gewollt, dass etwas unsere Beziehung vergiftete. Nest war schon stressig genug.

Ganz gleich, welchen Weg Sie wählen – ob RKG oder Angel oder strategisch oder aus eigener Kraft –, ein Unternehmen zu gründen ist schwer. Geld zu bekommen ist schwer. Es gibt keine Abkürzungen, keinen leichten Weg, keinen Platz für Zufallstreffer.

Aber wenn Sie es richtig anstellen, wenn Sie die richtigen Leute wählen, werden Ihre Investoren Sie aufrichtig gernhaben und Ihnen durch die schweren Zeiten helfen, auf die sich jedes Start-up gefasst machen muss. Sie werden für Sie da sein in Krankheit und Gesundheit und mit Ihnen eine glückliche Ehe führen. Vielleicht sogar mehrere.

Schließlich brauchen Sie jetzt nur noch ein Geschäft aufzubauen.

Kapitel

4.4

SIE KÖNNEN NUR EINEN KUNDEN HABEN

Ganz gleich, ob Ihr Unternehmen Business-to-Business (B2B) ist oder Business-to-Consumer (B2C) oder Business-to-Business-to-Consumer (B2B2C) oder Consumer-to-Business-to-Consumer (C2B2C) oder sonst irgendein bisher noch nicht erfundenes Akronym, Sie können nur einem Herren dienen. Sie können nur einen Kunden haben. Der Großteil Ihres Fokus und Ihr gesamtes Branding sollte für den Verbraucher oder für das Business sein – nicht beides.

Ihren Kunden zu verstehen – seine Demografie und Psychografie, seine Wünsche und Bedürfnisse und Problempunkte –, ist die Grundlage Ihres Unternehmens. Ihr Produkt, Ihr Team, Ihre Kultur, Ihr Vertrieb, Ihr Marketing, Ihr Kundendienst, Ihre Preisgestaltung – alles ist nach diesem Verständnis geformt.

Beim allergrößten Teil der Geschäfte ist es der Anfang vom Ende, wenn Sie den Hauptkunden aus dem Auge verlieren, für den Sie arbeiten.

* *

Vor den Zeiten von Linux-Servern, als Windows-Server die Landschaft prägten, entschied Apple, es mit B2B zu versuchen. Selbst Server herzustellen. Das Projekt begann, kurz bevor ich dort zu arbeiten anfing. Apple versuchte verzweifelt, den Code zu knacken, um die Computer-Verkaufszahlen zu erhöhen und mehr Entwickler an Land zu ziehen. Firmennutzer mussten alle möglichen Arten von Unternehmenssoftware von Servern nutzen und folglich entwickelte die exemplarische Verbrauchermarke nun einen Server für den Unternehmensbereich.

Es war ein Misserfolg. Nicht, dass die Technologie zu schwierig gewesen wäre – das war sogar der einfachste Teil. B2B war einfach nicht in die Apple-

DNA geschrieben. Sie hatten weder das Marketing noch den Vertrieb, den Kundendienst oder die Entwickler dafür. Und die Chief Information Officers (CIOs) in den Unternehmen waren an die zahllosen Unternehmensdienstleistungen gewohnt, die Microsoft und Windows boten. Die Apple-Hardware war ein winziger Baustein des Puzzles, das diese CIOs brauchten, um Kaufentscheidungen zu treffen. Das Serverteam verbog sich regelrecht, um eine widernatürliche Kombination zu erzwingen – ein Apfelbaum, der eine Orange hervorzubringen versuchte –, bis der iPod durchstartete und das Unternehmen rettete und das Serverprojekt glücklicherweise eingestellt wurde.

Steve Jobs machte deutlich, welche Lektion er daraus gezogen hatte, und sorgte dafür, dass wir alle sie lernten: Jedes Unternehmen, das sowohl B2B als auch B2C machen will, wird scheitern.

Ist Ihr Kunde der Millennial Jim, der Ihre Werbung bei Instagram gesehen und Ihr Produkt seiner Schwester zu Weihnachten gekauft hat? Oder ist es Jane, die CIO bei einem Fortune-500-Unternehmen, die auf eine E-Mail Ihres Vertriebsteams geantwortet und monatelang über Preise und verschiedene Produktfeatures verhandelt hat und jetzt ein Team aus Customer Success Agents braucht, um die fünftausend ihr unterstellten Beschäftigten auszubilden? Sie können nicht beide Personen gleichzeitig im Kopf behalten. Sie können nicht ein einziges Produkt für zwei völlig gegensätzliche Kunden machen – für zwei verschiedene Kundenerlebnisse.

Nicht, wenn Sie Technologie machen. Oder Dienstleistung. Oder einen Laden. Nicht einmal, wenn Sie ein Abendbrot zubereiten.

Es ist eine harte Regel.

Doch jede Regel hat ihre Ausnahmen. Nur weil Sie als B2C anfangen, heißt das noch lange nicht, dass Sie niemals mit Unternehmen arbeiten können. Und eine kleine Zahl sehr spezieller Firmen kann sich tatsächlich in der Mitte durchreißen und kommt damit prima zurecht: Reiseunternehmen wie Hotels oder Fluggesellschaften, Einzelhändler wie Costco und Home Depot (ihre große Innovation bestand darin, ein bestehendes B2B-Produkt für B2C zu öffnen). Finanzprodukte und Banken können ebenfalls gleichzeitig B2B und B2C sein, weil manche Haushalte wie kleine Unternehmen funktionieren.

Aber selbst diese Unternehmen haben eine Marke, die komplett B2C ist. Das ist die andere Regel: Wenn Sie beide bedienen, muss Ihr Marketing trotzdem B2C sein. Sie können niemals einen Normalsterblichen davon überzeugen, ein B2B-Produkt zu verwenden, das scheinbar nicht für ihn konzipiert wurde, aber Sie können ein Unternehmen davon überzeugen, Ihr Produkt zu verwenden, wenn Sie sich an die menschlichen Wesen innerhalb dieses Unternehmens wenden.

So gelangte Apple am Ende dennoch stabil in den Unternehmensbereich.

Nach der Einführung des iPhones gaben die CIOs es nur schleppend für die geschäftliche Nutzung frei. Und während CEOs normalerweise alles IT-Bezogene den CIOs überlassen, waren es diesmal die CEOs, die aufbegehrten und einen Wandel forderten. Sie liebten ihre iPhones. Genau wie die Beschäftigten. Und sie wollten sie auch im Büro benutzen.

Es war der Erfolg von Apple bei der Erzeugung eines Produkts für Verbraucher, das zu seinem Erfolg im Unternehmensbereich führte. Die Leute verliebten sich in ihre iPhones und fragten sich dann, warum der Rest ihres Lebens nicht genauso einfach war. Keiner wollte mit den schrottigen Unternehmenstools arbeiten, für deren Anwendung man tage- oder wochenlang geschult werden musste. Sie wollten eine leicht verständliche Benutzeroberfläche, Schnelligkeit und schicke Hardware.

Einer der Hauptanstöße für die Schaffung des Apple Store kam tatsächlich von den Unternehmen. Als die Firmen das iPhone anzunehmen begannen, baten sie Apple, Anwendungen für ihre Mitarbeiter und den Vertrieb zu schaffen. Wenn Apple wollte, dass die Leute ihre Telefone weiterhin für die Arbeit nutzten, mussten sie den Unternehmen die Möglichkeit geben, eigene Apps zu erstellen. Und so wurde der App Store geboren.

Jetzt hat Apple separate Teams, um all seine B2B-Geschäfte abzuwickeln, aber die Produkte sind nie darauf angelegt, B2B-Kunden zu gefallen. Indem Apple sich weiterhin als reines B2C-Unternehmen gerierte, konnte es auch B2B erreichen, ohne seine Prioritäten oder sein Marketing signifikant zu verändern oder sein eigenes Kerngeschäft in Mitleidenschaft zu ziehen.

Sobald Steve die Regeln festgelegt hatte, wurden sie bei Apple streng befolgt. Man wusste jetzt, wie das Spiel geht.

Doch was passiert, wenn die Spielregeln sich ändern? Was, wenn es nicht mehr nur B2B und B2C gibt? Was, wenn es neue Märkte, neue Dienstleistungen, neue Geschäftsmodelle, neue Akronyme gibt?

Eines der Unternehmen, mit denen ich arbeite, ist DICE. Es ist eine Musikentdeckungs- und Ticket-Plattform, und sie ist B2B2C. In der Anfangszeit wurde DICE von seinen drei Kundengruppen in drei verschiedene Richtungen gezerrt: Musikfans (Consumer), Musikveranstalter (Business) und Musiker/Manager (Business). Andererseits verdiente DICE am meisten Geld mit den Veranstaltern, was dafür sprach, ihnen die benötigten Tools zur Verfügung zu stellen. Andererseits wollte er ein tolles Erlebnis für Fans schaffen. Drittens aber wäre nichts davon ohne die Künstler möglich gewesen. Sollten also nicht vielleicht diese im Mittelpunkt stehen?

DICE musste alle drei Kundengruppen anlocken. Alle drei wollten glücklich und erfolgreich gemacht werden. Doch DICE hatte nur ein Team und ein Produkt. Und jedes Mal, wenn Zugeständnisse an die Veranstalter gemacht wurden, ging das auf Kosten des Erlebnisses für die Fans und die Künstler. Wurde versucht, den Künstlern gerecht zu werden, beschwerten sich die Veranstalter.

Mein Rat war einfach: Nichts ist hier anders. Die Regeln gelten unverändert. Ihr müsst euch für einen Kunden entscheiden. Und der Grund, warum ihr dieses Unternehmen gegründet habt, war, die Schwarzmarkthändler auszuschalten und den Fans ein tolles Erlebnis zu bieten. Ihr seid B2B2C, dürft aber beim Navigieren durch euer Akronym nicht eure Mission aus den Augen verlieren. Die Bs sind wichtig, aber ohne das C habt ihr nichts.

Nun lautet die »goldene Regel«: Unser einziger Kunde ist der Fan.

Und DICE sorgt dafür, dass die Veranstalter und Künstler ebenfalls daran glauben. Das Unternehmen erinnern sie kontinuierlich daran, dass alles andere folgt, solange es sich nur den Fans gegenüber anständig verhält. Die Künstler, die Veranstalter, DICE – sie alle haben letztlich einen Meister: die Person, die das Konzertticket kauft. Den Menschen, der einfach eine tolle Show sehen will.

Das ist es, woran man bei B2B2C denken muss – es spielt keine Rolle, wie viele Businesses involviert sind: Letztlich ist es der Endverbraucher, der das Geschäftsmodell trägt.

Doch Unternehmen vergessen das. Ganz häufig passiert das, wenn ein Unternehmen sich von B2C in Richtung B2B2C weiterentwickelt. Meistens beginnen sie ohne ein Geschäftsmodell, ohne eine Methode des Geldverdienens, und viele Kunden nutzen ihr Produkt einfach kostenlos. Aber kostenlos ist niemals wirklich kostenlos. Am Ende erkennen viele dieser Unternehmen, dass es ihre lukrativste Option ist, die Kundendaten ans Big Business zu verkaufen. Das aber bedeutet, sich an B2B-Verkäufe zu koppeln, um die Kundendaten Hunderte oder gar Tausende Male weiterverkaufen zu können. Das ist die Geschichte von Facebook und Twitter und Google und Instagram und vielen, vielen anderen.

Doch diese Geschichte kann böse enden. Wenn Aufmerksamkeit und Fokus vom Kunden weg auf die Unternehmen gelenkt werden, die echtes Geld einbringen, begeben die Firmen sich auf einen sehr dunklen Weg.

Und es sind immer die Kunden, die darunter leiden.

Verlieren Sie also nicht Ihren Fokus. Glauben Sie nicht, dass Sie zwei Herren dienen könnten. Ganz gleich, was Sie schaffen, Sie dürfen niemals vergessen, für wen Sie es schaffen. Sie können nur einen Kunden haben. Entscheiden Sie weise.

Kapitel

4.5

SICH FÜR DIE ARBEIT UMBRINGEN

Es gibt zwei Arten von Work-Life-Balance:

1. **Echte Work-Life-Balance**: ein magischer, geradezu mythischer Zustand, bei dem Sie Zeit für alles haben: Arbeit, Familie, Hobbys, Freunde, Sport, Urlaub. Arbeit ist nur ein Teil Ihres Lebens, der keinen anderen Teil beeinträchtigt. Diese Art der Balance ist unmöglich, wenn Sie ein Unternehmen gründen, ein Team führen, das unter dem Zeitdruck des Wettbewerbs innovative Produkte oder Dienstleistungen zu schaffen versucht, oder sich beruflich einfach in einer entscheidenden Phase befinden.
2. **Persönliche Balance, während Sie arbeiten**: zu wissen, dass die Arbeit oder das Nachdenken über die Arbeit den Großteil Ihrer Zeit in Anspruch nehmen wird, und Raum zu schaffen, um Kopf und Körper eine Pause zu gönnen. Sie müssen, um ein gewisses Maß an persönlicher Balance zu erlangen, Ihre Planung so gestalten, dass Ihnen Zeit bleibt für gesundes Essen (hoffentlich mit Familie und Freunden), Sport oder Meditation, Schlaf und gelegentliches kurzes Nachdenken über anderes als nur die aktuelle Krise im Büro.

Um eine völlig aus dem Gleichgewicht geratene Work-Life-Balance durchzustehen, benötigen Sie eine klare organisatorische Strategie. Sie müssen Prioritäten setzen. Sie müssen sich alles notieren, was es zu bedenken gilt, und einen Plan dafür haben, wann und wie Sie es mit Ihrem Team besprechen wollen. Sonst schwirrt es Ihnen nur endlos im Kopf herum und raubt Ihnen jede noch so kleine Chance, einmal eine Minute lang Ihre Schultern zu entspannen.

* *

Mein Rat lautet: Machen Sie nicht Urlaub wie Steve Jobs.

Steve nahm sich im Allgemeinen zweimal jährlich zwei Wochen frei. Wir fürchteten diese Zeit bei Apple immer. Die ersten achtundvierzig Stunden waren ruhig. Danach setzte ein unablässiger Sturm von Anrufen ein.

Er saß nicht in Meetings fest, musste sich nicht um den alltäglichen Kram kümmern und war also frei. Frei, von Apples Zukunft zu träumen, zu jeder Tages- und Nachtzeit. Frei, uns anzurufen und nach unserer Meinung zu jeder verrückten Idee zu fragen, die ihm in den Sinn kam – wie wäre es mit Videobrillen, um Filme auf dem Video-iPod zu gucken? Ja? Nein? Er wollte, dass wir ihm sofort unseren Standpunkt mitteilten oder rasch Antworten fanden, damit er seine Gedanken fortspinnen konnte.

Im Urlaub arbeitete er mehr als im Büro.

Ein so verrückter Dauerfokus hört sich an wie eine dieser Apple-Legenden. Etwas, das nur ein verrücktes Genie tun würde. Aber das ist es nicht, ehrlich.

Steve trieb es auf die Spitze, aber dass jemand die Arbeit nicht aus seinen Gedanken verbannen kann, ist keine Seltenheit. Ich wage sogar zu behaupten, dass es den meisten so ergeht – besonders, wenn viel auf dem Spiel steht. Das trifft nicht nur auf CEOs und andere Führungskräfte zu – jeder hat stressige Zeiten. Es gibt einfach zu viel zu tun und Sie wissen, dass noch mehr hereinkommt, also denken Sie über die Arbeit nach, selbst wenn Sie gerade nicht damit beschäftigt sind.

Und manchmal ist das auch in Ordnung. Wirklich. Manchmal ist es Ihre einzige Option. Es ist jedoch ein himmelweiter Unterschied, ob Sie sich das Gehirn zermartern und bis spät nachts über eine berufliche Krise grübeln oder ob Sie sich erlauben, auf unstrukturierte, kreative Weise über die Arbeit nachzudenken. Im letzteren Fall geben Sie Ihrem Gehirn die Freiheit, nicht immer wieder dieselben Probleme mit denselben abgenutzten Werkzeugen abzuklopfen. Vielmehr lassen Sie Ihren Gedanken freien Lauf, neue Lösungswege zu entdecken.

Manchmal habe ich gedacht, dass Steve genau deshalb Urlaub genommen hat – nicht, um sich zu erholen, nicht, um Apple einmal nicht sehen zu müssen, sondern um sich langen Phasen des Nachdenkens hingeben zu können, während er mit seiner Familie zusammen war. Statt sich zu bemühen, echte Balance zu finden oder anderen zu erlauben, sie zu finden, lief Steve auf Hochtouren. Er rückte Apple in einem Maße in den Mittelpunkt, dass alles andere in seinem Leben mit Ausnahme seiner Familie an den Rand gedrängt wurde.

Die meisten Menschen haben schon einmal diesen totalen Zusammenbruch der Work-Life-Balance erlebt, wenn der Druck in entscheidenden Momenten wirklich groß ist. Doch Steve lebte so. Und wenn Sie nicht Steve Jobs sind – wenn Sie fortwährend über die Arbeit nachdenken müssen, ohne es zu wollen –, dann brauchen Sie ein System.

Sie müssen eine Möglichkeit finden, bei Verstand zu bleiben – mit dem brodelnden Morast aus Aufgaben und Meetings und Plänen und Fragen und Problemen und Fortschritten und Ängsten zurechtzukommen. Und Sie müssen Ihren Plan so gestalten, dass Ihr Körper und Ihr Gehirn nicht ausbrennen oder sich bis zur Unkenntlichkeit aufblähen. Das sage ich als jemand, der das bereits erlebt hat – bei General Magic bin ich physisch und mental zusammengebrochen. Der Mensch kann nicht allein von Stress und Cola light leben.

Doch General Magic war eine Sache – das war zu Beginn meines Berufslebens, als ich in eine Explosion geriet, die jedoch nicht ich verursacht hatte. Apple war da etwas ganz anderes. Es ist schwer, den Druck meiner ersten Jahre dort zu beschreiben. Besonders ganz zu Anfang, als ich mein Start-up leitete und gleichzeitig für Apple Vertragsarbeit leistete, als ich versuchte, dies irgendwie so hinzukriegen, dass ich mein Fuse-Team retten konnte. Der Stress wurde sogar noch größer, als ich in Vollzeit am iPod zu arbeiten begann.

Anfangs lief der iPod bei Apple so nebenbei. Im Lauf der Monate und Jahre nahm seine Bedeutung zu, bis er so wichtig war wie der Mac, manchmal sogar noch wichtiger. Das Unternehmen hielt die Luft an, während es gespannt zusah, ob wir erfolgreich sein würden. Wir mussten nicht nur dieses komplett neue Ding entwickeln, sondern das auch noch unglaublich schnell, genau an Steve Jobs' Vorgaben orientiert und so schön und angenehm, dass es alle daran erinnerte, was Apple sein konnte, und dann musste es noch ein gewaltiger wirtschaftlicher Erfolg werden.

Nachdem ich von Steve grünes Licht erhalten hatte, betrat ich im April 2001 das Gebäude im Bewusstsein, dass wir den iPod bis zu den nächsten Weihnachtsferien gestaltet und entwickelt haben mussten – in sieben Monaten. Und nicht weil Steve eine verrückte Frist festgelegt hatte. Das war ich gewesen. Steve ging davon aus, dass es zwölf bis sechzehn Monate dauern würde. Ebenso wie alle anderen.

Niemand glaubte, dass wir es rechtzeitig hinbekommen würden, um Weihnachten herum die Kunden damit zu beglücken. Ich aber hatte gerade vier Jahre Philips hinter mir, wo über 90 Prozent aller Projekte vorzeitig eingestellt wurden. Erreichten Sie dort Ihre Meilensteine nicht schnell genug oder stieß das Projekt auf Schwierigkeiten, die es aufhielten, stieg Ihnen die Konzernführung aufs Dach, bereit, das Geschäft vor einem von Ihnen verursachten Scheitern zu bewahren oder es Ihnen schlicht wegzunehmen. [Siehe auch Kapitel 2.3: Arschlöcher.] Ich wusste nicht, ob es bei Apple genauso laufen würde oder nicht, aber ich wollte es nicht riskieren.

So, wie ich auch nicht riskieren wollte, dass Sony zu Weihnachten einen Music Player herausbrachte und uns damit in den Schatten stellte oder dass ich mich in der internen Apple-Politik verhedderte. Wir waren ein klitzekleines Team, das dem unter enormem finanziellem Erfolgsdruck stehendem Kerngeschäft Ressourcen absaugte. Anderen Gruppen gefiel das gar nicht. Sie mochten uns nicht. Ich konnte spüren, wie sie uns mit gezückten Dolchen beobachteten.

Wir mussten uns also beweisen. Wir arbeiteten unermüdlich. Meine Aufgabe war es, das Team, das den iPod von Grund auf neu entwickeln sollte, überhaupt erst aufzubauen und anschließend zu führen. Ich war eng in die tägliche Design- und Programmierungsarbeit eingebunden, musste aber auch mit den Erwartungen des Managements umgehen. Ich musste mit Vertrieb und Marketing zusammenarbeiten, um zu gewährleisten, dass sie die Fehler von Philips nicht wiederholten. Ich musste nach Taiwan fahren, um die Produktion zu überwachen. Ich musste dafür sorgen, dass mein Team mit dem Stress klarkam. Ich musste täglich mit Steve und anderen Führungskräften diskutieren. Ich musste versuchen, hin und wieder auch ein paar Stunden Schlaf zu kriegen.

Es war unmöglich, alles im Kopf zu behalten. Immerzu suchten uns neue Krisen heim, stellten sich neue Sorge ein und nahmen den Platz dessen ein, was mir bis vor einer Sekunde Kopfschmerzen bereitet hatte. Es gab einfach zu viele winzige bewegliche Teile, zu viele Zahnräder, die notwendig waren, um weitere Zahnräder zu bewegen, die notwendig waren, um weitere Zahnräder zu bewegen, eine halbfertige Uhr, deren Kuckucksrufe mir ständig in den Ohren lagen.

Ich musste mich beruhigen. Ich musste Raum finden. Ich musste Prioritäten setzen.

Alle hielten mich für verrückt – viele tun das noch heute –, aber ich machte Folgendes: Ich hatte ein paar Bögen Papier, die ich überallhin mitnahm. Darauf standen alle vor uns liegenden wichtigen Meilensteine für jede der Disziplinen – Technik, Personal, Finanzen, Recht, Marketing, Produktionsstätten und so weiter – und alles, was wir tun mussten, um diese Meilensteine zu erreichen.

Jede Top-Level-Frage, die ich hatte, stand auf diesen Blättern. Wenn ich also in einem Meeting saß oder mit jemandem redete, konnte ich kurz nachschauen: Was sind meine wichtigsten Themen? Welches Problem haben unsere Kunden? Welches Hindernis versperrt dem Team dieser Person aktuell den Weg? Was sind die nächsten größeren Meilensteine? Welche Terminzusagen haben unsere Teams gemacht?

Und dann war da noch der beste Teil – die Ideen. Immer wenn jemand eine tolle Idee hatte, die wir vorerst zurückstellen mussten – eine Verbesserung des Produkts oder der Organisation –, schrieb ich sie auf. Gleich neben der Liste der wöchentlichen Aufgaben und Erledigungen stand also eine Bibliothek all der Dinge, mit denen zu beginnen wir kaum erwarten konnten. Ich las mir die Punkte regelmäßig durch und überprüfte, ob sie noch aktuell waren. Das bewahrte mir die Inspiration und die Freude und den Fokus auf die Zukunft. Und es war super für das Team. Sie merkten, dass ich ihren Ideen Beachtung schenkte und dafür sorgte, dass wir sie im Sinn behielten.

Die einzige Möglichkeit, wie ich das alles festhalten konnte – die guten Ideen, Prioritäten, Hindernisse, die Fristen, zu denen meine Leute etwas zu liefern versprochen hatten, und die wichtigsten bevorstehenden internen

Herzschläge und externen Impulse –, war, dass ich mir bei jedem Meeting Notizen machte. Handschriftlich. Nicht mit dem Computer. [Siehe auch Abbildung 3.5.1 in Kapitel 3.5.]

Von Hand zu schreiben, war wichtig für mich. Ich starrte dabei nicht auf einen Bildschirm, wo ich nur von E-Mails abgelenkt worden wäre. Ein Computer oder ein Smartphone zwischen mir und meinen Leuten hätte mich zu stark abgelenkt und sämtlichen Anwesenden im Meeting signalisiert: Was ich mir auf meinem Bildschirm ansehe, ist wichtiger als ihr.

Selbst Protokollnotizen am Computer zu machen, wäre nicht gegangen. Wenn ich tippe dann tippe ich. Mir ist dann häufig kaum bewusst, was ich da tippe. Aber dazu stand hier für mich viel zu viel auf dem Spiel. Ich musste meinen Leuten mit ungeteilter Aufmerksamkeit zuhören. Jedes Wort zählte.

Die Nutzung eines Stiftes und das anschließende Abtippen und Überarbeiten zwangen mich, die Informationen anders zu verarbeiten.

Jeden Sonntagabend ging ich meine handschriftlichen Notizen durch, bewertete und ordnete alle meine Aufgaben neu, sammelte die besten Ideen und aktualisierte dann die Computerfassung meiner Notizen, um mir eine neue Vorlage für die Woche auszudrucken. Durch das fortwährende Neuordnen konnte ich mich herauszoomen und erkennen, was kombiniert oder entfernt werden konnte. Es ließ mich aber auch erkennen, wann wir uns schlicht zu viel vorgenommen hatten.

An solchen Abenden wurde mir klar, warum wir so überfordert waren – wir hatten zu allzu vielem »ja« gesagt und mussten anfangen, »nein« zu sagen. Und dann kam die harte Arbeit des Entscheidens, was delegiert, was aufgeschoben und was von der Liste gestrichen werden musste. Ich war gezwungen, Prioritäten aufgrund dessen zu setzen, was wirklich zählte, nicht was meine Gedanken dominierte. Dadurch behielt ich die größeren Ziele und vor uns liegenden Meilensteine im Blick, nicht nur die Brände zu unseren Füßen oder irgendein Feature, das uns an diesem Tag am meisten begeistert hatte.

Sonntagnachts mailte ich dann die ganze Liste meinem Führungsteam. Jeder Punkt war mit einem Namen versehen. Jeder konnte zuoberst auf der Liste sehen, worauf ich mich diese Woche konzentrieren würde, wofür er zuständig war und wie die nächsten Meilensteine aussahen.

Und jeden Montag hatten wir dazu eine Besprechung.

Alle hassten sie. Ich konnte sehen, wie die Leute zusammenzuckten, wenn ich die Papiere hervorholte und nach dem Punkt suchte, um dessen Erledigung ich schon seit Wochen bat. Nach etwas, das zu vergessen ich mich weigerte, stand es doch noch immer auf der Liste. Am 3. Juni hast du gesagt, es wäre Ende des Monats fertig. Jetzt ist Juli – wie ist der Stand?

Das war kein Mikromanagement. Ich erwartete von meinen Leuten, dass sie ihre Zusagen einhielten. Ich behielt alles gleichzeitig im Kopf. Ich klammerte mich an das Leben inmitten einer Sturzflut von Dingen, an die ich denken musste.

Anfangs genügte eine Seite. Nach und nach aber wurden daraus acht, zehn Seiten. Es war arbeitsintensiv. Geheimnisvoll. Unendlich. Aber es funktionierte. Und mein Team fing allmählich an, es zu schätzen. Es garantierte mir (relative) Ruhe. Es half mir, mich zu konzentrieren. Und niemand musste sich fragen, wo ich denn mit meinen Gedanken sei. Alle wussten jederzeit, was mir wichtig war – sie bekamen meine Prioritäten allwöchentlich schriftlich, in aktueller Fassung.

Viele von ihnen haben die Praxis von mir übernommen, und wer für sie arbeitete, hat sie wiederum von ihnen übernommen. Alle fürchteten die Liste, die wöchentliche E-Mail, die Besprechung – bis auch sie zu viel im Kopf hatten. Bis sie eine Methode brauchten, damit umzugehen.

Ich behaupte nicht, dass das für jeden funktioniert. Keineswegs. Jeder muss sein eigenes System finden. Aber man muss seine Aufgaben priorisieren, seine Gedanken ordnen und sortieren und ein überschaubares Schema für das Team finden, um Einblick in diese Gedanken zu erhalten.

Und dann muss man eine Pause machen.

Eine echte Pause. Gehen Sie spazieren, oder lesen Sie ein Buch, oder spielen Sie mit Ihrem Kind, oder heben Sie Gewichte, oder hören Sie Musik, oder legen Sie sich einfach auf den Boden und starren Sie die Decke an. Was immer Ihnen hilft, Ihre Gedanken nicht unablässig um die Arbeit kreisen zu lassen. Sobald Sie eine Methode haben, Ihre Aufgaben zu priorisieren, müssen Sie Ihr körperliches und seelisches Wohlbefinden priorisieren. Und mir ist klar, dass das leichter gesagt als getan ist. Ihr Start-up oder das von

Ihnen geleitete Projekt ist Ihr Baby. Und Babys fallen Treppen herunter oder verschlucken Verlängerungskabel. Sie verlangen ständige Aufmerksamkeit.

So kann Arbeit sich anfühlen. Und selbst im Urlaub, so Sie denn Urlaub nehmen – zu Beginn eines großen Projekts werden Sie lange Zeit keinen Urlaub nehmen –, kommt es Ihnen so vor, als würden Sie Ihr Kind zum ersten Mal in der Obhut eines Babysitters zurücklassen. Sie sind sich ziemlich sicher, dass alles gut gehen wird, aber, na ja, sicherheitshalber vergewissern Sie sich noch einmal. Und eine Stunde später noch einmal. Und vielleicht noch einmal auf dem Heimweg. Haben Sie dem Babysitter eigentlich gesagt, dass das Baby niest, wenn es müde wird? Lieber noch einmal anrufen.

Früher oder später fassen Sie dann Vertrauen zum Babysitter. Sie wissen, dass Ihr Team auch ohne Sie klarkommt. Nachdem wir mehrere Generationen des iPods erfolgreich über die Bühne gebracht hatten, gönnte ich mir einen richtigen Urlaub.

Zu gerne würde ich Ihnen erzählen, ich wäre nicht wie Steve Jobs gewesen – hätte mich auf meine Familie und meine privaten Vergnügungen konzentriert und mir Zeit zum Ausspannen genommen. Aber das tat ich nicht. Auch ich dachte fortwährend über die Zukunft des Unternehmens nach – wenn auch anders und weniger fokussiert, als ich es tagtäglich im Büro tat. Ich grübelte.

Ich rief bloß niemanden an oder schrieb keine E-Mails deswegen. Wir nahmen nur Kontakt auf, wenn ein echter Notfall vorlag.

Wann immer ich ging, übergab ich das Ruder einem anderen Mitarbeiter. Das ist jetzt dein Problem, Kumpel! Es war eine Zeit, in der das Team sich beweisen und lernen konnte, das zu tun, was ich tat. Urlaub ist eine gute Methode, wie Sie Ihre Mitarbeiter auf zukünftige Aufgaben vorbereiten und sehen können, wer in den folgenden Jahren in Ihre Fußstapfen treten könnte. Jeder glaubt, er könnte Ihren Job besser machen – bis er es dann tatsächlich tun und liefern muss. Selbst wenn Sie einen äußerst stressigen Job haben, müssen Sie also Urlaub nehmen. Das ist wichtig für Ihr Team.

Und es ist eine prima Gelegenheit für Sie, einmal auszuschlafen. Mir war es lange, lange Zeit praktisch nicht möglich gewesen, an mehreren Tagen in Folge ausreichend Schlaf zu bekommen.

Vor 1992 schlief ich gut, wirklich gut. Bevor internationale E-Mails ein Thema wurden, ganz zu schweigen vom Internet und Twitter. Seither gibt es immer jemanden in irgendeiner Zeitzone, der ausgerechnet nachts um vier mit mir sprechen will.

Sie bekommen keine Pause, es sei denn, Sie zwingen sich, sie sich zu nehmen. Machen Sie also all das, was man vor dem Zubettgehen tun soll: kein Koffein, kein Zucker, das Schlafzimmer kühl und dunkel halten, und legen Sie um alles in der Welt das Telefon nicht neben das Bett. Sie sind süchtig. Das sind wir alle. Also machen Sie es sich also nicht zu leicht – laden Sie Ihr Handy in einem anderen Zimmer auf. Seien Sie kein Alkoholiker mit der Whiskyflasche im Nachttisch (ich wünschte, ich könnte behaupten, ich würde es täglich so machen, aber hey – ich bin auch nur ein Mensch).

Und dann sorgen Sie in Ihrem Zeitplan für Raum zum Atmen. Nur zu leicht eilt man den ganzen Tag von einer Besprechung zur nächsten, ohne die Möglichkeit, zwischendurch etwas zu essen oder aufs Klo zu gehen – ganz zu schweigen von Ruhepausen. Aber die brauchen Sie. Und das meine ich wörtlich: Ohne Ruhepause überleben Sie das nicht. Sie brechen zusammen. Wir alle haben schon Eltern mit Neugeborenen am Rande des totalen Zusammenbruchs erlebt (oder waren selbst welche) – so kann es sich anfühlen. Zu Ihren Aufgaben gehört es, bei der Arbeit nicht völlig durchzudrehen und diese Überforderung womöglich an Ihrem Team auszulassen.

Es gibt einen Grund dafür, dass Steve Jobs, wie Sie vielleicht schon gehört haben, zwischen und sogar während der Meetings stets herumspazierte. Es ließ ihn nachdenken, kreativ bleiben, über etwas nachgrübeln, aber es zwang ihn auch, sich einfach Zeit zu nehmen, um ... spazieren zu gehen. Eine Pause von den Besprechungen zu machen, und wenn es nur ein paar Minuten waren.

Schauen Sie also in Ihren Kalender. Entwerfen Sie ihn. Gestalten Sie ihn.

Bringen Sie die nächsten drei bis sechs Monate zu Papier.

Schreiben Sie auf, wie ein typischer Tag aussieht.

Und eine typische Woche oder zwei Wochen.

Setzen Sie das für die nächsten sechs Monate fort.

Und dann für die nächsten sechs.

Nun beginnen Sie, Ihren Tages-, Wochen-, Monatsplan neu zu gestalten, indem Sie Zeiten einfügen, in denen Sie sich wie ein Mensch fühlen können. Es können zehn Minuten nach dem Abendessen sein, in denen Sie einen interessanten Medienartikel lesen, oder eine Woche unter Palmen in sechs Monaten. Aber Sie müssen Ihren Zeitplan bewusst gestalten, indem Sie diese Pausen einfügen, und dann hart bleiben, wenn andere darüber hinwegzuplanen versuchen.

Was machen Sie also alle paar Tage oder alle ein bis zwei Wochen?

Alle acht bis zwölf Wochen?

Alle sechs bis zwölf Monate?

Auf lange Sicht müssen Sie Urlaubszeiten planen. Kurzfristig empfehle ich Folgendes:

- Zwei- bis dreimal pro Woche: Blocken Sie Abschnitte Ihres Arbeitstages, um Zeit zum Nachdenken und Reflektieren zu haben. Meditieren Sie. Lesen Sie das Neuste über irgendein Thema, an dem Sie nicht arbeiten. Egal was. Es darf Ihre Arbeit auch berühren, sollte aber nicht die tatsächliche Arbeit sein. Geben Sie Ihrem Gehirn eine Sekunde, um sich auf den neuesten Stand zu bringen. Lernen Sie, bleiben Sie neugierig, reagieren Sie nicht nur auf die niemals endende Flut von Bränden, die Sie löschen, und Meetings, an denen Sie teilnehmen müssen.
- Vier- bis sechsmal pro Woche: Sport. Stehen Sie auf. Fahren Sie Rad, gehen Sie laufen, heben Sie Gewichte, machen Sie Crosstraining oder gehen Sie einfach spazieren. Bei Philips habe ich mit Yoga angefangen und praktiziere es noch heute – mehr als fünfundzwanzig Jahre später. Es hilft mir ungeheuer. Sie müssen alles um sich herum zur Ruhe bringen und sich ganz darauf konzentrieren, die Yogaübungen richtig auszuführen. Sie bekommen ein Bewusstsein für Ihren Körper, sodass Sie sofort wissen, wann Sie am Ende sind. Suchen Sie sich etwas von dieser Art – etwas, das Sie merken lässt, wenn Sie körperlich oder emotional kurz vor dem Zusammenbruch stehen und gerade noch eine Chance haben, es geradezubiegen, ehe es zu schlimm wird.

- Ernähren Sie sich gut: Sie sind ein Extremsportler, aber Ihr Sport ist die Arbeit. Also brauchen Sie Energie. Essen Sie nicht zu viel und nicht zu spät am Abend, reduzieren Sie Ihren Konsum von raffiniertem Zucker, Zigaretten und Alkohol. Versuchen Sie einfach zu vermeiden, dass Sie sich körperlich fühlen wie ein Sack Müll.

Und wenn das alles sich in der Theorie toll anhört, aber in der Praxis vollkommen unmöglich ist, weil Sie kaum mit Ihren E-Mails hinterherkommen, von Zeit für das Fitnessstudio oder dem Blocken ganzer Monate Ihres Lebens ganz zu schweigen, müssen Sie Ihrer To-do-Liste vielleicht noch etwas hinzufügen: einen Assistenten.

Wenn Sie sich auf einer vergleichsweise hohen Ebene (Abteilungsleiter oder höher) bei einem vergleichsweise großen Unternehmen befinden und ein vergleichsweise großes Team führen, sollten Sie einen Assistenten in Betracht ziehen. Sind Sie CEO eines Unternehmens, führt kein Weg darum herum.

Viele junge Führungskräfte fühlen sich unwohl dabei, einen Assistenten einzustellen. Bei mir war es auch so. Es fühlte sich an wie ein Eingeständnis von Schwäche, wie das sichere Merkmal eines arroganten Vorgesetzten, der die Bodenhaftung verloren hat. Und Sie wollen niemanden übervorteilen – einen Assistenten zwingen, den »Kleinkram« zu erledigen, der eigentlich Ihre Sache wäre. Und überhaupt, Sie können keinen Assistenten einstellen, ehe Sie einen technischen Leiter gefunden oder jene offene Stelle im Vertrieb besetzt haben – Sie haben Besseres zu tun.

Doch auch als Führungskraft haben Sie eine Aufgabe. Und wenn Sie einen Großteil dieser Tätigkeit damit zubringen, Meetings zu planen und E-Mails durchzugehen oder – schlimmer noch – das gar nicht schaffen, dann gibt es ein Problem. Jeder hat schon einmal so eine Führungskraft erlebt oder war selbst eine. Das ist die Person, die hinterherhinkt und E-Mails zwei Wochen lang aus Versehen nicht beantwortet, die dann drei Meetings hintereinander anberaumt und zu keinem davon erscheint. Sie ist von der Planung ihrer Arbeit in einem Maße überfordert, dass sie am Ende nichts erledigt. Sie lässt sich und ihr Team in einem schlechten Licht erscheinen. Sie lässt Ihr Unternehmen in einem schlechten Licht erscheinen.

Werden Sie nicht diese Person.

Wenn Sie sich Sorgen um die Außenwirkung machen, erklären Sie den Assistenten einfach zu einer kollektiven Ressource. Ein fähiger Assistent kann drei, vier oder sogar fünf Personen zuarbeiten. Er kann auch eine Ressource für das gesamte Team sein – ihre Reisen planen oder ihre Spesenabrechnungen erstellen oder irgendein Sonderprojekt ausführen. Er kann jedem helfen.

Aber denken Sie daran: Kein noch so perfekter Assistent kann aus dem Stand Ihre Gedanken lesen. Was Sie brauchen, ist jemand, der nicht über Sie oder das Unternehmen tratscht, aber freundlich zu jedem im Team ist, damit er Ihnen besorgniserregenden Klatsch zutragen kann. Sie brauchen jemanden, der schnell lernt, dem man Dinge nur einmal sagen muss und der im Lauf der Zeit Ihre Bedürfnisse voraussehen und Probleme beheben kann, noch ehe sie Ihren Schreibtisch erreichen. Es kann drei bis sechs Monate dauern, bis er herausgefunden hat, wie er am hilfreichsten sein kann, aber dann fühlt es sich wirklich so an, als hätten Sie eine neue Superkraft. Als hätten Sie ein Körperglied hinzugewonnen oder als hätte Ihr Tag sechs Stunden hinzugewonnen.

Diese Person ist nicht bloß ein Angestellter – oder eine Angestellte. Sie ist eine Partnerin. Also ahmen Sie nicht das blöde Filmklischee nach, indem Sie sie wie eine Lakaiin behandeln. Meine unglaubliche, alles erledigende, kluge und freundliche Assistentin Vicky arbeitete einmal für jemanden, der eines Tages fand, dass er unbedingt und dringend eine Bio-Cantaloupe-Melone brauchte, obwohl er sich am Arsch der Welt befand, und sie auf eine mehrstündige Jagd schickte, um eine zu besorgen. So sollten Sie eine kostbare Zeitmaschine, die Tage und Wochen Ihres Lebens freischaufelt, nicht behandeln.

Manchmal reicht allerdings nicht einmal eine wunderbare Assistentin. Manchmal werden der Druck und der Stress und die endlosen Listen und die endlosen Meetings einfach zu viel. Wenn das passiert, suchen Sie um Himmels willen das Weite. Gehen Sie spazieren.

Manchmal, wenn ich wusste, dass alles nur schlimmer werden konnte, verließ ich das Büro, verschob meine Besprechungen und sagte mir selbst: »Heute ist so ein Tag – mache es nicht schlimmer, als es ohnehin schon ist.«

Es gibt Momente, in denen Sie einfach nicht wie ein Mensch funktionieren können, geschweige denn wie eine Führungskraft, und diese Momente müssen Sie erkennen und weggehen. Treffen Sie keine schlechte Entscheidung, nur weil Sie frustriert und überarbeitet sind – lüften Sie Ihre Kopf und kommen Sie am nächsten Tag frisch und erholt zurück.

Das ist alles nichts Revolutionäres. Sie kennen es wahrscheinlich schon aus der Grundschule: Erstellen Sie eine Liste mit Ihren Aufgaben, atmen Sie tief durch, gönnen Sie sich eine kurze Auszeit, wenn Sie wütend sind, essen Sie Gemüse, machen Sie Sport, schlafen Sie. Aber dann kommen die Momente, in denen Sie es vergessen. Wir alle vergessen es. Greifen Sie sich also Ihren Kalender und erstellen Sie einen Plan. Sie werden eine Zeit lang ununterbrochen arbeiten. Das ist okay. Es ist ja nicht für immer. Aber Sie haben wahrscheinlich schon zu lange mit demselben Hämmerchen auf Ihren Problemen herumgeklopft – es ist Zeit, dass Ihr Gehirn sich eine Brechstange sucht. Oder einen Bulldozer. Geben Sie Ihrem Verstand Zeit zum Atmen.

Legen Sie dann vor dem Schlafengehen Ihr Handy weg. Und machen Sie vielleicht etwas Yoga.

Kapitel

4.6

KRISE

Irgendwann geraten Sie in eine Krise. Das tut jeder. Wenn nicht, machen Sie nichts Wichtiges oder gehen nicht an Ihre Grenzen. Wenn Sie etwas Disruptives und Neues schaffen, werden Sie früher oder später in eine veritable Katastrophe stolpern.

Es kann eine externe Krise sein, auf die Sie keinen Einfluss haben, oder ein interner Schlamassel, oder einfach so ein wachsendes Problem, wie es jedes Unternehmen trifft. [Siehe auch Kapitel 5.2: Umbrüche.] Wie dem auch immer sei: Wenn der Augenblick kommt, haben Sie hier das grundlegende Drehbuch:

1. Legen Sie den Fokus auf die Lösung des Problems und nicht auf die Klärung der Schuldfrage. Das kommt später und lenkt anfangs viel zu sehr ab.
2. Als Führungskraft müssen Sie in die Details gehen. Keine Angst vor Mikromanagement – in der akuten Phase der Krise ist es Ihre Aufgabe, den Leuten zu sagen, was sie tun sollen und wie sie es tun sollen. Lassen Sie sie die Zügel jedoch rasch wieder los, nachdem sich alle beruhigt und ihre Arbeit wieder aufgenommen haben. Lassen Sie Ihre Leute arbeiten, ohne ihnen ständig über die Schulter zu schauen.
3. Holen Sie sich Rat. Bei Mentoren, Investoren, Ihrem Vorstand oder jemandem aus Ihrem Bekanntenkreis, der etwas Ähnliches durchgemacht hat. Versuchen Sie nicht, Ihre Probleme allein zu lösen.
4. Wenn die Leute den ersten Schock überwunden haben, besteht Ihre Aufgabe in der beständigen Kommunikation. Sie müssen reden, reden, reden (mit Ihrem Team, dem restlichen Unternehmen, dem Vor-

stand, den Investoren, möglicherweise auch der Presse und den Kunden) und zuhören, zuhören, zuhören (hören Sie sich an, was Ihr Team aufregt und welche Probleme auftreten, beruhigen Sie panische Mitarbeiter und gestresste PR-Leute). Sorgen Sie sich nicht wegen eines möglichen Zuviels an Kommunikation.

5. Es spielt keine Rolle, ob die Krise durch einen Fehler von Ihnen oder von Ihrem Team oder durch ein zufälliges Unglück ausgelöst wurde: Stehen Sie gegenüber den Kunden für die Krise ein und entschuldigen Sie sich für sie.

* *

Ein Kernfeature des Rauch- und Kohlenmonoxidmelders Nest Protect nannte sich Wave to Hush (»durch Winken zum Schweigen bringen«). Es ging darum, dass man nicht wie verrückt mit Handtüchern oder Besenstielen herumfuchteln musste, um den Alarm des Rauchmelders auszustellen, wenn man bloß den Speck hatte anbrennen lassen – man konnte sich einfach unter ihn stellen und einige Male ruhig mit dem Arm winken.

Wave to Hush funktionierte wunderbar. Die Kunden waren begeistert. Was noch wichtiger war: Nest Protect half den Menschen wirklich. Er löste nicht nur das nervige Problem des Fehlalarms. Wir hörten großartige Geschichten von Familien, die sich vor Bränden und Rauchvergiftungen retten konnten. Wir waren ungeheuer stolz auf dieses Produkt und die Leben und Wohnungen, die es rettete.

Und dann, Monate nach der Markteinführung, wurde eine einzelne Flamme bei einem Routinetest in unserem Labor viel größer und höher, als wir das je erlebt hatten. Sie stieg auf, sie tanzte ... sie winkte. Ernsthaft, sie winkte. Und sie brachte den Alarm zum Verstummen.

Ich weiß nicht genau, ob ich wirklich sagte: »Okay, keine Panik«, aber ich habe es definitiv gedacht. Mir sank das Herz in die Hose. Mir war, als hätte ich einen Schlag in den Magen bekommen. Wir mussten das Krisen-Handbuch hervorholen: erst einmal verstehen, auf welcher Ebene sich dieses Problem befand. War es replizierbar? War es das zufällige Ereignis eines fehlerhaften Tests? War es real? Und wenn es real war: War es wahrscheinlich? Eins zu tausend oder eins zu einer Million? Denn wenn es real war – und es war gefährlich –, dann konnten die nächsten Schritte brutal sein: Rückrufaktion, Kundenwarnung, Mitteilung an die Behörden. Oder, was noch unendlich schlimmer war: Was, wenn diese verrückte Flamme bei einem tatsächlichen Wohnungsbrand auftauchte. Was, wenn sie unsere Alarmanlage in dem Augenblick verstummen ließ, in dem diese am dringendsten gebraucht wurde?

Wir mussten wie wild arbeiten, um parallel zueinander sämtliche Eventualitäten durchzuspielen:

1. Was, wenn wir jeden einzelnen Nest Protect zurückrufen mussten? Das hätte unser Produkt, den Ruf unserer Marke und unseren gesamten Vertrieb ruinieren können.
2. Was, wenn sich das Problem mit einem Software-Update beheben ließ?
3. Oder war es womöglich nur ein Testfehler?

Das war nicht der Zeitpunkt, um sich zurückzulehnen und das Team allein herausfinden zu lassen, was zu tun war. Ich musste dafür sorgen, dass alle genau wussten, woran sie arbeiteten, und dass sie über die erforderlichen Tools verfügten, um schnellstmöglich Lösungen zu finden. Ich musste führen und lenken.

In einer Krise hat jeder seine Aufgabe:

- Wenn Sie Mitarbeiter ohne Führungsverantwortung sind: Nehmen Sie Ihren Marschbefehl entgegen und marschieren los. Erledigen Sie Ihre Kernaufgabe und halten Sie zugleich Ausschau nach alternativen Lösungsmöglichkeiten. Machen Sie Vorschläge. Verzichten Sie auf Spekulationen und Gerüchte. Teilen Sie eventuelle Bedenken oder Zweifel Ihrem Vorgesetzten mit und wenden Sie sich wieder Ihrer Arbeit zu.
- Wenn Sie Vorgesetzter sind, müssen Sie Führungsinformationen vermitteln, ohne Ihr Team zu überfordern oder abzulenken. Halten Sie mehrmals täglich Rücksprache mit Ihrem Team – setzen Sie es nicht stärker als nötig unter Druck (stündliche Mitteilungen treiben jeden

in den Wahnsinn). Sie müssen für die Mitarbeiter da sein – nicht nur im Interesse der Erledigung der Arbeit, sondern auch, damit es allen gut geht. Sie sind die erste Verteidigungslinie gegen den Burnout. Der zusätzliche Druck, der Stress, die geröteten Augen und das nächtliche Junkfood werden ihren Leuten zusetzen. Möglicherweise müssen Sie allen eine Pause verschaffen – sogar während einer Krise.
Denken Sie daran, Erwartungen und Grenzen zu setzen. Wahrscheinlich werden Sie übers Wochenende arbeiten müssen. Okay. Das kommt vor. Aber sagen Sie Ihrem Team, was der Plan ist: Wir arbeiten fleißig am Samstag, aber alle müssen um 17 Uhr nach Hause gehen, und dann besprechen wir uns am Sonntagabend.

- Wenn Sie eine größere Abteilung oder ein Unternehmen führen, haben Sie wahrscheinlich Jahre Ihres Lebens damit verbracht, die Tendenz zum Mikromanagement abzulegen. Nun, in einer Krise ist die Zeit gekommen, wieder zum Mikromanager zu werden.

Sie müssen sich mit den Details befassen – sämtlichen Details. Aber Sie können nicht jede Entscheidung allein treffen oder alles im Alleingang reparieren. Sie haben Experten – delegieren Sie also an diese. Verständigen Sie sich über die erforderlichen Mikroschritte, aber lassen Sie sie diese Schritte anschließend allein gehen. Planen Sie Besprechungen am Anfang und am Ende des Arbeitstages anstelle der üblichen Teamberichte alle zwei oder drei Wochen und machen Sie es sich zur Gewohnheit, an diesen Besprechungen teilzunehmen. Sie müssen da sein, zuhören, Fragen stellen und die notwendigen Informationen in Echtzeit erhalten. Vielleicht müssen Sie diese Informationen an den Rest des Unternehmens an Investoren, Reporter und alle anderen weiterleiten, die diese Situation mit Argusaugen beobachten. Auf deren aller Fragen müssen Sie antworten können. Deren Vertrauen, dass Sie Ihren Weg schon gehen werden, müssen Sie stärken.

Streichen Sie alle nicht wesentlichen Meetings aus Ihrem Kalender. Konzentrieren Sie sich ganz und gar auf die Behebung des Problems. Und lassen Sie sich nicht aus dem Gleichgewicht bringen – Sie sind nur ein Mensch. Machen Sie nicht alles noch schlimmer, indem Sie durchdrehen und das vernachlässigen, was Sie brauchen, um einen klaren Kopf zu behalten. Das kann Sport sein oder Entspannung oder ein Abendessen mit Ihrer Familie oder zehn Minuten, in denen Sie unter Ihrem Schreibtisch liegend Musical-Melodien summen. Was auch immer Sie brauchen. Und denken Sie daran: Auch Ihre Mitarbeiter sind nur Menschen, die irgendwann Feierabend machen müssen. Die Schlaf brauchen. Die etwas essen müssen. Und die das Gefühl haben müssen, dass alles besser wird.

Lenken Sie die Aufmerksamkeit Ihrer Mitarbeiter also auf Ihre Lösungen und weg von der Frage, wem Sie diesen Schlamassel letztlich zu verdanken haben. Alle werden Hypothesen aufstellen – was, wenn dieses Team schuld war? Hat es schlampig gearbeitet? Gerüchte werden die Runde machen, begleitet von Anschuldigungen. Aber es ist nicht Aufgabe Ihres Teams, der Misere auf den Grund zu gehen. Auch nicht Ihre eigene. Jedenfalls noch nicht jetzt.

Irgendwann kommt auch dafür die Zeit, aber zuerst müssen Sie sich aus dem Loch freibuddeln. Sie müssen klären, was schiefgelaufen ist und was Sie dagegen tun wollen. Erst danach kommt das Warum an die Reihe.

Selbst wenn sich nach dem ersten Schock alle wieder beruhigt haben und ihre Arbeit wieder aufgenommen haben, sind sie innerlich wahrscheinlich immer noch so aufgewühlt wie Sie selbst. Besonders, wenn nun die Aufgabe auf ihren Schultern lastet, einen Weg aus dieser Katastrophe zu finden. Sorgen Sie dafür, dass Mitarbeiter, die auf Schwierigkeiten stoßen, jederzeit mit Ihnen oder mit ihrem Vorgesetzten reden können. Führen und lenken ist nicht dasselbe wie befehlen und sich selbst überlassen.

Sie landen gleichzeitig ein Dutzend Jets auf einem Flugzeugträger – während Sie Pressemitteilungen herausgeben und gelegentlich Therapiesitzungen halten. Sie machen sich furchtbare Sorgen, dürfen sich aber nicht die Haare ausreißen – ich empfehle wärmstens, bereits kahl zu sein. Das Einzige, was Sie tun können, ist, in aller Ruhe zu sagen: »Ja. Ich mache mir Sorgen. Genau wie ihr. Es macht mir Angst. Aber wir stehen das durch. Wir haben in der Vergangenheit schon ganz andere Schwierigkeiten gemeistert. Der Plan sieht folgendermaßen aus.«

Das sagte ich bei Nest wieder und wieder. Es wurde zu einem Mantra: Wir stehen das durch. Wir haben solche Situationen bereits erfolgreich gemeistert. Und so sieht der Plan aus ... Wir stehen das durch. Wir haben solche Situationen bereits erfolgreich gemeistert. Und so sieht der Plan aus.

Zum Glück haben wir diese bizarre hohe, schmale Flamme nie unter realen Bedingungen erlebt – nur im Test. Sie stellte sich als einer dieser Zufälle heraus, die wir nicht hätten voraussehen und der wir nicht hätten technisch vorbeugen können. Niemand hatte etwas falsch gemacht. Und es war sehr, sehr unwahrscheinlich, dass so etwas in der Realität passierte. Aber darauf kam es nicht an.

Die Lösung war, den Nest Protect aus dem Verkauf zu nehmen, während wir Untersuchungen durchführten, und Wave to Hush mit einem Software-Update abzuschalten. Man konnte den Alarm immer noch per Handy abschalten, aber nicht mehr durch Winken. Und wir erklärten den Kunden genau, was passiert war. Kein Versteckspiel. Mea culpa, und hier ist Ihre Entschädigung, wenn Sie eine wollen.

Und es funktionierte. Nest Protect und unsere Marke überlebten.

Es besteht immer die Versuchung, alles zu verschleiern oder in Amtsdeutsch zu verpacken – zu sagen »es wurden Fehler gemacht«, aber niemals zuzugeben, dass es Ihre eigenen waren. Das klappt nicht. Die Leute finden es heraus. Und dann sind sie sauer.

Wenn Sie etwas falsch gemacht haben, müssen Sie es den Leuten sagen. Erklären Sie, was Sie daraus gelernt haben. Und erklären Sie, wie Sie verhindern wollen, dass es noch einmal passiert. Kein Ausweichen, keine Schuldzuschreibungen, keine Ausflüchte. Übernehmen Sie die Verantwortung. Verhalten Sie sich wie ein Erwachsener.

Jedes Scheitern ist eine Lernerfahrung. Ein totaler Zusammenbruch entspricht einem Doktoratsstudium.

Sie werden es überleben. Denken Sie einfach daran, dass Sie es nicht allein durchstehen müssen. In Krisenmomenten ist es wichtig, mit jemandem zu reden, der Ihnen nützliche Ratschläge geben kann. Ganz gleich, wie viel Sie wissen und wie gut Sie sind – es gibt immer eine Person da draußen, die Ihnen helfen kann, eine potenzielle Lösung zu finden. Jemanden, der so etwas schon einmal durchgemacht hat und Ihnen den Weg aus dem Tunnel weisen kann.

Manchmal ist die entsetzliche, unlösbare, unvorhergesehene Krise, die Sie durchlaufen, in Wirklichkeit etwas, das den meisten wachsenden Unternehmen widerfährt und für das es eine naheliegende Lösung gibt, die Sie bloß noch nicht kennen. Vielleicht wachsen Sie einfach echt schnell und müssen Ihre Kultur festschreiben und eine Managementebene einfügen und anfangen, die Besprechungsnotizen anders zu verschicken. [Siehe auch Kapitel 5.2: Umbrüche.]

Sprechen Sie also, wann immer die Wellen hochschlagen, mit Ihrem Mentor. Oder Ihrem Vorstand. Oder Ihren Investoren.

Es liegt in Ihrer Verantwortung als Führungskraft, nicht allein mit einer Katastrophe fertig werden zu wollen. Ziehen Sie sich nicht in Ihr einsames Kämmerlein zurück, um nach einem Ausweg aus der Krise zu suchen. Verstecken Sie sich nicht. Tauchen Sie nicht ab. Denken Sie nicht, Sie könnten, indem Sie eine Woche ohne zu schlafen durcharbeiten, im Alleingang und ohne dass ein anderer davon erfährt das Problem lösen. Holen Sie sich Rat. Atmen Sie tief durch. Entwerfen Sie einen Plan.

Und ziehen Sie dann die Gummistiefel an und treten Sie in die Fluten.

Der Silberstreif am Horizont ist, dass Sie, wenn Sie die Krise erst einmal überwunden haben – vorausgesetzt natürlich, Sie überleben sie –, über ein Team verfügen, das durch die Hölle gegangen und gestärkt daraus hervorgegangen ist. Sie werden noch Zeit haben, sich mit dem Warum zu beschäftigen – warum ist das Ganze überhaupt passiert? Und was können wir tun, damit es nicht noch einmal passiert? Das Ergebnis kann sein, dass jemand entlassen wird, oder dass sich das Team aufstellt, oder dass sich Ihre Teamkommunikation von Grund auf verändert. Der Prozess kann langwierig und unangenehm sein.

Aber wenn er vorbei ist, sollten Sie ihn feiern. Sie sollten eine Party machen. Und Sie sollten die Geschichte erzählen.

Das Wertvollste, was Sie aus einer Krise mitnehmen, ist die Geschichte, wie Sie einmal beinahe weggespült worden wären, wie das Team aber stand seinen Mann gestanden und alles gerettet hat. Diese Story muss in die DNA Ihres Unternehmens eingehen, sodass Sie immer darauf zurückkommen können.

Sie werden später noch mehr Katastrophen erleben. Es wird viele Augenblicke geben, in denen alles zusammenbricht. Aber wenn Sie immer wieder diese Geschichte erzählen können, wird sich keine Krise je wieder so erschütternd anfühlen wie die erste. Denn Sie können sich immer an Ihr Team wenden und sagen: »Schaut nur. Schaut, was wir zusammen durchgestanden haben. Wenn wir das geschafft haben, können wir alles schaffen.«

Es ist ein nützliches unternehmerisches Werkzeug, die Menschen daran zu erinnern, was passieren kann, welche Lektionen Sie bereits gelernt haben und wie sich ähnliche Katastrophen künftig vermeiden lassen. Die Story ist nützlich unter Führungsgesichtspunkten und als kultureller Prüfstein. Vor allem aber ist sie wahr: Ihr Team hat die eine Katastrophe überstanden. Jetzt kann es auch alle weiteren Katastrophen überstehen.

Teil

V

EIN TEAM AUFBAUEN

Als ich Nest 2016 verließ, erstreckte sich das Unternehmen über drei Gebäude in Palo Alto und zwei weitere in Europa. Wir hatten fast eintausend Beschäftigte, mehrere Produktlinien, ständig wachsende Vertriebspartnerschaften in zahlreichen Ländern, Millionen von Kunden, riesige Plakate an den Wänden, die unsere Unternehmenswerte verkündeten, und Weihnachtsfeiern in Abendgarderobe. Doch selbst mit den Giftpfeilen von Akquisitionen und raschem Wachstum fühlte Nest sich immer noch an wie Nest.

Und das lag an genau einer Sache: den Menschen.

Die Quelle aller Nesthaftigkeit – der Schlüssel zu unserem Erfolg – waren die Menschen, die wir einstellten, die Kultur, die sie schufen, die Art, wie sie dachten und organisierten und zusammenarbeiteten. Das Team war alles.

Ein solches Team zu schaffen und es durch seine vielen Übergangsphasen zu führen, ist immer das Schwerste und Lohnenswerteste beim Aufbau von etwas. Und bei Nest galt das vom ersten Moment an – ehe wir Kunden hatten, ehe wir überhaupt ein Produkt hatten.

Als wir nichts weiter hatten als Eichhornchen.

Sie kamen oft in unsere Besprechungen. Und der Regen war natürlich auch ein Problem – oft mussten wir den Boden mit Eimern vollstellen. Das Garagentor rappelte wie verrückt, wenn der Wind ging, es gab genau eine grässlich rosa geflieste Toilette für das gesamte Team, und die gammeligen Achtziger-Jahre-Stühle waren wirklich furchtbar, besonders die großen kunstledernen Chefsessel. Ich glaube, es gab nicht einen einzigen Stuhl, bei dem alle vier Beine auf dem Boden standen.

Es war genau das, was wir wollten.

Es war im Sommer 2010 in Palo Alto und die Garage, die wir gemietet hatten, grenzte an die riesigen, wunderschönen Firmengelände von Tech-Giganten und zahllosen schicken Start-ups, die ihre Mitarbeiter mit dem Versprechen stinkvornehmer Büros, Gratisbier und flexibler Arbeitszeiten anlockten.

Aber das spielte für uns alles keine Rolle. Matt und ich waren ernsthaft und fokussiert, und wir stellten Leute ein, die ebenso zielorientiert waren und sich von Glitzer, Glamour und büroeigenen Billardtischen nicht blenden ließen. [Siehe auch Kapitel 6.4: Scheiß auf Massagen.] Wir hatten jede Menge Spaß, aber keiner von uns gammelte herum.

Damals bestand das Team aus zehn bis fünfzehn Personen, es war ganz zu Anfang von Nest.

Viele der ersten Mitarbeiter kamen von Apple. Einige kannte ich auch schon von General Magic. Einen sogar seit dem College. Unser Marketing-VP war der Freund eines Freundes von Philips. Die meisten Teammitglieder hatten schon eine Menge berufliche Erfolge verzeichnet.

Doch wir alle kippelten behelfsmäßig auf denselben abgeranzten Stühlen. Möbel und Snacks und Ausstattung kosten Geld und, was noch entscheidender ist, Zeit. Jemand muss sich hinsetzen und darüber nachdenken, ob wir eine braune oder eine blaue Couch kaufen sollten, welches Obst, welchen Käse, welches Bier. Und wir wollten keinen Cent und keine Minute für etwas vergeuden, das nicht geschäftswichtig war. Wir wollten unseren Investoren beweisen, dass dies ein Spitzenteam war, das Wunder vollbringen konnte. Mit jeder Eichhörncheninvasion und jedem Leck in der Decke erklärte unser Team, dass wir das Gegenteil aller Start-ups im Valley waren, die viel Geld für ihre Büros ausgaben und nichts auf den Markt brachten. Wir alle waren einmütig auf genau eines ausgerichtet: unsere Mission. Diese Menschen in der Garage und das dringende Bedürfnis, unsere Vision unter Beweis zu stellen, bildete den Kern der ehrgeizigen, missionsgetriebenen Kultur, die Nest definierte.

Das Team auf die richtige Art zu erweitern – zu erkennen, wen wir brauchten, wie wir an ihn herankamen, wie Teamprozesse und Denkweisen geschaffen wurden – war ebenso wichtig wie das Herstellen des richtigen Produkts.

Einige Strukturen und Normen borgten wir uns von Unternehmen und Kulturen, die wir mochten. Den Rest schufen wir von Grund auf neu. Wir taten das im laufenden Betrieb, verbesserten und justierten, bis wir Teams und Kulturen geschaffen hatten, die vereint etwas Großartiges erschaffen konnten.

Wenn Sie also ein Team aufbauen wollen, wenn Sie überlegen, wie und wen Sie einstellen wollen, dann kann ich Ihnen hier erzählen, was ich über einige der wichtigsten Teams und Kompetenzen der meisten Start-ups in Erfahrung gebracht habe:

- Design
- Marketing
- Produktmanagement
- Vertrieb
- Rechtsabteilung

Und was ich herausgefunden habe, wenn diese Teams wuchsen. Und wuchsen. Und wuchsen.

Kapitel

5.1

EINSTELLEN

Ein nahezu perfektes Team besteht aus klugen, leidenschaftlichen, unvollkommenen Menschen, die einander ergänzen. Wenn dieses Team über zehn, zwanzig, fünfzig Personen hinauswächst, brauchen Sie:

- eifrige Uniabsolventen und Praktikanten, die von Ihrer erfahrenen, routinierten Mannschaft lernen. Jeder junge Mensch, für dessen Ausbildung Sie sich Zeit nehmen, ist eine Investition in die langfristige Gesundheit Ihres Unternehmens.
- einen festgelegten Einstellungsprozess, der sicherstellt, dass die Bewerber das Einstellungsgespräch mit Menschen aus dem ganzen Unternehmen führen, mit denen Sie unmittelbar zusammenarbeiten werden.
- einen durchdachten Umgang mit Wachstum, damit Ihre Kultur nicht verwässert wird.
- Prozesse, die gewährleisten, dass neue Mitarbeiter vom ersten Tag an in Ihre Kultur eintauchen und darauf aufbauen.
- eine Methode, um Personalentwicklung und Einstellung stets im Bewusstsein des Führungsteams und der unter ihr angesiedelten Managementteams zu halten. Bei jeder Teambesprechung sollte dies das erste Geschäftsthema sein.

Sie werden auch Menschen entlassen müssen. Scheuen Sie sich nicht davor, aber seien Sie auch nicht hartherzig. Geben Sie den Leuten genügend Warnungen und Gelegenheiten, den Kurs zu korrigieren und sich an die Regeln zu halten. Wenn das nicht hilft, müssen Sie die Kröte schlucken und den Betreffenden helfen, bessere Möglichkeiten für sich zu finden.

* *

Eine der ersten Mitarbeiterinnen bei Nest nach mir und Matt war Isabel Guenette. Sie war zweiundzwanzig, kam direkt vom College, war brillant und empathisch und unglaublich freundlich und bereit, die Welt zu verändern. Wir stellten sie ein, weil wir Hilfe bei der Recherche all der vielen Dinge brauchten, die wir nicht wussten: Welche Hunderte von Heizungssystemen existieren in den USA? Welche Kabel sind in den Wänden der meisten Leute verlegt?

Es spielte keine Rolle, dass sie nicht wusste, wie man Thermostate herstellt – keiner von uns wusste, wie man Thermostate herstellt. Das war ja der Punkt. Wir mussten lernen. Also setzte Isabel sich damit auseinander.

Sie lernte so schnell so viel, dass sie Produktmanagerin für den Thermostaten wurde und im Lauf von fünf Jahren erfolgreich drei Versionen auf den Markt brachte. [Siehe auch Kapitel 5.5: Wozu Produktmanager da sind.]

Isabel war erfolgreich, weil sie klug und neugierig und kompetent ist. Aber ein Teil ihres Erfolgs geht auch auf die Tatsache zurück, dass sie jung war. Sie hat vielleicht gar nicht erkannt, wie schwierig die vor ihr liegende Aufgabe war – sie tat es einfach. Und zwar mit Freude.

Die besten Teams sind generationenüberspannend – Nest beschäftigte Zwanzig- und Siebzigjährige. Erfahrene Menschen haben einen Wissensschatz, den sie an die nächste Generation weitergeben können, und junge Menschen können veralteten Vorstellungen etwas entgegensetzen. Oft erkennen sie die Chance, die darin liegt, etwas Schwieriges zu meistern, während die erfahrenen Personen oft nur die Schwierigkeit sehen.

Und sie können mit Ihrem Unternehmen wachsen. Die erprobten Mitarbeiter, die zu Beginn bei Ihnen gearbeitet haben, gehen irgendwann weg. Jeder geht irgendwann. Doch ehe sie gehen, haben sie im besten Falle eine Armee junger Menschen beraten und geschult. So halten Sie Ihr Unternehmen lebendig. So schaffen Sie ein Vermächtnis.

Sie wollen schließlich nicht zehn Jahre nach der Gründung in die Runde sehen und feststellen, dass niemand unter fünfunddreißig bei Ihnen arbeitet.

Die Strategie von Nest bestand stets darin, eine bunte Mischung von Absolventen einzustellen und Praktika anzubieten. Das war keine beliebte Strategie – anfangs. Die Personalverantwortlichen meckerten und maulten.

Sie wollten Leute mit jeder Menge Erfahrung einstellen, ihnen einen Haufen Arbeit übertragen und sie dann selbst sehen lassen, wie sie klarkommen.

Und das hat auch seine Berechtigung. Es sollte immer jemand im Team sein – und gern auch mehr als einer –, der so etwas schon mal gemacht hat und es wieder machen kann.

Aber wenn Sie beim Anblick eines vielversprechenden Absolventen oder eines engagierten Berufswechslers nur daran denken, wie viel Zeit es dauert wird, ihn auszubilden, oder wie groß die Wahrscheinlichkeit ist, dass er sich nicht bewährt, verkennen Sie, wie viel Kraft und Schwung ein ehrgeiziges Talent mitbringt, das gerade dabei ist herauszufinden, wohin die Reise gehen könnte.

Auch mit Ihnen ist einmal jemand ein Risiko eingegangen. Jemand hat Sie durch Ihre Fehler begleitet und hat sich die Zeit genommen, Ihnen bei der Weiterentwicklung zu helfen. Nicht nur ist es Ihre Pflicht, der nächsten Generation dieselbe Chance zu geben, sondern es ist auch eine gute Investition in den langfristigen Erfolg Ihres Unternehmens.

Von den zehn Praktikanten, die wir alljährlich einstellten, erhielten ein bis drei das Angebot, im nächsten Sommer wiederzukommen, oder sie wurden direkt in Vollzeit eingestellt.

Selbst jene, die wir nicht zum Wiederkommen aufforderten, arbeiteten an realen Aufgaben, entwickelten echte Features und kamen der Frage näher, was sie gern machen wollten. Manche wechselten sogar das Studienfach, als ihnen bewusst wurde, was ihre ursprüngliche Wahl für ihre Zukunft bedeutet hätte. Und das erzählten sie auch ihren Freunden. Plötzlich hatten wir einige Sommer lang eine Warteschlange voller brillanter aufstrebender Talente von den besten Universitäten der Welt.

Da hörten die Personalverantwortlichen dann auf zu meckern.

Es ist ein Kampf, talentierte Leute zu finden. Man kann es sich nicht leisten, irgendeinen Teil der Bevölkerung zu ignorieren, wenn man versucht, sein Team zu erweitern – es gibt herausragende junge und alte und weibliche und männliche und transidentische und nonbinäre und schwarze und lateinamarikanische und asiatische und südostasiatische und nahöstliche und europäische und indigene Menschen auf der Welt, die einen nachhaltigen Einfluss auf Ihr Unternehmen haben können.

Unterschiedliche Menschen denken unterschiedlich, und jeder neue Blickwinkel, jeder Hintergrund und jede Erfahrung, die Sie ins Unternehmen bringen, macht es besser, hilft Ihnen, Ihre Kunden zu verstehen, und erhellt Teile der Welt, für die Sie zuvor blind waren. So entstehen neue Chancen.

Die Rekrutierung eines vielfältig zusammengesetzten und talentierten Teams ist so unglaublich wichtig für Ihren Erfolg, dass Sie am liebsten selbst mit jedem Bewerber sprechen würden. Aber das können Sie nicht. Ihr Tag hat nur vierundzwanzig Stunden. Der Nährboden funktioniert nur eine begrenzte Zeit lang. [Siehe auch Kapitel 4.2: Sind Sie startklar?: Nährboden Früher oder später müssen Sie Ihren Mitarbeitern zutrauen, dass sie ihre eigenen Entscheidungen treffen.

Das heißt allerdings nicht, dass die Einstellungen beliebig ablaufen sollten. Sie brauchen einen Prozess. Und die Einstellungsprozesse, die ich erlebt habe, brachten es nicht.

Unternehmen verwenden in der Regel eine der folgenden zwei Einstellungsmethoden:

1. Auf die althergebrachte Art: Der Personalverantwortliche findet einen Bewerber, führt Bewerbungsgespräche mit einigen Leuten aus seinem Team durch und stellt den Bewerber anschließend ein. Einfach. Geradlinig. Dumm.
2. Auf die neue Art: Die Entscheidung darüber, ob jemand eingestellt werden soll, wird auf eine Unmenge (normalerweise willkürlich ausgewählter) Beschäftigter und ein schickes Recruitment-Tool verteilt. Ein Bewerber führt daher Gespräche mit einem Haufen Leuten, die ihr Feedback anschließend in ein Evaluationsformular eintragen. Die Recruitment-Tools spucken eine Zusammenfassung aus, woraufhin der Personalverantwortliche den Bewerber einstellen kann, sofern dieser sämtliche Kriterien erfüllt. Idealistisch. Neuartig. Dumm.

Die alte Methode lässt die Meinung zu vieler Personen im Unternehmen unberücksichtigt. Die neue Methode bezieht Personen ein, die nicht über das Kontextwissen verfügen, um eine überlegte Entscheidung zu treffen, und zehrt nur an ihren Kräften. Wenn Sie wachsen und sich nicht mehr auf die Empfehlungen bestehender Mitarbeiter stützen können, müssen Sie vielleicht fünfzehn Bewerber einladen, um eine einzige Stelle zu besetzen. Bitten Sie dann zu viele Personen, die Last der Bewerbungsgespräche auf sich zu nehmen, reagieren jene mit Widerwillen und tun zuletzt nur noch das Allernötigste, um die Evaluationsformulare auszufüllen und sich anschließend wieder ihrer Arbeit zuwenden zu können.

Der Schlüssel lautet, die Bewerber mit den richtigen Personen ins Gespräch zu bringen.

Niemand arbeitet in einem Vakuum. Jeder hat interne Kunden – Leute, für die er etwas erledigen muss. App-Designer beispielsweise schaffen Designs, die die Programmierer anschließend umsetzen. Hier sind die Programmierer also ihre Kunden. Wenn Sie einen App-Designer einstellen, sollten Sie folglich dafür sorgen, dass er beim Bewerbungsgespräch mit einem Programmierer spricht.

Das war das System, das wir bei Nest hatten. Wir nannten es »die drei Kronen«. Und so funktionierte es:

1. Krone 1 war der Personalverantwortliche. Er schrieb die Stelle aus und suchte die Bewerber.
2. Krone 2 und 3 waren Führungskräfte des internen Kunden des Bewerbers. Sie wählten ein, zwei Personen aus ihrem Team aus, damit sie mit dem Bewerber sprachen.
3. Es wurde Feedback eingeholt, geteilt und diskutiert, dann trafen sich die drei Kronen, um darüber zu entscheiden, wer eingestellt wurde.
4. Matt oder ich überwachten das Ganze und trafen die letzte Entscheidung für den seltenen Fall, dass die Kronen sich nicht einigen konnten. Wenn wir fragten, ob wir uns einbringen sollten, lautete die Antwort im Allgemeinen: Nein danke, verzieht euch.

Selbst wenn wir einen Bewerber annahmen, stand immer fest, dass niemand perfekt ist. Es gab immer Kritikpunkte und Herausforderungen. Daher war es Aufgabe des Personalverantwortlichen, potenzielle Probleme von Anfang an zu erkennen, sie mit der Führung und dem Bewerber zu besprechen und sich zu verpflichten, das neue Teammitglied bei diesen Herausforderungen zu coachen.

Es gab kein Geheimnis, keine Blackbox. Alles lag offen auf dem Tisch. Jeder wusste, womit er rechnen konnte.

Dann machten wir es verbindlich. Wir stellten den neuen Mitarbeiter ein. Und trotz aller Bedenken – sofern noch welche bestanden – und bei allen Verbesserungsmöglichkeiten, bestand von Anfang an rundherum volles Vertrauen. Wenn Sie jemanden gründlich eingeschätzt, seine Referenzen geprüft und beschlossen haben, ihn einzustellen – dann müssen Sie auch den Entschluss fassen, ihm Vertrauen zu schenken. Sie können nicht bei null Vertrauen anfangen und erwarten, dass der andere sich Ihnen gegenüber beweist.

Wann immer Sie sich auf einen Weg begeben – einen neuen Mitarbeiter einstellen, einen neuen Arbeitsplatz betreten, eine neue Partnerschaft gründen –, müssen Sie davon überzeugt sein, dass es funktioniert. Davon überzeugt sein, dass die Leute sich Ihnen gegenüber fair verhalten werden. Natürlich wird es Enttäuschungen geben – manchen Menschen gegenüber schrumpft Ihr Vertrauen später wieder auf 90 Prozent, auf 50 Prozent oder gar auf null –, wenn Sie sich aber davon abhalten lassen, anderen zu vertrauen, werden Sie nie erfahren, welche Beziehungen und Chancen Sie auf diese Weise verpassen.

Das können Sie sich nicht leisten. Einstellungen sind zu wichtig dafür. Sie werden alle Hilfe brauchen, die Sie bekommen können.

Darum ist es auch so wichtig, gute Einstellungsbeauftragte zu haben, die ebenso für die Firma und das Produkt brennen wie Sie.

Unser erster Einstellungsbeauftragter bei Nest war Jose Cong. Wir wussten, dass wir Jose einfach haben mussten – er hatte uns bei den iPod- und iPhone-Teams Rekrutierungssuperkräfte verliehen. Wie konnte Nest ihn nicht ebenfalls haben wollen? Und was Jose so besonders macht: Erstens hat er ein sehr gutes Auge für Talente, und zweitens ist er unglaublich, unerschütterlich, ungeheuer enthusiastisch. Dieser Enthusiasmus ist ansteckend und – was das Wichtigste ist – aufrichtig. Er war sich zu 100 Prozent sicher, dass Nest die Welt verändern würde, und das »Warum« – die Story des Unternehmens – erzählte er mit einer Begeisterung und Freude, die die Bewerber förmlich mitriss. [Siehe auch Kapitel 3.2: Storytelling.]

Joe holte einen großartigen Bewerber nach dem anderen ins Haus. Und dann waren wir an der Reihe: Wir mussten herausfinden, ob sie die Richtigen für das Team waren. Wir mussten mit ihnen die Bewerbungsgespräche führen.

Also stellten wir ein paar grundlegende Regeln auf. Jeder im Team wusste, wozu wir die Gespräche führten und was uns wichtig war, sodass sie sich auf mehr oder weniger dieselben Dinge einstellen konnten. Wir erwarteten von den Bewerbern, dass sie missionsorientiert waren und gut improvisieren konnten, dass sie in die Unternehmenskultur passten und sich für den Kunden einsetzten. Wir hatten auch eine »Keine-Arschlöcher«-Politik. Ziemlich selbsterklärend, aber sehr hilfreich. Wenn jemand mit massenhaft Erfahrung hereinkam und genau das war, wonach wir auf dem Papier suchten, aber unerträglich arrogant oder herablassend oder kontrollierend oder politisch herüberkam, wurde diese Bewerbung aussortiert.

Um herauszufinden, ob jemand, mit dem Sie ein Bewerbungsgespräch führen, ein Arschloch ist, müssen Sie natürlich wissen, wie dieses Gespräch aussehen muss.

Das wird jetzt niemanden schockieren, aber ich bin nicht der angenehmste Gesprächspartner der Welt. Ich bohre wirklich nach, versuche einem Bewerber in die Seele zu schauen. Vielleicht setze ich ihn auch ein bisschen unter Druck, um zu sehen, wie er mit Stress umgeht. Jeder hat seinen eigenen Interviewstil, aber Sie dürfen nicht so zurückhaltend sein, dass Sie immer nur an der Oberfläche bleiben und niemals zu ergründen versuchen, wer diese Person wirklich ist. Ein Bewerbungsgespräch ist nun einmal kein sorgloser Smalltalk. Die Begegnung findet ja aus einem bestimmten Grund statt.

Bei einem Bewerbungsgespräch richtet sich mein Hauptaugenmerk stets auf drei grundlegende Dinge: Wer ist der andere, was hat er bisher gemacht und warum hat er es gemacht? Meistens beginne ich mit den wichtigsten Fragen: »Worauf sind Sie neugierig? Was wollen Sie lernen?«

Ich frage auch: »Warum haben Sie Ihre letzte Stelle aufgegeben?« Nicht die originellste aller Fragen, aber auf die Antwort kommt es an. Ich suche nach einer knackigen, klaren Geschichte. Wenn mein Gesprächspartner sich über einen schlechten Chef beklagt oder darüber, Opfer politischer Spielchen geworden zu sein, frage ich ihn, was er dagegen unternommen hat.

Warum hat er sich nicht stärker zur Wehr gesetzt? Hat er ein Chaos hinterlassen? Was tat er, um sicherzustellen, dass er seinen Abschied auf die richtige Art und Weise nahm? [Siehe auch Kapitel 2.4: Ich kündige.]

Und warum will er in unserem Unternehmen arbeiten? Das sollte nach Möglichkeit ein völlig anderer Grund sein als der, aus dem er seinen vorherigen Arbeitsplatz aufgegeben hat. Er sollte eine neue Story haben, eine überzeugende Story, die davon handelt, was ihn begeistert, mit wem er arbeiten will und wie er wachsen und sich weiterentwickeln will.

Eine weitere gute Bewerbungsgesprächstechnik ist die Arbeitssimulation – statt jemanden zu fragen, wie er arbeitet, arbeiten Sie einfach mit ihm. Wählen Sie ein Problem aus und versuchen Sie es gemeinsam zu lösen. Nehmen Sie ein Thema, mit dem Sie beide vertraut sind, ohne darin ausgesprochene Experten zu sein – wenn Sie ein Thema aus seinem Fachgebiet wählen, wird er immer schlau wirken; ist es Ihr eigenes, wissen Sie selbst es immer besser. Doch das Thema ist nicht annähernd so wichtig, wie ihn beim Denken zu beobachten. Gehen Sie zum Whiteboard und greifen Sie zum Stift. Was für Fragen stellt er? Welche Vorgehensweisen schlägt er vor? Fragt er nach dem Kunden? Wirkt er empathisch oder gleichgültig?

Sie führen dieses Bewerbungsgespräch nicht nur, um zu sehen, ob jemand die heute an ihn gestellten Aufgaben bewältigen kann. Sie wollen auch wissen, ob er über die erforderlichen Werkzeuge verfügt, um Probleme und Aufgaben zu meistern, die heute noch gar nicht zu sehen sind – die Zuständigkeiten, in die er morgen hineinwachsen kann.

Start-ups entwickeln sich immer weiter, genau wie ihre Beschäftigten. Dieses Wissen, das dem Team geschenkte Vertrauen und der Aufbau eines effektiven Einstellungsprozesses ermöglichten es Nest, auf 100, 200 und schließlich 700 Mitarbeiter anzuwachsen.

Aber wir achteten darauf, nicht zu schnell zu wachsen. Wir wollten an der DNA unseres Startteams festhalten – dem Tatendrang und der Fokussiertheit dieser kleinen Gruppe in der Garage auf diesen schrecklichen Stühlen. Und das ging nur, indem wir neue Mitarbeiter in gemäßigtem Tempo in die Kultur integrierten, damit sie in der Praxis – durch Zuschauen und durch die gemeinsame Arbeit im Team – lernen und die Kultur auf natürliche Weise in sich aufnehmen konnten. Am besten lässt sich die kulturelle DNA im persönlichen Kontakt vermitteln und verinnerlichen. Wenn Sie schnell wachsen, wird von den neuen Leuten, die Sie gerade erst eingestellt haben, höchstwahrscheinlich schon bald erwartet, dass sie selbst wieder andere einstellen. Eine Woche Eingewöhnung ist dafür schlicht nicht ausreichend.

Wenn Sie fünfzig Leute haben, die Ihre Kultur verstehen, und hundert hinzufügen, die das nicht tun, verlieren Sie diese Kultur. Das ist reine Mathematik.

Wenn Sie also neue Mitarbeiter einstellen – besonders in der Führungsebene –, sollten Sie sie nicht einfach ins kalte Wasser werfen, nachdem Sie ihnen ein Notizbuch mit dem Unternehmenslogo in die Hand gedrückt haben. Die ersten ein bis zwei Monate sind entscheidend und sollten eine Zeit des positiven Mikromanagements sein. Haben Sie keine Sorge, zu sehr in die Details zu gehen oder zu wenig Freiheiten zu lassen. Nicht zu Anfang. Ein ganz neuer Mitarbeiter braucht alle Hilfe, die er bekommen kann, um sich wirklich gut zu integrieren. Erklären Sie ausführlich, wie Sie die Dinge hier angehen, damit er keine Fehler macht und nicht gleich zu Beginn bei den Kollegen aneckt. Erzählen Sie ihm, was funktioniert und was nicht, was Sie an seiner Stelle tun würden, was gern gesehen wird und was verboten ist, wen er um Hilfe bitten kann und wen er mit Samthandschuhen anfassen sollte.

Das ist die beste Art und Weise, jemanden an die Kultur, den Stil und die Prozesse eines Teams heranzuführen. Geben Sie ihm den Schubs, den er braucht, um mit der Meute zu laufen, statt ihn an der Startlinie stehen und ein paar Richtlinien lesen zu lassen in der Hoffnung, dass er schon den Abschluss finden wird.

Denken Sie immer daran: Es ist beängstigend, in ein neues Team zu kommen. Keinen zu kennen. Nicht zu wissen, ob man hineinpasst. Nicht zu wissen, ob man es schafft.

Deshalb fing ich an, mit dem CEO Mittagessen zu veranstalten. Matt machte das auch. Alle zwei bis vier Wochen schnappten wir uns eine Truppe aus fünfzehn bis zwanzig Neueingestellten und schon länger Beschäftigten und aßen informell gemeinsam zu Mittag. Wir versuchten, verschiedene Leute aus verschiedenen Gruppen miteinander ins Gespräch zu bringen – eine gute Mischung aus dem gesamten Unternehmen. Keine unmittelbaren

Vorgesetzten, keine Executives, keine Keynotes. Nur eine Gelegenheit, den Typen an der Spitze kennenzulernen – und umgekehrt. Sie stellten mir Fragen über unsere Produkte, unsere Strategie, über mich und Matt und unsere Vergangenheit bei Apple. Warum wir keine Massagen zuließen und warum wir so viele Codenamen hatten. [Siehe auch Kapitel 6.4: Scheiß auf Massagen.] Und ich fragte sie, was sie begeisterte, woran sie arbeiteten und was sie zu uns gezogen hatte.

Es war meine Chance zu betonen, warum ihre Position wichtig war, ihnen zu erzählen, wie die Ziele ihres Teams unsere Unternehmensziele voranbrachten, von unserer Kultur und unseren Produkten und neuen Projekten zu sprechen und davon, was gut lief und was nicht. Neue Mitarbeiter hatten die Möglichkeit, sich mit ihren Fragen unmittelbar an mich zu wenden, aber auch Kollegen kennenzulernen, die schon länger in unserer Kultur zu Hause waren und ihnen helfen und mit gutem Beispiel vorangehen konnten.

Jeder Mitarbeiter konnte an fünf Mittagessen im Jahr teilnehmen. Und jedes Mittagessen war eine kulturelle Injektion, eine Impfung gegen Gleichgültigkeit und Apathie, gegen die Vorstellung, dass es keine Rolle spielen würde, was man machte, und dass keiner von denen da oben einen kennen würde.

Und so wuchsen wir. Die Teams verzweigten sich und schärften ihr Profil. Aus Mitarbeitern ohne Führungsverantwortung wurden Vorgesetzte. Aus Vorgesetzten wurden Abteilungsleiter.

Viele wuchsen mit der Herausforderung. Viele übertrafen alle Erwartungen. Und manche nicht. Manchmal stellt sich heraus, dass Leute, die Sie in der Frühphase eingestellt haben, nicht mehr ins Team passen, sobald Sie wachsen. Und manchmal erweist sich jemand als komplette Fehlbesetzung. Oder als Besetzung zweiter Wahl. Oder jemand passt, ungeachtet seiner übrigen Qualitäten, schlicht nicht in Ihre Kultur.

Manchmal stellen Sie Leute ein, die in Ihrem Unternehmen einfach nicht auf einen grünen Zweig kommen.

Und dann müssen Sie sie entlassen.

Denken Sie dabei unbedingt daran, dass der Konfliktmoment zwar immer scheußlich ist, doch auch kurz, und es nicht Ihre Aufgabe ist, sich auf ihn zu fixieren oder ihn in die Länge zu ziehen. Sie müssen rasch von »Das funktioniert so nicht« weitergehen zu »Ich werde jetzt alles in meiner Macht Stehende tun, um Ihnen bei der Suche nach einer anderen Stelle zu helfen, die besser zu Ihnen passt«. So wenig es auf den ersten Blick einleuchten mag: Jemanden aus einer Stelle zu entlassen, in der er nur scheitern kann und für die er völlig ungeeignet ist, kann eine überraschend positive Erfahrung sein. Ich habe noch nie eine Entlassung vorgenommen, die sich sowohl für den Betroffenen als auch für die Firma zuletzt nicht als höchst wohltuend erwiesen hätte.

Manchmal ist das Leben ein Prozess des Eliminierens. Manchmal kann es eine gute Sache sein, entlassen zu werden. Doch sollte ein solcher Schritt niemals ohne Vorwarnung erfolgen (es sei denn, der Betreffende hat gegen ein Gesetz verstoßen; Sie werden staunen, wie häufig mir das in meiner Berufslaufbahn begegnet ist).

Unter normalen Umständen sollte es niemanden als Schock ereilen, dass er entlassen wird, und die Gründe sollten ihm bis dahin schon längst bewusst sein. Er mag damit nicht einverstanden sein. Aber jedem, der sich schwertut, den gestellten Erwartungen gerecht zu werden, sollten wöchentliche oder vierzehntägige Vier-Augen-Gespräche angeboten werden, um ihm zu helfen, seine Schwierigkeiten zu überwinden. Dabei werden Probleme aufrichtig angesprochen, Lösungen probiert, und es wird rückblickend geschaut, was funktioniert hat und was nicht und was als Nächstes passieren sollte.

Wie Menschen eine Verpflichtung Ihrem Unternehmen gegenüber eingehen, sobald sie sich ihm anschließen, so übernehmen auch Sie eine Verpflichtung dem Mitarbeiter gegenüber. Wenn Sie eine Firma oder eine große Organisation führen, liegt es in Ihrer Verantwortung, den Mitarbeitern beim Herausfinden ihrer Schwachstellen zu helfen und ihnen den Raum und das Coaching zu geben, um besser zu werden, oder eine Position innerhalb des Unternehmens zu finden, in der sie erfolgreich sein können.

Doch aller guter Wille und alle guten Absichten ändern nichts daran: Manchmal wird Ihnen und dem Betroffenen bewusst, dass die Probleme unlösbar sind und dass kaum Aussicht besteht, das Vertrauen des Teams wiederherzustellen. Aber die Welt hat schließlich viele andere wunderbare Chancen zu bieten – mit weniger unglückbringenden Arbeitsplätzen, die zu finden Sie gern behilflich sein wollen. Und in aller Regel geht der Betreffende dann aus eigenem Antrieb.

Der Prozess kann einen Monat dauern. Oder zwei. Oder drei. Doch im Allgemeinen endet er freundschaftlich und allen geht es besser.

Ab und an jedoch stellen Sie fest, dass Sie ein Arschloch eingestellt haben.

Ein Arschloch bei einem ganz kleinen Start-up kann das Ende des Start-ups bedeuten. Aber Arschlöcher können Teams und Produkte in jedem Wachstumsstadium ruinieren, in Unternehmen jeder Größe. Je größer das Team, desto leichter können sich Arschlöcher einschleichen und die Brunnen vergiften.

Wenn Sie einen kleingeistigen, nicht vertrauenswürdigen Tyrannen führen, wird Ihre spontane Reaktion darin bestehen, dieses Krebsgeschwür schnellstmöglich zu entfernen. Doch Sie müssen sich trotzdem Zeit nehmen – ihm die Situation darlegen, ihm eine Chance zur Umkehr geben. Die Regeln für die Entlassung von Mitarbeitern unterscheiden sich je nach Ihrem Ort. Daher ist es wichtig, dass Sie diese Regeln kennen und exakt befolgen. Viele Menschen werden nicht zögern, gegen Sie vor Gericht zu ziehen, wenn sie der Meinung sind, dass sie auf unkorrekte Weise entlassen wurden. Manch einer, den Sie für toll gehalten haben, kann am Ende Ihre gesamte Organisation runterziehen.

Das ist einer der schmerzlichsten Aspekte des Wachstums – anfangs hat man diesen unglaublichen Kern aus Menschen, von denen man weiß, dass man mit ihnen Berge versetzen kann. Aber diese Phase dauert nicht ewig – Sie müssen immer mehr und mehr Leute ins Team holen. Manchmal greifen Sie daneben und stellen Arschlöcher ein oder Personen, die einfach keine Leistung bringen oder nicht zur Kultur passen. Doch noch häufiger ist der wahre Wachstumsschock, dass Sie im Lauf der Zeit Leute dazuholen, die zwar okay sind, aber auch nicht mehr. Im Vergleich zu den großartigen Leuten, die Sie am Anfang um sich geschart haben, wirken sie wenig beeindruckend. Meistens sind es gute Teamarbeiter, sie erledigen ihre Arbeit.

Und das ist nicht das Ende der Welt. Mit wachsendem Unternehmen brauchen Sie alle möglichen Leute auf allen möglichen Ebenen.

Sie können nicht darauf warten, dass für jede einzelne freie Stelle der perfekte A+-Bewerber erscheint. Sie müssen die Stellen besetzen. Die Besten der Besten wollen nicht immer in ein großes Team eintreten, sind in einer anderen Stelle gebunden, fordern ein Gehalt, das Ihre Möglichkeiten übersteigt, oder spekulieren auf Positionen oder Zuständigkeiten, die Sie ihnen nicht geben wollen.

Und manchmal stellt sich heraus, dass die Leute, von denen Sie gar nichts Großes erwartet haben – die Bs und B+s –, den Laden am Laufen halten. Sie halten Ihr Team zusammen, indem sie verlässlich und flexibel sind und tolle Mentoren und Kollegen. Sie sind bescheiden und freundlich und leisten schlicht gute Arbeit. Sie sind auf ihre Weise »Rockstars«.

Der bei Weitem schwierigste Teil des Wachstums besteht darin, die besten Leute zu finden – in all ihren unterschiedlichen Erscheinungsformen –, darauf zu vertrauen, dass das eigene Team die richtigen Entscheidungen trifft, und dann dafür zu sorgen, dass die neuen Mitarbeiter glücklich werden und sich gut entwickeln.

Scheuen Sie also nicht vor der Mitarbeiterrekrutierung zurück. Machen Sie sie zum obersten Gebot. Sorgen Sie dafür, dass sie für jeden oberste Priorität genießt.

In vielen Unternehmen habe ich erlebt, dass Personalfragen an das Ende von Teambesprechungen gerückt oder in ein eigenes Personal- oder Einstellungsmeeting gestopft wurden. Aber Ihr Team, seine Gesundheit und Fortentwicklung müssen für Sie oberste Priorität haben. Das zeigen Sie am besten dadurch, dass Sie diese Punkte Woche für Woche ganz oben auf die Tagesordnung setzen.

Bei Nest begannen meine Führungsbesprechungen jeden Montagmorgen so: Wer sind die tollen Leute, die wir einstellen wollen? Erreichen wir unsere Einstellungs- und Mitarbeiterbindungsziele? Falls nicht, was ist das Problem? Was sind die Hindernisse? Und wie geht es dem Team? Welche Schwierigkeiten haben die Leute? Wie steht es mit den Leistungsbeurteilungen? Wer braucht einen Bonus? Wie feiern wir diese Errungenschaft, damit die Mitarbeiter sich wertgeschätzt fühlen? Und ganz wichtig: Wollen Leute aufhören? Warum? Wie können wir diese Stelle bedeutsamer und erfüllender und spannender als jede andere da draußen machen? Wie helfen wir unseren Leuten, sich weiterzuentwickeln?

Erst nachdem wir dieses wichtige Thema besprochen hatten, konnten wir uns etwas anderem widmen – wie zum Beispiel der Frage, was zur Hölle wir eigentlich herstellten.

Die Führungskräfte im Team sahen, dass es mir wichtig war, und so strukturierten sie auch ihre eigenen wöchentlichen Teambesprechungen nach diesem Muster. Es wurde zum Nest-Stil. Erst die Mitarbeiter. Ohne Ausnahme.

Was Sie herstellen, ist niemals so wichtig wie die Frage, mit wem Sie es herstellen.

Kapitel

5.2

UMBRÜCHE

Wachstum wird Ihr Unternehmen auf den Kopf stellen. Wenn immer mehr Mitarbeiter dazukommen, müssen Ihr Organisationsschema und Ihr Kommnunikationsstil mithalten oder Sie riskieren eine Entfremdung ihres Teams und den Zerfall Ihrer Kultur.

Umbrüche erfolgen fast immer dann, wenn Sie neue Führungsebenen hinzufügen müssen, was unweigerlich zu Kommunikationsproblemen, Verwirrung und Verlangsamung führt. In der Anfangszeit eines Unternehmens, wenn die meisten sich selbst führen, beträgt die absolute Höchstzahl von Personen, die ein Mensch erfolgreich führen kann, acht bis fünfzehn Vollzeitbeschäftigte. Wird das Unternehmen größer, schrumpft diese Zahl auf sieben bis acht. Wenn Teams sich diesem Punkt nähern, müssen Sie präventiv eine Führungsebene schaffen, idealerweise durch interne Beförderungen, und dann Systeme in Kraft setzen, die eine effektive und effiziente Kommunikation gewährleisten.

Damit Umbrüche nicht tatsächlich zu einem Zerbrechen Ihres Unternehmens führen und eine Massenflucht der Beschäftigten auslösen, ist es wichtig, dass Sie Führungsveränderungen rechtzeitig vornehmen, mit dem Team über den neuen Plan sprechen, und den Mitarbeitern als Mentor zur Seite stehen, während diese sich in ihre neuen Positionen einfinden.

* *

Wenn Sie ein Team aus sechs Leuten haben, sind sechs Tage im Jahr irgendjemandes Geburtstag.

Sie besorgen also einen Kuchen und nutzen den Nachmittag zum Feiern. Das ist schön.

Wenn Sie ein Team aus dreihundert Mitarbeitern haben, hat praktisch jeden Tag jemand Geburtstag. Sollen Sie trotzdem noch jeden einzelnen Geburtstag feiern? Es kann ja nicht das ganze Team nachmittags freinehmen. Und besorgen Sie weiterhin Kuchen? Ist Kuchen wichtig für Ihre Kultur? Sie möchten für Ihre Mitarbeiter tun, was Sie können, aber es gibt die harte Realität. Es gibt Deadlines. Es gibt Budgets. Und der verflixte Kuchen geht ganz schön ins Geld.

Der Kuchen ist ein Mikrokosmos der größeren Probleme des Wachstums, aber zugleich meine ich das auch wörtlich. Wie sich zeigt, verteidigen die Leute den Kuchen mit Krallen und Zähnen. Es entsteht immer eine Minikrise, wenn Sie damit aufhören, das ganze Unternehmen den Geburtstag einzelner Mitarbeiter feiern zu lassen.

So kann Sie das Wachstum eiskalt erwischen. Weil immer gerade dann alles in die Binsen geht, wenn es scheint, als könnte Sie nichts aufhalten. Umbrüche erfolgen für gewöhnlich, wenn alles hervorragend läuft – das Geschäft boomt oder es läuft zumindest gut mit der Produktentwicklung. Sie scheinen endlich alles geregelt zu haben und sind im Aufstieg begriffen.

Aber es ist ein bisschen so wie mit Kindern. Wann immer Sie denken, das Gröbste wäre überstanden – sie essen! sie schlafen! sie laufen (und kommen jetzt überall ran)! –, wachsen Ihre Kinder. Jene Phase ist vorbei. Laufen ist Schnee von gestern. Und alles, was bis jetzt gut funktioniert hat, versagt jetzt auf ganzer Linie.

So geht das immer. Immer. Und Sie können nichts anderes tun, als es zu akzeptieren.

Ich hatte viele Gespräche mit Entrepreneuren, die mir erzählten, dass sie es nicht leiden können, wenn Unternehmen über hundertzwanzig Beschäftigte hinausgehen, und sie nicht zulassen würden, dass ihr eigenes Start-up so stark wächst. Aber ich habe noch nie erlebt, dass es funktioniert hätte – nicht bei einem erfolgreichen Geschäft.

Wachsen oder sterben ist die Devise. Stillstand ist Rückschritt. Wandel ist die einzige Option.

Das macht es allerdings auch nicht leichter.

Umbrüche erfolgen an den Übergängen zwischen Teamgrößen. Ob wir über unabhängige Geschäfte oder Teams innerhalb eines größeren Unternehmens sprechen – der Wechsel zwischen diesen Gruppengrößen gestaltet sich immer schwer:

BIS 15 ODER 16 PERSONEN

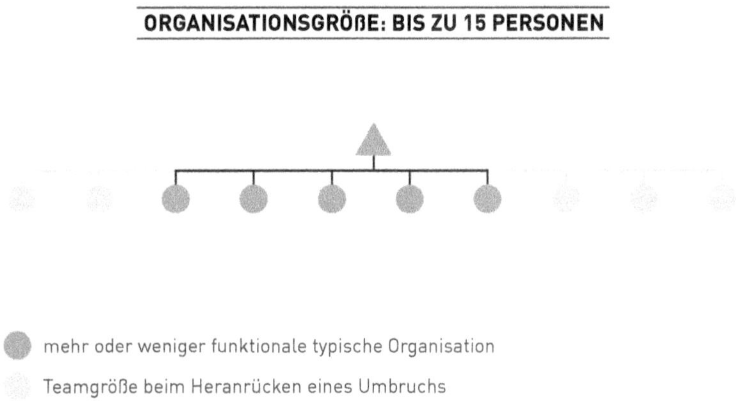

Abbildung 5.2.1: Ein Team von bis zu fünfzehn Personen kann gut zusammenarbeiten. Die informelle Kommunikation läuft ganz natürlich ab, Teambesprechungen finden statt, wenn es absolut erforderlich ist, niemand achtet groß auf das Organisationsdiagramm, und es hat keine Auswirkung darauf, wie Informationen weitergeleitet werden. In dieser Anfangszeit sollten Sie die Hierarchie so lange wie möglich so flach wie möglich halten, aber Sie müssen eine Führungsebene hinzufügen, wenn eine Person mehr als acht bis zwölf Leute führen muss.

Hierarchie: Jeder macht ein bisschen von allem und fast alle Entscheidungen, ob groß oder klein, werden gemeinsam getroffen. Management ist nicht erforderlich, weil der Teamleiter für Schwung bei Vision und Entscheidungen sorgt, sich aber mehr oder weniger wie ein Kollege verhält.

Kommunikation: läuft von allein. Alle sind im selben Raum (oder Chatroom) und bekommen höchstwahrscheinlich dieselben Unterhaltungen mit, daher gibt es keine Informationsengpässe und keine Notwendigkeit für regelmäßige Meetings.

BIS 40 ODER 50 PERSONEN

ORGANISATIONSGRÖSSE: VON 15 BIS 40 ODER 50 PERSONEN

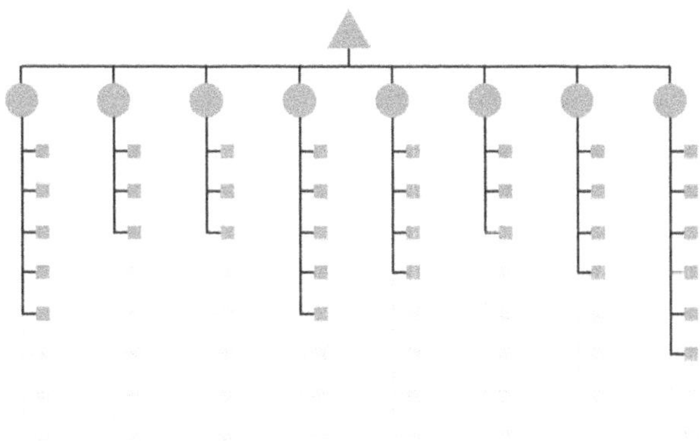

Abbildung 5.2.2: Wenn Sie über fünfzehn Personen hinauswachsen, wird eine Ebene zwischen dem CEO oder Firmenchef und dem restlichen Team eingefügt. An diesem Punkt beginnen sich Ghettos zu bilden und die Kommunikation kann zum Erliegen kommen, weil Informationen nicht mehr gleichmäßig verteilt werden. Manche entschließen sich, Mitarbeiter ohne Führungsverantwortung zu bleiben, andere werden zu Vorgesetzten. Bereiten Sie Führungskräfte in spe sorgfältig auf ihre neue Aufgabe vor – werfen Sie sie nicht einfach ins kalte Wasser. Um die Hierarchie flach zu halten, sollten Sie Situationen vermeiden, in denen Führungskräfte auf lange Sicht nur zwei oder drei direkt unterstellte Mitarbeiter haben. Wenn Sie schnell wachsen, werden Sie auch höhere Führungskräfte einstellen müssen, die zupacken können – diese Leute werden mit dem Wachstum des Unternehmens in ihre Positionen hineinwachsen.

Hierarchie: Wenn Sie über fünfzehn bis sechzehn Personen hinausgehen, beginnen sich Unterteams aus sieben bis zehn Personen zu bilden. Einige Leute aus Ihrer ursprünglichen Kerngruppe müssen Teile ihrer Zuständigkeiten abgeben und dafür Führungsaufgaben übernehmen, aber das Team ist immer noch so klein, dass alles recht flexibel und informell vonstatten geht.

Kommunikation: Erstmals gibt es Meetings, an denen nicht alle teilnehmen können, daher verfügen einige über Informationen, die andere nicht haben. Sie müssen Ihren Interaktionsstil etwas formalisieren – sich Notizen machen, Updates verschicken, alle auf dem neuesten Stand halten.

BIS 120 ODER 140 PERSONEN

ORGANISATIONSGRÖßE: VON 40 ODER 50 BIS ZU 120 ODER 140 PERSONEN

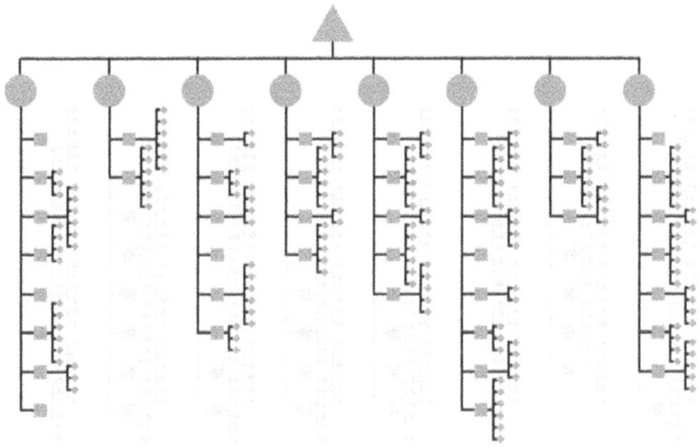

mehr oder weniger funktionale typische Organisation

Teamgröße beim Heranrücken eines Umbruchs

Abbildung 5.2.3: Sie haben jetzt zwei Ebenen zwischen dem CEO oder Firmenchef und einem Großteil der Mitarbeiter, die die geschäftliche Routinearbeit verrichten, weshalb die Kommunikation erneut überdacht werden muss. Die ersten Führungskräfte führen ihrerseits wieder Führungskräfte, weshalb Sie Management-Coaches brauchen, die erkennen können, wer seine Sache gut macht, wer künftig eine Führungsposition einnehmen könnte und wer noch etwas Hilfe braucht. Sie müssen Möglichkeiten für eine effektive Kommunikation mit dem Team finden, sicherstellen, dass die Führungskräfte diese Informationen auch wirklich an ihre Mitarbeiter weiterleiten, und dafür sorgen, dass Informationen aus dem gesamten Unternehmen an die Spitze gelangen. Mangelnde Transparenz von unten nach oben oder von oben nach unten kann zu Misstrauen führen. Wo es an Fakten fehlt, macht sich schnell Misstrauen in dieser Lücke breit.

Hierarchie: Wenn Sie über 50 Personen hinauswachsen, fällt einigen Führungskräften die Aufgabe zu, Führungskräfte zu führen – was noch einmal eine ganz andere Hausnummer ist, als einfach nur Mitarbeiter zu führen –, und die Personalabteilung kommt zum ersten Mal so richtig ins Spiel. Sie brauchen einen ordentlichen Prozess für den Umgang mit Beförderungen, für die Definition von Stellenanforderungen und Hierarchieebenen sowie für Nebenleistungen. Sie müssen auch wirklich über Stellenbezeichnungen nachdenken.

Funktionierende Teams wachsen, und innerhalb der größeren Teams bilden sich Unterteams. Jedes Team fängt an, seinen eigenen Arbeitsstil zu entwickeln, je nach Art der geleisteten Arbeit. Der Bedarf an Spezialisierung nimmt zu. Viele Teammitglieder wählen einen Weg und konzentrieren sich auf einen bestimmten Bereich, statt den (zweischneidigen) Luxus zu genießen, ein Hansdampf in allen Gassen zu sein.

Kommunikation: Die teamübergreifende Kommunikation muss formalisiert werden, ebenso die Meetings mit der Führungsebene. Teeküchengespräche bringen es nicht mehr. Sie brauchen regelmäßige Mitarbeiterversammlungen, in denen die Teams einander auf dem Laufenden halten und die oberste Führungsebene einigt, informiert und inspiriert.

Das Management des Unternehmens muss an dieser Stelle wirklich seinen Kommunikationsstil festlegen: Wie verbinden Sie sich mit Ihrem Führungsteam und setzen Prioritäten, wie leiten Sie Meetings, wie präsentieren Sie etwas vor dem gesamten Unternehmen? Die Führung beginnt, sich wöchentlich mit der Personalabteilung zu treffen, um mit der explosionsartigen Zunahme von Personalthemen zurechtzukommen.

BIS 350 ODER 400 PERSONEN

Hierarchie: An diesem Punkt haben Sie möglicherweise zahlreiche Projekte, die um dieselben Ressourcen wetteifern. Die Führung verliert das tatsächliche Produkt zunehmend aus den Augen und verbringt stattdessen den Großteil ihrer Zeit mit der Bearbeitung von Organisationsdiagrammen und der Schlichtung zwischen den widerstreitenden Prioritäten der unterschiedlichen Teams.

Kommunikation: Die Meetings laufen wahrscheinlich aus dem Ruder und der Informationenfluss lässt zu wünschen übrig. Sie müssen Ihre Besprechungen neu strukturieren und Ihren Kommunikationsstil überdenken. Mitarbeiterversammlungen werden seltener und drehen sich dann nur noch um ein Bekräftigen der Unternehmensvision statt um die Weitergabe taktischer Informationen, was bedeutet, dass die Leute die Möglichkeit haben müssen, relevante Informationen auf anderem Wege zu erhalten und weiterzugeben.

Das trifft auch – beziehungsweise erst recht – auf die heutige Online-Welt zu. Wenn die Teeküche verschwindet und mit ihr die spontane, unstrukturierte Kommunikation, muss Ihre Kommunikationsstrategie sogar noch überlegter, disziplinierter und absichtsvoller sein. Sie müssen den Leuten zeigen, wie sie miteinander in Kontakt treten zu können.

Und denken Sie immer daran, dass Wachstum nicht in Stufen erfolgt. Es ist nicht so, als wäre bei hundertneunzehn Mitarbeitern alles prima, während bei hundertzwanzig der totale Zusammenbruch droht. Sie müssen eine Strategie für das Wachstum über einen Umbruch hinaus schon lange planen, ehe er erreicht ist – mindestens zwei oder drei Monate vor dem Umbruch, mit anschließendem monatelangem Nachfassen. Überlegen Sie sich Ihre Organisationsgestaltung, Ihren Kommunikationsstil, stellen Sie fest, ob Sie Mitarbeiter als Führungskräfte ausbilden oder frisches Blut hereinbringen müssen, passen Sie Ihre Meetings entsprechend an und schauen Sie, ob die Menschen mitgehen oder nicht. Und Sie müssen mit Ihren Leuten reden. Sehr viel.

Beständigkeit ist der Schlüssel. Ob Sie ein Projekt bei einem großen Unternehmen oder Ihr eigenes Start-up führen – Sie müssen das gesamte Team durch diese Übergänge coachen. Das Unternehmen kommt in die Pubertät und es müssen ein paar peinliche, aber wichtige Gespräche stattfinden, noch lange ehe sich das erste Achselhaar zeigt. Sie können sogar dieselbe Terminologie verwenden: Das passiert jedem wachsenden, gedeihenden Geschäft. Es ist ganz natürlich. Macht euch keine Sorgen.

Aber Sie müssen auch offen über die Ängste reden, die der Umbruch möglicherweise auslöst – in Ihren Mitarbeitern, in Ihnen selbst und im Unternehmen. Akzeptieren Sie, dass es Dinge gibt, die Sie verlieren werden, und dass diese Verluste nicht leicht zu verkraften sein werden. Beziehen Sie

Führungskräfte und Mitarbeiter in diesen Prozess ein, damit er nicht ohne Vorwarnung über sie hereinbricht wie etwas, das ihnen zugefügt wurde und auf das sie keinen Einfluss haben. Nur, wenn alle mithelfen, werden Sie den Umbruch so meistern, dass die Betroffenen die Veränderungen definieren, steuern und willkommen heißen können.

Wenn Sie Ihre Zukunft kommen sehen, können Sie sie aktiv gestalten.

Aber zuerst müssen Sie die Angst überwinden. Deshalb erzähle ich Ihnen im Folgenden, was die Menschen am meisten ängstigt und wie Sie ihnen darüber hinweghelfen können.

SPEZIALISIERUNG

Jeder Organismus beginnt als Zelle. Die Zelle teilt sich in zwei, vier, sechzehn Zellen. Anfangs sind alle Zellen gleich, doch schon rasch brechen sie aus der Uniformität aus und schlagen individuelle Wege ein. Aus dieser Zelle wird ein Nerv, aus jener ein Muskel. Je mehr der Organismus wächst, desto stärker unterscheiden sich die Anforderungen an die einzelnen Zellen und desto komplizierter wird das System. Doch es wird auch widerstandsfähiger und kann Jahre, Jahrzehnte überdauern.

Dasselbe geschieht im Geschäftsbereich. Doch Mitarbeiter sind keine Stammzellen. Mitunter sind Spezialisten unter ihnen, die von der Vorstellung begeistert sind, sich auf nur ein Element ihrer Tätigkeit zu fokussieren, doch die meisten Menschen empfinden eine Einschränkung ihrer Zuständigkeiten als weder natürlich noch unumgänglich und regen sich entsprechend darüber auf. Und dieser Prozess ist besonders zu Beginn erschreckend, wo sich doch alle gerade erst daran gewöhnt haben, ganz einfach alles zu machen, und wo es keine Hierarchieebenen gibt und sich vielmehr alle gemeinsam auf eine Richtung einigen und einfach lossprinten. Doch es geschieht auch später noch – sogar bei großen Unternehmen. Sogar bei ganz großen.

Die Sorge lautet, dass, nachdem zuvor jeder alle diese coolen unterschiedlichen Sachen machen durfte, nun jemand kommt und sie ihnen wegnimmt.

Lenken Sie also die Aufmerksamkeit der Leute auf die Chancen: Machen Sie sie neugierig darauf, was aus ihrem Job werden kann, und nehmen

Sie ihnen die Furcht vor möglichen Verlusten. Möchte jemand vielleicht Vorgesetzter sein? Teamleiter? Möchte er vielleicht mehr über einen anderen Bereich des Geschäfts erfahren oder sich vermehrt mit etwas beschäftigen, das ihm wirklich Spaß macht? Was möchte er lernen?

Die ersten Schritte sind dazu gedacht, den Mitarbeitern die Möglichkeit zu geben, sich darüber klar zu werden, was sie an ihrer Arbeit, dem Unternehmen und der Kultur am meisten schätzen. Anschließend können sie dann mit ihren Managern daran arbeiten, wie Sie diese Dinge bewahren und sich von dem trennen können, was sie ohnehin nicht so gern tun. Oder sie können den Moment nutzen, um etwas ganz Neues anzufangen.

Erinnern Sie alle einfach immer wieder daran, dass dies ihre Chance ist, ihren Weg zu wählen. Jeder ist selbst für seine Karriere verantwortlich. Sagen Sie Ihren Mitarbeitern: Versetzt euch in die Zukunft, und stellt euch vor, wer ihr sein und was ihr tun wollt.

HIERARCHIEGESTALTUNG

Wie Mitarbeiter sich in einem wachsenden Unternehmen spezialisieren müssen, so müssen dies auch Teams tun. Solange Sie nur ein Produkt haben, können Sie ihre Teams nach Funktionen organisieren: ein Hardwareentwicklungsteam, ein Softwareentwicklungsteam und so weiter. Doch wenn weitere Produktlinien hinzukommen, bremst eine solche Organisation Sie aus. Sie kann bei nur zwei Produkten zusammenbrechen oder bei fünf. Aber irgendwann bricht sie zusammen.

Das Problem sind meistens die Personen an der Spitze – die Teamleiter können nur eine gewisse Anzahl an Projekten im Kopf behalten. Sie können sich auf drei, vier, fünf Projekte konzentrieren, aber wenn es sechs oder sieben werden, platzt ihnen der Schädel. Der Tag hat einfach nicht genügend Stunden. Also werden diese Projekte für später zur Seite gelegt, und später ist häufig gleichbedeutend mit nie.

Sie müssen Ihre Organisation in produktspezifische Gruppen aufteilen, damit jedes Produkt die Aufmerksamkeit bekommt, die es verdient. Dieses Team arbeitet am Thermostat, jenes am Rauchmelder. Und dann müssen

Sie vielleicht noch mal unterteilen. Bei Nest schufen wir am Ende ein Team für Zubehör; andernfalls wäre das nie hergestellt worden. Das Hauptlinien-Team sagte immer, sie würden noch darauf zurückkommen, aber die Zubehörprojekte standen bei ihnen niemals an oberster Stelle, und so gaben sie unweigerlich anderen Dingen den Vorzug.

Amazon, Square, Stripe, Twilio – praktisch jedes Team mit mehreren Produktlinien muss sich auf diese Weise umorganisieren.

Jede Produktfamilie bekommt ein dafür bestimmtes Technikteam, einen Werbemenschen, einen Designer und einen Texter. Und das macht sie zu kleinen Start-ups innerhalb des Unternehmens – kleiner, schneller, autonomer. Entscheidungen werden zügiger getroffen, und alle teilen sich ein klares Ziel, statt sich um Ressourcen für ein Nebenprojekt bemühen zu müssen.

Es funktioniert einfach besser. Aber das heißt nicht, dass die Leute darüber glücklich sind. Gruppen haben es genauso ungern, wenn ihre Zuständigkeiten beschnitten werden, wie einzelne Mitarbeiter.

Doch die Gespräche, die Sie mit Einzelnen über ihre berufliche Laufbahn geführt haben, können nun wiederverwendet werden, wenn die Gruppenlaufbahn schärfer umrissen wird. Die Dinge auf diese Weise aufzuteilen, verflacht die Hierarchien, eliminiert Unmengen Nebenkosten und erzeugt mehr Wachstumschancen und Gelegenheiten, in die Tiefe zu gehen und etwas zu finden, in dem Sie sich hervortun und für das Sie Anerkennung erhalten können.

Auf jeden Fall können die Mitarbeiter immer die Teams wechseln. Eine weitere Version von etwas Bekanntem einführen, dann zu einer spannenden neuen Sache wechseln. Den Thermostaten testen und anschließend den Rauchmelder. Wenn jemand engagiert und begeisterungsfähig ist, gibt es immer Spielraum.

VOM MITARBEITER ZUR FÜHRUNGSKRAFT

Häufig kommt es vor, dass ein besonders leistungsstarker Mitarbeiter gebeten wird, ein neues wachsendes Team zu leiten. [Siehe auch Kapitel 2.1: Einfach führen.] Dem einen erscheint die Führungsaufgabe verlockend, der andere scheut vor ihr zurück. Grund dafür kann die Furcht vor Veränderungen sein. Oder Unsicherheit. Oder ihm gefällt seine gegenwärtige Tätigkeit und das Unternehmen, wie es ist, einfach zu sehr. Helfen Sie in so einem Fall dem Beschäftigten, die Notwendigkeit einer Führungsebene einzusehen – das Team ist schlicht zu groß geworden, wir müssen uns spezialisieren, wir müssen uns auf mehr Wachstum vorbereiten –, und stellen Sie ihm dann seine Optionen vor:

1. **Er bleibt Mitarbeiter ohne Führungsverantwortung, wird aber jemand anderem unterstellt.** Das muss nichts Schlechtes sein; sein neuer Vorgesetzter könnte ein Freund sein, der schon seit Langem mit ihm in diesem Unternehmen zusammenarbeitet. Oder vielleicht können Sie eine großartige Führungskraft von außen holen, von der er lernen kann. Doch wenn er diese Option wählt, muss er akzeptieren, dass er anders geführt wird als bisher und nicht so viel Einfluss darauf hat, wie das Team sich weiterentwickelt.
2. **Er macht eine Führungs-Probezeit.** Lassen Sie ihn die neue Position ausprobieren und sehen, wie es sich anfühlt. Gehen Sie in Urlaub, und übergeben Sie ihm das Ruder. Sagen Sie allen, dass diese Person verantwortlich ist. Oder fangen Sie an, ihn mit in die Führungsbesprechungen zu nehmen – bitten Sie ihn, etwas zu präsentieren. Lassen Sie ihn immer größere Projekte leiten. Übertragen Sie ihm einige Aufgaben und lassen Sie ihn erleben, worum es bei dieser Position wirklich geht. Lassen Sie ihn in Personalfragen mitentscheiden. Nehmen Sie ihn mit in Planungsmeetings.

Fragen Sie den Mitarbeiter dann, ob er einen Testlauf machen möchte. Lassen Sie ihn ein Führungsseminar machen. Wenn Ihr Unternehmen zu klein ist, um ordentliche Seminare anzubieten, stellen Sie ihm einen erfahrenen Manager als Coach an die Seite (das sollte formell als ein OKR-Ziel des Coachs für das Quartal vereinbart werden. Es sollte ein zentrales Ziel sein und nicht nur so ein beiläufiges: »Könnten Sie diesem Mitarbeiter mal unter die Arme greifen?«).

Erwähnen Sie dann den übrigen Mitarbeitern gegenüber in Vier-Augen-Gesprächen, dass Sie erwägen, diese Person zu befördern, aber sich zuvor vergewissern wollen, dass jeder das in Ordnung findet. Sagen Sie: »Probieren wir es aus. Wenn Sie irgendwelche Bedenken haben, kommen Sie zu mir.« Ermöglichen Sie es allen, sich an die Vorstellung zu gewöhnen, und geben Sie dem Kandidaten Zeit, sich zu bewähren.

Geben Sie ihm dann die Option, es fix zu machen, nachdem er Vertrauen in seine Fähigkeiten gefunden hat und das Team sich mit seiner neuen Position wohlfühlt.

Beginnen Sie einfach frühzeitig mit den Führungsseminaren und sorgen Sie dafür, dass er mit erfahrenen Führungskräften sprechen kann. Wecken Sie sein Interesse an der Kunst und Wissenschaft, eine gute Führungskraft zu sein, und erklären Sie ihm, dass einer der entscheidenden Bestandteile von Führung ist, dem Team beim Entwickeln kreativer Lösungen auf schwierige Probleme zu helfen. Er mag vielleicht nicht die ganze Arbeit selbst machen können, aber er wird einen wichtigen Anteil daran haben, dass es gut läuft.

Ich habe viele Menschen mit einem aufkeimenden Führungstalent in diese Rolle hineinwachsen sehen. Sie sollten aber wissen, dass manche nicht emporsteigen. Manche implodieren. Manche kündigen. Manche hassen die Tätigkeit. Manche sind bloß mittelmäßig. In diesen Augenblicken obliegt es Ihren, den Betreffenden zu helfen, andere Chancen zu entdecken – innerhalb oder außerhalb des Unternehmens. Sie haben etwas ausprobiert und sind gescheitert und das heißt, sie haben etwas gelernt. Das ist okay. Das Leben ist ein Eliminierungsprozess, und jetzt sind sie frei, etwas Neues auszuprobieren.

DER WEG VOM VORGESETZTEN VON MITARBEITERN ZUM VORGESETZTEN VON VORGESETZTEN

Bei etwa hundertzwanzig Leuten brauchen Sie Abteilungsleiter: Führungskräfte, die andere Führungskräfte führen. Abteilungsleiter müssen mehr wie CEOs denken als wie Mitarbeiter ohne Führungsverantwortung.

Sie müssen weitaus mehr Vertrauen in das ihnen unterstellte Team setzen – und mehr Zuständigkeiten delegieren –, und zugleich die Rolle eines Coachs einnehmen. Sie sind nahe am Team, aber weiter entfernt vom Produkt, verantwortlich für große strategische Maßnahmen, jedoch nicht gänzlich unabhängig. Und am Ende des Tages müssen sie liefern.

Daher sollte ein frischgebackener Abteilungsleiter nicht ohne Unterstützung in seine Positionen geworfen werden. Er sollte von Anfang an Schulungen und einen Coach erhalten. Das können Sie sein oder jemand anderes, aber formalisieren Sie das Verhältnis. Machen Sie dem neuen Abteilungsleiter deutlich, dass niemand von ihm erwartet, dass er von vornherein alles weiß.

MEETINGS

Das Erste, worüber die meisten sich beklagen, wenn ein Unternehmen wächst, ist die plötzliche Flut von Meetings (und E-Mails und Nachrichten, aber hauptsächlich Meetings). Teambesprechungen, Führungsmeetings, Mitarbeiterversammlungen, Personalgespräche. Bis zu einem gewissen Grad führt kein Weg daran vorbei – die Leute müssen miteinander reden, und Gruppenchats werden ab einer bestimmten Größe kontraproduktiv. Sie brauchen Meetings – ob als Präsenzveranstaltung oder in anderer Form.

Doch Sie müssen auch gelegentlich innehalten und Ihre Besprechungs- und Kommunikationsprozesse überprüfen und etwas ändern, wenn sie keine effektive oder effiziente Zeitnutzung mehr darstellen. Sie können einige Meetings in Statusberichte umwandeln und die Zahl der Teilnehmer verringern. Aber dann müssen Sie zusehen, dass die Menge an Berichten nicht überhandnimmt – die Teams sollen ja nicht Unmengen Zeit mit dem Herausgeben von Informationen verbringen, die ohnehin keiner liest. Es ist ein ständiger Kampf. Führungskräfte sollten immer darauf achten, wie viele Stunden die Teams in Meetings zubringen – sowohl mit anderen als auch innerhalb des eigenen Teams –, und daran arbeiten, diese Zeiten im Griff zu behalten.

Mitarbeiterversammlungen sind ein gutes Beispiel. Das sind Meetings, an denen jeder im Unternehmen teilnimmt. Zu Anfang, wenn Sie weniger als vierzig, fünfzig Leute haben, finden diese Versammlungen vermutlich wöchentlich oder zweiwöchentlich statt. Sie beginnen als informelle und supertaktische Zusammenkünfte. Wir sitzen eine Stunde lang auf dem Boden, futtern Zitronenschnitten, besprechen, was jeder diese Woche wissen sollte, um seine Arbeit machen zu können, gehen auf den nächsten Meilenstein ein, erzählen uns, was für witzige Sachen wir machen, und werfen einen Blick auf die Konkurrenz. Gelegentlich, wenn es erforderlich ist, nutzen Sie die Gelegenheit für die eine oder andere unangenehme Mitteilung. Im Übrigen aber freuen Sie sich auf die Zusammenkünfte – Sie sprechen über die Mission und Ihre Fortschritte auf dem Weg dorthin, und am Ende gibt es ein bisschen Teambuilding.

Doch wenn die Zahl der Mitarbeiter steigt, ist es unmöglich, das Meeting wirklich für jeden einzelnen Teilnehmenden relevant zu machen und alle Themen abzudecken, die Sie abdecken wollen. Also führen Sie seltener Mitarbeiterversammlungen durch. Und die Inhalte beginnen sich zu verändern – es geht nun weniger darum, was gerade passiert, sondern mehr um die übergeordnete Unternehmensvision und die großen geplanten Schritte.

Die spaßige wöchentliche Mitarbeiterversammlung, bei der alle zwischen Kuchenkrümeln auf dem Boden sitzen und sich gegenseitig ins Wort fallen, ist nicht skalierbar. Und wenn Sie das nicht erkennen, sitzen Sie in der Falle. So wie Google. Bis vor Kurzem nahmen sämtliche 140 000 Google-Mitarbeiter wöchentlich an einer zwei- bis dreistündigen Versammlung teil – dem berühmten (oder berüchtigten) TGIF-Meeting. TGIF ist die Abkürzung für »Thank God it's Friday«, aber tatsächlich fand es donnerstags statt, weil Asien mit dabei sein musste (ein weiteres Beispiel für etwas, das sich nicht skalieren lässt – in diesem Fall geografisch).

Von ein bisschen Geplänkel der Unternehmensführung abgesehen diente der Großteil des TGIF-Meetings Teams aus der gesamten Organisation dazu, ihre Arbeit vorzustellen. Manchmal waren die Inhalte wirklich interessant. Oft aber auch nicht. Doch der Zweck des Meetings – die effektive Vermittlung wichtiger Informationen – war schon vor Jahren begraben worden. Die meisten Googler brachten die gesamten drei Stunden damit zu, Memes über das Meeting in einer internen App namens Memegen zu erstellen. Das ist zwar super für die Kultur und eine nette Idee für den Teamzusammenhalt, aber kein Mensch kann behaupten, das sei effizient oder führe in irgendeiner Form zu besserer Arbeit.

Und es ist teuer. Selbst wenn man nicht die Kosten dafür einrechnet, dass ein riesiger Teil Ihres Unternehmens mehrere Stunden pro Woche mit dem Erstellen von Memes zubringt, gehört ja auch viel Vorbereitung dazu. Google unterhielt ein eigenes TGIF-Team – Dutzende Personen investierten jede Woche Hunderte Stunden in diese Produktionen.

Sparen Sie sich die Mitarbeiterversammlungen also für Gelegenheiten auf, in denen sie wirklich nötig sind – machen Sie sie zu etwas Besonderem. Führen Sie sie regelmäßig, aber selten durch. Und ermuntern Sie kleinere Gruppen aus verschiedenen Teams, für den Austausch wichtiger Informationen zusammenzukommen. Sie dürfen sogar auf dem Boden sitzen und Zitronenschnitten essen. Doch die Ziele der Meetings sollten knackig und klar sein und die Zeit, die die Menschen am Arbeitsplatz verbringen, muss einen Zweck haben.

PERSONALABTEILUNG/MITARBEITER

Am Anfang brauchen Sie eigentlich keine Personalabteilung. Wenn Sie fünf, zehn, ja sogar fünfzig Mitarbeiter haben, können Sie einfach für die Erweiterung des Teams einen externen Recruiter heranziehen, Probleme über direkte Gespräche mit den Beteiligten klären und die Grundfunktionen wie Gesundheitsvorsorge, Altersvorsorge und so weiter auslagern.

Doch wenn Sie eine Zahl von sechzig bis achtzig Beschäftigten erreicht haben, müssen Sie eine interne Personalabteilung einrichten. Denn Sie haben es nicht bloß mit sechzig bis achtzig Personen zu tun, sondern eher mit zweihundertvierzig. Oder dreihundertzwanzig. Die meisten Beschäftigten haben Familie – Ehepartner, Lebensgefährten, Kinder. Und jeder von diesen hat Bedürfnisse, die auf Ihren Schultern lasten; er oder sie wird krank oder schwanger oder braucht eine Zahnspange oder will eine Auszeit nehmen oder hat einfach Fragen bezüglich der Sonderzahlungen.

Es wird immer teurer, die Personalbelange auszulagern, und es kostet entschieden zu viel Ihrer Zeit.

Holen Sie sich also die Personalabteilung ins Haus und erinnern Sie die Mitarbeiter daran, dass sie dazu da ist, jene und die Kultur zu schützen.

Den Mitarbeitern zu helfen, wenn sie Familienzuwachs haben. Für ihre regelmäßige Bezahlung zu sorgen. Zu gewährleisten, dass sie sich sicher fühlen. Eine formale Personalabteilung einzuführen, nimmt niemandem etwas weg – die Mitarbeiter und ihre Familien erhalten so schlicht eine bessere Ressource.

COACHS/MENTOREN

Coaching und Mentoring sind insbesondere vor Umbrüchen entscheidend. Etwa beim Übergang zu dreißig bis vierzig Beschäftigten, wenn Vorgesetzte nötig werden, und zu achtzig bis hundertzwanzig, wenn die ersten Mitarbeiter zu Abteilungsleitern befördert werden.

Denken Sie daran, dass es einen Unterschied zwischen Coachs und Mentoren gibt:

Coachs sind dazu da, beim Geschäftlichen zu helfen. Hier dreht sich alles um die Arbeit: um dieses Unternehmen, diese Stelle und dieser Augenblick.

Mentoren sind persönlicher. Sie unterstützen ihre Schützlinge nicht nur bei der Arbeit, sondern auch bei Fragen des Alltags und der Familie.

Ein Coach hilft, weil er das Unternehmen kennt; ein Mentor hilft, weil er Sie kennt.

Am besten ist eine Kombination aus beidem – jemand, der beide Welten kennt, ein Mentor/Coach, der Ihnen zu einer Gesamtvorstellung dessen verhelfen kann, was das Geschäft brauchen könnte, aber auch was Sie persönlich brauchen.

In der Anfangszeit sind Sie als Firmenchef auch Mentor. Sie bereiten die Leute auf den großen Übergang vor und coachen sie dabei. Doch wenn das Team wächst, müssen Sie offizielle Mentoren oder Coachs hinzuziehen, die Ihnen einen Teil der Last abnehmen. Ab hundertzwanzig Beschäftigten sollten Sie Führungscoachs haben, die die Mitglieder Ihres Führungsteams in ihre neuen Zuständigkeiten einführen und geeignete Kommunikations- und Organisationsstrategien entwickeln können.

KULTUR

Die Kultur ist am schwersten festzumachen und am schwersten zu bewahren. Selbst in kleinen Firmen entwickelt gewöhnlich jedes Team seine eigene besondere Kultur. Und wenn ein geschätzter Teil dieser Kultur verschwindet, kann das eine Menge Mitarbeiter kosten.

Um also zu bewahren, was bewahrenswert ist, lassen Sie am besten Ihre Mitarbeiter aufschreiben, was ihnen am wichtigsten ist, und erstellen einen Plan, wie Sie das fortführen wollen. Und denken Sie daran: Nicht immer ist es das Offensichtliche, was Menschen an Ihr Unternehmen bindet – es können auch kleine, alberne Dinge sein. Bei Nest begannen ein paar Teammitglieder, auf dem Parkplatz zu grillen, als wir noch sehr klein waren. Das war schön – alle konnten sich entspannen und reden und essen. Als wir größer wurden, hätten diese Grillveranstaltungen leicht im Sande verlaufen können – Steaks für fünfzehn ist ganz etwas anderes als Steaks für fünfzig. Oder fünfhundert. Also machte das Unternehmen das Projekt zu seiner Sache. Die Grillabende wurden größer und aufwändiger und teurer, aber wir weigerten uns, sie sterben zu lassen. Es war entscheidend für unsere Kultur, dass alle die Möglichkeit hatten, einfach miteinander abzuhängen – Chefs und Beschäftigte, Designer und Programmierer, Qualitätssicherung und IT und Kundendienst. Es war nur ein Grillfest, aber es war wichtig. Und es ließ sich wesentlich besser skalieren als Mitarbeiterversammlungen.

Die Kultur entwickelt sich von selbst. Früher oder später aber muss sie festgeschrieben werden, um zu überdauern.

Schreiben Sie also Ihre Unternehmenswerte auf, und hängen Sie sie an Ihre physischen und virtuellen Wände. Teilen Sie sie neuen Mitarbeitern mit. Machen Sie sie zum Bestandteil jedes Bewerbungsgesprächs. Jeder sollte wissen, was in Ihrem Unternehmen zählt – was Ihre Kultur ausmacht. Wenn Sie Ihre Werte nicht explizit kennen, können Sie sie nicht vermitteln, bewahren, weiterentwickeln oder auf ihrer Grundlage einstellen.

Und lassen Sie jedes Team aufschreiben, wie es die Dinge angeht: Wie sieht der Marketingprozess aus? Wie der technische Ablauf? Welche Phasen hat die Produktentwicklung? Wie arbeiten wir zusammen? Diese Dinge sollte nicht nur in den Köpfen der Menschen existieren. Mitarbeiter gehen weg.

Neue kommen. Wenn Sie geometrisch wachsen – in alle Richtungen gleichzeitig –, brauchen Sie im Mittelpunkt einen starken, stabilen Kern. Ihre erfahrenen Mitarbeiter müssen neue darin unterweisen können, wie was bei Ihnen gemacht wird, sonst findet sich keiner zurecht.

Ich habe Hunderte von Firmen, in die wir investiert haben, an diesen Umbrüchen scheitern sehen, und ich habe es am eigenen Leib erfahren – als ich bei Philips versuchte, inmitten eines Heeres von fast 300 000 Beschäftigten eine neue Gruppe zu formen oder als Apple von 3000 auf 80 000 Mitarbeiter anwuchs. Und Umbrüche scheinen die Leute immer eiskalt zu erwischen. Keiner will den Blick vom florierenden Geschäft, der blühenden Vision und den neuen Produkten abwenden, um innezuhalten und nachzudenken und umzustrukturieren.

Neben allem anderen, was aktuell passiert, auch noch einen Umbruch vorauszuplanen, ist eine Menge Arbeit. Und es ist die unangenehmste Art der Planung: chaotisch, schwierig, unheimlich nerviges Personalzeug. Die Verlockung ist immer groß, es auf morgen zu verschieben.

Aber der Spruch »Man soll nichts reparieren, das nicht kaputt ist« greift hier nicht. Wenn Sie sich nicht auf Umbrüche vorbereiten – das Team nicht warnen, die Hierarchie nicht bedachtsam erstens um Positionen und zweitens um Individuen herum neu strukturieren, keine neuen Führungskräfte hinzufügen, Ihre Meetings und Kommunikations-Tools nicht auf den Prüfstand stellen, den Mitarbeitern keine Schulungen oder Coachings ermöglichen, nicht aktiv an der Bewahrung Ihrer Kultur arbeiten –, sind die Konsequenzen klar:

- Ich habe schon erlebt, wie Führungskräfte in ihrem Bestreben, die Mitarbeiter bei Laune zu halten, ihre Organisation um bestehende Beschäftigte herum aufgebaut haben, anstatt erst einmal herauszufinden, wie die optimale Struktur aussehen sollte, und das Team an diese Positionen anzupassen.
- Dann überschneiden sich Stellen und Verantwortlichkeiten, es gibt riesige Redundanzen in den oberen Führungsebenen, man muss abgefahrene neue Stellenbezeichnungen für die Leute erfinden und keiner weiß, woran er eigentlich arbeiten soll.

- Die Arbeit wird auf Schneckentempo abgebremst.
- Die Beschäftigten beschweren sich, dass die Kultur vor die Hunde geht.
- Die Leute kündigen.
- Panik greift um sich und es kann sich wie eine ausgewachsene Krise anfühlen.

Normalerweise dauert es sechs bis neun Monate, sich davon zu erholen. Für gewöhnlich müssen die Unternehmen das gesamte neue Wachstum seit dem Umbruch zurückschrauben und von dort aus einmal anfangen. Aber diesmal müssen Sie es richtig machen. Unternehmen, die diese Umbrüche zu ignorieren versuchen, überleben entweder nicht oder bleiben in ihrer derzeitigen Größe stecken und stagnieren.

Und Sie sollten wissen, dass Sie selbst bei perfekter Führung wahrscheinlich einige Mitarbeiter verlieren. Auch gute Leute werden gehen. Manche bevorzugen einfach kleinere Unternehmen. Manchen gefallen die Veränderungen nicht, selbst wenn sie ihre Notwendigkeit einsehen. Manche können sich nicht mit der neuen hierarchischen Struktur anfreunden – trotz ausreichender Warnungen und trotz Coachings. Doch mag es auch wehtun, wenn vertraute Kollegen und Freunde gehen – diese Verluste lassen sich verschmerzen. Sie sind keine Katastrophe. Ihre Kultur und Ihr Unternehmen werden sie überleben.

Und wenn Sie dann endlich Ihre Mitarbeiter bestärkt, die Führungskräfte geschult, eine Million Vier-Augen-Gespräche über die Ängste der Leute geführt, Ihre Werte und Prozesse festgeschrieben und bei regelmäßigen (aber nicht zu häufigen) Mitarbeiterversammlungen Reden gehalten haben, um die Kultur aufzubauen und zu stärken, müssen Sie sich eine Minute Zeit nehmen und über sich selbst nachdenken.

Sie haben wahrscheinlich Angst. Und das sollten Sie auch. Wenn nicht, nehmen Sie die Sache nicht ernst genug.

Umbrüche widerfahren nicht nur dem Unternehmen. Sie widerfahren auch Ihnen. Als CEO oder Gründer oder Leiter eines Teams in einem größeren Unternehmen wird es um Sie herum desto einsamer, je größer die Organisation wird und je stärker sich das Produkt von Ihnen entfernt. Als Sie angefangen haben, haben Sie bei jeder Einstellung mitgeholfen, Sie kannten jeden, waren in vielen, wenn nicht gar in allen Meetings dabei, standen Seite an Seite mit Ihrem Team und haben mit diesem zusammen etwas aufgebaut. Als das Team dann auf hundertzwanzig bis hundertfünfzig Personen wuchs, änderte sich alles. Sie fingen an, Gesichtern zu begegnen, die Sie nicht wiedererkannten – sind das da unsere Mitarbeiter? Oder Partner? Oder Freunde, die zum Mittagessen vorbeigekommen sind? Sie kennen nicht mehr sämtliche Details von allem, was vor sich geht. Und Sie können nicht mehr einfach in ein Meeting gehen, ohne dass alle Panik bekommen: Warum ist der CEO hier? Was ist schiefgelaufen?

Wenn Sie also einen Umbruch erleben, denken Sie am besten daran, wie Sie das Team beschwichtigt haben, und befolgen Ihren eigenen Rat: Machen Sie sich bewusst, was da unweigerlich auf Sie zukommen wird, und bereiten sich darauf vor. Reden Sie mit Ihrem Mentor. Machen Sie sich vor jedem Übergang klar, wie Ihre Tätigkeit aussehen sollte, und planen Sie entsprechend. Und denken Sie immer daran: Wandel ist Wachstum, und Wachstum ist Chance. Ihr Unternehmen ist ein Organismus, dessen Zellen sich teilen müssen, um mehr zu werden, und sich spezialisieren müssen, um zu etwas Neuem zu werden. Grämen Sie sich nicht um das, was Sie verlieren – denken Sie an das, was Sie sein werden.

Kapitel

5.3

DESIGN FÜR JEDERMANN

Alles, was geschaffen werden soll, muss gestaltet werden – nicht nur Produkte und Marketing, sondern auch Prozesse, Erlebnisse, Organisationen, Formen, Materialien. Im Kern bedeutet Design einfach, ein Problem zu durchdenken und eine elegante Lösung dafür zu finden. Das kann jeder tun. Sollte er auch.

Ein guter Designer zu sein, ist eher eine Denkweise, als dass es zwangläufig etwas mit Zeichnen zu tun hätte. Es geht nicht nur darum, Dinge schön zu machen – sie sollen auch besser funktionieren. Mag sein, dass Sie ohne einen professionellen Designer keinen perfekt auf Hochglanz polierten Prototyp erschaffen können, aber Sie können auch allein ziemlich weit kommen, wenn Sie zwei Kernprinzipien beherzigen:

1. **Nutzen Sie Design Thinking:** Das ist eine bekannte Strategie, die auf David Kelley von IDEO zurückgeht und Sie dazu auffordert, Ihren Kunden und seine Schmerzpunkte zu identifizieren, das zu lösende Problem genau zu verstehen und systematisch Wege zu seiner Lösung zu entdecken. [Siehe auch die Leseliste: *Creative Confidence: Unleashing the Creative Potential Within Us All.*]

   Beschwert sich beispielsweise jemand, dass er zu viele Fernbedienungen hat, sollten Sie, anstatt sofort zur Tat zu schreiten und alle diese Fernbedienungen zu einer einzigen, riesengroßen und lächerlich komplizierten zu kombinieren, sich die Zeit nehmen, den Kunden zu verstehen: Was macht er, wenn er sich aufs Sofa setzt? Was guckt er sich an? Wann guckt er? Wer guckt mit ihm? Wofür benutzt er welche Fernbedienung und wie oft? Wo bewahrt er sie auf? Was passiert, wenn er nach der falschen greift?

Von dort aus gelangen Sie zum Verständnis des wahren Kundenproblems: Er kommt abends spät nach Hause und will nicht die ganzen Lampen einschalten und seine Familie aufwecken, weshalb er versucht, den Fernseher im Dunkeln einzuschalten, was ihm nicht gelingt, weil er die richtige Fernbedienung nicht findet. Okay – dafür finden wir eine Lösung.

2. **Gewohnheit vermeiden:** Jeder gewöhnt sich an Dinge. Das Leben ist voller ganz kleiner und riesengroßer Unannehmlichkeiten, die Sie gar nicht mehr wahrnehmen, weil Ihr Gehirn sie einfach als unveränderliche Realität akzeptiert und ausgeblendet hat.

   Denken Sie zum Beispiel an diesen kleinen Aufkleber, den Lebensmittelläden auf ihre Ware kleben. Statt einfach einen Apfel zu essen, müssen Sie jetzt den Aufkleber suchen, ihn abfummeln und die klebrigen Rückstände mit dem Fingernagel abschaben. Als Ihnen der Aufkleber die ersten Male begegnet ist, waren Sie wahrscheinlich genervt. Jetzt nehmen Sie ihn kaum noch wahr.

   Wenn Sie jedoch wie ein Designer denken, bleiben Sie aufmerksam gegenüber den vielen Dingen bei Ihrer Arbeit und im Leben, die besser sein könnten. Sie finden Gelegenheiten, um Erlebnisse zu verbessern, von denen die Menschen schon längst angenommen haben, dass sie einfach immer blöd bleiben würden.*

* *

Manchmal steht uns die Sprache im Weg.

Design ist nicht nur ein Beruf.

Ein Kunde ist nicht nur jemand, der etwas kauft.

Ein Produkt ist nicht nur ein physisches Objekt oder eine Software, die Sie verkaufen.

Sie können Design Thinking auf alles anwenden, was Sie tun.

Stellen Sie sich vor, Sie stöbern in Ihrem Kleiderschrank und machen sich fertig für ein Bewerbungsgespräch: Ihr Kunde ist die Person, die das Gespräch

---

* Ich habe einen ganzen TED-Talk über Gewohnheiten gemacht. Falls Sie Interesse haben, sich näher damit zu befassen, können Sie ihn sich online anschauen.

führt, Ihr Produkt sind Sie selbst, und Sie designen das Outfit für den Tag. Sollten Sie eine Jeans anziehen? Ein Button-down-Hemd? Ist die Unternehmenskultur förmlich oder leger? Wie wollen Sie sich selbst präsentieren? Diese Entscheidungen zu treffen, ist ein Designprozess. Das beste Ergebnis zu erzielen, erfordert Design Thinking, selbst wenn es unbewusst abläuft.

Jetzt haben Sie die Stelle. Glückwunsch. Die Jeans war eine gute Entscheidung. Aber das Büro ist fünfzehn Kilometer weit weg und Sie haben kein Auto. Willkommen im heutigen Designprozess – nur dass der Kunde jetzt Sie selbst sind.

Sie ziehen ja auch nicht einfach los und kaufen irgendein Auto – vielmehr gehen Sie zuerst Ihre Optionen durch. Brauchen Sie wirklich ein Auto? Vielleicht können Sie mit dem Bus fahren oder sich einen Scooter oder ein Fahrrad zulegen. Wenn Sie ein Auto kaufen: Wofür wollen Sie es nutzen? Wie groß ist Ihr Budget? Wollen Sie ein Hybrid- oder ein Elektrofahrzeug kaufen? Werden Sie viel im Stau stehen? Parken Sie für gewöhnlich auf der Straße oder in einer Garage? Nehmen Sie häufig die Familie mit oder Freunde oder Kollegen oder Haustiere? Machen Sie regelmäßig Wochenendausflüge?

Design Thinking zwingt Sie, das zu lösende Problem wirklich zu durchdringen. In diesem Fall lautet das Problem nicht: »Ich brauche ein Auto, um zur Arbeit zu kommen.« Es ist tatsächlich viel breiter gefächert: »Wie will ich mich fortbewegen?« Was Sie da »designen«, ist eine Mobilitätsstrategie für Ihr Leben.

Wenn Sie ein wirklich gutes Produkt schaffen wollen, bleibt Ihnen nichts anderes übrig, als sich auf eine Expedition zu begeben, die Bedürfnisse Ihrer Kunden zu analysieren und alle denkbaren Optionen auszuloten (einschließlich der unerwarteten: vielleicht kann ich von zu Hause aus arbeiten, vielleicht kann ich näher an meinen Arbeitsplatz ziehen). Es gibt nicht das perfekte Design. Kompromisse sind unausweichlich. Aber Sie wählen die Beste aller Optionen – ästhetisch, funktionell und zum erforderlichen Kostenpunkt.

Das ist es, was wir unter einem Designprozess verstehen. So habe ich den iPod gestaltet. So »designe« ich alles.

Und das ist es, was »Nicht-Designern« häufig nicht zugetraut wird. [Siehe auch Kapitel 2.3: Arschlöcher.]

Ich habe im Lauf der Jahre mit vielen Designern zusammengearbeitet, darunter brillanten, großartigen Talenten, aber ich bin auch eingebildeten Chefdesignern begegnen, mit den ich mich in die Haare kriegen, weil sie mir weismachen wollten, Design wäre nur etwas für Designer. Sie meinten, man müsse einen Experten hinzuziehen, wann immer man mit einem schwierigen Problem zu tun hat. Jemanden – vorzugsweise sie selbst – mit einem feinen Sinn für Ästhetik und einem eindrucksvollen Studienabschluss. Ich habe erlebt, wie diese Designer Ideen aus der Technik oder aus der Produktion allein aufgrund der Annahme verwarfen, Nichtdesigner könnten unmöglich die Kundenbedürfnisse verstehen und durchdachte Lösungen finden. Was nicht von jemandem stammte, der »Design« im Titel trug, konnte keine Lösung sein.

Das macht mich wahnsinnig.

Schon deshalb, weil diese Einstellung ansteckend ist. Ich habe massenhaft Start-ups erlebt, die vor einer schwierigen Designherausforderung standen und sofort dachten, sie müssten, um sie zu meistern, irgendjemanden einstellen. Wir wissen nicht genug darüber, wir haben nicht das Fachwissen, wir brauchen jemanden dafür.

Aber Sie sollten ein Problem nicht outsourcen, solange Sie nicht selbst versucht haben, es zu lösen – besonders, wenn die Lösung dieses Problems zentral für die Zukunft Ihres Geschäfts ist. Wenn es eine wichtige Funktion ist, muss Ihr Team die Muskeln aufbauen, um den Prozess zu verstehen und es selbst zu machen.

In der Anfangszeit von Nest war klar, dass unser Marketing ein entscheidendes Alleinstellungsmerkmal sein würde. Also ich Anton Oenning als Marketingchef einstellte, bat ich ihn daher, an der Verpackung zu arbeiten. Anton ist ein wunderbar intuitiver und empathischer Marketingprofi – ein Meister des Storytelling – und kennt sich sehr gut mit dem Kundenerlebnis aus. Aber er ist kein Designer. Und ebenso wenig ein Texter. So hat er es in Erinnerung: »Nach vielleicht zwei Wochen bei Nest sagte Tony, ich solle die Verpackung gestalten und den Text schreiben. ‚Was? Äh. Na schön. Ich könnte ein paar freiberufliche Designer und Texter anrufen, mit denen ich schon zusammengearbeitet habe.' ‚Nein. Das muss im Haus bleiben, unter Geheimhaltung.' ‚Oh. Haha. Okay. Dann fange ich mal gleich damit an.'

Und es erwies sich, glaube ich, als der befreiendste Auftrag meiner ganzen Berufslaufbahn.«

Er lernte, indem er es machte. Und scheiterte. Und es erneut versuchte. Wir schrieben den Verpackungstext über zehn Mal um und entwickelten gleichzeitig einen Mitteilungsprozess und -rahmenplan. [Siehe auch Abb. 5.4.1 in Kapitel 5.4.] Und dann, als er ein grundlegendes Verständnis dessen entwickelt hatte, was Verpackung leisten kann und welche natürlichen Grenzen sie hat, und nachdem er die Aussage völlig verinnerlicht hatte, arbeitete er mit Designern und Textern zusammen, um sie zu perfektionieren. Aber nichts davon wäre geschehen, hätte er es nicht zuerst selbst versucht. Er brauchte lediglich einen Anstoß. Meistens ist das alles, was ein kluger und fähiger Mensch braucht, um zu brillieren.

Vielleicht brauchen Sie nicht einmal jemanden, der für Sie zeichnet oder ästhetische Entscheidungen trifft. Nehmen Sie zum Beispiel die Namensgebung. Das ist ein Problem, vor dem alle Unternehmen stehen. Aber statt eine Namens- oder Brandingagentur einzuschalten, um einen Namen für Sie zu wählen, setzen Sie sich am beste einfach hin und gehen die Sache wie ein Designer an:

Wer ist Ihr Kunde, und wo wird ihm dieser Name begegnen?
Was soll Ihr Kunde im Zusammenhang mit Ihrem Produkt denken oder fühlen?
Welche Markeneigenschaften oder Produktmerkmale soll dieser Name auf jeden Fall unterstreichen?
Ist dieses Produkt Teil einer Produktfamilie oder steht es für sich allein?
Wie soll die nächste Version heißen?
Solle der Name Gefühl oder eine Vorstellung auslösen oder einfach eine unmittelbare Beschreibung sein?
Sobald Sie eine Liste von Namenskandidaten erstellt haben, müssen Sie jeden einzelnen Vorschlag im Kontext testen.
Wie funktioniert er in einem Satz?
Wie verwenden Sie ihn im Druck?
Wie verwenden Sie ihn grafisch?

Vielleicht kommt dabei kein Name heraus, den Sie toll finden, aber der Versuch, es selbst hinzukriegen, lässt Sie zumindest den Namensgebungsprozess wertschätzen und verstehen. Er gibt Ihnen die Werkzeuge an die Hand, die Sie brauchen, um mit einer Agentur zusammenzuarbeiten und von den Tricks zu lernen, die jene nutzt, um die Entscheidung für ihren finalen Vorschlag zu treffen.

Manchmal müssen Sie wirklich einen Experten beauftragen. Manchmal kann ein brillanter Designer Ihnen eine Leiter bauen und Ihrem Team aus dem Loch heraushelfen, in dem es sich selbst vergraben hat. Doch Ihr Team sollte die ganze Zeit zuschauen und lernen und Fragen stellen, damit es in Zukunft seine Leitern selbst herstellen kann.

So können Leute auf allen Ebenen und in jedem Team anfangen, Design Thinking bei ihrer täglichen Arbeit anzuwenden – für Verpackungen, Geräte, Bedienoberflächen, Website, Marketing, Bestellwesen, für das Auditive, das Visuelle, die Haptik und den Geruch. Sie werden anfangen, alles mit Bedacht zu designen, angefangen beim Prozess, den Ihr Unternehmen zur Zahlung seiner Rechnungen verwendet, bis zu der Frage, wie ein Kunde Ihr Produkt zurückgeben kann.

Ihr Team nimmt nun allmählich die Löcher wahr, die es sich gegraben hat, es schüttelt die Gewöhnung an den Status quo ab und beginnt, die Dinge besser zu machen. Statt sich anzusehen, wie andere Unternehmen etwas machen – etwas immer schon gemacht haben –, und das zu kopieren, fängt Ihr Team an, wie seine Kunden zu denken: »So würde ich dieses Produkt gern zurückgeben.« Dann gestalten sie den Prozess von Grund auf neu, und zwar so, wie er gestaltet sein sollte:

- Fragen Sie bei jedem Schritt nach dem Warum – warum ist das jetzt so? Wie könnte es besser sein?
- Denken Sie wie ein Nutzer, der dieses Produkt noch nie ausprobiert hat; vertiefen Sie sich in seine Vorstellungswelt, seine Ärgernisse und Probleme, seine Hoffnungen und Sehnsüchte.
- Brechen Sie das auf einzelne Schritte herunter und definieren Sie im Voraus sämtliche Randbedingungen, die es zu berücksichtigen gilt. [Siehe auch Kapitel 3.5: Herzschlag und Handschellen.]
- Verstehen und erzählen Sie die Story des Produkts. [Siehe auch Kapitel 3.2: Storytelling.]

- Erstellen Sie unterdessen immer wieder Prototypen. [Siehe auch Kapitel 3.1: Das Ungreifbare greifbar machen.]

Nicht jeder kann ein toller Designer sein, aber jeder kann wie einer denken. Design ist nicht etwas, das Sie in den Genen haben und mit dem Sie auf die Welt kommen sind – es ist etwas, das Sie lernen können. Sie können Coachs und Lehrer, Schulungen und Bücher einsetzen, um jedem zu der richtigen Einstellung zu verhelfen. Sie können es gemeinsam tun.

Selbst die besten Designer der Welt können es nicht allein tun. Die meisten Menschen sehen das Apple-Design und sagen: Das ist die Arbeit von Steve Jobs. Das ist die Arbeit von Jony Ive. Aber das stimmt nicht einmal ansatzweise. Es sind niemals nur ein oder zwei Personen, die ihr Genie in einen Skizzenblock fließen lassen und diesen dann ein paar niederrangigen Angestellten zur Umsetzung übergeben. Tausende und Abertausende Menschen designen für Apple – und es sind diese Teams, die zusammenkommen und etwas wirklich Einzigartiges und Wunderbares schaffen.

Um ein guter Designer zu sein, dürfen Sie sich nicht in einem Kämmerlein einschließen – Sie müssen sich mit Ihrem Team verbinden, mit Ihren Kunden und der Umwelt und mit anderen Teams, die vielleicht innovative Ideen beisteuern können. Sie müssen die Bedürfnisse der Kunden verstehen und all die unterschiedlichen Arten, wie Sie auf diese Wünsche eingehen können. Sie müssen jedes Problem aus allen nur denkbaren Blickwinkeln betrachten. Sie müssen ein bisschen kreativ werden. Ja, Sie müssen überhaupt erst einmal das Problem erkennen.

Dieser letzte Punkt scheint keine große Sache zu sein. Ist es aber. Hier liegt der Unterschied zwischen einem Start-up-Mitarbeiter und einem Start-up-Gründer.

Die meisten Menschen haben sich so an die Probleme und Problemchen im privaten und beruflichen Leben gewöhnt, dass sie sie gar nicht mehr als solche wahrnehmen. Sie leben einfach ihren Tag, gehen ins Bett, schließen die Augen, merken, dass sie in der Küche das Licht angelassen haben, stöhnen auf und stapfen die Treppe hinunter, ohne jemals zu denken: Warum ist in meinem Schlafzimmer kein Lichtschalter, der alle Lampen im Haus ausschaltet?

Sie können keine interessanten Probleme lösen, solange sie ihre Existenz noch gar nicht bemerkt haben.

Hier ist der Grund, warum ich vermutete, aus dem iPod könnte wirklich ein Erfolg werden: CDs sind schwer. Ich liebe Musik und damals hatte ich Hunderte von CDs in meiner Sammlung. Jede davon war sorgfältig in eine Plastikhülle verpackt und neben fünfzig ihrer engsten Freunde in eine meiner Transporttaschen gestopft. An den Wochenenden arbeitete ich als DJ – nur zum Spaß bei Partys – und die CDs wogen mehr als meine Lautsprecherboxen.

In den Neunzigern schleppte praktisch jeder seine CDs mit sich herum. Praktisch jeder hatte eine abgenutzte Lederaufbewahrung, die immer im Auto blieb, weil sie nicht in die Tasche passte. Aber so gut wie niemand sah darin ein Problem, für das es eine Lösung geben könnte. Man ging einfach davon aus, dass dies zum Leben gehörte – wenn man seine Musik hören wollte, musste man eben seine CDs mit sich herumschleppen.

Diejenigen, die Probleme in ihrem Umfeld erkennen – und dann Lösungen ersinnen –, sind meistens Erfinder, Start-up-Gründer und Kinder. Junge Menschen betrachten die Welt und hinterfragen sie. Sie sind es noch nicht müde, tausendmal denselben Quatsch zu machen – sie gehen nicht davon aus, dass alles so sein muss, wie es ist. Sie fragen: »Warum?«

Das eigene Gehirn jung zu halten, ist der Schlüssel. Probleme zu erkennen, die von anderen beschönigt werden, ist nützlich. Lösungen für diese Probleme zu finden und dabei den Sprachgebrauch und die gedanklichen Prozesse eines Designers zu nutzen, ist unschätzbar wertvoll.

Steve Jobs nannte es »ein Anfänger bleiben«. Er forderte uns ständig auf, das, was wir machten, mit frischem Blick zu betrachten. Wir designten den iPod nicht für uns selbst – wir designten ihn für Menschen, die keine Erfahrung mit digitaler Musik hatten. Menschen mit Boomboxes und Walkmen, mit abgenutzten Lederaufbewahrungen in ihren Autos. Wir versuchten, ihnen eine völlig andere Art zu zeigen, über ihre Musik nachzudenken. Hier kam es auf jedes noch so kleine Detail an – diese Menschen waren schnell verwirrt und frustriert, wenn sie mit etwas so vollkommen Neuem konfrontiert wurden. Es musste reibungslos sein. Es musste sich magisch anfühlen.

Steve wollte, dass die Leute dieses wunderschöne kleine Objekt aus der Verpackung nehmen und es augenblicklich liebgewinnen und verstehen würden.

Aber das war natürlich unmöglich. Nichts war augenblicklich. Damals mussten alle Elektrogeräte mit Festplatte aufgeladen werden, ehe man sie nutzen konnte. Man kaufte sich ein neues Gerät, holte es aus der Verpackung und musste es dann eine Stunde lang ans Stromnetz anschließen, ehe man es einschalten konnten. Das war nervig, aber so war nun einmal das Leben.

Dann sagte Steve: »Bei unserem Produkt soll das nicht so sein.«

Es war üblich, dass Elektrogeräte in der Produktionsstätte dreißig Minuten lang liefen, um zu gewährleisten, dass sie funktionierten. Wir ließen den iPod über zwei Stunden laufen. Die Fabrikation verlangsamte sich. Sehr. Das Produktionsteam beschwerte sich; die Kosten stiegen. Doch die zusätzliche Zeit ließ uns den iPod nicht nur vollständig überprüfen, sie gab dem Akku auch genügend Zeit, um komplett aufzuladen.

Heute ist das eine Selbstverständlichkeit – alle Elektrogeräte werden aufgeladen verkauft. Nachdem Steve das Problem erkannt hatte, taten es auch alle anderen.

Es scheint nur eine Kleinigkeit zu sein, aber es war bedeutsam. Es spielte eine Rolle. Sie machten die Schachtel auf, und Ihr iPod lag da und war bereit, Ihr Leben zu verändern.

Magie.

So eine Magie, wie jeder sie bewirken kann.

Man muss nur das Problem erkennen. Und nicht warten, bis irgendjemand anderes es für einen erkennt – und löst.

Kapitel

5.4

EINE METHODE FÜR DAS MARKETING

Marketing muss nichts Schwammiges und Unpräzises sein. Zwar baut gutes Marketing auf menschlicher Verbundenheit und Empathie auf, doch die Schaffung und Implementierung Ihrer Marketingstrategien kann und sollte ein straffer, analytischer Prozess sein.

1. **Marketing darf nichts sein, was man erst ganz am Ende aufsetzt.** Beim Schaffen eines Produkts sollten Produktmanagement und Marketingteam von Anfang an zusammenarbeiten. Während der Produktentwicklung sollte das Marketing immerzu an der Story arbeiten und es muss sichergestellt sein, dass es ein Wörtchen mitzureden hat bei der Frage, in welche Richtung sich das Produkt entwickelt.
2. **Lassen das Marketing einen Prototyp Ihres Produktnarrativs erstellen.** Das Kreativteam kann Ihnen helfen, das Produktnarrativ greibar zu machen. Das sollte parallel zur Produktentwicklung stattfinden – und das eine sollte das andere befruchten.
3. **Das Produkt ist die Marke.** Die realen Erfahrungen, die ein Kunde mit Ihrem Produkt macht, zementieren Ihre Marke in seinem Kopf viel stärker als jede Werbung, die Sie dafür machen können. Das Marketing ist Bestandteil jedes einzelnen Kundenberührungspunktes – ob Ihnen das bewusst ist oder nicht.
4. **Nichts existiert im luftleeren Raum.** Sie können nicht einfach eine Reklame schalten und glauben, damit wäre es getan. Die Reklame führt zu einer Website, die zu einem Laden führt, in dem der Kunde eine Schachtel erwirbt, die eine Anleitung enthält, die ihm bei der Installation hilft, nach welcher er mit einer Willkommen-E-Mail begrüßt

wird. Das gesamte Erlebnis muss in einem Anlauf gestaltet werden, mit unterschiedlichen Berührungspunkten, die verschiedene Bereiche Ihrer Botschaft erklären, um ein einheitliches, zusammenhängendes Erlebnis zu schaffen.

5. **Das beste Marketing ist, einfach die Wahrheit zu sagen.** Die ultimative Aufgabe des Marketings ist es, die beste Art zu finden, um die wahre Geschichte Ihres Produkts zu erzählen.

* *

Viele denken, Marketing wäre bloß das, was ganz am Ende des Schöpfungsprozesses kommt, wenn Leute, die nichts mit der Produktentwicklung selbst zu tun hatten, eine nette kleine Werbeanzeige entwerfen. So wie Coca-Cola uns glückliche Eisbären zeigt, um uns zu überzeugen, Zuckerwasser zu trinken.

Das sind dieselben Leute, die das Marketing als überflüssigen Quatsch oder notwendiges Übel abtun. Sie denken, es habe etwas mit Schwätzern zu tun, die Wirbel um nichts machen, nur weil es Geld bringt. Das Produkt herzustellen, ist gut und sauber, aber um es zu verkaufen, muss man ein bisschen dreckig werden.

Aber gutes Marketing ist kein Geschwätz. Es geht nicht darum, etwas zu erfinden, eine Fiktion zu schaffen, die Vorzüge Ihres Produkts zu übertreiben oder Schwächen zu verheimlichen.

Steve Jobs sagte oft: »Das beste Marketing ist, einfach die Wahrheit zu sagen.«

Wenn die Botschaft wahr klingt, ist das Marketing besser. Sie brauchen keinen Schnickschnack, keine Stunts und keine tanzende Eisbären – Sie erklären einfach auf die bestmögliche Art und Weise, was Sie machen und warum Sie es machen.

Und Sie erzählen eine Story: Sie sprechen die Emotionen des Kunden an, um ihn mit Ihrem Narrativ zu fesseln, doch Sie appellieren auch an seine rationale Seite, damit es sich selbst davon überzeugen kann, dass es clever ist zu kaufen, was Sie ihm anbieten. Sie bringen das, was er hören will, mit dem ins Gleichgewicht, was er wissen muss. [Siehe auch Kapitel 3.2: Storytelling.]

Damit die Story sich echt anfühlt und greifbar wird, müssen Sie sie visualisieren. Sie brauchen eine Mitteilungsarchitektur:

WARUM WILL ICH ES HABEN?	WARUM BRAUCHE ICH ES?			
	WAS IST MEIN PROBLEM?		SCHMERZKILLER	
Ich stecke in der Routine fest. Ich brauche dringend **INSPIRATION**.	**STILLSTAND**	Ich gehe noch zur Schule oder habe meine erste Anstellung. Vielleicht versuche ich, meine Stelle zu kündigen, oder ich will etwas Eigenes aufziehen. Aber ich kenne meinen nächsten Schritt nicht.	*Build – ein unorthodoxer Leitfaden* hilft mir, immer wieder diesen Funken zu finden. Jeder muss seinen eigenen Funken finden. *Build – ein unorthodoxer Leitfaden* sagt mir, wo ich danach suchen soll.	**FUNKE**
Ich weiß nicht, wo ich anfangen und welchen Weg ich einschlagen soll. Ich brauche eine **RICHTUNG**.	**HAMSTERRAD**	Ich habe immer das gemacht, was alle anderen auch tun. Ich werde zu bequem für den Wettkampf um zunehmend knappe Ressourcen.	*Build – ein unorthodoxer Leitfaden* hilft mir, ein geistiges Gerüst für die Zukunft zu schaffen, und zeigt mir, wie ich den kürzesten Weg dorthin kartografiere.	**SPRUNG**
Ich kann mich nicht an Gründer wie Zuckerberg, Musk etc. wenden. Ich brauche einen realistischen **RAT** von jemandem, der in derselben Lage war, in der ich mich jetzt befinde.	**UNVORSTELLBAR**	Ich möchte von jemandem lernen, mit dem ich mich vergleichen kann, nicht von einem Harvard- oder Stanford-Abbrecher.	Tonys Weg zum Silicon Valley ist nachvollziehbar. Er erzählt von schmerzlichen Fehlern, die er auf seinem Weg gemacht hat, sodass ich sie vermeiden kann.	**UMSETZBAR**
Nicht noch so ein Selbsthilfe-Businessbuch! Ich will einen bewährten, **ehrlichen Typen**, der mir sagt, was Sache ist.	**MÜDE**	Kein Elfenbeinturm. Nicht die Erwartung, einen Öltanker zu wenden. Ich brauche kleine Einheiten, die langfristig eine große, nachhaltige Wirkung erzielen.	Das ist ein Typ, der seine Karriere von unten her aufgebaut hat. Jeder Schritt ist ein beherzter Schritt nach vorn, geprägt von Leidenschaft und gesundem Menschenverstand.	**FRISCH**

Abbildung 5.4.1: Diese Vorlage haben wir bei Nest erstellt und ich habe sie schon endlos vielen Start-ups weitergegeben. Sie wurde für alles Mögliche genutzt, von medizinischen Diagnosegeräten bis zu Sensoren für Garnelenzüchter. Jetzt verwenden wir sie für dieses Buch.

Zuerst brechen Sie die Problempunkte herunter, die Ihr Kunde wahrnimmt oder an die er sich gewöhnt hat.

Jedes Problem ist ein »Warum« – es verleiht Ihrem Produkt eine Daseinsberechtigung.

Der Schmerzkiller ist das »Wie« – das sind die Features, die das Problem des Kunden lösen.

In der Spalte »Warum will ich es haben?« stehen die Gefühle, die Ihr Kunde hat.

Die Spalte »Warum brauche ich es?« nennt die rationalen Gründe für einen Kauf dieses Produkts.

Das gesamte Produktnarrativ sollte in dieser Liste vertreten sein – jedes Problem, jeder Schmerzkiller, jedes rationale Argument, jeder emotionale Impuls, jedes Erkenntnis bezüglich des Kunden. All das muss enthalten sein, denn:

1. **Es ist entscheidend für die Produktentwicklung:** Produktmanagement und Marketing arbeiten vom ersten Tag an an der Mitteilungsarchitektur. Um ein tolles Produkt zu erschaffen, muss jedes Problem extrem gut erkannt sein und es muss dazu ein Schmerzkiller in Form eines Produktmerkmals existieren. Die Mitteilungsarchitektur ist der begleitende Text zur reinen Liste von Merkmalen und ihrer Funktionalität, die Ihre grundlegende Produktbotschaft darstellt. Beide müssen Seite an Seite existieren: das Was und das Warum.
2. **Es ist ein lebendes Dokument:** Wenn sich das Produkt und das Verständnis Ihres Teams für den Kunden weiterentwickeln, tut dies auch die Mitteilungsarchitektur.
3. **Es ist eine gemeinsame Ressource:** Jeder, der für irgendwelche Kundenberührungspunkte zuständig ist, sollte sich dieses Dokument ansehen, nicht nur das Marketing. Es sollte auch Technik, Vertrieb und Kundendienst leiten. Jedes einzelne Team sollte über das Was und das Warum nachdenken und über die Geschichte, die Sie erzählen.

Doch die Mitteilungsarchitektur ist nur der erste Schritt.

Für jede Version der Story schrieben wir uns die häufigsten Einwände auf und wie wir ihnen begegnen konnten – welche Statistiken zu verwenden waren, welche Seiten der Website den Leuten zu schicken waren, welche Partnerschaften zu erwähnen waren oder auf welche Referenzen zu verweisen war. Wir tüftelten aus, welche Story wir auf ein Plakat schreiben konnten, bis hinunter zu der Story, die wir einem langjährigen Kunden erzählen würden.

Der Prozess, jemanden vom Kauf und der Nutzung unseres Produkts zu überzeugen, muss den Kunden respektieren und seine Bedürfnisse an den verschiedenen Punkten der Nutzererfahrung verstehen. Sie können nicht einfach Ihre zehn wichtigsten Produktmerkmale auf Plakate, auf die Website und auf die Verpackung setzen, so wie Sie auch nicht einfach jemandem bei einem Bewerbungsgespräch, beim Mittagessen und dann bei einem Date Ihren Lebenslauf in die Hand drücken können. Klar, Sie geben dem anderen wichtige Informationen, aber unterschiedliche Momente der Reise erfordern unterschiedliche Vorgehensweisen.

Ihre Botschaft muss in den Kontext des Kunden passen. Sie dürfen nicht überall alles sagen.

Als wir also darüber nachdachten, wie der Thermostat die Kunden erreichen würde, zeigten wir all die verschiedenen Möglichkeiten auf, wie die Leute unsere Marke entdecken konnten: Werbung, Mundpropaganda, Social Media, Bewertungen, Interviews, Präsentationen im Ladenlokal, Einführungsveranstaltungen.

Dann entwarfen wir den nächsten Schritt des Prozesses – wie die Kunden mehr über unser Produkt erfahren konnten. Broschüren, unsere Website, Verpackung und so weiter.

Und dann erstellten wir eine Mitteilungsaktivierungsmatrix.

Als wir darüber entschieden, was da hineinkommen sollte, war es entscheidend zu wissen, welchen Teilen der Story die Kunden an den verschiedenen Punkten ihrer Reise begegnen würden.

- Werbeplakate führten lediglich die Idee eines neuartigen Thermostaten ein.
- Die Verpackung hob die sechs wichtigsten Merkmale hervor und wie man das Produkt mit dem Smartphone verbinden konnte.

- Die Website betonte die Energieeinsparungen und präsentierte, wie Nest in den Alltag passt.
- Die Bedienungsanleitung in der Packung bot weitere Details dazu, wie man den Lernalgorithmus trainierte, und Tipps zum Energiesparen.
- Die Kundendienst-Website ging mit exakten Anweisungen und ausführlichen Erkärungen aller Features mehr ins Detail.

Das war der Moment, in dem aus der Mitteilung Marketing wurde: als die Fakten, die die Leute verstehen sollten, zu Werbeanzeigen und Videos und Tweets wurden. Und hier traten die Anwälte auf den Plan.

Der ganze Sinn eines Kreativteams besteht darin, kreativ zu werden und die eleganteste und überzeugendste Version der Wahrheit zu schaffen, um die Story gut rüberzubringen. Doch ungeprüfte Kreativität kann Sie vor Gericht bringen. Das sollten Sie nicht ohne einen Anwalt machen.

Viele kleine Start-ups überspringen diesen Schritt. Sie glauben, sie könnten die Wahrheit ziemlich frei interpretieren, und keiner würde es merken. Aber wenn Sie Erfolg haben, wird man es immer merken – besonders die Sammelklage-Anwälte. Und selbst eine unschuldige Falschdarstellung in Ihrer Werbung kann alles verderben, wenn man Sie dabei ertappt. Sie können augenblicklich das Kundenvertrauen verlieren.

Deshalb konnte Nest lange Zeit nicht mit Energieeinsparungen werben – wir konnten bestenfalls Whitepapers verfassen, um unsere Simulationsmodelle zu erläutern, und sie auf unserer Website verlinken. Zuletzt erhielten wir immer mehr reale Kundendaten, die bewiesen, dass unsere Simulationen korrekt waren – der Thermostat half tatsächlich beim Energiesparen.

Doch selbst wenn etwas wahr ist, heißt das noch nicht unbedingt, dass Sie es sagen dürfen.

Als das Kreativteam schrieb: »Der Nest Learning Thermostat hilft beim Energiesparen«, machte die Rechtsabteilung daraus »kann beim Energiesparen helfen«. Als das Marketing schrieb: »Kunden sparten 20 bis 50 Prozent Energiekosten«, zückte die Rechtsabteilung den Rotstift und machte daraus: »Durchschnittsverbraucher verzeichneten Energieeinsparungen von bis zu 20 Prozent«. Und dann verdrehten die Kreativen die Augen und legten eine andere Option vor. Sie zogen und zerrten und verhandelten, bis alle gemeinsam schließlich die

Worte gefunden hatten, die wir brauchten. [Siehe auch Kapitel 5.7: Anwalt am Start: Um also optimalen Nutzen aus Ihrem Anwalt zu ziehen.]

MITTEILUNGSAKTIVIERUNGSMATRIX

	Website	Pressemitteilung	Verkaufspräsentation	Produktdatenblatt	Verpackung	Social-Media-Beitrag	Online-Banner
Mission/Vision	✓	✓					
Merkmal/Vorteil Nr. 1	✓	✓	✓	✓	✓	✓	✓
Merkmal/Vorteil Nr. 2	✓	✓	✓	✓	✓		
Merkmal/Vorteil Nr. 3	✓	✓	✓	✓	✓		
Merkmal/Vorteil Nr. 4	✓		✓	✓			
Merkmal/Vorteil Nr. 5	✓		✓	✓			
Technologie	✓		✓				
Anwendungen	✓		✓			✓	
Produkteigenschaften	✓		✓	✓	✓		
Fallstudien	✓	✓	✓				
Referenzen	✓	✓	✓		✓		
Über uns	✓	✓	✓				

Abbildung 5.4.2: Die Mitteilungsaktivierungsmatrix zeigt, wo und wann Sie bestimmte Informationen geben sollten, damit Sie Ihren Kunden weder über- noch unterfordern, während er die verschiedenen Berührungspunkte des Verbrauchererlebnisses durchläuft.

Und dann legten sie mir diese Worte vor.

Ich segnete alles ab, was wir in Umlauf brachten. Besonders am Anfang.

Das war nicht mein Erfahrungsgebiet – ich hatte zugesehen, wie Steve Jobs iPods und iPhones verkaufte und eng mit dem Marketing zusammenarbeitete, es aber nie selbst getan. Also konnte ich das Marketing nur beherrschen, indem ich mich darin vertiefte – mich selbst auf die Kundenreise begab und jeden Berührungspunkt ansteuerte. Mir wurde also nichts ohne Kontext vorgelegt – ich wollte immer verstehen, was vorher und was nachher kam. Ich musste die Story kennen, die wir erzählten, und wem wir sie erzählten und an welchem Punkt der Reise das geschah. Man kann Werbung nicht verstehen, ohne zu wissen, wo sie erscheint und wohin sie führt. Eine Website kann nicht abgesegnet werden, ohne zu wissen, wer auf diese Seite gelenkt wird und was er wissen muss und wohin der Handlungsaufruf ihn führt. Alles ist mit allem verknüpft, deshalb muss alles gemeinsam verstanden werden.

Das war kein Mikromanagement – das war Sorgfalt. Ich investierte ebenso viel Energie und Zeit in den Anfang jeder Kundenreise wie in das Ende. Wenn man daran nicht gewöhnt ist, fühlt sich das intensiv und ungerechtfertigt an, aber das war mein Job. [Siehe auch Kapitel 6.1: CEO werden: Der Job ist es, sich zu kümmern.] Ich wollte, dass die Worte und Bilder, die wir zur Beschreibung unserer Produkte verwendeten, ebenso großartig waren wie die Produkte selbst. Ich wollte, dass das gesamte Erlebnis ein Vergnügen war. Ich wollte, dass das Marketing ebenso anspruchsvoll war wie Technik und Produktion – dass die Leute vom Marketing von deren Sorgfalt lernten und sich wechselseitig ebenso stark oder gar noch stärker antrieben, als ich es tat.

Ich wusste, dass das Marketing eines unserer Alleinstellungsmerkmale sein musste – etwas, das uns über alles hinaushob und von dem andere Thermostat-Hersteller nur träumen konnten. Daher war es wichtig, ihm Zeit und Aufmerksamkeit zu widmen. Und Geld.

Das Geld ist wichtig. Wir waren ein kleines Unternehmen mit begrenzten Ressourcen, aber wir investierten ins Marketing. Wir investierten in das Erschaffen schöner Dinge, weil wir wussten, dass sich das über die Maßen amortisieren würde. Wir verwendeten jedes teure, großartige Foto an tausend verschiedenen Stellen; wir spielten jedes hochwertige Video ab, wo immer wir konnten. Das Team wählte die Elemente aus, die die größte Wirkung zeigten – die wir jahrelang nutzen und wieder nutzen konnten –, und dann gaben sie das nötige Geld aus, um es gut zu machen.

Heute, zehn Jahre später, verwendet Google Nest noch immer einige der Fotos und Assets, die wir geschaffen haben, noch ehe wir unser Produkt überhaupt auf den Markt gebracht hatten.

Der Grund ist, dass das Marketing von Anfang an am Prozess beteiligt war. Niemand ignorierte es, niemand vergaß es. Wir wussten, dass es nützlich war, also nutzten wir es.

Diese Sichtweise und dieser Fokus ließen uns etwas tun, was es nur bei Nest gab: Das Marketing erstellte einen Prototyp des Produktnarrativs parallel zur Produktentwicklung.

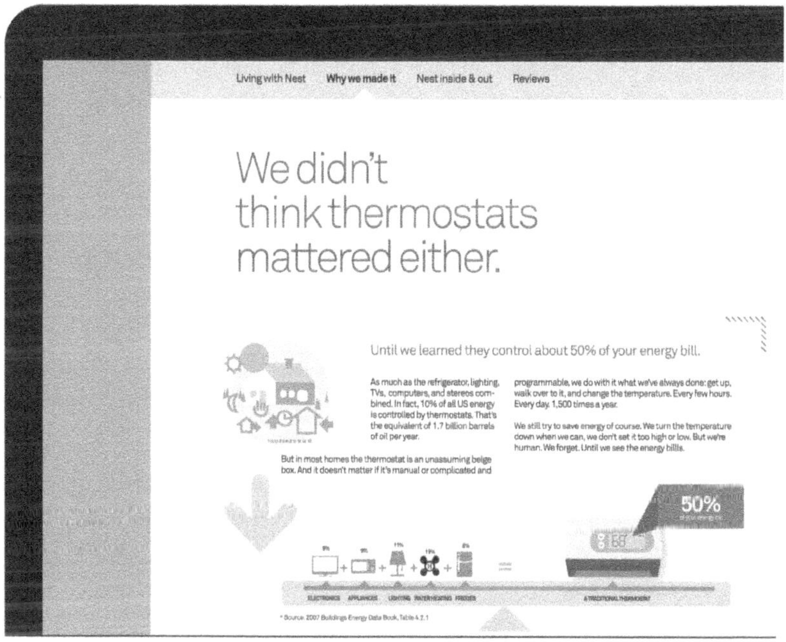

Abbildung 5.4.3: Wir setzten das »Warum« buchstäblich in den Mittelpunkt der Thermostat-Produktentwicklung und platzierten es auf der Startseite unserer Webpräsenz. Einer der ersten Menüpunkte auf nest.com hieß: »Why We Made It« – dort wandten wir uns unmittelbar an ein skeptisches Publikum, dort injizierten wir das Virus des Zweifels. [Siehe auch Kapitel 3.2: Storytelling.] Wir erklärten, warum die Leute dachten, dass Thermostate keine Rolle spielten – warum sie vernachlässigt und ignoriert wurden –, und dann erzählten wir den Kunden von dem unglaublichen Einfluss, den Thermostate auf ihre Wohnungen, ihre Rechnungen und die Umwelt hatten.

Am deutlichsten kam dies auf der Why-We-Made-It-Seite von nest.com zum Ausdruck.

Die Frage, warum wir es machten, hing unmittelbar mit der Frage zusammen, warum jemand es kaufen sollte. Wir mussten das deutlich machen – für unsere Kunden und für uns selbst.

Es dauerte Wochen, diese Seite zu texten. Und während das Produkt sich weiterentwickelte, entwickelte sich die Seite mit ihm. Das Marketing war immer da und stellte sicher, dass wir immer noch eine starke Antwort auf »Why We Made It« hatten, auch als Technik und Produktmanagement Veränderungen an dem vornahmen, was wir machten.

Das verlieh dem Marketing eine gewichtige Stimme bei der Produktentwicklung. Weil jede große Veränderung am Produkt eine Veränderung der Story erzwang. Es war Aufgabe des Marketings herauszufinden, ob diese Veränderung sich schädlich auf die Verpackung oder auf die Website auswirkte – auf all unsere Prototypen des Produktnarrativs. Wenn etwas Schaden verursachte, war es Aufgabe des Marketings, Stellung zu beziehen. Mit Produktmanagement und Konstruktion zu sprechen. Herauszufinden, ob man irgendwie auf einen gemeinsamen Nenner kommen konnte oder ob die Veränderung unhaltbar war.

Und die »Why-We-Made-It«-Seite war nur ein Teil unseres Prototyps. Sie bot die rationale Begründung dafür, warum jemand einen Nest Learning Thermostat kaufen sollte – weil normale Thermostate Energie verschwendeten und Energieverschwendung schlecht für Sie und für die Erde war. Aber wir mussten auch einen Prototyp der emotionalen Begründung erstellen – und dafür drehte das Kreativteam ein Video und erstellte eine Living-with-Nest-Website, auf der die Schönheit und die Schlichtheit des Produkts angepriesen wurden, die es zu einem begehrenswerten Objekt machten – einem Kunstwerk an Ihrer Wand, die Ihr Zuhause besser und komfortabler machte.

Jeder Bereich der Website hob einen anderen Teil der Produktstory hervor. Das zwang uns, die Story in- und auswendig zu kennen, zu leben und zu atmen, sodass wir sie auf die klarste und ehrlichste Weise vermitteln konnten.

Den besten, ehrlichsten Ausdruck eines Produkts oder eines Merkmals zu finden, ist nicht einfach. Deshalb ist das die Aufgabe eines eigenständigen Teams. Das Produktmanagement kann die Botschaft erstellen – die wichtigsten Features, die Problemfeststellung –, aber die beste Art zu finden, wie dem Kunden die Story nahegebracht werden kann, ist eine Kunst. Es ist eine Wissenschaft. Es ist Marketing.

Das heißt natürlich nicht, dass wir es immer gut hingekriegt haben.

Es gab kein erfolgreiches Vorbild für den Verkauf von Thermostaten an Menschen, die sie bereits millionenfach nutzten, aber sich noch nie über sie Gedanken gemacht hatten, das wir hätten imitieren können. Wir wussten nicht, was Anklang finden würde und was nicht, ob die Leute über einen Thermostaten für 250 US-Dollar, den man selbst installieren musste, lachen oder sich in ihn verlieben würden.

Also probierten wir alles Mögliche aus. Und wir machten vieles falsch. Ich machte echt viele Fehler.

Wir machten teuere markenzentrierte Werbekampagnen, ehe irgendjemand unsere Produkte kannte. Wir erstellten mit Informationen dermaßen überfrachtete Websites, dass praktisch keiner sie las. Und die Kunden, die wir uns vorstellten, waren nicht die Kunden, die tatsächlich kamen, um unsere Produkte zu kaufen. Sie waren alle anders, brauchten etwas anderes, erwarteten etwas anderes, warfen unsere mühsam geschriebenen Abhandlungen in einer halben Sekunde über den Haufen und bohrten dann bei Dingen nach, die uns nie in den Sinn gekommen wären.

Aber durch Fehler wurden wir klüger. Wir lernten. Markenwerbung schmeichelte unserem Ego, kurbelte aber nicht den Verkauf an (man muss schon jahrelang gute Produkte gemacht haben, ehe Kunden ein Produkt nur wegen der Marke kaufen). Die Website musste kurz und ansprechend sein und die Produktinformationen in den Kontext des Alltags der Menschen stellen. Unsere Kundendienstseite musste besser durchsuchbar sein, weil die Leute nicht den Wegen folgten, die wir für sie angelegt hatten.

Mit jedem Stück Marketing, das wir machten, wurden wir besser im Marketing. Ich wurde besser im Marketing. Das gesamte Unternehmen wurde besser im Marketing. Die Mitteilungsarchitektur und die Aktivierungsmatrix verwandelten eine unbestimmte Kunst in eine präzise Wissenschaft, die jeder verstehen konnte. Und wenn jeder es verstehen kann, versteht auch jeder, wie wichtig es ist.

Kapitel

5.5

DER SINN EINES PRODUKTMANAGERS

Die Mehrheit der Unternehmen, mit denen ich arbeite, missversteht die Position des Produktmanagers – sofern sie überhaupt wissen, dass es ihn gibt. Sie glauben, es handle sich um Marketing (nö), Projektmanagement (nö), PR/Kommunikation (nö), Design (nö), Produktfinanzierung (nö), Aufgabe des Gründers oder CEO (nicht wirklich). Die Verwirrung rührt meist von der Tatsache her, dass Produktmanagement an der Schnittstelle vieler Bereiche liegt und daher bei verschiedenen Unternehmen sehr unterschiedlich aussehen kann. Doch das liegt auch an der blöden Abkürzung. PM kann bedeuten:

Produktmanager oder Produktmarketingmanager. Produktmarketing und Produktmanagement sind im Wesentlichen dasselbe – oder sollten das zumindest sein. Es liegt in der Zuständigkeit eines Produktmanagers herauszufinden, was das Produkt können sollte, und dann die Spezifikationen zu entwickeln (die Beschreibung der Funktionsweise) sowie die Botschaft (die Fakten, die die Kunden verstehen sollen). Dann arbeiten er mit fast jedem Geschäftsbereich zusammen (Technik, Design, Kundendienst, Finanzen, Vertrieb, Marketing etc.), damit das Produkt konkretisiert, hergestellt und auf den Markt gebracht wird. Er sorgt dafür, dass es der ursprünglichen Absicht treu bleibt und nicht im Verlauf dieses Prozesses verwässert wird. Doch was das Wichtigste ist: Der Produktmanager ist die Stimme des Kunden. Er achtet darauf, dass keine der Abteilungen das ultimative Ziel aus den Augen verliert – ein glücklicher, zufriedener Kunde.

Projektmanager. Er koordiniert Aufgaben, Meetings, Kalender und Assets, damit individuelle Projekte fristgemäß erledigt werden können. Dabei ist zu beachten, dass der Projektmanager mehr ist als ein besserer Notizenmacher. Wenn der Produktmanager die Stimme des Produkts ist, so ist der

Projektmanager die Stimme des Projekts – seine Aufgabe ist es, das Team vor potenziellen Problemen zu warnen, die das Projekt blockieren oder entgleisen lassen könnten, und bei der Lösungsfindung zu helfen.

Programmmanager. Er überwacht Gruppen von Projekten und Projektmanagern, wobei er sich sowohl auf langfristige Geschäftsziele als auch auf kurzfristige Deliverables konzentriert.

Als wäre das nicht schon kompliziert genug, verwenden einige Unternehmen für Produktmanager verschiedene Bezeichnungen. Microsoft nennt sie zum Beispiel Programmmanager. Es gibt auch Funktionen, die dem Produktmanagement zwar ähneln, aber nicht ganz dasselbe sind, besonders in der Welt außerhalb der Technologie. Verbraucherproduktgruppen wie Colgate-Palmolive beschäftigen Markenmanager, die nicht die Spezifikationen für das Produkt schreiben, aber dennoch als die Stimme des Kunden fungieren und für die Ausformung des Produkts zuständig sind.

Um die Verwirrung über die Bedeutung von PM zu vermeiden, wollen wir die folgenden Abkürzungen verwenden:

PdM = Produktmanager

PjM = Projektmanager

PgM = Programmmanager

* *

Wenn mir wieder einmal ein CEO erzählt, er habe keine Ahnung, was ein Produktmanager so mache, erinnert mich das immer an das Design in den achtziger Jahren.

Denn die meisten Technologieunternehmen in den Achtzigern hatten keine Designer.

Die Produkte besaßen offensichtlich ein Design, und dieses Design war genauso wichtig, wie es heute ist, aber niemand beschäftigte Designer, um das Nutzererlebnis zu gestalten. Design bedeutete, dass man etwas hübsch machte, und das passierte einfach, indem man das Produkt entwickelte – ein Konstruktionsingenieur zeichnete etwas, oder wenn es besonders schick sein sollte, beauftragte man eine Agentur mit diesen Zeichnungen.

Es gab keine Designakademie. Keine formale Ausbildung. Und Designer, die es schafften, eine Stelle zu finden, waren Bürger zweiter Klasse. Sie hatten keine Handhabe gegen Ingenieure, die mitunter willkürlich Elemente wegließen, um nur lakonisch zu erklären: »Was denn, wir haben doch das meiste umgesetzt, was der Designer wollte. Aber alles können wir nicht machen – das dauert viel zu lange und ist viel zu teuer.«

Und dann kamen in den neunziger Jahren Apple, Frog, David Kelley, IDEO und das designorientierte Denken auf und hoben das Design auf eine neue Stufe. Designer waren nicht länger den Ingenieuren unterstellt. Es wurden Designakademien gegründet. Der Beruf wurde als eigene offizielle Disziplin aufgefasst und anerkannt.

Jetzt ist das Produktmanagement auf demselben Weg. Aber leider sind wir noch nicht am Ziel angekommen.

Erst seit fünf ohne zehn Jahren – seit dem Aufkommen des iPhones und der Apps – beginnen bestimmte Unternehmen, das Produktmanagement zu verstehen und seinen Wert zu schätzen. Viele tun es noch immer nicht.

Das ist ein Problem, das ich bei vielen Start-ups und Projektteams in größeren Unternehmen sehe – der Gründer oder Teamleiter spielt anfangs oft die Rolle des Produktmanagers. Er definiert die Vision und arbeitet mit allen Geschäftsbereichen daran, sie Wirklichkeit werden zu lassen. Probleme entstehen erst, wenn das Team wächst – auf vierzig, fünfzig oder hundert Personen. [Siehe auch Kapitel 5.2: Umbrüche.] Dann muss der Leiter sich vom Alltagsgeschäft der Schaffung des Produkts zurückziehen und das Steuer einem anderen überlassen.

Aber er kann sich einfach nicht vorstellen, sein Baby in fremde Hände zu geben. Wie kann ein anderer es so verstehen oder lieben oder in seinem Wachstum unterstützen wie er? Und wie soll diese Position überhaupt funktionieren? Wo könnte sie angesiedelt sein? Wie kann sich der Gründer seinen Einfluss auf das Produkt bewahren, wenn er nicht mehr Manager des Produkts ist? Und worin bestünde dann überhaupt seine Aufgabe? [Siehe auch Kapitel 6.1: CEO werden.]

Dasselbe geschieht bei großen Unternehmen. Auch sie sind verwirrt. Die Ingenieure tüfteln aus, was hergestellt werden soll, oder das Vertriebsteam sagt ihnen, was der Kunde braucht. Wo passt da das Produktmanagement hinein?

Während der Entstehung dieses Buches im Jahr 2021 hat Google den Produktmanagern erstmals mehr Macht eingeräumt. Google war immer von Technologie und Programmierung geprägt, doch nun wurde Search neu aufgestellt und bevorzugt das Produktmanagement gegenüber den Programmierern. Das ist ein gewaltiger Schritt und ein signifikanter kultureller Wandel.

Und der Grund dafür ist ganz einfach: Der Kunde braucht eine Stimme im Team. Ingenieure machen gern Produkte unter Nutzung der coolsten neuen Technologie. Der Vertrieb will Produkte, die ihm viel Geld einbringen. Doch der Fokus und die Verantwortung des Produktmanagers liegen einzig darauf, das richtige Produkt für seine Kunden herzustellen.

Das ist die Aufgabe.

Das Vertrackte daran ist, dass sich die Zuständigkeiten eines Produktmanagers von Unternehmen zu Unternehmen stark unterscheiden. Produktmanagement ist weniger eine wohldefinierte Position als vielmehr ein Zusammenspiel von Fähigkeiten. Es bewegt sich zwischen allem anderen – ein Leerraum, der je nach Kunden, den geschäftlichen Erfordernissen und Fähigkeiten der Beteiligten immer andere Formen annimmt.

Ein guter Produktmanager macht ein bisschen von allem und eine Menge von Folgendem:

- Er legt fest, was das Produkt machen und wohin es sich im Lauf der Zeit entwickeln soll.
- Er bestimmt und pflegt die Mitteilungsmatrix.
- Er arbeitet mit der Technikabteilung zusammen, damit das Produkt den Spezifikationen gemäß hergestellt wird.
- Er arbeitet mit der Designabteilung zusammen, damit das Produkt intuitiv bedienbar und attraktiv für die Zielgruppe wird.
- Er hilft dem Marketing, die technischen Feinheiten zu verstehen, damit es eine erfolgreiche kreative Kommunikation erarbeiten kann.
- Er stellt das Produkt dem Management vor und holt das Feedback der Geschäftsführung ein.
- Er schließt sich mit Vertrieb und Finanzen kurz, um sicherzustellen, dass das Produkt einen Markt hat und Geld erwirtschaften kann.

- Er erstellt gemeinsam mit dem Kundendienst die notwendigen Anleitungen, hilft ihm bei Problemen und nimmt Kundenanfragen und Beschwerden entgegen.
- Er hilft der PR bei der Reaktion auf die öffentliche Wahrnehmung und bei der Formulierung der simulierten Presseerklärung und tritt häufig als Sprecher auf.

Und dann gibt es da die sogar noch weniger genau definierten Sachen. Der Produktmanager sucht nach Stellen, an denen der Kunde unzufrieden ist. Er stellt dabei Probleme fest, ergründet deren Ursachen und arbeitet mit dem Team an ihrer Lösung. Er tun alles Notwendige, um Projekte voranzubringen – das kann das Notizenmachen bei Meetings sein oder das Sichten von Fehlern oder das Zusammenfassen von Kundenrückmeldungen oder das Organisieren von Gruppendokumenten oder das Zusammensetzen mit den Designern, um etwas zu skizzieren, oder Besprechungen mit den Programmierern und intensives Analysieren des Programms. Bei jedem Produkt ist es anders.

Manchmal müssen Produktmanager extrem techniklastig sein – meist in B2B-Settings, wenn auch der Nutzer des Produkts extrem techniklastig ist. Wenn Sie Bremssysteme an einen Autohersteller verkaufen, sollten Sie sich mit Bremsen bestens auskennen. Ein umfassendes Wissen über Bremsen ist die einzige Möglichkeit, die Verbindung zu Ihrem Kunden herzustellen und zu verstehen, was ihm wichtig ist.

Wenn Sie jedoch ein Auto für Ottonormalverbraucher produzieren, müssen Sie nicht jedes Detail über die Funktionsweise der Bremsen kennen. Sie müssen nur genug wissen, um mit den Ingenieuren kommunizieren zu können, die sie herstellen. Und dann müssen Sie entscheiden, ob diese Bremsen ein wichtiger Teil der Marketingstory sind, die Sie dem Kunden erzählen.

Die meisten Technologieunternehmen teilen Produktmanagement und Produktmarketing auf zwei verschiedene Funktionen auf: Das Produktmanagement definiert das Produkt und sorgt dafür, dass es hergestellt wird. Das Produktmarketing verfasst die Botschaft – die Fakten, die dem Kunden kommuniziert werden sollen – und sorgt dafür, dass das Produkt verkauft wird.

Doch meiner Erfahrung nach ist das ein schwerer Fehler. Das ist *eine* Aufgabe und sollte es auch immer bleiben. Es sollte keinen Unterschied geben zwischen dem, was das Produkt einmal sein wird, und dem, wie es einmal erklärt werden wird – die Story muss von Anfang an absolut schlüssig sein.

Ihre Botschaft ist Ihr Produkt. Die Story, die Sie erzählen, prägt das, was Sie machen. [Siehe auch Kapitel 3.2: Storytelling.]

Ich habe das Storytelling von Steve Jobs gelernt.

Ich habe das Produktmanagement von Greg Joswiak gelernt.

Joz, der ebenfalls aus Wolverine in Michigan stammt und ein rundum toller Typ ist, ist bei Apple, seit er Ann Arbor 1986 verlassen hat, und leitet seit Jahrzehnten das Produktmarketing. Und seine Superfähigkeit – die Superfähigkeit jedes wirklich guten Produktmanagers – ist Empathie.

Er versteht den Kunden nicht nur. Er wird zum Kunden. Er kann sein umfassendes, nerdiges Wissen über das Produkt abstreifen und Letzeres verwenden wie ein Anfänger, wie ein Normalsterblicher. Sie würden staunen, wie viele Produktmanager diesen absolut notwendigen Schritt überspringen – dem Kunden zuzuhören, Erkenntnisse zu gewinnen, sich in seine Bedürfnisse einzufühlen und dann das Produkt tatsächlich im echten Leben anzuwenden. Doch für Joz ist das die einzige Methode.

Als Joz daher mit seinem iPod der nächsten Generation in die Welt hinaustrat, um ihn zu testen, fummelte er damit herum wie ein Anfänger. Er schob alle technischen Merkmale beiseite – mit Ausnahme eines einzigen: der Akkulaufzeit.

Keiner will, dass sein iPod mitten während eines Flugs den Geist aufgibt, oder wenn er bei einer Party den DJ macht, oder wenn er beim Joggen ist. Doch als das Produkt sich vom klassischen iPod zum iPod Nano weiterentwickelte, befanden wir uns in einem ständigen Tauziehen – je kleiner und eleganter es wurde, umso weniger Platz blieb für einen Akku. Aber was nützen Ihnen tausend Songs in der Hosentasche, wenn Sie sie ständig wieder hervorkramen müssen, nur um Ihr Gerät aufzuladen?

Eine Aufladung musste tagelang halten, nicht nur ein paar Stunden.

Die Akkulaufzeit ist dem Kunden wichtig. Und sie war Steve Jobs wichtig. Man konnte nicht einfach zu Steve gehen und sagen: »Die nächste Version des iPod hat einen Akku von zwölf Stunden Betriebsdauer statt fünfzehn wie bei der letzten.« Da wäre man aus dem Meeting geflogen.

Joz und ich brachten Steve also keine Zahlen – wir brachten ihm Kunden. Pendlerinnen wie Sarah, die den iPod nur auf dem Weg zur und von der Arbeit nutzte, Studenten wie Tom, der ihn den ganzen Tag über nutzte, jedoch nur in den Pausen zwischen Seminaren oder Basketballspielen.

Wir entwickelten die üblichen Kundencharaktere und durchliefen dann die Momente ihres Lebens, wenn sie ihre iPods verwendeten – beim Joggen, bei Partys, im Auto. Und wir zeigten Steve, dass die zwölf Stunden, die die Ingenieure uns boten, bei den meisten Menschen für die ganze Woche ausreichten.

Die Zahlen waren hohl ohne Kunden, die Fakten bedeutungslos ohne Kontext.

Joz verstand immer – wirklich immer – den Kontext und konnte ihn in ein effektives Narrativ verwandeln. Auf diese Weise konnten wir Steve überzeugen. Und die Reporter. Und die Kunden. So konnten wir die iPods verkaufen.

Und deshalb muss das Produktmanagement für die Botschaft zuständig sein. Die technischen Daten zeigen die Merkmale, die Details der Funktionalität eines Produkts, aber die Botschaft antizipiert die Bedenken der Menschen und sucht nach Möglichkeiten, sie zu entkräften. Sie beantwortet die Frage: »Warum interessiert das die Kunden?« Und diese Frage muss beantwortet sein, lange bevor sich irgendjemand an die Arbeit macht.

Herauszufinden, was hergestellt werden sollte und warum, ist das Schwierigste am Schaffen eines Produkts. Und man kann es unmöglich allein machen. Das Produktmanagement kann dem restlichen Team nicht einfach nur ein Datenblatt über den Zaun werfen – jeder Teil des Geschäfts sollte daran beteiligt sein. Das heißt nicht, dass der Produktmanager sich am Konsens orientieren sollte, aber Technik, Marketing, Finanzen, Vertrieb, Kundendienst und Rechtsabteilung können jeweils Ideen und hilfreiche Erkenntnisse beisteuern, die in das Narrativ einfließen, noch ehe das Produkt erschaffen wird. Und sie werden dieses Narrativ fortlaufend verbessern, während das Produkt sich entwickelt.

Datenblatt und Botschaft sind keine in Stein gemeißelten Anweisungen. Sie passen sich an und wandeln sich, sie ändern sich mit der Einführung neuer Ideen – andernfalls würde man von neuen Realitäten eiskalt erwischt. Ein Produkt zu erschaffen, ist nicht, als würde man einen IKEA-Sessel zusammenbauen. Man kann den Leuten nicht einfach Anweisungen geben und sie dann damit allein lassen.

Ein Produkt zu erschaffen, ist, als würde man einen Song texten und komponieren.

Die Band besteht aus Marketing, Vertrieb, Technik, Kundendienst, Herstellung, PR, Rechtsabteilung. Und der Produktmanager ist der Produzent – er sorgt dafür, dass jeder die Melodie kennt, dass keiner falsch spielt und dass alle ihren Part übernehmen. Er ist der Einzige, der sehen und hören kann, wie sich alles zusammenfügt. Er kann sagen, ob das Fagott zu dominant oder das Schlagzeugsolo zu lang ist. Er kann Alarm schlagen, wenn Merkmale aus dem Ruder geraten oder Mitarbeiter so in ihrem eigenen Projekt aufgehen, dass sie das große Ganze vergessen.

Aber auch er lenkt nicht alles. Seine Aufgabe ist es nicht, den CEO des Produkts zu geben – oder, Gott bewahre, das, was manche Unternehmen als den »Product Owner« bezeichnen. Er kann nicht eigenmächtig anordnen, was mit dazugenommen wird und was nicht. Manchmal habt er das letzte Wort, manchmal muss er nein sagen, manchmal muss er aus vorderster Linie führen. Aber das sollte selten sein. In erster Linie stärkt er das Team. Er hilft allen, den Kontext dessen zu verstehen, was der Kunde braucht, auf dass dann alle gemeinsam die richtigen Entscheidungen treffen können. Wenn ein Produktmanager alle Entscheidungen trifft, ist er kein guter Produktmanager.

Es sind die Beiträge aller im Team, die letztlich die Melodie bestimmen und die aus Geräuschen und Klängen einen Song machen.

Aber das läuft natürlich nicht immer in schönster Harmonie.

Die Ingenieure wollen vielleicht mehr bei dem mitreden, was sie schaffen – sie könnten erklären, der Produktmanager habe nicht genug Ahnung von Technik oder die Ingenieure wüssten es nun einmal am besten. Die Marketingmitarbeiter wollen sich nur selten ans Drehbuch halten – sie wollen die Grenzen ausreizen und kreativ sein, verwenden Worte oder Bilder, die das Produkt – unabsichtlich – falsch darstellen. Nicht immer ziehen die Mitarbeiter mit. Meinungsgeprägte Entscheidungen werden bis zum Erbrechen diskutiert. Teams geraten aus dem Tritt, Menschen werden sauer, das Produkt wird in verschiedene Richtungen gezerrt.

Daher muss der Produktmanager ein meisterhafter Verhandler und Kommunikator sein. Er muss es verstehen, Menschen zu beeinflussen, ohne sie zu führen. Er muss Fragen stellen und zuhören und seine Superfähigkeit einsetzen – Empathie gegenüber dem Kunden, Empathie gegenüber dem Team –, um Brücken zu schlagen und Landkarten zu verbessern. Er muss eskalieren, wenn jemand den bösen Bullen spielen muss, wenngleich er weiß, dass er diese Karte nicht allzu oft ausspielen darf. Er muss wissen, wofür es sich zu kämpfen lohnt und welche Schlachten man sich für einen anderen Tag aufsparen sollte. Er muss in der gesamten Firma in Besprechungen auftauchen, wo Teams ihre eigenen Interessen vertreten – ihre Pläne, ihre Bedürfnisse, ihre Probleme –, und ihnen als Fürsprecher der Kunden notfalls die Stirn bieten.

Er muss die Geschichte des Kunden erzählen und dafür sorgen, dass jeder sie nachempfinden kann. Und so bewirkt er etwas.

Neulich sprach ich mit Sophie Le Guen, einer unglaublich klugen und empathischen Produktmanagerin bei Nest.

Sie erzählte mir von einem Meeting, das sie ganz zu Anfang mit der Technikabteilung gehabt hatte, um das »Warum« für das neue Sicherheitssystem Nest Secure zu diskutieren. Für das überwiegend männliche Ingenieursteam war das »Warum« simpel: Ich will ein Sicherheitssystem, mit dem ich mein Zuhause schützen kann, wenn ich weg bin.

Doch Sophie hatte sich mit Menschen unterhalten und bemerkt, dass Männer sich eher auf ein leeres Haus fokussierten, Frauen dagegen auf ein volles. Wenn die Frauen allein oder nur mit den Kindern zu Hause waren, wünschten sie sich einen zusätzlichen Schutz. Besonders nachts.

Es war Sophies Aufgabe, ihre Geschichte zu erzählen – einem allein lebenden Ingenieur zu helfen, die Perspektive eines Elternteils zu verstehen. Und dann war es ihre Aufgabe, diese Perspektive in Merkmale zu übertragen, die für die gesamte Familie funktionierten – was in diesem Fall bedeutete, dass eine Familie, die sich beschützt wissen wollte, das Sicherheitssystem einschalten konnte, wenn sie zur Tür hereinkam, ohne anschließend im eigenen Haus das Gefühl haben zu müssen, in einem Gefängnis zu sitzen.

Als Nest Secure eingeführt wurde, hatten die Bewegungsmelder daher genau einen Knopf. Ein Hausbesitzer (oder sein Kind) konnte den Knopf drücken und daraufhin von innen eine Tür oder ein Fenster öffnen, ohne zuvor das gesamte Sicherheitssystem deaktivieren zu müssen oder einen ohrenbetäubenden Alarm auszulösen.

Die Kundenstory half den Konstrukteuren, den Problempunkt zu verstehen. Sie schufen ein Produkt, das dieses Problem behob. Dann entwickelte das Marketing ein Narrativ, mit dem jeder, der dieses Problem erlebt hatte, einen Grund erhielt, das Produkt zu kaufen.

Der Faden, der all diese Menschen und Teams und Probleme und Wünsche zusammenhielt, war das Produktmanagement. Bei jedem erfolgreichen Produkt und Unternehmen führen alle Geschäftsbereiche letztlich dorthin zurück – alles ist an einem zentralen Punkt miteinander verknüpft.

Deshalb sind Produktmanager die am schwersten zu rekrutierenden und auszubildenden Mitarbeiter. Deshalb sind die Großartigen unter ihnen so wertvoll und werden so geschätzt. Weil sie alles verstehen und allem einen Sinn geben müssen. Und dabei sind sie ganz auf sich allein gestellt. Sie sind eine der wichtigsten Abteilungen im Unternehmen und eine der kleinsten.

Weil die Ansprüche jedes Produkts und jeder Firma so unterschiedlich sind, lassen sich diese unglaublich schwierigen Positionen so schwer beschreiben (siehe auch die vorangegangenen 1500 Wörter), ganz zu schweigen von ihrer tatsächlichen Besetzung. Es gibt keine festgelegte Stellenbeschreibung oder gar einen regulären Anforderungskatalog. Viele gehen davon aus, dass Produktmanager technisch versiert sein müssen, doch das ist absolut nicht der Fall. Besonders nicht bei B2C-Unternehmen. Ich habe viele tolle Produktmanager kennengelernt, die ohne jeden technischen Hintergrund das Vertrauen der Ingenieure gewinnen und ein gutes Verhältnis zu ihnen herstellen konnten. Solange Sie ein solides Grundverständnis für Technologie und ausreichend Neugier mitbringen, können Sie herausfinden, wie Sie mit den Konstrukteuren zusammenarbeiten müssen, damit aus dem Produkt etwas wird.

Es gibt kein viersemestriges Studium mit Abschlusszertifikat für Produktmanager, keine naheliegende Quelle, aus dem man Projektmanager beziehen kann. Hervorragende Produktmanager entwickeln sich im Allgemeinen aus anderen Positionen. Sie fangen im Marketing an oder in der Programmierung oder im Kundendienst, aber weil sie sich so intensiv mit dem Kunden auseinandersetzen, fangen sie an, das Produkt zu reparieren und an seiner Optimierung mitzuwirken, statt lediglich die Spezifikationen oder die Botschaft anderer umzusetzen. Und ihr Fokus auf den Kunden beeinträchtigt nicht ihre Einsicht, dass dies letztlich eine geschäftliche Angelegenheit ist – sie befassen sich auch mit Vertrieb und Produktion, versuchen Stückkosten und Preisfestlegung zu verstehen.

Sie sammeln in Eigenregie die Erfahrungen, die sie brauchen, um großartige Produktmanager zu werden.

Ein guter Produktmanager ähnelt einer Nadel im Heuhaufen: eine nahezu unmögliche Kombination aus strukturiertem Denker und visionärem Anführer mit unglaublicher Leidenschaft, aber auch konsequenter Zielstrebigkeit, brillant im Umgang mit Menschen, doch fasziniert von Technologie, ein unglaubliches Kommunikationstalent, das mit der Technikabteilung zusammenarbeiten und das Marketing durchdenken kann und dabei nicht das Geschäftsmodell, die Wirtschaftlichkeit, die Profitabilität und die PR vergisst. Er muss sich mit einem Lächeln durchsetzen können und wissen, wann er es genau nehmen muss und wann er fünf gerade sein lassen kann.

Solche Menschen sind unglaublich selten. Unglaublich wertvoll. Und sie können und werden Ihrem Unternehmen genau dorthin verhelfen, wohin es gehen muss.

Kapitel

5.6

TOD EINER VERTRIEBSKULTUR

Verkäufer werden traditionell auf Provisionsbasis bezahlt. Nachdem ein Kunde eine Transaktion abgeschlossen hat, erhält der Verkäufer einen gewissen Prozentsatz des Verkaufspreises oder einen Bonus für jeden abgeschlossenen Verkauf. Je größer der Deal oder je mehr Abschlüsse er erzielt, desto höher fällt die Bezahlung aus. Im Allgemeinen werden die Gesamtprovisionen am Monats- oder Quartalsende ausbezahlt.

Das gilt weithin als die beste Methode, um Geschäftsziele mit den Zielen des Vertriebsteams in Einklang zu bringen und die Umsatzziele zu erreichen, die den Investoren einen echten Fortschritt signalisieren. Die Leute – allen voran die Verkäufer – werden Ihnen sagen, so habe man das schon immer gemacht, so müsse man es ebenfalls machen, und nur so könne man ein anständiges Verkaufsteam zusammenbekommen. Sie irren.

Obgleich oberflächlich betrachtet alles zu funktionieren scheint, zeigen sich zahlreiche Nachteile, wenn das traditionelle Provisionsmodell vollständig umgesetzt wird. Vor allem kann es Konkurrenzkämpfe und Egoismus begünstigen und einen Anreiz schaffen, das schnelle Geld zu machen, statt für den langfristigen Erfolg von Kunden und Geschäft zu sorgen.

Es gibt ein anderes Modell, das kurzfristige Geschäftsziele ohne die Vernachlässigung langfristiger Kundenbeziehungen fördert. Es beruht auf Garantieprovisionen.

Statt die Verkaufsmitarbeiter unmittelbar nach einer Transaktion zu honorieren, sollten Sie die Provision über einen längeren Zeitraum hinweg garantieren, so dass Ihr Vertriebsteam einen Anreiz hat, nicht nur neue Kunden zu gewinnen, sondern auch mit den Bestandskunden zu arbeiten, um dafür zu sorgen, dass sie zufrieden sind und das auch bleiben. Schaffen Sie eine Kultur, die eher auf Beziehungen als auf Transaktionen basiert.

Und so erzeugen Sie sie in Ihrem Unternehmen:

1. Verzichten Sie, wenn Sie eine neue Vertriebsorganisation einrichten, auf die traditionellen monatlichen Provisionsauszahlungen. Am besten ist es, wenn alle in Ihrem Unternehmen auf dieselbe Weise bezahlt werden – bieten Sie also den Verkaufsmitarbeitern ein wettbewerbsfähiges Gehalt und Leistungsprämien in Form zusätzlicher Aktienoptionen, die im Lauf der Zeit erworben werden. Aktien bieten gleichzeitig den Anreiz, im Unternehmen zu bleiben und in langfristige Kunden zu investieren, die gut für das Geschäft sind.
2. Wenn Sie den Übergang zu einer beziehungsorientierten Kultur anstreben, können Sie die traditionellen Provisionszahlungen vielleicht nicht auf Anhieb streichen. In diesem Falle sollten alle Aktien oder Geldbeträge (Aktien sind nach wie vor vorzuziehen), die Sie als Provisionen ausgeben, über die Zeit hinweg angesammelt werden. Zahlen Sie zuerst 10 bis 15 Prozent der Provision aus, dann nach ein paar Monaten einen weiteren Teilbetrag, einige Monate später noch einen und so weiter. Wenn der Kunde abspringt, verliert der Verkäufer den restlichen Teil seiner Provision.
3. Jeder Verkauf sollte ein Teamverkauf sein. Wenn Sie also ein Costumer Success Team haben (das Team, das tatsächlich liefert, einrichtet und wartet, was dem Kunden verkauft wird), so sollte es an jedem Deal mit beteiligt sein. Vertrieb und Kundenerfolg sollten im selben Bereich unter einer Führung arbeiten und auf dieselbe Weise vergütet werden. In dieser Konstellation kann der Vertrieb einen Kunden nicht einfach über den Zaun schmeißen und nie wieder einen Gedanken an ihn verschwenden. Wenn es kein Kundenerfolgsteam gibt, sollte der Vertrieb sehr eng mit dem Kundendienst, der Produktion oder der Herstellung zusammenarbeiten – schaffen Sie einen Ausschuss von Mitarbeitern, die jedes Commitment bewilligen.

* *

Das habe ich alles nicht bei General Magic gelernt. Oder bei Philips. Oder bei Apple. Oder bei Nest.

Ich habe es von meinem Vater gelernt.

Er war in den siebziger Jahren Vertreter für Levi's, als Levi's-Jeans international ein Renner waren. Er hätte Unmengen Geld machen können, indem er einfach die weniger tollen Levi's-Modelle in Einzelhandelsgeschäften ablud und rasch weiterzog. Doch er war ein großartiger Verkäufer. Jahr für Jahr gewann er sämtliche Verkaufsauszeichnungen – ich sah die ganzen Pokale und Plaketten, die er mit nach Hause brachte. Und sein Ziel war niemals der kurzfristige Gewinn. Es war Vertrauen.

Also zeigte er seinen Kunden die gesamte Produktpalette und sagte ihnen, was sich davon gut verkaufte und was nicht so. Er lenkte sie in Richtung der coolen Artikel und weg von dem, was keiner haben wollte. Und wenn der Kunde etwas wollte, was mein Vater nicht im Angebot hatte, verwies er ihn an einen Mitbewerber, der es hatte.

Diese Kunden behielten ihn in Erinnerung. Und in der nächsten Saison oder im nächsten Jahr oder nach zehn Jahren wandten sie sich erneut an ihn. Sie gaben eine Bestellung auf. Und nächste Saison wieder. Und auch in der darauf folgenden Saison.

Mein Vater wurde nach Provision bezahlt, aber oft opferte er einen Verkaufsabschluss zugunsten einer persönlichen Beziehung. Die besten Verkäufer sind diejenigen, die Beziehungen aufrechterhalten, selbst wenn es bedeutet, an diesem Tag kein Geld zu verdienen.

Das sind die Verkäufer, die Sie in Ihrem Team haben wollen. Denn wenn Sie es richtig machen, werden jene wirklich zu einem Teil des Teams, anders als Söldner, die hereinschneien, Kohle machen und dann zur nächsten angesagten Firma weiterziehen, eine Spur aus Problemen hinter sich lassend.

Die Gefahr bei traditionellen provisionsbasierten Vertriebsmodellen ist, dass sie zwei verschiedene Kulturen schaffen: eine Unternehmenskultur und eine Vertriebskultur. Die Mitarbeiter in diesen beiden Kulturen werden unterschiedlich bezahlt, denken unterschiedlich, haben unterschiedliche Schwerpunkte. Hoffentlich sind die meisten Menschen in Ihrem Unternehmen auf die Mission fokussiert – etwas Großartiges miteinander zu erreichen, für ein großes gemeinsames Ziel zu schuften. Viele Verkäufer scheren sich nicht die Bohne um Ihre Mission. Sie interessiert nur, wie viel sie von Monat zu Monat kassieren. Sie wollen Abschlüsse machen und bezahlt werden. Es spielt keine Rolle, was sie verkaufen, solange es sich verkauft.

Je größer Ihr Unternehmen, desto weiter entfernen sich diese beiden Kulturen voneinander. Fette Provisionen, Verkaufsauszeichnungen und Vertriebskonferenzen, bei denen alle für ein Wochenendbesäufnis auf eine Insel jetten, mögen Ihrem Vertriebsteam für den Augenblick ein gutes Gefühl geben. Doch das kann den Rest des Unternehmens demoralisieren. Warum sitzen wir hier bei der Arbeit und entwickeln dieses Ding, während die sich in Hawaii die Sonne auf den Pelz brennen lassen und sich aus ihren Verkäufer-des-Jahres-Pokalen besaufen?

Das soll nicht heißen, dass der Vertrieb nicht wichtig wäre. Er ist sogar überlebenswichtig. Er sorgt für die Kunden und das für das Überleben des Unternehmens unverzichtbare Geld. Aber er ist nicht wichtiger als die Technikabteilung oder das Marketing oder die Produktion oder die Rechtsabteilung oder irgendein anderer Teil Ihres Geschäfts. Er ist nur eines von vielen wichtigen Teams, die alle zusammenarbeiten, um etwas Großartiges zu leisten.

Wenn der Vertrieb jedoch am Rande steht, eigenes Ding macht und kaum Bestandteil des Unternehmens ist, dabei aber regelmäßig seine Monatsziele erreiht, kann daraus eine isolierte, auf Abschlüsse fokussierte Kultur erwachsen. Und der Umgang mit Kunden in einer solchen Kultur kann brutal sein – selbst dort, wo man annehmen sollte, dass Kunden gut behandelt werden müssen, damit die Verkaufsmitarbeiter überhaupt Geld verdienen.

Ich habe genau ein einziges Mal auf Provision gearbeitet – mit sechzehn, als ich Glas- und Porzellanwaren bei einem Kaufhaus namens Marshall Field's verkaufte. Und ich war super darin – die alten Damen liebten mich. Sie kniffen mir in die Pausbacken, erkundigten sich nach meiner Mutter, ließen sich meine Adresse geben, um mir Weihnachtskarten zu schicken – und gingen mit einem Haufen Kristallgläsern, Geschirr und seltsamen Porzellanfigürchen nach Hause. Das brachte alle anderen Verkaufsmitarbeiter auf die Palme. Wir wurden zwei Wochen lang fast ausschließlich über Provisionen vergütet, und dieses dahergelaufene Kind nahm ihnen die Butter vom Brot.

Daher versuchten sie, wann immer eine nette alte Dame auf mich zusteuerte, mir zuvorzukommen und mir meinen Verkaufsabschluss zu klauen. Sie prügelten sich im wahrsten Sinne des Wortes darum, wer das Geschäft machen würde, während die Kundin direkt vor uns stand. Es war ihnen egal, wer sie war oder was sie wollte – sie waren nur hinter ihrer Provision von 5 oder 10 Dollar her.

Und das war nur das popelige Marshall Field's. Dieses Gefühl verstärkt sich exponentiell, wenn die Geldbeträge und der Druck steigen. Die Sache wird deutlich mörderischer. Und sie wird richtig fies.

Es gibt viele Filme über grauenhafte Vertriebskulturen: *Risiko – Der schnellste Weg zum Reichtum*, *The Wolf of Wall Street*, *Glengarry Glen Ross.* Sie sind ein bisschen aufgebauscht, aber nicht allzu stark. Die Hyperkonkurrenz bringt oft so ein egozentriertes, feuchtfröhliches Umkleideraum-Schulterklopfen hervor, wo dann am Ende alle in einem Stripschuppen sitzen und versuchen, einander unter den Tisch zu trinken. Vernünftige Menschen sitzen in der Falle und haben das Gefühl, den Schein wahren zu müssen, während unvernünftige Menschen völlig außer Kontrolle geraten – sie kotzen in die Hotellobby oder werden von Polizeibeamten aus der Firmenweihnachtsfeier geholt.

Das passiert überall – vom Silicon Valley über New York bis nach Jakarta, in kleinen Firmen und bei großen Konzernen. Die Unternehmen glauben, sie hätten das Schlimmste unter Kontrolle – ein bisschen Fehlverhalten gehöre nun einmal dazu, wenn man ein leistungsstarkes Vertriebsteam hat. Wo ist das Problem, wenn alle ihre Umsatzziele erreichen?

Das Problem ist, dass früher oder später etwas schief läuft. Vielleicht etwas mit dem Produkt – es gibt Schwierigkeiten, und das Geschäft wird ausgebremst. In so einem Moment, in dem Sie es am meisten brauchen, lässt Ihre Verkäufer Sie im Stich. Sie gehen dorthin, wo das Verkaufsgeschäft besser läuft. Warum sollten sie bei Ihnen bleiben, wo es für sie gegenwärtig nichts Geld zu verdienen gibt?

Oder Sie stellen fest, dass diese fantastischen Zahlen, die sie aufgestellt haben, eigentlich gar nicht so fantastisch sind. Vielleicht haben sie ein bisschen über die Kapazitäten Ihres Teams oder die Fähigkeiten des Produkts geflunkert, was die Erfüllung der Kundenbedürfnisse angeht. Vielleicht haben Sie all den Kunden, die in Ihren Laden zugeströmt sind, etwas versprochen, das Ihr Produkt am Ende nicht einlösen kann. Und jetzt sind die Kunden sauer.

Wenn Sie neu anfangen, sind Ihre ersten Kunden unglaublich kostbar. Sie sind es, die Sie am meisten mögen, die für Sie ein Risiko eingehen. Und sie entscheiden über Wohl und Wehe Ihres Unternehmens – sie sind die Quelle Ihrer gesamten anfänglichen Mundpropaganda. Zunächst kommt es Ihnen so vor, als würden Sie praktisch jeden einzelnen Kunden mit Namen, Gesicht und Twitter-Handle kennen. Aber wenn Ihr Unternehmen wächst und eine traditionelle Vertriebskultur entsteht, werden diese Kunden nicht mehr als Individuen betrachtet. Sie werden zu Zahlen. Zu Dollarzeichen.

Doch sie sind noch immer Menschen, selbst wenn Sie sich im höchsten Wachstumsmodus befinden. Die Beziehungen, die Sie zu ihnen aufbauen, sind immer noch bedeutsam und notwendig. Wirklich gute, vernünftige Verkäufer halten an diesen Beziehungen fest. Aber viele tun es nicht.

Wenn Ihre Vertriebskultur sich an Transaktionen orientiert, verpufft jegliche Beziehung, die der Verkäufer kultiviert, sobald der Kunde auf der gestrichelten Linie unterschrieben hat. Man hat keine Beziehung mit einem Geldautomaten – man geht einfach hin und holt sich sein Geld. Und fühlt sich ein Kunde erst einmal wie ein Geldautomat, ist es fast unmöglich, ihn wieder zurückzugewinnen. Sie müssen vor ihm buckeln und kriechen im verzweifelten Bemühen, ihn dazu zu bringen, dass er Ihnen wieder vertraut. Die Kundenerfolgs- oder Kundendienstmitarbeiter bringen eine Flut von Entschuldigungen vor und rudern zurück und verfluchen dabei die ganze Zeit stumm den Vertrieb.

Wahrscheinlich verlieren Sie diesen Kunden trotzdem.

Deshalb ist eine beziehungsorientierte Vertriebskultur weder naiv noch simplifizierend. Sie ist notwendig. Und sie ist bewährt. Es ist die Vertriebskultur, die wir bei Nest etabliert haben. Es ist die Kultur, die zu übernehmen ich Dutzende von Start-ups gedrängt habe. Sie funktioniert besser. In jedem einzelnen Fall. Sie bekommen glücklichere Kunden. Sie bekommen eine glücklichere Kultur. Sie bekommen Teamwork und Fokus und Fortschritte in Richtung Ihres Zieles.

Idealerweise setzen Sie Ihr Geschäft gleich von Anfang an so auf. Jeder erhält Gehalt, Aktien und Leistungsboni – Vertrieb, Kundenerfolg, Kundendienst, Marketing, Technik, alle. Das heißt nicht, dass alle denselben Betrag bekommen, aber das Gehaltsmodell ist dasselbe – alle sind miteinander koordiniert.

Und keiner erzielt einen Verkauf jemals im Alleingang. Während des Verkaufsprozesses bekommt der Verkäufer Unterstützung von der Kundenerfolgs- oder der Kundendienstabteilung, oder wer immer mit dem Kunden nach dem Abschluss eng zusammenarbeitet. Und dann machen diese Teams den Deal. Es gibt niemals Überraschungen – alle wissen genau, was von ihnen erwartet wird, um diesen neuen Kunden erfolgreich zu machen. Und ist der Deal abgeschlossen, verschwindet der Verkäufer nicht einfach. Er bleibt als Kontaktpunkt für diesen Kunden erhalten, und wenn es irgendein Problem gibt, kümmert er sich darum, um erneut an ihn zu verkaufen.

Wenn Sie bereits eine transaktionsorientierte Vertriebsorganisation haben und sie zu einer beziehungsorientierten umwandeln wollen, ist das kniffliger. Die Leute werden wahrscheinlich gehen. Viele werden Ihnen sagen, Sie wären verrückt. Aber es ist machbar.

Richten Sie zunächst einen internen Minivorstand ein, der sich aus den anderen Teams zusammensetzt – Kundendienst, Kundenerfolg, Produktion –, um jeden Verkaufsabschluss zu genehmigen. Das verändert die Vorstellung vom Verkäufer als einsamem Wolf hin zum Teil eines Teams. Sprechen Sie dann über die Änderung der Provisionen. Sagen Sie nicht, Sie würden sie abschaffen – das kriegen die Leute nicht in den Kopf –, sondern dass Sie anders damit umgehen werden. Erhöhen Sie die Provisionen, aber fangen Sie an, sie auf einen längeren Zeitraum festzulegen. Und sagen Sie dem Vertriebsteam, dass ihnen der Rest der Provision verloren geht, wenn der Kunde abspringt. Sie können auch eine noch größere Provision anbieten für den Fall, dass Ihr Mitarbeiter Aktien anstelle von Bargeld akzeptiert.

Sobald die Provisionen entsprechend einem Plan festgelegt sind, der die Kundenbeziehung in den Vordergrund stellt, verschwinden eine Menge der Scheußlichkeiten, die für gewöhnlich die Vertriebskultur prägen. Die Verkäufer werden besser darin, Kunden zu qualifizieren, das Konkurrenzdenken lässt nach, das Schulterklopfen wird weniger, die Erwartungen und Ziele der Teams stimmen besser überein.

Es klappt einfach besser. Für alle.

Das alte Provisionsmodell ist ein Anachronismus. Es ist überholt und honoriert nur das schlechteste Verhalten. Aber für eines ist es von Nutzen: um die Arschlöcher auszusortieren.

Es gibt viele unglaubliche Verkäufer da draußen, die bei der Vorstellung von festgelegten Provisionen eine Augenbraue heben, sich dann vorbeugen und Näheres wissen wollen. Andere verdrehen zungenschnalzend die Augen und erklären Ihnen, dass Sie auf diese Weise nie jemanden finden werden. Sie hören nicht zu, wenn Sie es erklären, und marschieren im festen Glauben aus dem Zimmer, dass sie es besser wissen und Sie komplett durchgeknallt sind.

Stellen Sie diese Leute nicht ein.

Suchen Sie Leute, die die Vorstellung von festgelegten Provisionen reizvoll finden. Suchen Sie Leute, die erkennen, dass sie auf diese Weise sogar mehr verdienen können. Suchen Sie Leute, die nicht nur gute Verkäufer, sondern darüber hinaus auch gute Menschen sind. Suchen Sie Leute, denen Ihre Mission etwas bedeutet und die sich für die wichtige Rolle begeistern, die sie bei ihrer Verwirklichung spielen können.

Mag sein, dass es nicht leicht wird. Besonders wenn es eine Menge Wettbewerb um Talente gibt. Es gibt Situationen und Branchen, in denen der Aufbau einer völlig neuen Vertriebskultur und -struktur einfach nicht durchführbar ist. In diesem Falle brauchen Sie nur einen. Suchen Sie sich einen Vertriebsleiter, der Kundenbeziehungen versteht und schätzt – jemanden, der nicht für Egoismus oder mörderische Konkurrenz steht und der keine Arschlöcher oder Söldner einstellt. Dieser Leiter wird die Kultur seiner Organisation so prägen, dass sie beziehungsorientierter wird, bis die Welt für das bereit ist, was Sie tun, und Sie die festgelegten Provisionen einführen können.

Diese Leute existieren. Auch sie haben genug von der transaktionsgeprägten Kultur. Sie wollen ihren Kunden etwas Gutes tun. Sie wollen Teil eines echten Teams sein. Stellen Sie sie ein.

Kapitel

5.7

ANWALT AM START

Ihr Unternehmen braucht im Allgemeinen alle möglichen Anwälte: für Verträge, um Sie vor Gericht zu verteidigen, und ganz allgemein, um Sie vor dummen Fehlern zu bewahren oder vor Fallen, die Sie nicht bemerkt haben. Anfangs kommen Sie auch mit einer externen Anwaltskanzlei zurecht, aber im Lauf der Zeit wird das teuer (Sie werden sich ehrlich gesagt wundern, wie teuer), und dann werden Sie wohl Anwälte fest einstellen müssen.

Doch denken Sie daran: Wenn Sie ein Geschäft führen, ist jede Entscheidung, die Rechtsfragen berührt, eine geschäftsorientierte Entscheidung. Rein rechtliche Entscheidungen gibt es nur vor Gericht. Ihr Rechtsteam ist dafür da, Ihre Entscheidungen zu fundieren, nicht sie für Sie zu treffen. Ein »Nein« der Rechtsabteilung ist also nicht das Ende der Unterhaltung – es ist der Anfang. Ein guter Anwalt hilft Ihnen, Hindernisse zu identifizieren, sie dann zu umschiffen und Lösungen zu finden.

* *

Zwei Dinge beherrschen die meisten Anwälte ganz hervorragend: nein zu sagen und Ihnen Geld abzuknöpfen.

Das liegt nicht notwendigerweise daran, dass sie schlechte Anwälte sind; so ist eben einfach das System.

Bei Anwaltskanzleien geht meist alles um Abrechnungszeiten. Die ersten fünfzehn Gesprächsminuten sind vielleicht umsonst, aber anschließend werden Ihnen jede fünfzehn oder gar fünf Minuten extra berechnet. Der Anwalt berechnet Ihnen die Zeit, die er unter der Dusche steht und über Ihr Unternehmen nachdenkt. Er berechnet Ihnen Fotokopien, Fahrtwege und Porto (mit einer zusätzlichen Bearbeitungsgebühr). Er berechnet Ihnen

Zusatzaufwand für jedes Mal, dass er jemanden mit fachrechtlichen Spezialkenntnissen hinzuziehen muss – setzt Ihr Anwalt also ein Konferenzgespräch mit einem weiteren Anwalt an, so dürfen Sie sich auf Kosten gefasst machen, bei denen Ihnen Hören und Sehen vergeht.

Ich hatte einmal einen Anwalt, der jedes Gespräch mit ein bisschen Smalltalk begann. Wie geht's der Familie? Was für ein Wetter! Ich wollte nicht unhöflich sein, daher brachte ich ein paar Minuten mit Schwatzen zu. Doch dieser sehr höfliche, normale Smalltalk bedeutete, dass Fragen, die in fünfzehn Minuten oder weniger hätten beantwortet werden können, dreißig oder gar fünfundvierzig Minuten in Anspruch nahmen. Und dieser Anwalt kostete 800 bis 1000 US-Dollar die Stunde. Ich zahlte ihm eine Unsumme, um über die Musikaufführung meines Kindes zu sprechen. Nach drei oder vier Unterhaltungen erkannte ich, was ich da tat, und entließ ihn. Ich will mir gar nicht ausmalen, wie er seine Abrechnungszeiten aufblähte, wenn ich nicht am Telefon war.

Wenn Sie eine externe Kanzlei beschäftigen, sollten Sie einen Anwalt haben, der schnell spricht und sich nicht für Ihre Kinder interessiert – jedenfalls nicht, solange die Rechnungsuhr tickt.

Die gute Nachricht ist, dass manche Kanzleien zu einem neuen Modell wechseln – Festverträge oder Obergrenzen, bei denen alle sich im Vorfeld über den Preis einigen. Manche Kanzleien unterstützen Sie gegen eine kleine Gebühr oder ein paar Aktien bei standardmäßigen Unternehmensgründungen und Rechtsangelegenheiten. Und es gibt eine neue »Open-Source«-Bewegung für viele wichtige Rechtsdokumente – wo generische Vorlagen erstellt werden, die für die meisten Firmen anwendbar sind.

Doch auch wenn Sie Open-Source-Rechtsdokumente verwenden, brauchen Sie trotzdem noch einen Anwalt, der die Details regelt. Und dieser Anwalt wird Ihnen wahrscheinlich trotzdem noch seine Duschzeiten in Rechnung stellen.

Um also optimalen Nutzen aus Ihrem Anwalt zu ziehen, müssen Sie verstehen, wie er vorgeht und welchen Ansatz er für seine Tätigkeit verfolgt. Anwälte sind darin geschult, aus der Perspektive der Konkurrenz oder der Behörden oder dieses wütenden Kunden oder erzürnten Partners oder Zulieferers oder Beschäftigten oder Investoren zu denken. Dann sehen sie sich an, woran Sie arbeiten, und sagen: »Wenn Sie das so machen, bringt Sie das ziemlich sicher in Schwierigkeiten.« Oder an einem echt guten Tag: »Wenn Sie das so machen, kann es Sie vor Gericht bringen, aber wir können das wahrscheinlich deichseln.«

Sie werden nie ein reines, ungetrübtes »Ja, weiter so – das ist ganz gefahrlos« zu hören bekommen, weil es keine wasserdichte Methode gibt, um Prozesse zu vermeiden. Jeder kann Sie wegen jedem belangen – zumindest in den Vereinigten Staaten. Die Kunden verklagen Sie, weil Sie etwas verändert haben, das ihnen gefallen hat. Die Konkurrenz verklagt Sie – als Geschäftstaktik, um Sie zu Fall zu bringen. Ob verdient oder nicht, hat damit gar nichts zu tun – man bombardiert Sie einfach mit nervtötenden Prozessen, um Ihre Kassen und Ihren Willen auszuhöhlen.

Wenn Sie mit irgendetwas Disruptivem einen bescheidenen Erfolg erzielen, werden Sie wahrscheinlich zur Zielscheibe. Wenn Sie richtig Erfolg haben, werden Sie es definitiv.

Die Möglichkeit eines Prozesses sollte also immer ein Risiko sein, das Sie mit einkalkulieren. Doch ein Gerichtsverfahren ist nicht das Ende der Welt. Und ein »Vielleicht« oder gar ein »Nein« Ihrer Anwälte ist nicht immer ein Grund, um augenblicklich mit dem aufzuhören, was Sie tun. Sie müssen die Einwände Ihre Anwälte gegen die Erfordernisse Ihres Geschäfts abwägen und gegen die Tatsache, dass Sie Risiken eingehen müssen, um zu innovieren und erfolgreich zu sein. Das heißt nicht, dass Sie auf rechtlichen Rat nicht hören sollten – es heißt nur, dass Rechtsfragen nicht Ihre einzige Erwägung sein sollten.

Das gilt natürlich nicht für etwas tatsächlich Illegales. Oder für Lügen. Oder irgendetwas von dem Grundsätzlichen, für das Sie einen Anwalt brauchen – Verträge oder Personalfragen oder die Datenschutzformulierungen in Ihrer App. Bei solchen Dingen sollten Sie nicht lange diskutieren. Hören Sie auf Ihren Anwalt und folgen Sie explizit seinem Rat. Wenn Sie keinen Anwalt angestellt haben, wenden Sie sich an eine Kanzlei und kommen Sie mit den Rechnungen klar. Sie wollen ja nicht, dass Ihr Geschäft nur wegen eines dummen Fehlers krachen geht – weil Sie bei Ihren Arbeitsverträgen oder den allgemeinen Geschäftsbedingungen Mist gebaut haben.

Bei den Graubereichen jedoch, dem vertrackten Zeug, den Millionen von fein abgestuften meinungsorientierten Entscheidungen, die die Richtung Ihres Unternehmens bestimmen, sollten Sie immer bedenken, dass Anwälte in einer schwarz-weißen Welt leben. Legal versus illegal. Verteidigungsfähig versus nicht verteidigungsfähig. Es ist ihre Aufgabe, Ihnen die Gesetze zu erklären und die Risiken zu erläutern.

Ihre Aufgabe dagegen ist es, die Entscheidungen zu treffen.

Das erste Mal, dass ich mit einem Prozess zu tun hatte, war bei Apple. Ich weiß noch, dass ich mich fühlte wie ein Reh im Scheinwerferlicht. Creative, die Macher des zweitbeliebtesten Music-Players nach dem iPod, verklagten uns wegen der iTunes-Schnittstelle, mit der man Songs auf den iPod übertragen konnte, und der dahinter stehenden Technologie. Es war nicht völlig klar, ob wir einen Gesetzesverstoß begangen hatten oder nicht, ob wir gewinnen würden oder nicht, und Steve machte sich Sorgen. Wir hatten das erste tolle Apple-Produkt seit Jahren entwickelt, und jetzt wurden wir deswegen verklagt.

Chip Lutton, der bei Apple für alle Rechtsfragen rund um geistiges Eigentum zuständig war, beriet sich mit mir und Jeff Robin, dem VP von iTunes, um Lösungen zur Umgehung des Problems zu finden. Wir schlugen verschiedene Arten vor, das Produkt zu verändern, doch am Ende traf Steve die geschäftliche Entscheidung zu einer gütlichen Einigung. Tatsächlich zahlte er 100 Millionen Dollar, einige Millionen mehr, als Creative gefordert hatte. Er wollte, dass sie komplett aus unserem Blickfeld verschwanden und nie wieder auftauchten.

Es war eine interessante Lektion darüber, was Gewinnen bedeutet. Es war kein richtiger gerichtlicher Sieg – wir verteidigten uns nicht und gingen auch nicht vor Gericht –, doch es war ein Sieg für Steve. Ihm war es wichtiger, sich nie wieder auch nur eine Sekunde seines Lebens wegen dieses Prozesses sorgen zu müssen, als Geld zu sparen oder das Gesicht zu wahren.

Recht bald nach der Einführung des Nest Learning Thermostat wurden wir von Honeywell verklagt. Das war ein ganz anderer Rechtsstreit. Dort war man fest entschlossen, uns aus dem Markt zu klagen. Honeywells Strategie lautete, den Kleinen zu zerquetschen und ihm die Technologie gegen ein Almosen mehr oder weniger zu stehlen. Unsere Rechtsabteilung war zuversichtlich, dass wir gewinnen konnten – der Prozess war lächerlich, leichtfertig, eine wohlbekannte Taktik, um einen schnell wachsenden Konkurrenten auszuschalten. Aber ich hatte aus meiner Erfahrung bei Apple gelernt – ich konnte die Entscheidung nicht einfach der Rechtsabteilung überlassen.

Anwälte gewinnen gern – sie geben nie auf und kämpfen bis zum Tod. Doch das ist Business. Tod ist keine akzeptable Option. Mit Tod macht man keinen guten ROI.

Wenn Sie irgendeine Verhandlung führen, bei der auch Rechtsfragen eine Rolle spielen, müssen Sie immer zuerst die grundlegenden Verhandlungspunkte abarbeiten, ehe die Anwälte auf den Plan treten – wie viel Sie für etwas zahlen, wie viel Sie auszugeben bereit sind, wie lange ein Vertrag währen sollte, Exklusivität und so weiter. Lassen Sie sich die Bedingungen im Groben absegnen, und dann lassen Sie die Anwälte über das Rechtliche debattieren. Anderenfalls können Verhandlungen sich ewig hinziehen und Sie müssen die Kosten tragen, während Ihre Anwälte sich mit denen der Gegenseite herumzanken.

Das will niemand.

Deshalb trafen wir eine außergerichtliche Einigung, obwohl wir in unserem Prozess mit Honeywell beste Erfolgsaussichten hatten. Inzwischen hatte Google unser Unternehmen aufgekauft, und Honeywell war einer ihrer größten Kunden. Es spielte keine Rolle, dass wir im Recht waren und Honeywell im Unrecht; es war eine geschäftliche Entscheidung. Google entschied, dass es besser war, Honeywell auszuzahlen und die Beziehung aufrechtzuerhalten, als vor Gericht zu gehen – besonders, da die Kosten für diese Einigung aus der Kasse von Nest kamen und nicht aus der von Google.

Das machte uns stinksauer. Wir hätten gewonnen, doch stattdessen blieb Nest auf der Rechnung sitzen. Es war zum Mäusemelken. Aber es war die richtige Entscheidung für Google.

Die besten Anwälte verstehen das. Sie denken nicht nur wie Anwälte. Sie berücksichtigen ihre gesamte Ausbildung und Fachkenntnis, aber sie legen auch geschäftliche Ziele in die Waagschale. Sie können Ihnen helfen, die Risiken zu verstehen und sich zugleich der Vorteile bewusst zu werden.

Sie erteilen Ihnen gut begründete Ratschläge, statt Ihnen zu sagen, was Sie tun dürfen und was nicht. Sie sind sich darüber im Klaren, dass ihre

Stimme Teil eines Chores ist. Und wenn Sie zusammenarbeiten und ein Gespür füreinander entwickeln und Ihre Anwälte einen Einblick bekommen, wie die Wettbewerbslandschaft aussieht und wer Ihre Kunden und Partner sind, werden sie, wenn sie gut sind, ein bisschen lockerer. Die meisten Anwälte brauchen Monate oder gar Jahre der Zusammenarbeit mit einem Unternehmen, bis sie wirklich verstehen, welche Risiken Anlass zur Sorge geben sollten und welche einfach ignoriert werden können. Doch ein geübter, erfahrener und mit der Geschäftspraxis vertrauter Anwalt, der Risiken erfolgreich kommunizieren kann, ist sein Gewicht in Gold wert.

Um so einen Anwalt zu bekommen, müssen Sie ihn normalerweise fest anstellen. Meist wissen Sie, dass es Zeit für eine Festanstellung ist, wenn die Rechtsberatung viel zu teuer wird – zu viele Stunden, die mit denselben Vertragskonditionen und Fragen verbracht werden, zu viel Hin und Her, zu viele Gelegenheiten, bei denen nach seltenen Spezialisten gesucht werden muss.

Ein festangestellter Anwalt entbindet Sie nicht von der Notwendigkeit, Spezialisten zu beauftragen – für Steuern, Personalfragen, Fundraising, Fusionen und Übernahmen, geistiges Eigentum und Patente, Behördenvorschriften –, aber er hilft Ihnen dabei, über die Höhe der Rechnungen zu verhandeln, nachdem Sie sie erhalten haben. Denn es gibt immer Verhandlungsspielraum – besonders bei Anwälten. Ein erfahrener Anwalt, der das Geschäftsmodell von Anwaltskanzleien durchschaut und die Tricks kennt, kann sich deren Rechnung ansehen und fragen, warum diese Aufgabe so viele Stunden erfordert oder jenes Gespräch so und nicht anders berechnet wurde.

Wenn Sie erwägen, zum ersten Mal einen Rechtsvertreter einzustellen, sind Sie vielleicht versucht, einen Generalisten zu wählen – jemanden, der von allem ein bisschen versteht. Die Leute denken, das würde ihren Bedarf an externen Spezialisten senken. Doch das Gegenteil ist der Fall.

In diesem Moment geht es bei der Einstellung nicht um Bandbreite. Sie müssen begreifen, was der Kern Ihres Unternehmens ist – worum es in Ihrem Geschäft vorrangig geht –, und jemanden für diese speziellen Rechtsangelegenheiten einstellen.

Nur zu oft erlebe ich Firmen, deren größtes Alleinstellungsmerkmal geistiges Eigentum ist, die aber einen normalen Vertragsrechtler als Leiter der Rechtsabteilung einstellen. Das ist ein kostspieliger Fehler. Der Anwalt vergibt am Ende alle Schutzrechtsangelegenheiten nach außen, was jegliche Kosteneinsparung zunichtemacht, und kann dann dem externen Rechtsbeistand nicht einmal Hilfestellung geben. Wenn der erste festangestellte Anwalt in wichtigen Bereichen keine Erfahrung und keine Fachkenntnisse mitbringt, schwächt das die Rechtsabteilung – sie wird risikoscheuer, unflexibler und unfähiger, mit dem übrigen Unternehmen an kreativen Problemlösungen zu arbeiten und erfolgreiche langfristige Rechtsstrategien zu entwickeln.

Bei Nest wussten wir von Anfang an, dass alles auf geistiges Eigentum hinauslaufen würde. Die Besonderheit von Nest würden immer unsere technischen Innovationen sein. Und diese Innovationen mussten aggressiv patentiert werden, um sie nicht in die Hände der Konkurrenz fallen zu lassen.

Unser erster Anwalt war daher Chip Lutton, derselbe, mit dem ich beim iPod-Prozess zusammengearbeitet hatte.

Wir brauchten einen Leiter, der sich bereits eingehend mit den Themen auskannte, die das Herzstück unseres Geschäfts darstellten, der vom ersten Tag an entsprechend dachte und sein Team unter Berücksichtigung dieser Perspektive aufbauen würde. Und wir brauchten jemanden, der als moralischer Kompass agieren konnte, der mit Geschäftsführern und Programmierern und Marketingleuten in die Konfrontation gehen konnte.

Wir brauchten eine Führungskraft, die führen konnte.

Die den nötigen Respekt genoss und umsichtig genug war, um sich aktiv in die Produktentwicklung einbringen zu können.

Chip und sein Team saßen nie im Hintergrund. Sie stürzten sich immer mit uns ins Getümmel, durchdachten Produktmerkmale, sorgten dafür, dass wir unsere Patente aufrechterhalten konnten, lasen unsere Werbetexte, verhinderten Gerichtsprozesse. Und zogen mit mir in so manche Schlacht.

Wie in die um das Baby.

Im Juni 2015 brachten wir die Nest Cam heraus, eine Videokamera, die man für Sicherheitszwecke nutzen konnte oder als Haustierkamera oder für die Überwachung des Babys. In den Vereinigten Staaten müssen alle Elektrogeräte, die für die Nutzung im Kinderzimmer gedacht sind, folgenden Warnhinweis tragen:

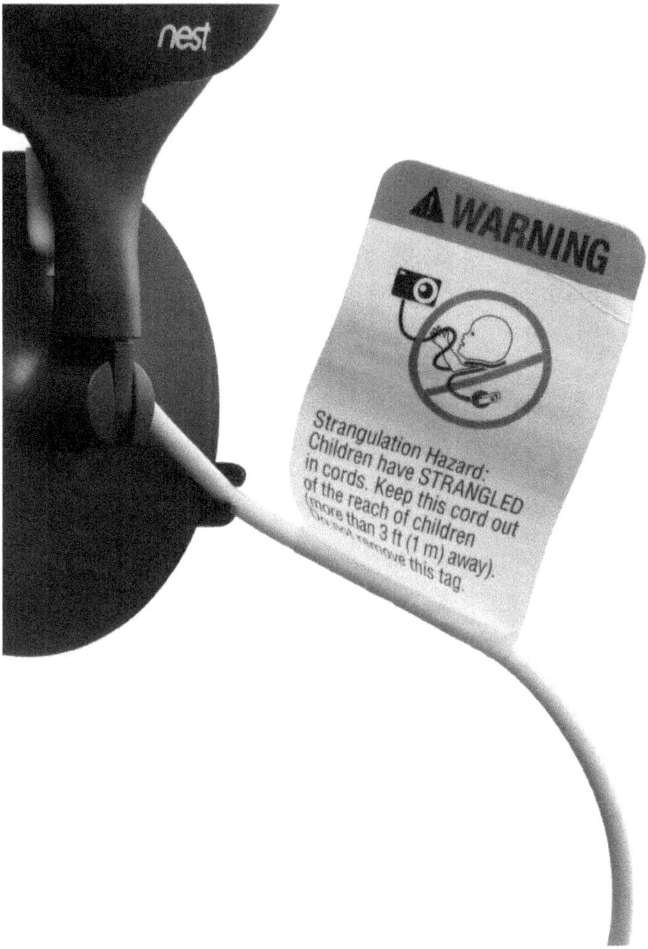

Abbildung 5.7.1: Das ist die originale Nest Cam, die im Juni 2015 auf den Markt kam, mit ihrem Original-Warnhinweis. Manchmal muss man sein neues Produkt eben gleich neben einem Bild mit einem Baby in Todesgefahr platzieren.

Und ich sagte: »Auf keinen Fall. Wir bringen unser neues Produkt nicht mit dem Bild eines erwürgten Babys heraus.«

Wir hatten die Würgewarnung bereits in der App, in der Installationsanweisung, in der Bedienungsanleitung und im Setup untergebracht. Wir hatten es unmöglich gemacht, sie zu ignorieren. Keines unserer Konkurrenzprodukte war so weit gegangen wie wir. Und sie hatten alle dieselben Kabel!

Ich war aufgebracht, wütend. Ich marschierte im Zimmer auf und ab. Ich sagte nein. Auf keinen Fall.

Und Chip teilte mir ruhig die Konsequenzen mit: im besten Falle eine saftige Strafe und ein Rückruf. Im schlimmsten Fall rechtliche Maßnahmen der Regierungsbehörden.

Der Aufkleber durfte nicht kleiner gemacht werden. Er durfte nicht verändert werden. Er durfte nicht einmal eine andere Farbe haben.

In diesem Fall gab es keine Nuancen, keine Grauzone, keine Diskussion. Das Gesetz war sehr eindeutig. Das war keine meinungsorientierte Entscheidung, bei der die Rechtsabteilung nur eine Stimme im Chor war und ich meinem Bauchgefühl folgen konnte. Chips Rat in dieser Sache zu ignorieren, wäre kein strategischer geschäftlicher Schachzug gewesen – sondern ein dummer Fehler. Die Vorteile waren die Risiken nicht wert.

Manchmal muss man sein neues Produkt eben gleich neben einem Bild mit einem Baby in Todesgefahr platzieren. Wenn wir die Nest Cam als Babyüberwachungskamera vermarkten wollten, musste sie den Aufkleber haben.

Doch selbst dann arbeitete Chip gemeinsam mit mir an einer Lösung. Er sagte nie einfach nein und ging dann weg. Er half uns immer, einen Kompromiss zu finden, eine neue Möglichkeit, eine andere Richtung.

Am Ende gestalteten wir den Aufkleber sogar noch größer und hässlicher als nötig – und brachten ihn direkt neben dem Produkt an, sodass er unmöglich zu übersehen war. Wir wussten, dass jeder das dämliche Ding einfach abriss, deshalb machten wir ihn wirklich leicht ablösbar und achteten darauf, dass keine Kleberückstände blieben. Wir führten sogar ein paar Test-Sessions durch, um sicherzugehen, dass es funktionierte (finden Sie nicht, dass man das bei neuen Matratzen auch machen sollte?).

Chip sorgte dafür, dass wir auf der sicheren Seite waren.

Er ist ein hervorragender Anwalt, aber auch ein fantastischer Partner.

Das ist es, wonach Sie suchen. Sie wollen keinen Anwalt, der glaubt, seine einzige Aufgabe wäre es, Sie auf das Loch hinzuweisen, in das Sie fallen könnten, und Ihnen den Weg zu verstellen. Stellen Sie jemanden ein, der Ihnen hilft, einen neuen Weg zu finden. Stellen Sie jemanden ein, der eine Brücke baut. Stellen Sie einen Anwalt ein, der nicht einfach denkt wie ein Anwalt.

Teil

VI

CEO SEIN

Das Smart Home sollte mit dem Rauch- und Kohlenmonoxidmelder Nest Protect geradezu erblühen.

Nest Protect diente als Temperatur- und Feuchtigkeitssensor für den Nest Learning Thermostat, sodass man jedes Zimmer einzeln klimatisieren konnte. Sein Bewegungssensor erkannte, wenn niemand zu Hause war, damit der Thermostat gleich die Heizung oder die Klimaanlage ausschalten konnte, um Energie zu sparen. Und er nutzte seine Stimme, um mehr zu tun, als Sie nur vor Gefahr zu warnen – die Vision für Nest Protect war, dass er ein richtig toller Lautsprecher sein sollte. In jedem Zimmer des Hauses befindet sich ein Rauchmelder, daher planten wir, dass er auch Musik abspielen und sogar als Gegensprechanlage dienen konnte. Riefen Sie dem Nest Protect in der Küche zu, dass das Essen fertig war, übertrug der Rauchmelder im Kinderzimmer Ihre Stimme.

Fügen Sie dem Ganzen jetzt noch eine Videokamera oder einen Smart Lock hinzu, und Sie haben ein eingebautes Sicherheitssystem mit Sensoren in jedem Raum und Alarmfunktion im ganzen Haus. Mit jedem neuen Nest, den man installierte, wurden die alten Nest-Produkte nur noch besser. Konnten sie mehr leisten. Öffneten sie neue Wege der Bequemlichkeit und der Möglichkeiten. Und es erforderte fast keinen Aufwand. Es funktionierte einfach alles.

Der Sinn eines Smart Home ist, dass es keinen Aufwand erfordert. Dass Ihr Haus auf Sie Acht gibt und nicht Sie auf das Haus.

Und wir waren keineswegs blind für die Dutzende anderer verknüpfter Produkte, die rings um uns herum aus dem Boden schossen, nachdem der

Nest Thermostat erst einmal gezeigt hatte, dass es möglich war. Statt sie als Konkurrenz zu behandeln, die vernichtet werden musste, nährten wir das Ökosystem mit einer Strom sparenden Netzwerktechnologie namens Thread. Wenn Sie ein angemessen smartes Gerät entwickelten, konnten Sie sich in das Nest-System einklinken und mit Nest-Produkten arbeiten – Ihr smarter Deckenventilator konnte sich mit unserem Thermostaten verbinden oder Nest konnte Ihren smarten Lampen sagen, dass Sie im Urlaub waren, damit sie es aussehen lassen konnten, als wären Sie daheim, um potenzielle Diebe abzuschrecken.

Nest schuf eine Plattform – ein Ökosystem unserer eigenen Produkte und der Produkte Dritter, alle gesteuert von einer einzigen Anwendung –, die das Smart Home zu etwas wirklich Magischem emporheben sollte. Wir wollten ein dichtes Netz aus Technologien knüpfen, das unser Zuhause von Grund auf verändern würde.

Das war jedenfalls die Vision.

Die Vision, die Google 2014 für 3,2 Milliarden Dollar kaufte.

Google hatte Nest von Anfang an nahegestanden. Ich hatte Sergey Brin ein paar Prototypen gezeigt, ehe wir an den Markt gingen, und Google wollte unser Unternehmen schon 2012 kaufen. Man wollte uns helfen, unsere Vision schneller zu verwirklichen. Als wir ablehnten, bot man an, stattdessen zu investieren.

Mitten in einer weiteren erfolgreichen Finanzierungsrunde im Jahr 2013 drängte Google erneut darauf, uns aufzukaufen.

Ich wusste: Wenn man dort so scharf darauf war, Nest zu kaufen, bedeutete das, dass man dort vielleicht schon bald anfangen würde, eigene Smart-Home-Hardware zu entwickeln. Und wenn Google Ernst machte, würden auch Apple, Microsoft, Amazon, Facebook und die anderen Technologie-Riesen nicht mehr lange damit warten. Nest hatte den Ball ins Rollen gebracht, der sich nun zu einer Lawine auswuchs.

Wenn wir nicht aufpassten, konnten wir leicht von ihr verschüttet werden.

Nest lief wirklich gut, wir verkauften unsere Produkte so schnell, wie wir sie produzieren konnten. Wir hätten auch weiterhin nur den Thermostaten machen können – seine Erfolge hatten längst unsere kühnsten Erwartungen übertroffen. Die Leute legten einander Thermostate unter den Weihnachtsbaum – Thermostate! David Letterman und Kanye West schrieben uns an, um nach unserem Produkt zu fragen, als wir ausverkauft waren.

Doch wir waren fest entschlossen, eine Plattform zu schaffen – eine große und bedeutsame, die Jahrzehnte überdauern würde –, und das würde immense Ressourcen erfordern.

Große Konzerne wie Google oder Apple mit hochprofitablen Einnahmequellen und massenhaft Produkten hätten uns leicht durch ihre eigene Plattform ersetzen können. Sie mussten nichts weiter tun, als einen Plan zu verkünden, dass sie in den Bereich Smart Home eintreten wollten. Es würde keine Rolle spielen, ob ihre Plattform etwas taugte oder nicht – wenn ein Konzern dieser Größenordnung etwas ankündigt, wirft das schon einiges in die Waagschale. Sie hätten uns alle potenziellen Partner und Entwickler wegschnappen oder sie einfach davon abhalten können, bei uns fest zuzusagen, weil sie es vorzogen, »erst einmal zu sehen, was da kommt«.

Ich hatte schon zu viele erfolgreiche Produkte und Plattformen kleiner Start-ups sterben sehen, wenn die größeren Player sich einschalteten und den ganzen Sauerstoff im Raum wegatmeten.

Doch durch die Eingliederung bei Google würden wir nicht nur uns selbst schützen – wir würden auch unsere Mission beschleunigen. Das war es, was die Geschäftsführung wirklich in Aufregung versetzte: das Wachstumspotenzial.

Also entschieden wir nach langen Überlegungen und viel Nervosität als Team, dass es der richtige Zeitpunkt zum Verkaufen war. Wir hatten eine gute Verhandlungsposition – genügend finanzielle Mittel, weitere Investoren bei der Hand und solide Unit Economics. Unser Geschäftsmodell war schlank, unsere Thermostate profitabel, ein weiteres Produkt befand sich in der Auslieferung, und wir hatten noch mehr in der Entwicklung.

Und Google hatte sich verpflichtet, über fünf Jahre hinweg 4 Milliarden Dollar in unsere Smart-Home-Plattform zu investieren und die notwendigen Ressourcen zur Verfügung zu stellen – Server, KI-Algorithmen, Developer Relations. Wir einigten uns darauf, dass sie bei Google ruhen lassen würden, was sie in puncto Smart-Home-Hardware bereits entwickelt hatten, und sich ganz auf Nest konzentrieren würden. Wir vereinbarten wöchentliche Abstimmungs-Meetings mit den Teams, in deren Technologie wir uns integrieren mussten.

Wir hatten zahlreiche Bedenken, was einen möglichen Culture Clash betraf, aber das Google-Team versicherte uns, dass die missionsorientierte Kultur von Nest einen neuen Maßstab setzen und eine kulturelle Evolution bei Google in Gang setzen würde. Sie sagten uns, wir würden eine erhebliche Umsatzsteigerung erzielen und würden unsere Plattform Jahre früher zum Leben erwecken können, als wir es als unabhängiges Unternehmen geschafft hätten.

Sie sagten uns, das würde eine glückliche Ehe werden.

Nach drei oder vier Monaten intensiver Diskussionen gingen wir im Januar 2014 vor den Traualtar in der Überzeugung, dass wir für immer zusammenbleiben würden. Dass es funktionieren würde. Dass wir es zum Laufen bringen würden. Beide Unternehmen hatten die besten Vorsätze.

Aber jeder weiß, womit die Straße zur Hölle gepflastert ist.

Nur Stunden nach der Akquisition versuchte Nest, einen Schwall negativer Pressemeldungen abzumildern, indem wir öffentlich erklärten, dass unsere Kultur und unsere Systeme völlig unabhängig von Google waren. Danach kam es zur Organabstoßung. Die natürlichen Antikörper bei Google entdeckten etwas Neues, Andersartiges, Fremdes und taten alles in ihrer Macht Stehende, um es zu vermeiden oder zu ignorieren. Sie lächelten in einem fort, doch die versprochenen Meetings, die Aufsicht durch die Google-Führung, die Pläne, die wir für die Integration gemacht hatten – all das begann zu zerfallen.

Selbst die grundlegenden, selbstverständlichen Dinge gerieten ins Stocken: Können wir Nest-Produkte im Google Store verkaufen? Nein. Mindestens ein Jahr lang nicht. Können wir von Amazon Web Services weggehen und zu Google Cloud kommen? Nein, nicht ohne eine Riesenmenge Änderungen. Und das wäre bloß noch teurer.

Das durfte uns allerdings nicht überraschen. Alles wurde teurer.

Kurz vor der Akquisition durch Google im Jahr 2014 gab Nest jährlich rund 250 000 US-Dollar pro Mitarbeiter aus. Dazu gehörten anständige Büroräumlichkeiten, eine gute Krankenversicherung, gelegentliche kostenlose Mahlzeiten und ab und zu ein Spaßevent als Leistungsanreiz.

Nachdem wir übernommen worden waren, kletterte diese Zahl auf 475 000 US-Dollar pro Person und Jahr. Ein Teil dieser Steigerung ging auf Konzernbürokratie sowie auf erhöhte Gehälter und Boni zurück, doch vieles auch auf zusätzliche Vergünstigungen wie Gratisbusse, Gratisfrühstück, Gratismittag- und -abendessen, massenhaft Junkfood, schicke Besprechungsräume mit luxuriöser Audio- und Videoausstattung und neue Bürogebäude. Sogar die IT wurde teuer. Es kostete 10 000 US-Dollar pro Jahr, die Computer aller Beschäftigten mit dem Google-Netzwerk zu verbinden, und darin waren die Kosten für den Laptop noch gar nicht enthalten.

Natürlich war auch Nest nicht perfekt. Wir hatten so viele Projekte gleichzeitig laufen, dass wir unter Verstopfung litten. Das Sicherheitssystem Nest Secure wurde immer wieder aufgeschoben, während wir die zweite Generation von Nest Protect und die dritte Generation der Thermostate auf den Markt brachten. Wir hatten außerdem eine Firma namens Dropcam aufgekauft und die erste Nest Cam entwickelt und sie der Nest-App hinzugefügt und endlose Stunden damit verbracht, sie mit Google zu integrieren und Mailadressen zu recherchieren, uns klug zu machen in Sachen Unternehmenssicherheit, auf wessen Servern welche Daten lagerten, Datenschutzregelungen und so weiter.

Und obwohl wir Teil von Google waren, unternahmen wir wenig Anstrengungen, »googelig« zu werden, wirklich die Kultur anzunehmen. Ein kleiner Teil der Nester war von Apple gekommen, für die Google der Erzfeind war, und musste erst einmal zur Besinnung gebracht werden. Aber die meisten von uns mochten schlicht die Art, wie die Dinge bei uns geregelt wurden. Wir wollten nicht googelig sein. Ich hatte keinerlei Absicht, ein Propeller-Basecap zu tragen, wie das neue Googler machen. Ich kann nachvollziehen, warum wir herausragten wie ein verletzter Daumen, warum wir nicht mit offenen Armen willkommen geheißen wurden.

Doch trotz alledem war die Akquisition keine komplette Katastrophe. Sie war eine laufende Maßnahme.

Unsere Marke und unsere Unit Economics waren stark. Wir wuchsen immer noch schnell. Tatsächlich hatte die Übernahme durch Google vielen Einzelhändlern Mut gemacht, Nest-Produkte in ihren Läden anzubieten. Auch die Entwickler unseres Ökosystems verzeichneten Zuwächse. Und wir erzielten kleinere Terrain-Gewinne bei bestimmten Google-Teams, wenn auch nicht annähernd in dem Umfang, wie wir erwartet hatten. Doch wir hatten Zeit. Geplant waren fünf Jahre Vorlaufzeit, um eine echte Smart-Home-Plattform zu erstellen. Und es gab so viele großartige Leute bei Google, so viele unglaubliche Teams, die unglaubliche Technologien entwickelten, mit denen wir zusammenarbeiten konnten, um etwas wirklich Spektakuläres und Wichtiges zu schaffen. Wir mussten nur dranbleiben. Wir konnten es schaffen.

Dann, im August 2015 – etwas mehr als ein Jahr nach der Übernahme –, rief der Google-Mitgründer Larry Page mich in sein Büro. Er sagte: »Wir haben eine aufregende neue Konzernstrategie für die Firma. Sie heißt Alphabet. Und wir wollen Nest als Musterbeispiel dafür, wie man es richtig macht.«

Sie strukturierten Google um – schufen ein Mutterunternehmen namens Alphabet, in das Google und all seine »anderen Vorhaben« als Tochterfirmen eingegliedert waren. So konnte die Wall Street sehen, wie gesund das Geschäft mit Google Search und Google Ads war, ohne dass irgendetwas das finanzielle Bild trübte. Die »anderen Vorhaben« – wie Google Fiber, Calico, Verily, Capital G, Google Ventures, Google X mit seinen unzähligen »Moonshot«-Projekten und natürlich Nest – sollten unabhängige Schwesterunternehmen werden, die nicht mehr Teil von Google waren. Plötzlich sollte Nest eine der größten, sichtbarsten und wertvollsten der Schwestern werden.

Sechzehn Monate lang hatten wir uns bemüht, uns bei Google zu integrieren, um eins zu werden mit dem Mutterunternehmen und all die Güte zu erlangen, die wir brauchten, um unsere Vision zu beschleunigen. Dieser Zugang zu Integration und Technologie war der Hauptgrund dafür gewesen, dass wir der Übernahme überhaupt zugestimmt hatten. Doch Larry sagte mir, dass es vorbei sei. Neue Richtung. Neue Strategie.

»Wie lange denken Sie schon darüber nach?«, fragte ich.

»Seit Jahren«, sagte er.

»Wie viele Leute bei Google haben darüber nachgedacht?«

»Drei oder vier, seit einigen Monaten. Sie sind einer der Ersten, denen ich es erzähle.«

Ich dachte: »Toll! Super!« Aber ich sagte: »Okay – wir müssen noch mehr Details kennen, um sicherzustellen, dass wir alle auf einer Linie liegen. Wie viel Zeit haben wir, ums uns mit der Sache auseinanderzusetzen und einen konkreten Plan zu erarbeiten? Ein paar Monate?«

Ich wusste, dass es nicht gut war, ohne eine detaillierte Widerlegung einfach nein zu sagen. Aber ich musste mir Zeit verschaffen, um herauszufinden, wie ich das verhindern konnte – um unserem Team einen besseren Deal zu ermöglichen.

»Wir haben nicht mehr Monate Zeit.«

»Acht Wochen?«

»Nein.«

»Einen Monat?«

»Wir geben das nächste Woche bekannt«, sagte er. »Wir sind ein börsennotiertes Unternehmen – es wäre katastrophal, wenn etwas an die Presse durchgesteckt würde. Das ist nur eine finanzielle und buchhalterische Veränderung; machen Sie sich deshalb keine Sorgen, wir finden schon einen Weg.«

Ich war schockiert. Sprachlos. So viel zur verzögerten Intuition. Los, fertig, Achtung, dachte ich bei mir.

Es gab keinen Plan. Überhaupt keinen. Ich bin wirklich sehr für »Machen, lernen, scheitern«, aber man kann nicht ohne wenigstens den Hauch einer Strategie ein ganzes Unternehmen auf den Kopf stellen. Was eine faktenbasierte Entscheidung hätte sein sollen, war in eine meinungsbasierte Entscheidung verwandelt worden.

Larry erzählte mir, er habe sich angesehen, wie Warren Buffett es bei seiner Firma gemacht hatte. Er war sogar nach Nebraska geflogen, um sich mit ihm darüber zu unterhalten. Berkshire Hathaway kauft Unternehmen, die nichts miteinander zu tun haben und separat geführt werden, und das funktioniert prima. »Warum sollten wir nicht dasselbe machen können?«

Ich wies darauf hin, dass Berkshire Hathaway Firmen kauft, die zehn, fünfzehn, fünfzig Jahre alt sind. Sie sind voll entwickelt und haben reichlich Umsatz. Sie sind ausgewachsene, gesunde Erwachsene. Alphabets restliche Vorhaben waren Kinder, Säuglinge, Heranwachsende auf der Suche nach sich selbst. Sie mühten sich noch um Innovation und versuchten, einen Weg zur Profitabilität zu finden. Die Grundlagen waren vollkommen andere.

Doch das spielte keine Rolle. Die Dampfwalze war schon unterwegs.

Binnen vierundzwanzig Stunden nach der Bekanntgabe von Alphabet sagte Google Facilities: »Ihr seid jetzt kein Teil von Google mehr, also werdet ihr das hier brauchen«, und man reichte uns eine Rechnung in Millionenhöhe für unser neues Büro, das sie gerade erst umgebaut hatten.

Um dem Ganzen die Krone aufzusetzen, wurden unsere Kosten pro Mitarbeiter mehr als verdoppelt – eine Steigerung um das Zweieinhalbfache. Und dabei hatte sich nichts verändert – alle bei Nest machten genau dieselbe Arbeit am selben Ort. Nur dass wir das jetzt selbst bezahlen mussten, einschließlich einer Alphabet-Unternehmensgebühr für alle von Google bereitgestellten Leistungen. Dadurch wurden die Grundlagen, auf die wir uns stützten – IT, Rechtsabteilung, Finanzen, Personalwesen –, augenblicklich teurer. Bisweilen absurd teuer. Man sagte uns: »Sorry, dass wir das machen müssen. Das ist eine Anforderung des FASB [Financial Accounting Standards Board]. Daran kommen wir nicht vorbei, weil wir ein Börsenunternehmen sind.«

Im selben Augenblick sagten die Technologie-Teams bei Google, in die wir uns endlich bereitwillig integriert hatten, sich von uns los. »Ihr gehört nicht zu Google«, sagten sie. Die Antikörper gingen zum Großangriff über.

Es war erschütternd zu sehen, mit welcher Geschwindigkeit sich ihre Prioritäten änderten.

Doch am schlimmsten war das dumme Geschwätz.

Ich entwickelte eine Allergie gegen das Wort »umsichtig«. Jedes Mal, wenn die oberste Geschäftsführung von Google uns irgendeine neue Strategie verkaufen wollte, erzählten man uns, man sei entgegen des äußeren Anscheins überaus umsichtig. »Wir gehen umsichtig bei der Integration von Nest in Google vor.« »Wir gehen umsichtig bei eurem Übergang zu Alphabet vor.« »Matt und Tony, macht euch keine Sorgen – wir waren dabei ganz umsichtig.«

Ich hörte mir das an und dachte: Neiiiiiin, nicht schon wieder!, während sie mich umsichtig mit Bullshit bombardierten und dann von mir erwarteten, dass ich diesen Bullshit an mein Team weiterreichte.

Matt und ich hatten über ein Jahr lang die Werbetrommel für die Integration gerührt, doch nun sollten wir eine 180-Grad-Wende vollziehen und die

Werbetrommel für Alphabet rühren. Ich musste unserem Team erzählen, dass alles glattlief, obwohl ich zusah, wie die Google-Führung sich »umsichtig« einen Plan zurechtbastelte, während der Übergang schon begonnen hatte, und diesen Plan dann im Lauf der nächsten Monate ständig veränderte. Jede Woche fanden total chaotische Alphabet-Umsetzungsbesprechungen statt – Finanzen, Recht, IT, Vertrieb, Marketing, PR, Gebäude, Personal. An einem Tag wurde uns gesagt, wie sie jetzt für Busfahrten, Räumlichkeiten oder Rechtsberatung bezahlten, und zwei Wochen später wurde alles neu organisiert.

Und als dann bekannt wurde, wie hoch die Kosten für die Alphabetisierung von Nest waren, stürzte sich die neue Finanzleitung auf uns.

Das Alphabet-Steuerungskomitee sagte, wir müssten die Ausgaben von Nest rationalisieren und schneller Profitabilität erzielen. Sie legten uns vor, dass wir die Verkaufszahlen nicht erreichten. Ich wies darauf hin, dass sie diese Zahlen erfunden hatten. Sie hatten angenommen, dass Nest-Produkte im Google Store verkauft werden und das den Umsatz um 30 bis 50 Prozent ankurbeln würde. Doch dann hatte der Google Store uns hingehalten und Ausflüchte gemacht, und tatsächlich gingen unsere Umsätze zurück, weil die Kunden ausblieben, denen die Datenschutzbestimmungen von Google nicht zusagten.

Als deutlich wurde, dass ich nicht einknicken würde, sagte Larry mir, wir müssten die Profitabilität erreichen. »Seien Sie mutig und kreativ, und finden Sie heraus, wie Sie alles um 50 Prozent reduzieren können.« Und er meinte wortwörtlich alles: Personaldecke, Kosten und unsere Pläne.

»WIE BITTE?!«, sagte ich. Es hatte sich nichts geändert – unsere Vereinbarung war dieselbe, unser Plan war derselbe. Doch jetzt wollten sie, dass ich die Hälfte meiner Beschäftigten entließ, von denen die meisten erst während der letzten Monate eingestellt worden waren.

Larry sagte, ich solle keine Bedenken haben, jemanden zu entlassen. Er sagte, es gebe genügend offene Stellen bei Google, zu denen sie mühelos wechseln könnten. Und ich dachte: Musste dieser Typ jemals in seinem Leben persönlich jemanden rausschmeißen? Man kann nicht einfach mit dem Leben von Menschen spielen.

Aber Google wollte der Wall Street beweisen, dass eine seiner Geschäftssparten jenseits von Suche und Werbung tatsächlich profitabel sein konnte.

Alle anderen Hardwareentwicklungen, die sie gemacht hatten – die Handys, die Chromebooks –, waren rausgeworfenes Geld. Nest war das Einzige, was eine Chance hatte, die Gewinnzone zu erreichen, deshalb lenkten sie all ihre Aufmerksamkeit auf uns.

Doch es war undenkbar – absolut undenkbar –, dass ich Nest in zwei Teile hackte.

Wir schlugen Reduzierungen um 10 bis 15 Prozent vor, lehnten es aber rundweg ab, unsere Marschroute zu ändern. Wir würden nicht von unserer Mission abweichen.

Unnötig zu erwähnen, dass die Spannungen enorm waren.

Vier Monate später schlug eine weitere Bombe ein.

Larry Page erklärte mir, er wolle die Scheidung.

Er wollte Nest verkaufen.

Allerdings sagte Larry das eigentlich gar nicht. Bill Campbell, mein und auch Larrys Mentor, bat mich eines Tages nach einem Vorstandsmeeting nur wenige Tage vor den Weihnachtsferien, länger zu bleiben. Nachdem alle den Raum verlassen hatten, blieben nur er und Larry übrig. Bill warf mir einen Blick zu und sagte: »Ich komme gleich zur Sache. Es wird Larry schwerfallen, es zu sagen, und ich will dir nichts vormachen. Larry will Nest verkaufen. Ich verstehe es zwar nicht, aber er will es tun.«

Larry sah Bill schockiert an. »Also, so hättest du es nun nicht sagen müssen!«

Hatte er aber. Bill kannte mich. Und Larry nicht. Nicht so richtig. Ich vermute, er wollte Bill mit dabeihaben, weil er fürchtete, ich könnte ausrasten. Er wollte einen Zeugen und einen Puffer für unsere Trennung für den Fall, dass die Sache sich hochschaukeln könnte.

Stattdessen saß ich stumm da, versuchte jedes Wort zu verstehen und beobachtete jede Regung auf ihren Gesichtern, während Larry die Lage erläuterte.

Dann sagte ich: »Larry, Sie haben Nest gekauft. Sie können Nest verkaufen, wenn Sie wollen. Aber ich gehe da auf gar keinen Fall mit.«

Damit war ich fertig.

Bill sah Larry an und sagte: »Ich hab's gewusst. Ich hab dir doch gesagt, dass er das sagen würde.«

Noch heute bin ich mir nicht sicher, warum Google eigentlich entschieden hat, Nest zu verkaufen. Viellcicht lief es alles auf den Culture Clash hinaus – vielleicht dachte Larry, wir wären zu weit auseinander, zu inkompatibel. Als ich ihn fragte, lieferte er mir die üblichen Gründe: wir haben entschieden, dass Nest nicht mehr in die Strategie passt, es kommt uns zu teuer. Doch auch wenn Google sich verändert hatte, so galt das nicht für unsere Vereinbarung – wir waren uns einig gewesen über unsere Marschroute, über unseren Zukunftsplan. Als sie den Vertrag unterzeichnet hatten, wussten sie, dass wir eine teure Investition waren. Und noch vor weniger als zwei Jahren waren sie mehr als bereit, genau genommen sogar scharf darauf gewesen, unsere Vision zu finanzieren.

»Wir haben jetzt eine neue Finanzstrategie«, sagten sie. Und das war's.

Bill war nach der Besprechung außer sich. »Ihr habt beliebte Produkte, solide Zahlen und Wachstum und eine Pipeline voller neuer Produkte mit echtem Potenzial. Für euch spricht wesentlich mehr als für die meisten anderen Projekte in diesem Unternehmen«, sagte er, den Kopf in die Hände gestützt. »Das ergibt überhaupt keinen Sinn. Wir hatten doch gerade angefangen!«

Ungeachtet seiner Einwände zog Google die Banker hinzu, damit ich ihnen beim »Retten von Vermögenswerten« half. Und da ich bereits gesagte hatte, dass ich aussteigen würde, konnte ich nichts weiter tun, als den Schaden zu minimieren und den Übergang für mein Team so reibungslos zu gestalten, wie es mir möglich war. Ich rutschte in die Rolle des guten Soldaten. Ich tat, was mir gesagt wurde, half den Bankern bei der Vorbereitung der Verkaufsdokumentation. Im Februar 2016 begannen sie, Nest zum Verkauf auszuschreiben.

Die Banker arbeiteten ihre Liste mit möglichen Käufern ab, und ein paar Unternehmen setzten sich an den Verhandlungstisch. Ganz vorn dabei war Amazon.

Die Banker fragten Larry, ob er an Amazon verkaufen würde, und er sagte: »Ja, ich glaube schon.« Ich war erneut schockiert – an einen ihrer Konkurrenten verkaufen? Es fühlte sich an wie ein weiterer Schlag ins Gesicht.

Während die Verhandlungen fortgesetzt wurden, hielt ich mein Wort. Ich verließ Nest. Verließ unsere Ehe. Sie sagten, sie wollten die Scheidung, also gab ich ihnen die Scheidung.

Und dann, Monate nach meinem Weggang, änderte Google seine Meinung. Schon wieder.

Sie beschlossen, Nest jetzt doch nicht zu verkaufen.

Genau genommen entschieden sie, dass Nest als Bestandteil von Google bessere Dienste leistet, als wenn es mit den »anderen Vorhaben« von Alphabet in einen Topf geworfen würde. Und Nest wurde wieder aufgenommen.

Das war die Strategie des Tages – bei Google mitmachen, Google verlassen, bei Google mitmachen. Und die ganze Zeit musste die Führung von Nest sich vor die Beschäftigten hinstellen und ihnen versprechen, dass alles ganz toll werden würde! Doch es ließ sich nicht leugnen, dass dieses Hin und Her schmerzlich war – für unsere Kunden, für das Team, für ihre Familien. Die Führungsebene schien unsere Mitarbeiter und die Arbeit, die sie zu leisten versuchten, völlig zu missachten.

Letztlich, als Nest 2018 wieder von Google aufgesaugt wurde, machten sie mit den Reduktionen von 10 bis 15 Prozent weiter, die ich bereits 2015 vorgeschlagen hatte. Die Rückkehr zum Mutterschiff eliminierte auch die Gemeinkosten von Alphabet – diese zusätzlichen 150 000 US-Dollar pro Beschäftigtem und die Unmengen Steuern und höheren Gebühren. Plötzlich schien Nest wieder eine prima Investment zu sein.

Ich kann das nicht erklären. So wie ich nie ihre wahren Gründe für den Verkauf von Nest erfahren habe, erhielt ich auch nie eine Erklärung dafür, warum sie Nest dann doch behielten. Vielleicht ließ die Tatsache, dass Amazon Interesse zeigte, Larry erkennen, dass Nest doch ein wertvolles Wirtschaftsgut war. Vielleicht war das Ganze ein ausgeklügeltes Feiglingsspiel, um mich zum Ausstieg zu bringen und die Kosten zu verringern. Vielleicht hatten sie von vornherein keinen richtigen Plan, und das alles passierte aus der Laune irgendeines Vorstandsmitglieds heraus. Sie würden sich wundern, wie oft das der Grund für wesentliche Veränderungen ist.

Die Leute haben eine Vorstellung davon, wie es ist, ein Geschäftsführer oder CEO oder der Leiter einer großen Geschäftseinheit zu sein. Sie nehmen an, dass auf dieser Ebene jeder genügend Erfahrung und Wissen hat, um wenigstens den Anschein zu erwecken, dass er weiß, was er tut. Sie gehen davon aus, dass es Umsicht gibt und Strategie und langfristiges Denken und vernünftige Abkommen, die mit festem Händedruck besiegelt werden.

Aber manchmal ist es eher wie an der High School. Manchmal ist es wie im Kindergarten.

So war es auch, als ich bei Philips erstmals auf die C-Ebene aufstieg und als ich VP bei Apple wurde und als ich CEO von Nest war und als ich in die Führungsriege von Google eintrat. All diese Tätigkeiten fühlten sich vollkommen unterschiedlich an, doch im Kern waren die Verantwortlichkeiten dieselben – es ging stets nicht so sehr darum, was man machte, als vielmehr darum, mit wem man es machte.

Als CEO verbringen Sie praktisch Ihre gesamte Zeit mit den Problemen anderer und der Kommunikation. Sie versuchen, sich durch ein kompliziertes Netz von beruflichen Beziehungen und Intrigen zu kämpfen, auf Ihren Vorstand zu hören und ihn zugleich zu ignorieren, Ihre Unternehmenskultur aufrechtzuerhalten, Firmen aufzukaufen oder Ihre eigene zu verkaufen, sich den Respekt der Leute zu erhalten, während Sie unaufhörlich sich selbst und das Team dazu antreiben, etwas Großes zu schaffen, obwohl Sie kaum mehr die Zeit haben, darüber nachzudenken, was das eigentlich sein soll.

Es ist ein extrem seltsamer Job.

Wenn Sie also den Gipfel des Unternehmensberges erklommen haben und sich nun mit Erfrierungen und Sauerstoffmangel fragen, wann der Sherpa endlich kommt, kann ich Ihnen einige der Dinge erzählen, die ich gelernt habe.

Kapitel

6.1

CEO WERDEN

Es gibt nichts, was sich mit der Position des CEO vergleichen ließe, und keine Vorbereitung dafür – nicht einmal, fest in der C-Ebene verankert ein sehr großes Team oder die Abteilung einer Firma zu leiten. In diesen Positionen haben Sie immer noch jemanden über sich – aber beim CEO bleibt der Schwarze Peter liegen. Und als CEO geben Sie für das Unternehmen den Ton an. Selbst wenn es einen Vorstand, Partner, Investoren, Beschäftigte gibt – letztlich schauen alle auf Sie.

Worauf Sie Ihre Aufmerksamkeit richten und worum Sie sich kümmern, das genießt für das Unternehmen oberste Priorität. Die besten CEOs treiben das Team dazu an, nach Spitzenleistung zu streben, und kümmern sich dann um sie, damit sie sie auch erreichen können. Die schlechtesten CEOs kümmern sich nur darum, den Status quo aufrechtzuerhalten.

Grundsätzlich gibt es drei Arten von CEOs:

1. **Babysitter-CEOs** sind Interessenwahrer des Unternehmens und konzentrieren sich darauf, es sicher und vorhersagbar zu machen. Meist überwachen sie das Wachstum vorhandener Produkte, die sie übernommen haben, und gehen keine Risiken ein, die der Führungsebene oder den Shareholdern Angst machen könnten. Das führt unweigerlich zur Stagnation und Zerstörung von Unternehmen. Die meisten CEOs von Börsenunternehmen sind Babysitter.
2. **Eltern-CEOs** treiben das Unternehmen zu Wachstum und Weiterentwicklung an. Sie gehen große Risiken für größere Gewinne ein. Innovative Gründer – wie Elon Musk und Jeff Bezos – sind immer Eltern-CEOs. Man kann aber auch ein Eltern-CEO sein, wenn man das

Geschäft nicht selbst gegründet hat – wie Jamie Dimon bei JPMorgan Chase oder Satya Nadella bei Microsoft. Pat Gelsinger, der vor Kurzem die Stelle des CEO bei Intel angetreten hat, scheint der erste Eltern-CEO von Intel seit Andy Grove zu sein.

3. **Inkompetente CEOs** sind für gewöhnlich entweder unerfahren oder Gründer, die sich nicht gut dazu eignen, ein Unternehmen zu leiten, nachdem es eine gewisse Größe erreicht hat. Sie sind der Aufgabe von Babysittern oder Eltern nicht gewachsen, daher leidet das Unternehmen.

* *

Der Job des CEO ist es, sich zu kümmern. Um alles.

Ich weiß noch, wie ich einmal eine Besprechung mit dem CEO in der Aston-Martin-Fabrik hatte. Es war 9 Uhr morgens und regnete in Strömen, als wir über das Gelände fuhren. Einmal mussten wir anhalten, weil ein Typ in knallgelber Regenjacke und Gummistiefeln vor uns über die Straße eilte. Als wir dann im Meeting saßen, kam der Gummistiefeltyp zur Tür herein. Er war der CEO. Andy Palmer war über das Gelände gelaufen und hatte persönlich jedes einzelne Auto überprüft, das vom Band lief.

Der CEO gibt im Unternehmen den Ton an – jedes Team schaut auf den CEO und das Führungsteam, um zu wissen, was am wichtigsten ist, worauf geachtet werden muss. Also zeigte Andy es ihnen. Er lief durch den Regen und sah sich die Motoren an, die Polsterung, die Armaturenbretter, die Auspuffrohre, alles. Er wies jedes Auto zurück, das nicht perfekt war.

Sobald im Zentrum der Aufmerksamkeit einer Führungskraft nicht mehr der Kunde steht – wenn Unternehmensziele und Tabellen voller Zahlen für die Shareholder höhere Priorität haben als die Kundenziele –, kann das gesamte Unternehmen leicht vergessen, was am wichtigsten ist.

Daher zeigte Andy jeder Person in diesem Unternehmen, wo ihre Prioritäten liegen sollten. Es war ihm egal, wie viel es kostete, Perfektion zu erzielen, wie oft ein Auto nachjustiert und überarbeitet werden musste. Wichtig war, genau das zu bieten, was der Kunde erwartete. Das Leistungsversprechen zu übertreffen.

Wenn Sie ein großartiges Unternehmen aufbauen wollen, sollten Sie von jedem seiner Teile Spitzenleistung erwarten. Die Ergebnisse jedes beliebigen Teams können über Erfolg oder Misserfolg des Kundenerlebnisses entscheiden, daher sollten sie alle die gleiche Priorität haben. [Siehe auch Kapitel 3.1: Das Ungreifbare greifbar machen.]

Es darf keine Position geben, die Sie als zweitrangig abtun – bei der Sie lässig Mittelmaß akzeptieren, weil es nicht wirklich darauf ankommt.

Es kommt auf alles an.

Und es geht nicht nur um Sie.

Wenn Ihre Erwartung ist, dass alle bei der Arbeit ihr Bestes geben, wenn Sie den Kundendienstbeiträgen, die auf Ihrer Website gepostet werden, dieselbe kritische Überprüfung angedeihen lassen wie der Technik oder dem Design, dann werden die technischen Autoren dieser Artikel den Druck spüren, sie werden ächzen und stöhnen und sich gestresst fühlen, und dann schreiben sie die fantastischsten Kundendienstbeiträge ihres Lebens.

Das ist kein hypothetisches Beispiel. Ich habe die meisten der zentralen Kundendienstbeiträge für alle unsere Produkte bei Nest gelesen. Diese Beiträge waren das Erste, was ein Kunde zu sehen bekam, wenn er Probleme hatte. So ein Kunde ist frustriert, verwirrt, an der Schwelle zur Verärgerung. Doch ein spektakuläres Erlebnis mit dem Kundendienst kann diese Frustration augenblicklich in einen Moment der Freude verwandeln – und ewige Kundentreue zur Folge haben. Ich konnte die Wichtigkeit dieses Moments nicht ignorieren, weil es »bloß« Kundendienst war. Also las ich die Artikel. Und ich kritisierte sie. Genau genommen erfuhr ich durch diesen Prozess Dinge über das Produkterlebnis, die ich nicht gewusst hatte – und die mir nicht gefielen –, und arbeitete daran, sie zu beheben.

Und ich las diese Artikel zusammen mit den Kundendienst- und Technikteams – ich wollte, dass wir alle die Inhalte hinterfragten, um sicherzugehen, dass unsere Kundendienstseite so klar und leicht verständlich war wie unser Werbe- und Verkaufsmaterial. Ich zeigte ihnen durch mein Handeln, dass es wichtig war, was sie taten. Und wenn sie eine neue Version schrieben, las ich auch diese. Und ich nahm sie so lange auseinander, bis jeder einzelne Artikel eine Geschichte erzählte. Bis ein jeder von ihnen die Kunden sanft zum Verständnis führte, anstatt ihnen nur verwirrende Anweisungen zuzubellen.

Wenn es Ihnen wirklich am Herzen liegt, dann kümmern Sie sich, Sie lassen nicht locker, bis Sie zufrieden sind, Sie nehmen die Dinge auseinander, bis sie perfekt sind.

Die Leute geben Ihnen etwas, an dem sie wochenlang unermüdlich gearbeitet haben, das sie gründlich durchdacht und auf das sie stolz sind, und es ist zu 90 Prozent super. Und Sie sagen ihnen, sie sollen gehen und es verbessern. Ihr Team wird schockiert sein, perplex, vielleicht sogar entmutigt. Es ist doch schon so gut, werden sie sagen, wir haben so hart daran gearbeitet.

Sie werden sagen, gut genug ist nicht gut genug. Also gehen sie weg und machen es noch mal. Und wenn nötig ein weiteres Mal. Womöglich verheddern sie sich so sehr, dass es besser wäre, noch einmal ganz neu anzufangen. Doch mit jeder Wiederholung, jeder neuen Version, jeder Neuanordnung und Überarbeitung entdecken sie etwas Neues. Etwas Tolles. Etwas Besseres.

Die meisten Menschen sind mit 90 Prozent gut zufrieden. Die meisten Führungskräfte haben Mitleid mit ihren Teams und lassen es einfach durchgehen. Aber von 90 auf 95 Prozent zu gehen, ist die halbe Strecke zur Perfektion. Die letzte Etappe der Reise richtig hinzubekommen, ist die einzige Möglichkeit, Ihr Ziel zu erreichen.

Also treiben Sie sich selbst an. Sie treiben Ihr Team an. Sie treiben die Menschen dazu zu entdecken, wie großartig sie sein können. Sie treiben sie solange an, bis sie Widerstand leisten. In solchen Momenten ist zu viel im Zweifelsfall besser als zu wenig. Drängen Sie weiter, bis Sie wissen, ob das, was Sie verlangen, wirklich unmöglich ist oder einfach bloß viel Arbeit. Gehen Sie bis zur Schmerzgrenze, damit Sie sehen können, wo der Schmerz echt wird. An dieser Stelle geben Sie dann nach und suchen nach einem Mittelweg.

Das ist nicht einfach. Aber all die Aufmerksamkeit, die Sorgfalt, das Streben nach Perfektion – es hebt die Maßstäbe, die Ihre Leute sich selbst setzen. Was sie von sich selbst erwarten. Nach einiger Zeit arbeiten sie unglaublich intensiv, nicht einfach nur, um Sie zufriedenzustellen, sondern weil sie wissen, wie stolz es sie selbst macht, Spitzenleistung zu erbringen. Die gesamte Kultur entwickelt sich dahin, dass jeder vom anderen Spitzenleistung erwartet.

Ihr Job ist es also, sich zu kümmern.

Denn Sie sind derjenige welcher. Sie stehen an der Spitze der Pyramide. Ihr Fokus, Ihre Leidenschaft setzen sich nach unten hin fort. Wenn Sie sich nicht für die Werbung interessieren, kriegen Sie uninteressante Werbung. Wenn Sie sich nicht ums Design kümmern, bekommen Sie Designer, die es auch nicht schert.

Sorgen Sie sich also nicht um die Auswahl Ihrer Kampfschauplätze. Zermartern Sie sich nicht das Hirn, um zu entscheiden, welche Teile Ihres Unternehmens Ihre Aufmerksamkeit verdienen und welche nicht. Sie tun es alle. Sie können Prioritäten setzen, aber nichts verschwindet jemals von der Liste. Wenn Sie irgendeinen Bereich Ihres Unternehmens meiden oder ausblenden, fällt Ihnen das früher oder später auf die Füße.

Bei Nest setzte ich mich alle zwei Wochen mit dem Produktteam und dem Marketing zusammen und jeden Monat mit dem Kundendienst, und mit jedem Team in der Firma hatte ich mindestens zweimal jährlich ein Meeting. Selbst wenn jemand interne Softwaretools für die Personalabteilung oder die Produktion herstellte, wurde er irgendwann aufgefordert, seine Strategie zu erläutern. Ich sah mir die Präsentation an und bohrte dann nach – haben wir dafür das richtige IT-Backend? Wie beabsichtigen Sie dieses Problem zu umgehen? Wie können andere Teammitglieder helfen? Wie kann ich helfen?

Es spielte keine Rolle, ob dieses Team interne Tools entwickelte, die kein Kunde je zu Gesicht bekäme. Das Unternehmen hing von diesen Tools ab, und interne Kunden sollten genauso sorgsam behandelt werden wie externe.

Also hörte ich genau zu, schenkte ihnen meine volle Aufmerksamkeit (gucken Sie nicht aufs Handy oder auf den Laptop) und half ihnen, ihre Blockaden zu überwinden. Mehr braucht es häufig gar nicht.

Und wenn Sie kein Experte für interne Softwaretools oder Personalwesen oder Analytik oder Wachstum sind, oder was immer heute Ihre Meinung erfordert – wenn Sie nicht sicher sind, was super ist und was einfach nur okay –, stellen Sie Fragen. Ich stelle gern dumme, offensichtliche Fragen oder solche aus der Kundenperspektive – meistens drei oder vier Fragen der Kategorie »Warum ist das ...?«, »Warum hat das ...?«, die zur Wurzel dessen vordringen, was ich zu verstehen versuchen, um anschließend weiter in die Tiefe zu gehen. Und wenn das nicht reicht, holen Sie einfach die Experten dazu. Holen Sie sich erfahrene Leute aus Ihrem Team (oder manchmal von außerhalb), die

Ihre Ahnungen bestätigen oder Sie in die richtige Richtung steuern können, bis Sie genug erfahren haben, um Ihrem Bauchgefühl zu vertrauen.

Sie müssen kein Experte für alles sein. Sie müssen sich nur kümmern. Sie müssen sich dafür interessieren.

Diese Kardinalregel müssen Sie befolgen, wenn Sie eine gute Führungskraft sein wollen – unabhängig von Ihrem Führungsstil und unabhängig von Ihrer Persönlichkeit.

Die übrigen Merkmale erfolgreicher Führungskräfte sollten Sie ebenso wenig überraschen:

- Sie nehmen Ihre Mitarbeiter (und sich selbst) in die Pflicht und drängen auf Ergebnisse.
- Sie sind zupackend, aber nur bis zu einem gewissen Grad. Sie wissen, wann sie loslassen und delegieren müssen.
- Sie können gleichzeitig die langfristige Vision wie auch die Details im Auge behalten.
- Sie lernen unablässig, sind immer an neuen Gelegenheiten, neuen Technologien, neuen Trends, neuen Leuten interessiert. Und das, weil sie engagiert und wissbegierig sind, und nicht, weil es ihnen auf das Geld ankommt.
- Wenn sie etwas verpatzen, geben sie es zu und stehen zu ihrem Fehler.
- Sie scheuen vor schwierigen Entscheidungen nicht zurück, auch wenn sie wissen, dass die Leute empört und wütend sein werden.
- Sie kennen sich (meistens) selbst. Sie sind sich sowohl ihrer Stärken als auch ihrer Schwachstellen bewusst.
- Sie kennen den Unterschied zwischen meinungs- und faktenbasierten Entscheidungen und handeln entsprechend. [Siehe auch Kapitel 2.2: Fakten versus Meinung.]
- Sie sind sich dessen bewusst, dass sie nichts als ihr Eigentum betrachten sollten, selbst wenn sie es erfunden haben. Alles gehört dem Team. Dem Unternehmen. Sie wissen, dass es ihre Aufgabe ist, die Erfolge aller anderen herauszustreichen und zu feiern, ihnen die Lorbeeren zukommen zu lassen und so gut wie nichts für sich selbst zu beanspruchen.

- Sie hören zu. Ihrem Team, ihren Kunden, ihrem Vorstand, ihren Mentoren. Sie achten auf die Meinungen und Gedanken der Menschen um sie herum und passen ihre Ansichten an, wenn sie neue Informationen aus Quellen erhalten, denen sie vertrauen.

Gute Führungskräfte anerkennen gute Ideen, selbst wenn sie nicht aus ihrem eigenen Mund kommen. Sie wissen, das gute Ideen überall sind. Dass sie in jedem stecken.

Manchmal vergessen die Leute das. Sie sind fest überzeugt, dass etwas, woran sie nicht gedacht haben, auch keinen Gedanken wert ist. Ein solcher Egoismus kann auch über Einzelpersonen hinausgehen – viele CEOs sind so von ihren eigenen Unternehmen absorbiert, dass sie der Konkurrenz alle Fähigkeiten absprechen. Wenn es nicht hier erfunden wurde, kann es unmöglich etwas Gutes sein.

So eine Einstellung tötet Unternehmen, sie hat Nokia zusammenbrechen und Kodak kippen lassen. Wahrscheinlich hatte auch Steve Jobs sie, als er sich weigerte, Andy Rubin zu treffen.

Ich kannte Andy, den Gründer von Android, seit wir bei General Magic miteinander gearbeitet hatten. Und im Frühjahr 2005 hörte er aus der Gerüchteküche, dass Apple an einem Telefon bastelte. Deshalb rief er mich an. Er wollte wissen, ob Apple vielleicht daran interessiert wäre, in Android – sein neuestes Projekt zur Entwicklung einer Open-Source-Handysoftware – zu investieren oder es sogar zu kaufen.

Ich ging gleich zu Steve. Ich verwies darauf, dass es ein fähiges Team und eine tolle Technologie war. Wir könnten ihre technische Entwicklung nutzen, um dem iPhone Starthilfe zu geben, und uns mit einer Übernahme einen potenziell mächtigen künftigen Konkurrenten vom Leibe halten.

Auf seine typische Steve-Jobs-Art sagte er: »Scheiß drauf. Wir machen das selbst. Wir brauchen keine Hilfe.«

Ein Teil von Steves Reaktion beruhte sicherlich auf Zuversicht – der andere Teil war das Not-Invented-Here-Syndrom.

Aber ich kannte Andy und die Gefahr, die sein Projekt darstellen konnte, deshalb schnitt ich das Thema zwei Wochen später erneut an, vor der Apple-Geschäftsführung und den Chefs der iPhone-Entwicklung. Steve wollte nichts davon hören. Eine Woche später schickte ich Andy eine Mail und bekam keine Antwort. Ein Monat verging, dann sahen wir die Bekanntgabe, dass Android von Google aufgekauft worden war.

Man kann sich schwer vorstellen, was passiert wäre, wenn Steve sich nur ein einziges Mal mit Andy getroffen hätte, um seine Strategie zu verstehen, ganz zu schweigen vom Kauf seines Unternehmens. Wie hätte die Welt sich verändert? Wie hätte Apple sich verändert?

Es ist gefährlich zu glauben, dass tolle Ideen nur von Ihnen stammen könnten. Dass Sie ein Monopol auf sie hätten. Und es ist dumm. Verschwendung.

Ein CEO muss fantastische Ideen erkennen – unabhängig von ihrer Quelle. Doch Apple war Steves Baby und alle anderen Babys auf der Welt waren hässlicher und dümmer als seines.

Ich habe neulich eine Studie gelesen, wonach das Gehirnmuster von Entrepreneuren, die an ihre Start-ups denken, extrem ähnlich dem von Eltern ist, die an ihre Kinder denken. [Siehe auch die Leseliste: »Why and how do founding entrepreneurs bond with their ventures?«] Ein Entrepreneur ist gewissermaßen der »Erzeuger« des Unternehmens – er liebt es, als hätte er es in die Welt gesetzt, als sei es ein Teil von ihm.

Und manchmal macht die Liebe zu Ihrem Kind Sie blind für seine Fehler oder für die Brillanz anderer Vorgehensweisen, anderer Denkweisen.

Andererseits kann diese alles verzehrende Liebe Ihnen helfen, Ihr Unternehmen voranzubringen.

Als Eltern hören Sie nie auf, sich um Ihr Kind zu sorgen, für Ihr Kind zu planen, Ihr Kind zu besseren Leistungen und besserem Verhalten anzuspornen. Die Aufgabe von Eltern ist es nicht, ihren Kindern die ganze Zeit Freunde zu sein – sondern sie zu unabhängigen, umsichtigen Menschen zu machen, die bereit und in der Lage sind, eines Tages ohne ihre Eltern in der Welt zu bestehen.

Kinder lehnen sich deshalb häufig gegen ihre Eltern auf. Heulen, knallen die Türen, stoßen Jammerlaute aus, wenn Sie sie den Fernseher ausschalten oder ihre Hausaufgaben machen oder eine Arbeit suchen lassen. Aber Sie können keine guten Eltern sein, wenn Sie Angst haben, dass Ihr Kind sauer auf Sie sein könnte.

Manchmal wird Ihr Kind Sie nicht mögen.

Ihre Mitarbeiter auch nicht. Manchmal werden sie Ihren Mumm hassen.

Ich kann mich erinnern, wie ich in Meetings erschien und wie alle die Augen verdrehten und seufzten. Ich konnte es ihren Gesichtern ablesen: »Scheiße, jetzt geht's wieder los.« Sie wussten, dass ich auf dieser einen Sache herumreiten würde, die allen zu den Ohren rauskam. Dieser einen Sache, die bereits zu 90 Prozent großartig war und die noch weiter zu verbessern so viel Arbeit – so unmenschlich viel Arbeit – kosten würde, von der ich jedoch instinktiv wusste, dass wir unsere Kunden damit begeistern würden.

Es ist kein schönes Gefühl, wenn einen zwanzig Leute so ansehen. Als wäre man völlig abgedreht. Als wollte man etwas, das schlicht unmöglich war.

Wir sahen Steve Jobs so an, als er uns fünf Monate vor der Auslieferung des ersten iPhone erklärte, es müsse ein Glas- statt eines Kunststoffdisplays haben. Die Frontabdeckung ist der wichtigste Teil der Hardware – es ist die Oberfläche, die Sie fortwährend berühren.

Er erkannte, dass Kunststoff es nicht brachte. Wenn wir wirklich großartig sein wollten, musste es Glas sein. Auch wenn wir absolut keine Ahnung hatten, wie wir das hinkriegen sollten. Auch wenn er wusste, dass wir alle ohne Unterbrechung würden arbeiten müssen, bis wir es geschafft hatten, dass wir unsere Familienzeit, unsere Pläne und unseren Urlaub würden opfern müssen.

Doch Steve war ein Eltern-CEO. Ein drängender Elternteil. Eine Tiger-Mom. Er wusste, wenn wir es gemeinsam vorantrieben, würden wir es hinbekommen. Die Opfer würden sich bezahlt machen.

Und er hatte Recht. Diesmal. Aber nicht jedes Mal. Steve ging viele Risiken ein, traf schlechte Entscheidungen, führte Produkte ein, die nicht funktionierten – das ursprüngliche Apple III, das Motorola ROKR iTunes, den Power Mac G4 Cube – die Liste ließe sich noch fortführen. Aber wenn man nicht scheitert, bemüht man sich nicht genug. Er lernte aus den Misserfolgen, optimierte fortwährend, und seine guten Ideen, seine Erfolge, glichen seine Fehler mehr als aus. Er trieb das Unternehmen ständig zum Lernen und zum Ausprobieren von Neuem an.

So verdiente er sich den Respekt des Teams. Selbst wenn das Produkt eine Wendung nahm, allen einen Riesenberg an zusätzlicher Arbeit aufbürdete und wir wussten, dass Steve den Zeitplan nicht um eine Millisekunde ändern würde.

Es trieb uns in den Wahnsinn, aber das Team respektierte seine Entschlossenheit, es richtig hinzubekommen.

In diesem Job ist Respekt stets wichtiger, als gemocht zu werden.

Sie können es nicht jedem recht machen. Der Versuch kann ruinös sein.

CEOs müssen unglaublich unpopuläre Entscheidungen treffen – Mitarbeiter entlassen, Projekte einstellen, Teams neu zusammensetzen. Oft muss man entschlossen handeln und Menschen verletzen, um das Unternehmen zu retten, um ein Krebsgeschwür zu entfernen. Sie können die Operation nicht weglassen, nur weil Sie das Team Tumor nicht verärgern wollen.

Schwere Entscheidungen zu verschieben, darauf zu hoffen, dass Probleme sich von allein lösen, oder nette, aber unfähige Leute im Team zu behalten, mag sich besser anfühlen. Es mag Ihnen einen Anstrich von Nettigkeit geben. Aber es untergräbt das Unternehmen, Stück für Stück, und beschädigt den Respekt, den das Team Ihnen entgegenbringt.

Es macht Sie zu einem Babysitter. Und vielleicht mögen die Kinder den Babysitter zunächst – es ist schön, in den Park zu gehen, Filme zu gucken und Pizza zu essen. Eine Zeit lang macht das Spaß. Doch irgendwann wollen die Kinder weiterkommen, sie wollen mehr tun. Sie wollen Skateboard fahren gehen. Sie wollen erkunden. Also fangen sie an, ihre Grenzen zu testen, um zu schauen, mit was sie durchkommen. Sie verdrehen die Augen, wenn der Babysitter ihnen sagt, was sie tun sollen. Denn ein Babysitter ist kein Elternteil. Alle Kinder brauchen jemanden, den sie respektieren und der sie wirklich kennt. Der ihnen zur richtigen Zeit einen Anstoß gibt, der ihnen beim Großwerden hilft.

Und sie brauchen jemanden, auf den sie ihre Hoffnungen und Bestrebungen projizieren können.

Früher, in den nebelhaften Zeiten, ehe Sie alles über jedermann googeln konnten, machten die Menschen das mit ihren Vorgesetzten. Das war eines der Dinge, die Führungskräften zum Erfolg verhalf. Die Leute konnten einer idealisierten Version von Lincoln und Churchill, Edison und Carnegie glauben, vertrauen und nachfolgen.

Wenn Ihre Mitarbeiter zu viel über Sie als Mensch wissen, nicht nur über Sie als CEO, fangen sie an, Ihr Privatleben zu durchleuchten, um Ihre Entscheidungen nachvollziehen zu können. Ihre Motivation. Ihre Denkweise. Das ist nicht nur Zeitverschwendung, sondern auch kontraproduktiv. Wenn Sie erklären, warum Sie etwas tun, sollte es dabei ausschließlich um den Kunden gehen, nicht um Sie.

Es ist also klug, für sich zu bleiben – niemanden bei der Arbeit zu nah an sich heranzulassen. Selbst wenn Sie gern einmal wieder mit Ihrem Team einen trinken gehen würden so wie früher.

Dass es an der Spitze einsam sein soll, ist ein Klischee. Aber es trifft auch zu.

Die meisten Menschen nehmen an, dass man als CEO harte Arbeit leistet – gestresst, beschäftigt, unter hohem Druck. Doch der Stress ist das eine, die Isolation eine ganz andere Sache. Vielleicht haben Sie einen Mitgründer, aber Sie sollten keinen Mit-CEO haben. Das ist ein Ein-Mann-Job, und Sie sind da oben ganz allein.

Und dass Sie die Verantwortung tragen, heißt noch lange nicht, dass Sie auch alles unter Kontrolle haben. Sie planen Ihren Tag durch und glauben, Sie haben endlich etwas Zeit, um mit den Leuten zu reden, sich das Produkt anzuschauen, sich mit der Technik zu besprechen. Dann zerrinnt Ihr Tag. Immer gibt es irgendeine neue Krise, ein neues Mitarbeiterproblem, jemand will aufhören, jemand beschwert sich, jemand steigt aus.

Und Sie wissen nie, ob Sie es hinbekommen. Als Mitarbeiter ohne Führungsverantwortung können Sie normalerweise auf etwas zurückblicken, das Sie in der letzten Woche geschafft haben, und stolz darauf sein. Wenn Sie Führungskraft sind, können Sie die kollektive Leistung Ihres Teams betrachten und ein Gefühl der Bewältigung und des Stolzes genießen. Wenn Sie CEO sind, träumen Sie davon, dass vielleicht irgendwann in zehn Jahren einmal jemand findet, dass Sie gute Arbeit geleistet haben. Aber Sie wissen nie, wie Sie im Moment gerade abschneiden. Sie können sich nie zurücklehnen und auf eine gut gemeisterte Aufgabe zurückschauen.

Dieser Job kann Sie aussaugen, wenn Sie es zulassen.

Er kann aber auch eine der befreiendsten Erfahrungen Ihres Lebens sein.

Schon als Kind versuchte ich, Menschen davon zu überzeugen, meinen verrückten Ideen zu folgen. Ich verwandte ganz viel Zeit, Energie und Emotionen auf das verzweifelte Bemühen, sie Dinge anders angehen zu lassen. Je verrückter die Idee, je mehr sie gegen das gewohnte Denken verstieß, desto länger und verbissener musste ich dafür kämpfen.

Und nur allzu oft bekam ich ein Nein zur Antwort. Nein. Nicht jetzt. Lange bevor Apple auf den Plan trat, pitchte ich das Konzept für einen frühen iPod-artigen MP3-Player bei RealNetworks, Swatch, Palm. Alle lehnten es ab. Nein. Nein. Vielleicht denken wir im nächsten Quartal mal darüber nach. Vielleicht nächstes Jahr.

Doch wenn Sie CEO sind, tragen Sie die Verantwortung. Natürlich, Sie werden durch finanziellen Spielraum, durch Ressourcen oder durch Ihren Vorstand beschränkt, aber zum ersten Mal gibt es keine Beschränkungen mehr für Ihre Ideen. Sie können endlich das ausprobieren, von dem andere Ihnen gesagt haben, es sei unmöglich. Das ist Ihre Chance, Ihren Worten Taten folgen zu lassen.

Diese Freiheit ist aufregend und beflügelnd und total beängstigend. Es gibt nichts Furchteinflößenderes, als endlich zu bekommen, was man will, und die Verantwortung dafür übernehmen zu müssen, im Guten wie im Schlechten. Und das Blatt beginnt sich zu wenden – als CEO können Sie nicht zu allem ja sagen. Sie müssen derjenige werden, der nein sagt. Freiheit ist ein zweischneidiges Schwert.

Doch sie ist immer noch ein Schwert. Mit ihm können Sie den ganzen Bullshit, das Zögern, die Bürokratie, die Gewohnheit durchschneiden. Sie können es nutzen, um zu erschaffen, was immer Sie wollen. Das Richtige. Auf Ihre Art.

Sie können Dinge verändern.

Deshalb gründen Sie ein Unternehmen. Deshalb werden Sie CEO.

Kapitel

6.2

DER VORSTAND

Jeder braucht einen Chef, dem er Rechenschaft schuldet, und Coachs, die ihm durch schwierige Zeiten helfen - sogar ein CEO. Besonders ein CEO. Deshalb haben Unternehmen ein Leitungsgremium - für gewöhnlich Vorstand genannt -, dessen Mitglieder die Leiter des Unternehmens sind.

Die primäre Verantwortung des Vorstands ist es, den CEO einzustellen und zu entlassen. Das ist die hauptsächliche Methode, um das Unternehmen zu schützen, und die einzige Aufgabe des Vorstands, auf die es wirklich ankommt. Alles andere lässt sich auf gute Ratschläge und ein respektvolles, geradliniges Feedback herunterbrechen, das den CEO hoffentlich in die richtige Richtung lenkt.

Letztlich ist der CEO verantwortlich für die Leitung eines Unternehmens. Doch CEOs müssen dem Vorstand beweisen, dass sie ihre Sache gut machen, sonst riskieren sie die Entlassung. Deshalb sind Vorstandssitzungen so wichtig, deshalb ist es so entscheidend, dass Sie Ihr Themengebiet wirklich gut kennen und sich gut vorbereiten. Die besten CEOs kennen das Ergebnis einer Vorstandssitzung immer schon, ehe sie den Raum betreten.

* *

Schlechte CEOs kommen in Vorstandssitzungen und erwarten, dass der Vorstand ihnen bei der Entscheidungsfindung hilft.

Gute CEOs kommen mit einer Präsentation dessen, wo das Unternehmen herkommt, wo es gegenwärtig steht und wo es in diesem Quartal und in den kommenden Jahren hin will. Sie sagen dem Vorstand, was funktioniert, sind aber auch transparent bezüglich dessen, was nicht funktioniert und was sie dessenthalben unternehmen wollen. Sie legen einen ausgereiften Plan vor, den der Vorstand hinterfragen, gegen den er Einwände vorbringen oder den er zu verändern versuchen kann. Vielleicht wird es ein bisschen hitzig, ein bisschen holprig, aber am Ende verlassen alle die Besprechung mit Verständnis und Akzeptanz für die Vision des CEO und den zukünftigen Weg des Unternehmens.

Und dann gibt es noch die großartigen CEOs. Bei großartigen CEOs verläuft die Sitzung wie geschmiert.

Wenn man Steve Jobs bei einer Apple-Vorstandssitzung zusah, war das, als würde man einen Dirigenten beim Leiten eines Orchesters beobachten. Es gab keine Verwirrung, keine Konflikte. Die Vorstandsmitglieder kannten bereits das meiste von dem, was er sagen würde, daher konnten sie einfach lächeln und nicken. Manchmal nahm einer eine »Was wäre, wenn«-Diskussion auf, und Steve ließ sie schweigend für ein paar Minuten ihren Verlauf nehmen, dann sagte er: »Lassen Sie uns das außerhalb der Sitzung besprechen, wir haben noch einige Themen auf der Tagesordnung«, und alle waren wieder still. Dann holte er ganz im Stile des Großen Steve irgendetwas Witziges oder Spannendes hervor, um den Vorstand zu überraschen – einen neuen Prototyp oder ein nie gesehenes Demo. Alle gingen zufrieden und voller Vertrauen aus der Sitzung heraus, dass Steve Apple in die richtige Richtung lenkte.

Bill Campbell half mir zu verstehen, wie er das machte. Bill sagte immer, wenn es irgendein potenziell überraschendes oder kontroverses Thema gäbe, sollte der CEO persönlich zu jedem Vorstandsmitglied gehen und es vor der Sitzung mit ihm besprechen. Dadurch konnten sie Fragen stellen oder andere Sichtweisen vorbringen, und dann hatte der CEO Zeit, diese Gedanken dem Team vorzustellen und seine Denkweise, seine Präsentation und seine Planung zu überarbeiten.

Bei einer Vorstandssitzung sollte es nur angenehme Überraschungen geben: Wir haben unsere Vorgaben übertroffen! Wir sind dem Zeitplan voraus! Guckt euch mal dieses coole Demo an! Alles andere sollte eine bekannte Größe sein. Am besten ist es, keine neuen Diskussionsthemen im Vorstand zu besprechen – es gibt nie genug Zeit, sie ausführlich zu beleuchten und zu einer Lösung zu kommen. Das führt zu nichts.

Das gilt insbesondere für die Vorstände von Börsenunternehmen. Hauptsächlich liegt das an ihrer enormen Größe – sie können über fünfzehn Mitglieder haben, was eine sinnvolle Diskussion mehr oder weniger unmöglich macht –, aber auch an all der Bürokratie und Gesetzgebung, mit der sie es zu tun haben. Die Vorstände börsennotierter Unternehmen sind weitaus mehr Arbeit sowohl für die Vorstandsmitglieder als auch für die Führungskräfte und unendlich viel komplizierter als die von privat geführten Unternehmen. Jede Vorstandssitzung kann bis zu zehn zusätzliche Ausschusssitzungen erfordern, daher kann die ganze Sache tagelang dauern.

(Wenn ein Banker Sie zu überzeugen versucht, dass ein Börsengang keine große Sache ist und gar nicht so große Auswirkungen darauf hat, wie Sie Ihre Zeit verbringen, hören Sie nicht auf ihn. Das ist nur die Spitze des Eisbergs.)

Die Vorstandssitzungen privater Unternehmen sind kürzer, verlaufen im Allgemeinen ruhiger und fokussieren sich mehr auf Arbeit und Mentorat. Sie dauern für gewöhnlich zwei bis vier Stunden, manchmal auch fünf. Sie sind weniger performativ und weniger förmlich. Hoffentlich gibt es keine Ausschüsse in der Frühphase Ihres Start-ups und nur einen oder zwei (wie etwa ein Audit zur Kontrolle Ihres Finanzberichts), wenn Sie sich in der Wachstumsphase befinden.

Das Beste an Privatvorständen ist, dass man sie klein halten kann – drei bis fünf Vorstandsmitglieder sind optimal. Nehmen Sie einfach einen Investor, einen Insider und einen Außenstehenden mit speziellem Fachwissen, das Sie wirklich brauchen.

Denken Sie aber daran, dass die Sitzung auch mit einem kleineren Vorstand nicht klein ist. Im Raum befinden sich doppelt so viele Menschen, wie Sie erwarten. Abgesehen vom CEO und den Vorstandsmitgliedern gibt es einen Anwalt, formelle Beobachter mit irgendeinem Interesse an der Firma und informelle Teilnehmer wie etwa Mitglieder der Geschäftsführung.

Ehe Ihr erstes Produkt auf den Markt kommt, im Allgemeinen vor dem Erzielen von Umsätzen, sind die Sitzungen eine schnörkellose Angelegenheit: Sie gehen alles Dringende durch, das vom Vorstand bewilligt werden muss, und konzentrieren sich dann auf den unmittelbaren Fortschritt bei der Herstellung Ihres Produkts. Wo liegen wir im Zeitplan? Bewegen sich unsere Ausgaben innerhalb des Budgets? Es geht um das, was intern geschieht und ob Sie bei der Erreichung Ihrer Ziele auf dem richtigen Weg sind.

Nach der Einführung Ihres Produkts und hoffentlich den ersten Einkünften konzentrieren sich die Vorstandssitzungen mehr auf die Zahlen und auf die externen Ereignisse. Was macht die Konkurrenz? Wonach verlangen die Kunden? Wie gut können wir Kunden anlocken? Sie halten? Welche Arten von Partnerschaften haben wir geknüpft? Und wie immer, wenn Sie Zahlen vorlegen, wird es viel wichtiger, ein Narrativ zu gestalten. Sie müssen eine Story erzählen. [Siehe auch Kapitel 3.2: Storytelling.] Ihr Vorstand ist nicht so ins Alltagsgeschäft eingebunden wie Sie – er versteht nicht unmittelbar die Feinheiten oder was die Zahlen genau bedeuten, wenn Sie ihm den Kontext nicht liefern.

Es ist auch gut für den CEO, wenn es ihm gelingt, dem Vorstand begreiflich zu machen, was genau vor sich geht. Je besser Sie etwas erklären können, desto besser verstehen Sie es. Wissen weiterzugeben, ist die beste Methode, das eigene Wissen zu überprüfen. Wenn es Ihnen schwerfällt zu erklären, was Sie herstellen und warum, wenn Sie einen Bericht präsentieren, ohne ihn tatsächlich zu verstehen, wenn der Vorstand Ihnen Fragen stellt, die Sie nicht beantworten können – dann haben Sie nicht verinnerlicht, was in Ihrem Unternehmen geschieht.

Dann haben Sie möglicherweise ein Problem.

Es kommt nicht allzu häufig vor, aber manchmal übt ein Vorstand seine wichtigste und unangenehmste Aufgabe aus: den CEO abzusetzen. Meist geschieht das dann, wenn der CEO die Dinge falsch angeht – wenn er unfähig oder inkompetent ist oder Ziele verfolgt, die in den Ruin führen. Oder manchmal hat ein Erstgründer bis hierhin tolle Arbeit geleistet, doch das Unternehmen braucht jemanden mit anderen Fachkenntnissen und Fähigkeiten, um auf die nächsthöhere Ebene zu gelangen.

Doch manchmal ist nicht der CEO das Problem. Der Vorstand ist es.

Das berühmte Tolstoi-Zitat »Glückliche Familien gleichen einander, unglückliche Familien sind auf ihre je eigene Weise unglücklich« trifft auch auf Vorstände zu. Glückliche, funktionierende, erfolgreiche Vorstände sind immer relativ klein, besetzt mit erfahrenen Unternehmern, die bereits Firmen aufgebaut haben, betrachten sich selbst als Mentoren und Coachs und machen ihre Arbeit – sie helfen Ihnen bei Einstellungen, kümmern sich um die Finanzierung und erweitern Ihr Fachwissen, sie straffen Ihre Geschäfts- und

Produktstrategie, halten nach Tretminen Ausschau und teilen Ihnen ohne Umschweife mit, wenn Sie sich einer nähern.

Schlechte Vorstände gibt es in allen Formen und Größen und sie patzen auf Millionen verschiedene Arten. Doch im Allgemeinen kann man sie in drei Kategorien unterteilen:

1. **Gleichgültige Vorstände** entstehen, wenn die Mehrheit der Vorstandsmitglieder nicht bei der Sache ist. Manchmal sitzt ein Investor in zahlreichen Vorständen und vertritt die Einstellung »Manche gewinnen, manche verlieren« – und Ihr Unternehmen hat er bereits unter Verluste verbucht. Manchmal sind Vorstandsmitglieder aus den falschen Gründen motiviert – sie wollen ihre Bezüge kassieren und scheren sich eigentlich nicht um die Firma und ihre Mission. Manchmal erkennen sie offensichtliche Probleme beim CEO, wollen sich aber nicht die Arbeit machen, ihn abzusetzen. Denn es ist Arbeit – Papierkram und die emotionalen Nachwirkungen, dann die Suche nach einem Ersatz, die Auswahlgespräche, die Kopfschmerzen, die internen Übergänge, die Presse, die kulturelle Krise. Sie sagen: »So schlimm ist es doch gar nicht, oder?«, und alle leiden unter dem Status quo, weil keiner Lust hat, etwas daran zu ändern.
2. **Diktatorische Vorstände** sind genau das Gegenteil – zu eifrig, zu kontrollierend. Sie halten die Zügel so straff, dass der CEO nicht die Freiheit hat, unabhängig zu führen. Oft sitzt im Vorstand ein ehemaliger Gründer (oder zwei oder drei), der nach wie vor die Kontrolle beansprucht. Deshalb agiert der CEO letztlich mehr wie ein COO – nimmt Anweisungen entgegen, erfüllt Anforderungen, hält den Laden am Laufen, hat jedoch nicht viel mitzureden, in welche Richtung es gehen soll.
3. **Unerfahrene Vorstände** bestehen aus Menschen, die das Geschäft nicht kennen, nicht wissen, wie ein guter Vorstand oder CEO aussieht, und es nicht schaffen, dem CEO unbequeme Fragen zu stellen, ganz davon zu schweigen, ihn abzusetzen. Diese Vorstände sind oft zu ängstlich, um entschlossen zu handeln. Die Investoren haben Sorge, dass sie, wenn sie den CEO infrage stellen, in der nächsten Finanzie-

> rungsrunde nicht investieren können, oder dass sie sich den Ruf einhandeln, Gründer zu feuern, mit der Folge, dass neue Start-ups nicht mehr mit ihnen zusammenarbeiten wollen.

Unternehmen mit unerfahrenen Vorständen sind typischerweise immer knapp bei Kasse. Sie erreichen nie ihre Quartalsvorgaben und schieben es immer auf »Marktschwierigkeiten« statt auf den CEO oder sich selbst. Sie wissen nicht, wie sie neue Talente und neues Fachwissen hinzuziehen sollen, und lächeln und nicken sich einfach in den Zusammenbruch.

Doch selbst wenn ein Vorstand nicht herausragend ist – wenn er zu viel oder zu wenig Druck macht, wenn er falsche Entscheidungen trifft –, ist er ein notwendiger Bestandteil der Infrastruktur jeden Unternehmens. Er muss existieren.

Eine der schmerzhaftesten Begleiterscheinungen der Übernahme von Nest durch Google war, dass wir unseren Vorstand verloren. Wir hatten bei Nest einen großartigen Vorstand – strukturiert und informiert, einsatzbereit und aktiv. Wir konnten zum Vorstand gehen, und verbindlich auf eine klare Strategie verständigen und planen: Ja, wir machen das, in einer Woche teile ich Ihnen die nächsten Schritte mit.

Als wir aufgekauft wurden, wurde unser geliebter Vorstand aufgelöst und ersetzt durch ... nichts. Wir sollten einen leitenden Vorstand aus ein paar Google-Geschäftsführern bekommen, aber unsere Sitzungen wurden entweder ständig verschoben oder kaum besucht. Wir schlugen eine Richtung vor, und alle sagten: »Ja, hm, darüber sollten wir noch mal nachdenken.« Die Angelegenheit wurde auf die nächste Sitzung verschoben, zu der dann keiner kam, und wir saßen da und waren zur Tatenlosigkeit verdammt.

Man könnte nun natürlich sagen: »Wo ist denn das Problem? Wenn der Vorstand dir keine Richtlinien vorgibt, machst du es eben einfach selbst. Du bist doch der CEO.«

Aber das ist keine Lösung. Selbst die allerbesten CEOs der Welt brauchen einen Vorstand. Nicht notwendigerweise die Sitzungen, aber den Rat von klugen, engagierten, erfahrenen Menschen. Selbst große Projekte in einem Unternehmen sollten einen Mini-Vorstand haben – eine Auswahl hilfreicher

Führungskräfte, die einem Projektleiter die Richtung weisen und eingreifen können, wenn etwas nicht glatt läuft.

Ich habe einmal ein Start-up in der Frühphase erlebt, das einen fünfköpfigen Vorstand hatte, in dem der CEO vier Sitze kontrollierte. Der CEO hatte einfach Beschäftigte und wohlgesinnte Externe auf alle verfügbaren Stellen berufen, und wenn irgendjemand auf eine Weise abstimmte, die dem CEO missfiel, wurde er abgesetzt. Das eine Vorstandsmitglied, das es besser wusste, war völlig hilflos.

Der CEO hatte absolute Freiheit, seiner eigenen Vision zu folgen, die Dinge genau so zu machen, wie er es wollte, das Produkt seiner Träume zu schaffen. Bis er seine Mitarbeiter herabwürdigte, Kunden anbrüllte und die Firma gegen die Wand fuhr.

Millionen wurden so verbrannt und viele Mitarbeiter gingen, doch das Schlimmste war diese jämmerliche Vergeudung von Zeit und Ressourcen. So viel unnötige Zwietracht.

Selbst der beste CEO kann nicht im Alleingang handeln, unberührbar, unanfechtbar, niemandem zur Rechenschaft verpflichtet. Jeder muss irgendjemandem unterstellt sein, und wenn es auch nur ein zweiköpfiger Vorstand ist, mit dem er sich alle paar Monate für eine Stunde zusammensetzt.

Es muss immer irgendein Druckventil geben. Es muss immer jemanden geben, der den Kopf schütteln und mit Ihnen Tacheles reden kann.

Und solange Sie es richtig anstellen, werden Sie auch nicht Opfer Ihres Vorstands. Als CEO helfen Sie dabei mit, ihn zu formen. Vorstände verändern sich je nach dem CEO – der Vorstand unter Steve Jobs war ein anderer als der Vorstand unter Tim Cook. Vorstände ergänzen die Stärken eines CEO, und kein CEO ähnelt dem anderen.

Wenn Sie also Ihre Vorstandsmitglieder auswählen, sollten Sie die folgenden Arten von Menschen in Betracht ziehen:

1. **Nährboden:** Wie Sie einen Nährboden für das Wachstum Ihres Teams brauchen, so sollten Sie auch jemanden im Vorstand haben, der jeden kennt, der so etwas schon einmal gemacht hat und der andere tolle Leute vorschlagen kann, die den Vorstand oder Ihr Unternehmen ergänzen könnten. [Siehe auch Kapitel 4.2: Sind Sie

startklar? Nährboden.] Ein Nährboden zeigt auf, was Ihrem Vorstand fehlt, und sagt Ihnen, wen Sie anrufen können, oder er ruft selbst für Sie an. Unser Nährboden für den Nest-Vorstand war Randy Komisar – er war es, der vorschlug, Bill Campbell dazuzuholen. Zu ihm gingen wir, wenn wir Hilfe bei der Einstellung oder Einarbeitung eines perfekten Bewerbers brauchten.

2. **Ein Vorsitzender:** Das ist kein Muss, aber es kann hilfreich sein. Ein Vorsitzender legt die Tagesordnung fest, leitet die Sitzung, hält alles zusammen. Manchmal ist der CEO der Vorsitzende, manchmal ein anderes Vorstandsmitglied, manchmal gibt es überhaupt keinen formellen Vorsitzenden. Ich habe alle drei Versionen funktionieren sehen. Doch im Nest-Vorstand klappte es am besten mit Randy Komisar als inoffiziellem Vorsitzenden. Anstatt all die persönlichen Gespräche mit den Vorstandsmitgliedern selbst führen zu müssen, ließ ich Randy mit allen reden und vorverhandeln und mir die Meinung der Gruppe mitteilen. Er führte auch Bewerbungsgespräche mit Führungskräften für Nest und half bei der Erstellung des Arbeitsplans für die Geschäftsleitung. Ein Vorsitzender ist der engste Vertraute des CEO im Vorstand, sein Mentor und Partner. Er hilft ihm bei Problemen mit anderen Vorstandsmitgliedern oder greift ein, wenn das Geschäft haarig wird und die Beschäftigten Angst bekommen. Er nimmt an Mitarbeiter-Meetings teil und vermittelt den Leuten die Sicht des Vorstands von der Situation des Unternehmens. Er sagt: »Die CEO geht nicht weg, sie leistet großartige Arbeit.« Oder: »Der Vorstand ist unbesorgt wegen der jüngsten Umsatzzahlen und das sollten auch Sie sein. Wir können es kaum erwarten, wieder zu investieren.« Oder manchmal auch: »Ja, diese Person hat gekündigt, aber der Firma geht es gut. Das hier ist der Plan, den der Vorstand unterstützt.«
3. **Die richtigen Investoren:** Wenn Sie Investoren auswählen, ist es das Normale, dass Sie einen oder zwei von ihnen in den Vorstand berufen. Sie wünschen sich natürlich keine Investoren, die nur in Zahlen und Dollarzeichen denken und keine Ahnung haben von der Schinderei und Mühsal der Entwicklung. [Siehe auch Kapitel 4.3: Geldheirat.] Suchen Sie Investoren, die sich mit Ihrer Arbeit auskennen und

nachfühlen können, wie schwer es ist, alles richtig machen. Wenn Ihr Unternehmen interessant genug ist, können Sie schon im Vorfeld mit Investoren sprechen und sich für eine konkrete Person entscheiden, die Sie in Ihren Vorstand berufen wollen. Manchmal nehmen CEOs ein lukratives Investmentangebot nicht an, weil sie lieber ein besseres Vorstandsmitglied haben wollen.

4. **Unternehmer:** Das sind Leute, die schon einmal an Ihrer Stelle waren und das Auf und Ab der Unternehmensgründung kennen. Wenn die Investoren im Vorstand Ihnen zusetzen, weil Sie die Zahlen nicht erreicht haben, können die Unternehmer Ihnen beispringen und die Realitäten der Situation darlegen. Sie können erzählen, dass nie etwas nach Plan verläuft, um Ihnen anschließend zu helfen, mit neuen Techniken und Instrumenten einen neuen Plan zu schmieden.
5. **Fachleute:** Manchmal brauchen Sie jemanden, der irgendetwas Bestimmtes ganz genau durchschaut – Patente, B2B-Geschäfte, die Aluminiumherstellung, was auch immer. Ihr Wunschkandidat ist aber möglicherweise zu erfahren oder zu sehr mit seinem laufenden Projekt beschäftigt, um eine Stelle in Ihrem Unternehmen anzutreten. In diesem Fall können Sie ihn nur durch einen Sitz im Vorstand an sich binden. Als Apple erstmals über den Schritt in den Einzelhandel nachdachte, wusste weder Steve Jobs noch sonst ein Vorstandsmitglied, wie das funktioniert. Also holten sie Mickey Drexler, den CEO von GAP. Mickey war es, der ihnen sagte, sie sollten sich einen Flugzeughangar besorgen und komplette Prototypen verschiedener Ladengestaltungen erstellen, um dann persönlich hindurchzugehen wie ein richtiger Kunde, ehe sie sich entschieden, was davon sie umsetzen wollten. [Siehe auch Kapitel 3.1: Das Ungreifbare greifbar machen.]

Die besten Vorstandsmitglieder sind zuallererst Mentoren. Sie können in entscheidenden Momenten im Leben Ihres Produkts oder Ihrer selbst vernünftige und hilfreiche Ratschläge geben. Und es ist ein Geben und Nehmen – sie sind gern in Ihrem Vorstand, weil sie so auch selbst etwas dazulernen.

Achten Sie nur darauf, dass jene ihre Erkenntnisse nicht gegen Sie verwenden.

Wenn jemand in einen Vorstand berufen wird, ist er gesetzlich verpflichtet, im Interesse des Unternehmens zu handeln, dem er dient. Man nennt das Sorgfaltspflicht und Loyalitätspflicht. Normalerweise nehmen die Leute diese Verpflichtung sehr ernst. Aber nicht immer.

Manchmal nutzen sie ihre Stellung aus. Manchmal müssen sie abgesetzt werden. Manchmal nimmt das dramatische Formen an.

Doch das ist selten. Die Neuzusammensetzung eines Vorstands ist für gewöhnlich unbequem und vertrackt, aber nicht unmöglich. Man erlebt es, wenn man neuer CEO eines bestehenden Unternehmens wird und einen Vorstand übernimmt oder wenn man neues Fachwissen, aber keinen neuen Sitz hinzufügen will. Wichtig ist, es abschnittsweise und mit festen zeitlichen Vorgaben zu tun. Versetzen Sie ein Vorstandsmitglied zunächst für einige Quartale in eine Beobachterrolle, bevor Sie den Betreffenden absetzen und statt seiner eine neue Person berufen. Es erfordert Zeit und Geduld, das richtig zu machen.

Und wie immer dürfen Sie Ihr Team nicht vergessen, auch nicht unter Druck, bei einer Fülle von Meetings, persönlichen Gesprächen und Planungen. Vorstandssitzungen sind immer Augenblicke hoher Belastung für das gesamte Geschäft, in denen alle unbedingt wissen wollen, was vorgeht, und den Ergebnissen nervös entgegenfiebern.

Lassen Sie also nicht alle warten, Gerüchte verbreiten und sich winden. Bei Nest wussten die meisten Vertreter der Geschäftsführung genau, was passierte, weil sie mit mir im Vorstandstreffen waren. Im Übrigen legten wir immer möglichst bald nach der Sitzung dem gesamten Unternehmen eine redigierte Fassung der Vorstandspräsentation vor. Darüber haben wir gesprochen, darüber mache ich mir Sorgen, dazu hatte der Vorstand noch Fragen, das sind die Maßnahmen, die wir ergreifen werden.

So waren alle stets auf dem Laufenden und Gerüchte wurden zum Verstummen gebracht. Und wenn sich etwas veränderte, konnten die Leute sofort anfangen, an diesen Veränderungen zu arbeiten.

Wenn Sie einen guten Vorstand haben, den Sie respektieren, sind die Sitzungen ein starker, gewissermaßen externer Impulsgeber, der das gesamte Unternehmen fokussiert und Sie zwingt, Ihre Gedanken, Ihre Zeitplanung und Ihre Story zu sortieren. [Siehe auch Abbildung 3.5.1 in Kapitel 3.5.]

Es lohnt sich. Doch es ist trotzdem viel Arbeit. Für jeden.

Deshalb riet Jeff Bezos mir einmal, niemals den Vorständen anderer beizutreten. »Es ist Zeitverschwendung«, sagte er. »Ich werde nur im Vorstand meines Unternehmens und meiner Wohltätigkeitseinrichtung sitzen. Sonst nichts!«

Daran denke ich jedes Mal, wenn ich wieder einen Vorstandssitz ausschlage.

Aber ich schlage nicht alle aus. Mein erster Impuls ist immer, »nein« zu sagen, aber manchmal – ganz selten – wandelt sich dieses harte »Nein« zu einem »Nein, es sei denn ...«.

Denken Sie daran, wenn Sie versuchen, die Sitze zu vergeben und den bestmöglichen Vorstand zu schaffen: Es ist keine Einbahnstraße. Die meisten Vorstandsmitglieder sind erfahren, vielbeschäftigt und sehr gefragt, also müssen Sie ihnen einen Anreiz bieten, bei Ihnen mitzumachen. Und damit meine ich nicht nur Aktienanteile. Einer der größten Vorzüge dabei, im Vorstand eines aufsteigenden Unternehmens zu sitzen, ist der frühzeitige Einblick, den man in das Verbraucherverhalten oder neue Trends oder Disruptionen erhält. Jeder, der Anfang der Nullerjahre im Apple-Vorstand saß, bekam zum Beispiel eine Vorausschau auf das iPhone und konnte vorausplanen, was dieses Produkt für sein Geschäft bedeuten würde.

Solche Einblicke sind unheimlich spannend für potenzielle Vorstandsmitglieder und der Hauptgrund, warum die Leute immer so scharf darauf sind, in den Apple-Vorstand zu gelangen. Ein weiterer Grund ist, dass sie Apple lieben. Sie wollen dem Unternehmen aufrichtig zum Erfolg verhelfen. Sie sind bereit, Zeit und Mühe zu investieren, weil ihnen Apple wichtig ist.

Vergessen Sie nicht, dass börsennotierte und privat geführte Vorstände sehr verschieden sind. Es ist mit wesentlich mehr Risiko und Arbeit verbunden, im Vorstand eines Aktienunternehmens zu sein, und so müssen Sie einen stärkeren Anreiz bieten, um die Art von Vorstandsmitgliedern anzulocken, die Sie brauchen. Vor allem, weil vermutlich die meisten Ihrer Vorstandsmitglieder – wenn nicht sogar alle – zurücktreten werden, sobald Sie an die Börse gehen. Die Vorstandsmitglieder von börsennotierten Unternehmen können von Shareholdern verklagt werden. Sie müssen zu zahllosen Ausschusssitzungen zu Themen wie Audits, Vergütung oder Governance gehen. Wenn etwas schief läuft, werden sie möglicherweise von den Medien gegrillt.

Die Hemmschwelle für die Übernahme eines Vorstandssitzes bei einem börsennotierten Unternehmen ist daher eine ganz andere als die bei einem privat geführten Unternehmen im Anfangsstadium.

Andererseits hat jeder Sitz in einem Vorstand seinen Reiz. Er ist gut fürs Ego. Gut für die Brieftasche. Aber er sollte niemals Ihre Haupteinnahmequelle sein. Meiden Sie Promi-Mitglieder, die in einem Dutzend oder mehr Vorständen sitzen, oder Leute, die nur ihren Lebenslauf aufpolieren wollen. Nur allzu leicht steigen sie wieder aus. Sind gelangweilt oder werden gleichgültig. Oder stellen ihre eigenen Interessen über die des Unternehmens.

Sie brauchen Vorstandsmitglieder, die echte, tiefe Begeisterung für das aufbringen, was Sie machen. Die es kaum erwarten können zu erfahren, was Sie planen. Die nicht nur zu den Sitzungen kommen, sondern tagein, tagaus an Ihrer Seite stehen, Ihnen helfen und Erfolgschancen für Sie ausfindig machen. Sie brauchen einen Vorstand, der Ihr Unternehmen liebt. Und den Ihr Unternehmen zurückliebt.

Kapitel

6.3

KAUFEN UND GEKAUFT WERDEN

Wenn zwei vollentwickelte Unternehmen fusionieren, müssen ihre Kulturen kompatibel sein. Wie bei jeder Beziehung kommt es letztlich darauf an, wie die Leute miteinander zurechtkommen, welche Ziele sie haben, wie sie ihre Prioritäten setzen und was sie in den Wahnsinn treibt. 50 bis 85 Prozent aller Fusionen scheitern wegen mangelnder kultureller Übereinstimmung.

Wenn eine große Firma ein ganz kleines Team aufkauft – mit einem Dutzend oder weniger Mitarbeitern –, ist mangelnde kulturelle Übereinstimmung weniger problematisch. Doch selbst dann sollte dieses kleine Team sorgfältig abschätzen, wie es von der größeren Organisation aufgenommen wird, und sich Zeit nehmen, die Kultur des Unternehmens wirklich zu verstehen, dessen Teil es werden wird.

* *

Ich bereue nicht, dass ich Nest an Google verkauft habe. Auch unsere Geschäftsleitung tut das nicht. Wir kommen immer wieder auf diese Frage zu sprechen, wenn unser altes Team sich trifft. Wir bedauern lediglich, dass wir nicht beenden konnten, was wir angefangen hatten. Doch wir trafen die Verkaufsentscheidung gemeinsam, und wir alle stehen auch heute noch zu ihr.

Im Hinblick auf die Zahlen, die uns zu jenem Zeitpunkt vorlagen, würden wir es wieder tun.

Vor allem, weil wir recht hatten: Nachdem Nest die Idee des Smart Home in die Tat umgesetzt hatte, wollten die Giganten von Apple, Amazon und Samsung alle ein Stück vom Kuchen abhaben. Sie richteten Teams ein, um mit Google und Nest zu konkurrieren, und schufen ihre eigenen Smart-Home-Produkte, Plattformen und -Ökosysteme. Wir hatten einen Stein ins Rollen gebracht.

Und Google war und bleibt ein unglaubliches Unternehmen. Es ist voller brillanter Menschen auf allen Ebenen. Es hat die Welt wieder und wieder verändert. Die Kultur von Google arbeitet für das Unternehmen – es hat ja Gründe, warum so viele Mitarbeiter das Mutterschiff bis heute nicht verlassen haben.

Doch diese Kultur wird ermöglicht und angetrieben von der Tatsache, dass das Suchmaschinen- und Anzeigengeschäft von Google eine Lizenz zum Gelddrucken ist. Selbst die Googler nennen es den »Geldbaum«. Es hat Google zu einem Ort des totalen Überflusses gemacht, an dem jeder mehr oder weniger alles machen kann – oder manchmal auch gar nichts. Sie sind dort schon so lange profitabel und haben so wenige existenzielle geschäftliche Risiken, dass sie niemals kürzen oder verschlanken mussten, niemals die Cents zählen mussten. Sie müssen seit Jahrzehnten eigentlich um nichts kämpfen. Die Glückspilze!

Doch bei Nest waren wir Kämpfer. Unsere Kultur war aus dem Apple-Stil hervorgegangen – einer Kultur, die in den mehr als vierzig Jahren ihres Bestehens mehrere Nahtoderfahrungen gemacht hat. Wir waren bereit, für unsere Mission und unsere Stellung zu kämpfen, für die Bewahrung unserer Kultur und unserer Vorgehensweise.

Und dann, nur Stunden nach der Übernahme, mussten wir für unsere Kunden kämpfen. Als sie erfuhren, dass Google Nest kaufen würde, bekamen sie Panik, dass man ihnen auf ihren Thermostaten Werbung anzeigen würde. Die Presse behauptete, Google würde in seiner unersättlichen Datengier ihre Familien, ihre Haustiere, ihre Lebensgewohnheiten überwachen. Daher gaben Google und Nest sofort eine gemeinsame Stellungnahme heraus:

»Nest wird unabhängig vom restlichen Google geführt, mit eigenem Führungsteam, eigener Marke und Kultur. Zum Beispiel hat Nest ein bezahltes Geschäftsmodell, während Google ein überwiegend werbefinanziertes Geschäftsmodell hat. Wir haben nichts gegen Werbung – Nest macht schließlich auch eine Menge Werbung. Wir halten Werbung lediglich für ungeeignet im Rahmen des Nest-Nutzererlebnisses.«

Für unsere Kunden hatten wir damit das Richtige getan. Für unsere Beziehung zu Google hatten wir genau das Falsche getan.

Gleich am ersten Tag hatten wir ganz unschuldig und naiv mit ein paar (sehr öffentlichen) Sätzen, die in einen Tweet gepasst hätten, das Unternehmen gegen uns aufgebracht, dem wir gerade beigetreten waren. Viele Googler betrachteten uns als eine Kämpfergruppe, die gegen sie vorging, bis an die Zähne bewaffnet und zum Krieg bereit, die bereits ihre Unabhängigkeit verkündete, die das Kerngeschäft von Google bereits zurückwies. Sie dachten: Oha. Was ist den mit denen los? Das ist ja nicht besonders googelig.

Die Google-Teams, mit denen wir Technologien und Produkte zu integrieren und mitzuentwickeln geplant hatten, hatten einen Widerwillen gegen die Zusammenarbeit mit uns. Sie fragten ihre Geschäftsführung immer weiter nach Details, um herauszukriegen, ob sie uns wirklich auf Kosten ihrer eigenen Projekte helfen müssten. Warum? Wieso? Weshalb müssen wir einem Team helfen, das nicht Google ist? Jedes Mal, wenn wir in den darauffolgenden Monaten wieder einmal unseren Kunden deutlich machen mussten, dass Nest separat von Google agierte, versetzte das unserem internen Ruf einen weiteren Schlag.

Ich hätte mich daran erinnern sollen, wie es bei Apple gewesen war in den ersten Monaten, als wir mit der Entwicklung des iPod angefangen hatten. Es kam mir bloß nicht in den Sinn – Nest war so viel größer und etablierter als mein winzig kleines iPod-Team, dass ich glaubte, es sei eine völlig andere Situation. Doch es war genau dasselbe. Damals sahen die Geschäftsführungs-Antikörper von Apple uns ihnen schon die Ressourcen wegnehmen, woraufhin sie uns Steine in den Weg legten und unsere Anfragen ignorierten.

Damals gab Steve Jobs uns Rückendeckung, warf Bomben ab über den Teams, die uns ausbremsten, übte Zwang aus und brüllte mitunter auch, um dafür zu sorgen, dass wir bekamen, was wir brauchten. Dass Steve Jobs für uns kämpfte, war das, was uns letztlich den Erfolg ermöglichte.

Aber Google hatte keinen Steve Jobs. Es hatte Larry Page und Sergey Brin – beide brillante und kluge Entrepreneure, doch sie verfügten nicht über Steves Kampfgeist, der aus mehreren beruflichen Nahtoderlebnissen erwachsen war.

Als die von uns geplante Integration schließlich komplett zum Erliegen kam – als die Googler sprichwörtlich nicht zu unseren Meetings erschienen und unsere E-Mails ignorierten –, erklärte mir Sundar Pichai, sämtliche Teams, mit denen wir zusammenzuarbeiten versuchten, seien sehr beschäftigt. Sie hätten nicht den zeitlichen Spielraum, um sich mit Nest zu beschäftigen. Und keiner bei Google konnte ihnen einfach vorgeben, wie sie arbeiten sollten – die Entscheidung darüber, wie sie ihre Zeit einsetzten, lag bei den Teams.

Ich starrte ihn an, meine Augen weiteten sich. Ich sah Sternchen. Es war, als hätte ich einen Autounfall. Die Zeit verlangsamte sich. Und ich dachte nur: Oooooooh veeeerdaaaaaammt.

Ich wusste, dass Google nicht Apple war und dass eine Fusion dieser Größenordnung holprig sein würde. Ich wusste, dass wir unterschiedliche Kulturen, unterschiedliche Philosophien, unterschiedliche Führungsstile hatten. Doch dies war der Augenblick, in dem ich erkannte, dass wir völlig verschiedene Sprachen gesprochen hatten.

Als Larry mir im Zuge der Akquisition gesagt hatte, Google würde das Team einweisen und ihre Prioritäten mit unseren abstimmen, sagte er zu hundert Prozent die Wahrheit. Doch bei Google sah das so aus, dass das Team das Skelett eines Plans erhielt und die Lücken im weiteren Verlauf ausfüllen konnte. Dann führten sie hier und da ein Meeting durch, um sich zu erkundigen, wie es denn so laufe.

Aber ich hatte seine Worte durch ein Apple-Objektiv interpretiert. Wenn Steve Jobs sagte, er würde das Team einweisen, dann hieß das, er würde bei jedem Schritt mit dabei sein – wöchentlich, manchmal auch täglich. Er würde alle zusammenrufen, ihnen sagen, wohin der Zug gehen sollte, darauf achten, dass wir gemeinsam marschierten, und alle Abweichler durch schiere Willenskraft ins Glied zurückdrängen.

Obwohl uns ein kompletter Blitzkrieg versprochen worden war, warf bei Google keiner irgendwelche Bomben. Sie kannten nicht einmal die Bedeutung dieses Worts.

Als ich das erkannte, wurde mir klar, wie falsch wir von Anfang an ausgerichtet gewesen waren. Auf das hier waren wir nicht vorbereitet. Wir hatten nicht damit gerechnet, keinerlei Rückendeckung von oben zu bekommen. Wir hatten nicht mit Organabstoßung gerechnet.

Und das, obwohl wir fast alles andere bis ins Kleinste geplant hatten.

Bei den meisten Übernahmen dauert es zwei bis acht Wochen, um ein Dokument mit den notwendigen Bedingungen aufzusetzen und zu einer Einigung zu kommen.

Bei Nest dauerte es vier Monate.

Und während der ersten zehn Wochen sprachen wir noch nicht einmal über den Verkaufspreis.

Google Ventures, jetzt als GV bekannt, war ein Investor. Dort kannten sie unsere Zahlen und waren immer sehr unterstützend gewesen, daher machte ich mir um den Preis keine Sorgen. Sorgen machte ich mir darüber, mit welchen Teams wir arbeiten würden, welche Technologie wir teilen, welche Produkte wir entwickeln würden. Nest ging nicht um des Geldes willen zu Google – wir fusionierten, um unsere Mission schneller voranzubringen. Die Mission stand immer an erster, das Geld an zweiter Stelle.

Gemeinsam mit Google gingen wir jede einzelne Position durch – Marketing, PR, Personal, Vertrieb, jeden Bereich des Unternehmens. Wir legten fest, wo wir Synergien schaffen konnten und wo nicht, welche Manager uns zugeteilt würden, wie das Einstellungsverfahren laufen sollte, welche Sondervergütungen die Leute bekommen sollten, welche Gehälter sie erwarten konnten, welche Teams eng zusammenarbeiten und wie diese Beziehungen gefestigt würden.

Es erforderte viel Zeit. Genau genommen bekam ich allmählich ziemlich viel Augenverdrehen zu sehen. »Echt jetzt, Tony? Sie wollen das jetzt bis in die Einzelheiten durchgehen?« Ja, das will ich. Das ist wichtig.

Und das war es auch – verdammt wichtig und für gewöhnlich zu wenig beachtet.

Die meisten Akquisitionen werden von Bankern gelenkt und kontrolliert und Banker verdienen nur dann echtes Geld, wenn der Deal abgeschlossen wird, daher sind sie motiviert, rasch zu handeln und ihre Bezahlung zu bekommen. Es interessiert sie nicht, ob alle Details des künftigen Schicksals der Mitarbeiter geklärt sind. Sie interessieren sich auch nicht für die kulturelle Übereinstimmung. Nicht sonderlich jedenfalls.

Banker werden im Allgemeinen von beiden Vertragspartnern engagiert, um alle Einzelheiten der Transaktion auszuarbeiten, um allen den Preis dieses Deals und vergleichbarer Deals zu erklären oder zu begründen. Sie befassen sich mit dem Markt, dem Kunden und den betrieblichen Synergien.

Aber die Kultur kann man in einer Fusionsvereinbarung nicht festschreiben. Man kann sie nicht ausformulieren und von allen unterzeichnen lassen. Sie ist zu schwammig und zu heikel, denn es geht dabei um unwägbare menschliche Beziehungen. Und Banker interessieren sich vor allem für Transaktionen, nicht für Interaktionen.

Die meisten Banker wollen also nicht, dass zwei Unternehmen einander behutsam befühlen, einander kennenlernen, ehe sie heiraten. Sie wollen, dass sie sich treffen und am selben Abend verloben. Sie wollen, dass sie eine Drive-through-Kapelle mit Elvis-Dekor aufsuchen, wo alle ein bisschen angeheitert sind, damit nicht zu viele Fragen gestellt werden. Sie wollen, dass der Deal in sechsunddreißig Stunden in Sack und Tüten ist, ehe es sich jemand anders überlegt, damit sie einander für die gute Arbeit auf die Schulter klopfen und Sie in einem verknitterten blauen Smoking stehenlassen können, während Sie noch darüber nachdenken, wie es jetzt weitergehen soll. Und wenn es auf lange Sicht nicht gut geht, tja, sie haben ihre Arbeit jedenfalls erledigt.

Das ist einer der Gründe, warum wir auf unserer Seite des Google-Übernahme-Deals keinen Banker beschäftigt hatten. Ich wusste, dass Banker sich nicht so engagieren würden, wie unser Team es tat. Sie kamen, um einen ordentlichen Prozentsatz des Deals für sehr wenig Arbeit einzustreichen, verglichen mit all dem Blut, dem Schweiß und den Tränen, die unser Team und die Investoren jahrelang vergossen hatten.

Trotzdem tauchte am Morgen nach der Bekanntgabe der Akquisition ein Banker in der Nest-Eingangshalle auf.

»Ich habe gar nicht gesehen, dass Sie bei dem Deal, den Sie gestern bekanntgegeben haben, von einer Bank vertreten wurden.«

»Ja – das war Absicht«, sagte ich.

»Wissen Sie, Ihre Shareholder konnten Sie deshalb verklagen«, sagte er.

Ich erklärte ihm, der Deal sei abgeschlossen und wir bräuchten keinen Banker.

»Also, nachdem Sie bei diesem Deal keinen Banker dabeihatten, könnten Sie doch einfach unseren Namen einsetzen ...«

Ich hob eine Augenbraue, starrte ihn ausdruckslos an und ging weg.

Der Banker war verschnupft. Er konnte nicht fassen, dass ich ihm den Gefallen nicht tun wollte.

Die meisten Investmentbanker bei Fusionen und Übernahmen sind nicht Ihre Freunde. Ich habe so oft erlebt, wie kleine Start-ups, besonders in Europa, einen Banker hinzuziehen, um ihnen bei der Finanzierung zu helfen oder ihr Unternehmen zu verkaufen. Die Banker versprechen ihnen das Blaue vom Himmel, halten es aber nur selten.

Sie mögen trotzdem aus den unterschiedlichsten Gründen einen Banker brauchen und natürlich gibt es da draußen auch den einen oder anderen guten, aber lassen Sie ihn nicht die Kontrolle über Ihre Fusion übernehmen oder Ihre Fristen bestimmen.

Ob Sie kaufen oder verkaufen – Ihre Aufgabe ist es zu schauen, ob die Ziele Ihrer beiden Unternehmen zueinander passen, ob Ihre Missionen übereinstimmen, ob Ihre Kulturen sich miteinander kombinieren lassen. Berücksichtigen Sie die Größe Ihrer Firmen. Könnte eine von der anderen geschluckt werden? Ist dies ein kleines Team, das erst am Anfang steht, oder ein voll entwickeltes Unternehmen mit Vertrieb und Marketing und Personalwesen und einer eingeschliffenen Vorgehensweise? Falls das Letztere zutrifft, müssen Sie begreifen, was mit den zusammengeführten Teams geschehen, was sich für die Beschäftigten ändern und was mit Ihren Projekten und Ihren Prozessen passieren wird. Dafür braucht es Zeit.

Und auch wenn Zeit bei Nest nicht das Problem war, machten wir ein paar große Fehler:

1. Wir gaben eine Stellungnahme an unsere Kunden heraus, ohne darüber nachzudenken, wie sich das auf unsere internen Beziehungen auswirken würde.
2. Ich nahm gutgläubig an, angesichts der Größe des Deals – über 7 Milliarden US-Dollar insgesamt – gäbe es einen Sorgfaltsmaßstab und eine treuhänderische Verantwortung, die den Erfolg garantierten.
3. Ich hörte mir an, was Larry und Bill über die Veränderung der Google-Kultur erzählten, statt mit den Mitarbeitern darüber zu reden, wie tief verwurzelt diese Kultur war und worin ihre Erwartungen an die Googeligkeit bestanden.

4. Ich führte keine Gespräche mit anderen Unternehmen, die vor uns von Google übernommen worden waren.
5. Wir öffneten die Tür für Google-Beschäftigte, die von Projekt zu Projekt hüpften und weder echtes Interesse an unserer Mission hatten noch zu bleiben beabsichtigten, falls es Probleme gab. Sie fingen sofort an, unsere Kultur zu verwässern, und sorgten mit ihren Klagen darüber, dass wir nicht googelig genug seien, für viel Ärger. [Siehe auch Kapitel 5.1: Einstellen: Aber wir achteten darauf, nicht zu schnell zu wachsen.]

Hätte ich mit anderen VPs und Abteilungsleitern im Unternehmen gesprochen, so hätte ich gemerkt, dass wir viel wählerischer hätten sein sollen in Bezug auf die erste Welle von Googlern, die nach der Akquisition auf uns losgelassen wurden. Dass ich hätte wachsam sein müssen, erfuhr ich erst sechs Monate später, als Freunde bei Google mir die ungeschriebene Regel erklärten: Wenn man tolle Leute aus anderen Teams abwerben will, muss man um sie kämpfen. Diejenigen, die mehr oder weniger zufällig in Ihre Organisation gespült werden, sind bloß Glücksritter. Und weil Google ungern Leute entlässt, wechseln viele nicht gerade spitzenmäßige Performer einfach unbegrenzt von einem Team zum nächsten.

Hätte ich mehr Zeit mit den Chefs zuvor übernommener Unternehmen wie Motorola Mobility und Waze verbracht, so hätte ich viel besser verstanden, wie Google die von ihm aufgekauften Firmen verdaut. Die meisten der großen Google-Akquisitionen waren, anders als YouTube, keine Erfolge. Wie ich bald herausfand, griff Google routinemäßig nach jedem glitzernden Gegenstand, und es spielte keine Rolle, dass Nest einen Preis in Milliardenhöhe hatte. Noch ehe wir verzehrt waren, war Google schon wieder hungrig und zog weiter zur nächsten Mahlzeit. Keine Zeit, um sich zu vergewissern, dass wir uns im Magen des Ungeheuers behaglich eingerichtet hatten, kein Interesse, einmal nach uns zu schauen. Wir waren einfach bloß das Abendessen von gestern.

Hätte ich mit den festangestellten Mitarbeitern des Teams gesprochen, in das wir uns eingliedern wollten, so hätte ich in Erfahrung bringen, welche Prioritäten sie setzten und ob sie auch nur im Entferntesten an einer Zusammenarbeit mit uns interessiert waren. Ich hätte besser verstanden, was es bedeutet, googelig zu sein, und ob wir eine Chance auf den Durchbruch hatten – und jemals etwas daran würden ändern können, was es wirklich bedeutet, googelig zu sein.

Kultur ist unglaublich hartnäckig. Das hätte ich bedenken sollen. Larry wollte, von Bill Campbell angestoßen, dass Nest hereinkam und die gesamte Denkweise von Google veränderte, um dem Unternehmen den Schwung eines Start-ups zu verpassen. Aber so funktioniert Kultur nicht – man kann eine alte Fabrik nicht neu anstreichen und den Arbeitern ein Schulungsvideo zeigen und dann glauben, man hätte irgendeine Veränderung bewirkt. Man muss das ganze Ding abreißen und neu wieder aufbauen.

Die meisten Menschen und Firmen brauchen ein Nahtoderlebnis, ehe sie sich wirklich verändern können.

Sie können nicht davon ausgehen, dass eine Übernahme die kulturelle Anpassung mit sich bringt. Das ist der Grund, warum Apple keine Unternehmen mit großen Teams kauft. Sie übernehmen nur bestimmte Teams oder Technologien, meist an einem sehr frühen Punkt ihres Lebenszyklus, wenn sie noch keine Umsätze erwirtschaftet haben. So können sie leicht eingegliedert werden und Apple muss sich um die Kultur keine Gedanken machen. Auf diese Weise lassen sich auch die unweigerlichen Doppeltbesetzungen von Positionen vorhandener Teams wie Finanzen, Recht und Vertrieb vermeiden oder der schmerzvolle Prozess, ein großes Team in ein anderes zu integrieren. Mit der bemerkenswerten Ausnahme der Akquisition von Beats war Apple immer glasklar darauf fokussiert, kleine, spezialisierte technologische Lücken in seinen sich entwickelnden Produkten zu füllen, anstatt ganz neue Geschäftslinien zu erwerben.

Alle Übernahmen lassen sich darauf herunterbrechen, was Sie mit dem Kauf eines Unternehmens eigentlich beabsichtigen – wollen Sie ein Team kaufen? Technologie? Patente? Ein Produkt? Den Kundenstamm? Ein Geschäft (also Umsätze)? Eine Marke? Irgendein anderes strategisches Asset?

Wenn Sie verkaufen, gelten dieselben Fragen. Wonach suchen Sie? Die einen hoffen, mit den Ressourcen eines größeren Unternehmens ihre Vision schneller voranbringen zu können. Andere streben nach finanziellem Gewinn. Es gibt auch Firmen, die Probleme haben und das Geschäft an jemanden verkaufen wollen, der daran glaubt. Bill Campbell sagte gern: »Gute Unternehmen werden gekauft, nicht verkauft.« Wenn Sie gekauft werden, sollte vor allem der Käufer Sie um alles in der Welt kaufen wollen, anstatt dass Sie um alles in der Welt einen Käufer suchen. Wenn Sie eine Akquisition erwägen, seien Sie auf der Hut vor allen, die sich Ihnen an den Hals werfen und zu stark anpreisen.

Es gibt allerdings kein Handbuch für eine gute Akquisition. Man muss auf eine Million Dinge achten, die bei jedem Unternehmen und bei jedem Deal anders sind. Ignorieren Sie nicht die schwierigen Dinge, nur weil sie schwierig sind. Vergessen Sie nicht, über die Kultur zu sprechen, nur weil niemand so recht weiß, wie man über die Kultur spricht.

Leider kennen Sie eine Kultur erst dann, wenn Sie sie erleben. Das ist wie beim Dating – wenn zwei Menschen aneinander interessiert sind, zeigen sie sich einander von der besten Seite und wahren den Schein. Erst wenn sie zusammenziehen und heiraten, beginnt die Fassade zu bröckeln. Dann merken Sie, dass Ihre Frau das schmutzige Geschirr tagelang »zum Einweichen« in der Spüle stehen lässt. Dann wird Ihnen klar, dass Ihr Mann immer vergisst, seine abgeschnittenen Zehennägel wegzuräumen.

Die Dating-Phase einer potenziellen Akquisition ist also entscheidend. Sie müssen die Spüle auf schmutzige Teller überprüfen. Sie müssen die Zehennägel auf dem Couchtisch entdecken. Sehen Sie sich den Finanzbericht an und wie Mitarbeiter eingestellt und entlassen werden. Beschäftigen Sie sich mit den Vergünstigungen und Boni. Sprechen Sie über die Führungsphilosophie. Machen Sie konkrete Pläne, was genau nach dem Kauf geschehen soll. Streben Sie Integration an, oder sollen die Kulturen separat bestehen bleiben? Was machen Sie mit Überschneidungen? Wohin geht dieses Team? Wer arbeitet an jenem Produkt?

Aber Sie müssen sich immer darüber im Klaren sein, dass Sie die Zukunft nicht voraussagen können. Die Dinge ändern sich nun einmal – manchmal zu Ihren Gunsten, manchmal nicht. Also bleibt Ihnen am Ende nur, es zu machen. Unterschreiben Sie. Vertrauen Sie darauf, dass es schon klappen wird.

Mein Rat ist, immer vorsichtig optimistisch zu sein. Seien Sie zuversichtlich, aber prüfen Sie nach.

Gehen Sie von der Annahme aus, dass die Leute die besten Absichten hegen, und sorgen Sie dann dafür, dass sie sie auch umsetzen. Gehen Sie das Risiko ein. Springen Sie. Kaufen Sie das Unternehmen. Verkaufen Sie das Unternehmen. Oder nichts davon. Folgen Sie einfach Ihrem Bauchgefühl, und haben Sie keine Angst (oder besser gesagt, haben Sie Angst, aber treffen Sie trotzdem die Entscheidung).

Wer weiß, was passiert wäre, wenn wir nicht verkauft hätten. Vielleicht wäre Nest auch allein erfolgreich gewesen, vielleicht wären wir untergegangen, wenn die unvermeidlichen großen Markteinsteiger aufgetaucht wären. Oder vielleicht hätten andere wichtige Beteiligte nicht angefangen, an ihren verknüpften Produkten zu arbeiten, und das gesamte Ökosystem wäre zusammengebrochen. Wer weiß das schon? Man kann dasselbe Experiment nicht zweimal durchführen.

Und Nest ist ja nicht tot. Ganz im Gegenteil – es ist quicklebendig und wohlauf. Es ist jetzt Google Nest, vollständig integriert, wie wir es immer vorhatten. Und sie machen dort immer noch neue Produkte, schaffen neue Erfahrungen, liefern ihre Version unserer Vision ab. Es ist nicht genau so gelaufen, wie wir es uns gewünscht hatten, aber es war eine fantastische Lernerfahrung, und hey, wir haben es zu siebzig Prozent geschafft. Nest ist noch am Leben, produziert weiter, und das erfüllt mich mit nichts anderem als Freude.

Vor ein paar Jahren traf ich Sundar Pichai, den jetzigen CEO von Alphabet und Google, bei einer Party. Er sagte: »Tony, ich wollte Sie wissen lassen, dass wir dafür gesorgt haben, dass die Marke und der Name Nest erhalten bleiben. Nest ist definitiv ein Teil unserer Zukunftsstrategie.« Ich lächelte breit und dankte ihm, gerührt, dass er extra zu mir gekommen war, um mir das zu verkünden. Sundar ist ein toller Typ und ich bin dankbar, dass er auf das Team Acht gibt.

Es gibt vieles, für das ich dankbar bin.

Ich bin dankbar, dass Sergey Brin Google drängte, frühzeitig in Nest zu investieren, dankbar, dass sowohl Larry als auch Sergey die Google-Maschinerie für unseren Kauf in Gang gesetzt haben. Ich bin dankbar, dass die anderen Branchengiganten sich inzwischen auch auf Smart-Home-Technologien gestürzt haben und dass hundert kleine Emporkömmlinge versuchen, sie zu ersetzen. Letztlich wird das – früher oder später und nach langen Umwegen – jemandem ermöglichen, unsere Vision zu verwirklichen.

Und ich weiß auch, dass alles, was nach der Übernahme geschah, nichts Persönliches war. Nicht wirklich. Es war nur Business. Shit happens. Kein Groll. Dafür ist das Leben zu kurz.

Ich wünsche ihnen aus tiefstem Herzen das Allerbeste.

Kapitel

6.4

SCHEISS AUF MASSAGEN

Hüten Sie sich vor zu vielen Sonderleistungen. Sich um die Mitarbeiter zu kümmern, liegt zu einhundert Prozent in Ihrer Verantwortung. Nicht jedoch, sie abzulenken und zu verwöhnen. Der kalte Krieg zwischen Start-ups und modernen großen Technologieunternehmen um immer krassere Vergünstigungen hat viele Firmen davon überzeugt, dass sie jeden Tag drei Gourmetmahlzeiten und kostenlose Haarschnitte anbieten müssen, um Mitarbeiter anzulocken. Müssen sie aber nicht. Sollten sie auch nicht.

Beachten Sie, dass es einen Unterschied zwischen Versorgungsleistungen und Vergünstigungen gibt:

Versorgungsleistungen: so etwas wie Rentenversicherung, Krankenkasse, Zahnbehandlungsversicherung, Mitarbeitersparpläne, Elternzeit – die Dinge, auf die es wirklich ankommt und die sich stark auf das Leben Ihrer Beschäftigten auswirken.

Vergünstigungen: eine gelegentliche angenehme Überraschung, die besonders, neuartig und aufregend ist. Kostenlose Klamotten, kostenloses Essen, Partys, Geschenke. Vergünstigungen können komplett gratis oder vom Unternehmen subventioniert sein.

Die richtigen Versorgungsleistungen sind von maßgeblicher Bedeutung für Ihre Mitarbeiter mitsamt ihren Familienangehörigen. Damit unterstützen Sie die Leute, mit denen Sie arbeiten, und verbessern ihre Lebensumstände. Versorgungsleistungen ermöglichen es Ihren Mitarbeitern und deren Angehörigen, gesund und zufrieden zu bleiben und ihre finanziellen Ziele zu erreichen. Dafür sollten Sie Ihr Geld ausgeben.

Vergünstigungen sind eine ganz andere Sache. An und für sich sind Vergünstigungen nichts Schlechtes. Ihr Team zu überraschen und zu erfreuen, ist wunderbar und oft notwendig. Doch wenn Vergünstigungen immer kostenlos sind, ständig zur Verfügung stehen und wie Versorgungsleistungen behandelt werden, schadet das dem Geschäft. Ein Überangebot an Vergünstigungen beeinträchtigt den Nettoertrag eines Unternehmens und –entgegen der allgemeinen Überzeugung – auch die Mitarbeitermoral. Manche Menschen beschäftigen sich nur noch mit dem, was sie kriegen können, statt mit dem, was sie leisten können – sie halten Vergünstigungen für ein Recht, nicht für ein Privileg. Wenn die Zeiten dann schwieriger werden oder die Vergünstigungen nicht ständig mehr werden, ärgern sie sich darüber, dass ihre »Rechte« beschnitten werden.

Und wenn Sie Talente in erster Linie durch Vergünstigungen anlocken, werden die Zeiten definitiv schwieriger.

* *

Ein Freund erzählte mir stolz: »Ich bringe meiner Frau jede Woche Blumen.«

Er rechnete vermutlich mit meiner Bewunderung. Wie romantisch! Wie großzügig!

Ich sagte: »Was?! Das würde ich nie machen.«

Ich bringe meiner Frau schon ab und zu Blumen mit, aber es ist jedes Mal eine Überraschung.

Wenn Sie jemandem ständig Blumen schenken, ist das nach ein paar Wochen längst nichts Besonderes mehr. Nach ein paar Monaten denkt die Adressaten kaum noch darüber nach. Mit jeder weiteren Woche verliert sie weiter das Interesse.

Bis Sie damit aufhören.

Sie sollen Ihren Mitarbeitern unbedingt etwas Gutes tun, sie für ihre harte Arbeit belohnen. Aber Sie dürfen dabei nicht die Funktionsweise des menschlichen Gehirns aus dem Blick verlieren. Ansprüche folgen einem psychologischen Prinzip.

Wenn Sie Ihren Mitarbeitern eine Vergünstigung geben wollen, sollten Sie zwei Dinge bedenken:

1. Wenn man für etwas bezahlen muss, würdigt man es. Wenn es umsonst ist, ist es im wahrsten Sinne des Wortes wertlos. Erhalten Mitar-

beiter also die ganze Zeit eine Vergünstigung, sollte sie subventioniert sein, nicht gratis.

2. Wenn etwas nur selten geschieht, ist es etwas Besonderes. Wenn es dauernd passiert, verpufft das Besondere daran. Wird eine Vergünstigung also nur gelegentlich gegeben, darf sie kostenlos sein. Sie sollten jedoch klar zu verstehen geben, dass dies nicht zur Regel werden wird, und von Mal zu Mal Veränderungen an der Vergünstigung vornehmen, damit sie stets als Überraschung daherkommt.

Es ist ein Riesenunterschied, ob man den Leuten die ganze Zeit kostenloses Essen zur Verfügung stellt, ob man dies gelegentlich tut oder ob man das Essen subventioniert. Es hat seinen Grund, dass Apple vergünstigte statt kostenlose Mahlzeiten anbietet. Es hat seinen Grund, dass man die Produkte billiger, aber nicht umsonst bekommt, wenn man dort arbeitet. Steve Jobs gab fast nie kostenlose Apple-Produkte als Geschenke aus. Er wollte nicht, dass die Beschäftigten eben jene Dinge abwerteten, an denen sie arbeiteten. Wenn sie wertvoll und wichtig waren, fand er, sollten sie auch so behandelt werden.

Bei Google bekamen alle Mitarbeiter alljährlich zu Weihnachten ein kostenloses Google-Produkt. Ein Handy oder einen Laptop oder einen Chromecast – etwas Substanzielles. Und alljährlich murrten und meckerten die Leute – das ist aber nicht das, was ich wollte, das wirkt billig, letztes Jahr war es besser. Und wenn sie dann ein Jahr lang kein Geschenk bekamen, kochte die Wut hoch. Wie können die es wagen, uns nichts zu schenken! Wir haben immer Geschenke bekommen!

Gratis fällt Ihnen immer auf die Füße. Etwas echt günstig zu bekommen, schafft eine völlig andere Einstellung als die Erwartung, es umsonst zu bekommen.

Vergünstigungen zu subventionieren, statt sie zu verschenken, ist naheliegenderweise auch aus finanziellen Gründen viel besser für Ihr Geschäft. Firmen, die ihre Beschäftigten mit massenhaft kostenlosen Vergünstigungen verwöhnen, sind meist kurzsichtig und haben keine langfristige Strategie für die Nachhaltigkeit dieser Vergünstigungen, oder sie haben ein von Grund auf problematisches Kerngeschäft und versuchen dies mit den Vergünstigungen zu vertuschen. Facebook ist bekannt dafür, sehr gut mit seinen Mitarbeitern umzugehen, verdient aber auch sein ganzes Geld mit dem Verkauf von Kundendaten an Werbetreibende. Würde Facebook sein Geschäftsmodell ändern, wäre dies ein enormer Rückschlag für seine Profitabilität und all diese Vergünstigungen würden von der Bildfläche verschwinden.

Der Trend, den Mitarbeitern alles zu geben, was sie sich nur wünschen oder brauchen könnten, hat mit Yahoo und Google angefangen. Die Idee hatte gute, noble, ehrbare Motive – sie entsprang dem Wunsch, sich um die Beschäftigten zu kümmern, dem Verlangen, das Unternehmen als aufgeschlossen und herzlich darzustellen. Das Büro sollte sich anfühlen wie die Uni, besser noch als die Uni – ein behaglicher, komfortabler Ort, in dem man sich einrichten konnte. Und weil Google so lange Zeit so viel Geld scheffelte (indem es die Kunden an Werbetreibende verkaufte), dachte der Rest der Welt, diese Kultur sei mit ursächlich dafür. Also verbreitete sie sich. Jetzt bietet die Mehrzahl der Start-ups im Silicon Valley Gourmetmahlzeiten, ständig gefüllte Bierfässer, Yogakurse und Gratismassagen an.

Aber wenn man nicht die Gewinnspanne und das Umsatzwachstum von Google hat, sollte man auch keine Google-Vergünstigungen gewähren.

Nicht einmal Google sollte Google-Vergünstigungen gewähren.

Sie versuchen dort schon seit Jahren, die Kosten zu verringern – haben sogar angefangen, in ihren Kantinen kleinere Teller aufzustellen, damit die Leute sich weniger Essen nehmen und weniger in der Tonne landet. Aber wenn man erst einmal den Maßstab gesetzt und die Erwartungen der Menschen hochgeschraubt hat, ist es praktisch unmöglich, das wieder zurückzunehmen.

In der Anfangszeit von Nest hatten wir ein paar Snacks und Getränke in der Küche – hauptsächlich Obst. Kein abgepacktes Junkfood. Warum sollte man seine Talente vergiften? Ein-, zweimal wöchentlich ließen wir für das Team Tacos oder Sandwiches oder auch etwas Schickeres zum Mittagessen kommen. Ab und an warf draußen jemand den Grill an und dann blieben die Leute zum Abendessen.

Doch mit der Google-Übernahme kam auch das Google-Essen. Wir bauten eine riesengroße, wunderschöne Kantine, in der täglich kostenlos Frühstück, Mittag- und Abendessen serviert wurde. Fünf oder sechs verschiedene Stationen boten unterschiedliche Küchen und Menüs an und jeden Morgen gab es frische Backwaren. Kekse und Kuchen überall. Alle fanden das echt super. Aber es war auch echt teuer.

Nach den immensen Kosten von Alphabet versuchten wir, die Optionen in der Kantine ein bisschen zu verringern. Immer noch jede Menge großartiges Essen, aber keine vietnamesische Nudelsuppe mehr. Keine Mini-Muffins mehr. Sofort kam Protest auf, ein universelles: »Was soll das denn? Ihr könnt uns doch nicht unsere Mini-Muffins wegnehmen!«

Das war fast so schlimm wie das Mal, als wir Mitnahmebehälter verbieten mussten, nachdem wir erkannt hatten, dass eine Menge Leute gar nicht so lange arbeiteten – sie hingen nur bis zum Abendessen herum, schaufelten sich dann eine komplette Mahlzeit für die Familie zu Hause in ihre Plastikdosen und verschwanden.

Dass wir Abendessen anboten, diente ausschließlich dem Zweck, die Mitarbeiter zu belohnen, die unglaublich fleißig arbeiteten. Doch weil es umsonst war, schlugen die Leute ihren Vorteil daraus. Es ist umsonst! Es ist gehört uns! Was soll denn daran so schlimm sein?

Ein paar Jahre zuvor war der Taco-Dienstag ein Schmankerl gewesen. Die Leute freuten sich, wenn die Obstkiste geliefert wurde. Aber jetzt galten neue Maßstäbe.

Und ein neuer Anspruch.

Einmal stand beim TGIF, der wöchentlichen Vollversammlung bei Google – tatsächlich ein Meeting Zehntausender Menschen –, jemand auf und beschwerte sich, dass sein Lieblingsjoghurt aus den Teeküchen verschwunden war. Diese Snackstationen stellte Google bereit, damit kein Mitarbeiter weiter als sechzig Meter laufen musste, um sich etwas Essbares zu holen. Diese Person betrachtete es als ihr Recht, nein, als ihre Verantwortlichkeit, sich direkt beim CEO und vor der gesamten Google-Belegschaft als Zeugen zu beschweren. Über Joghurt. Kostenlosen Joghurt. Warum ist meine Lieblingssorte nicht in Griffweite? Wann kommt sie wieder?

So wie jeder gute und freigebige Mensch übervorteilt und ausgenutzt werden kann, passiert dies auch mit den guten Absichten eines Unternehmens. Manche Menschen bedienen sich ohne Ende und halten das für ihr gutes Recht. Und nach einiger Zeit akzeptiert die Kultur des Unternehmens das und leistet dem sogar noch Vorschub.

Deshalb sage ich: »Scheiß auf Massagen.«

Als Google Nest aufkaufte, stimmte ich widerwillig den »jederzeit« kostenlosen Mahlzeiten und Bussen zu. Sie gehörten zur Arbeit bei Google, alle erwarteten sie bereits, und sie waren für unsere Mitarbeiter wirklich hilfreich. Ich wusste, dass dies einen kulturellen Wandel bedeuten würde – ich hoffte nur, dass alle sich an unsere bescheidenen Wurzeln erinnern würden. Als wir dem Team die Übernahme durch Google mitteilten, präsentierte ich eine Folie, auf der nur stand: »Ändert euch nicht.« Was uns bis hierher gebracht hatte, war genau das, was wir fortsetzen mussten. Nur weil wir andere Investoren ins Boot holten, hieß das noch lange nicht, dass wir unsere Kultur ändern mussten oder das, was uns erfolgreich gemacht hatte.

Als Google uns nach der Akquisition neue, umwerfende, spitzenmäßig ausgestattete Räumlichkeiten zuwies, dankte ich Larry Page. Ich sagte, sie seien wunderschön. Und ich sagte ihm – und unserem Team –, dass wir sie gar nicht verdient hatten.

Es fühlte sich falsch an. Wir hatten ja noch nichts geleistet. Dieses Gebäude war für ein profitables Unternehmen gedacht, das sich bereits bewiesen hatte. Es war für Menschen gedacht, die sich entspannen und ihre Zeit damit verbringen konnten, darüber zu debattieren, wer den Platz am Fenster mit der schönsten Aussicht bekam. Doch darum ging es bei Nest nicht. Wir waren auf unsere Mission fokussiert, auf Überstunden und Problemlösungen und harte Arbeit und den Kampf gegen alle Hindernisse, die sich uns in den Weg stellten.

Ich wollte, dass alle auf die Dinge fokussiert blieben, die wir herstellten, die Vision, die wir umzusetzen versuchten. Keine Vergünstigungen, kein Schnickschnack, keine Extrawürste.

Deshalb kam es verdammt noch mal nicht in die Tüte, dass wir das Firmengeld für kostenlose Mitarbeitermassagen ausgaben.

Wir brauchten das Geld, um das Geschäft aufzubauen. Um einen Gewinn zu erwirtschaften. Um bessere Produkte herzustellen. Um unsere Grundlagen stark und fest genug zu machen, um überhaupt erst all diese Leute beschäftigen zu können. Und wir brauchten es, um den Leuten zu ermöglichen, das von ihnen angestrebte Leben *außerhalb* der Arbeit zu führen. Statt das Büro so luxuriös auszustatten, dass die Angestellten gar nicht mehr nach Hause gehen wollten, gaben wir unser Geld für sinnvolle Versorgungsleistungen für sie und ihre Familien aus – ordentliche Krankenversicherungen, In-vitro-Befruchtungen – Dinge eben, die das Leben der Menschen wirklich verbesserten.

Wenn wir Vergünstigungen herausgaben, so wollte ich, dass auch sie sinnvoll und zweckgerichtet waren. Also versuchten wir nicht, die Leute im Büro festzuhalten – wir belohnten Mitarbeiter, indem wir ihnen das Essengehen mit der Familie oder einen Wochenendausflug bezahlten. Und wir gaben mit Freuden Geld aus für Dinge, die den Leuten wirklich schöne Erlebnisse ermöglichten, die sie einander näherbrachten, sie mit neuen Ideen und Kulturen vertraut machten und Kollegen in Freunde verwandelten. Jeder bei Nest konnte einem Club beitreten und Geld beantragen, um etwas Cooles zu machen – Grillabende für das ganze Unternehmen, eine Holi-Feier, bei der der halbe Parkplatz bunt gefärbt war, Wettkämpfe mit Papierflugzeugen, die Woche für Woche ausgefeilter wurden.

Doch als immer mehr Googler bei uns mitmachten und die Nest-Mitarbeiter erkannten, welche Vergünstigungen bei Google üblich waren, kam eine große interne Debatte darüber auf, was die Leute bekamen und was nicht. Warum kriegten die Googler Massagen? Warum kriegten sie mehr Busse, sodass sie später anfangen und nach dem Mittagessen schon wieder gehen konnten? Warum bekamen sie ihre »20 Prozent Zeit« (Googles Lieblingsversprechen an seine Mitarbeiter, wonach diese ein Fünftel ihrer Arbeitszeit mit anderen Google-Projekten als mit denen verbringen dürfen, für die sie bezahlt werden)? Wir wollen auch 20 Prozent Zeit!

Ich sagte, das würde nicht passieren. Wir brauchten hundertzwanzig Prozent von jedem. Wir versuchten immer noch, unsere Plattform einzurichten und ein profitables Geschäft aufzubauen. Hätten wir das erst erreicht, könnten wir vielleicht noch einmal darüber reden, ob die Mitarbeiter mit dem Geld von Nest bei Google-Projekten mitarbeiten, kostenlose Massagen erhalten und um halb drei den Arbeitstag beenden dürften. Wie Sie sich vorstellen können, fand meine Position bei den neuen Beschäftigten nicht besonders viel Anklang.

Aber ich würde keinesfalls zulassen, dass sich Anspruchsdenken bei uns breitmachte, solange es noch so viel zu tun gab. Ich würde nicht mehr Vergünstigungen bereitstellen, nur weil die Google-Beschäftigten daran gewöhnt waren.

Die Erfahrung, ein Google-Mitarbeiter zu sein, ist nicht normal. Das ist nicht die Realität. Sogar Clive Wilkinson, der Architekt des gigantischen luxuriösen Googleplex, hat das erkannt. Inzwischen bezeichnet er seine bekannteste Arbeit als »von Grund auf ungesund«. »Work-Life-Balance lässt sich nicht erreichen, wenn man sein gesamtes Leben an der Arbeitsstätte zubringt. Das ist nicht real. Das ist kein Umgang mit der Welt, wie die meisten Menschen ihn pflegen«, so Wilkinson. [Siehe auch die Leseliste: Architect behind Googleplex now says it's »dangerous« to work at such a posh office.]

Das ist dasselbe Problem, mit dem die Superreichen zu tun haben – ein allmähliches Abdriften, weg von den normalen Problemen normaler Menschen. Wenn man nicht geerdet bleibt – öffentliche Verkehrsmittel benutzt, sich seine Lebensmittel selbst kauft, die Straßen entlangläuft, sein IT-System selbst einrichtet, den Wert eines Dollars kennt und weiß, wie weit man damit in New York oder Wisconsin oder Indonesien* kommt –, vergisst man die täglichen Beschwernisse der Menschen, für die man eigentlich Schmerzkiller produzieren soll. [Siehe auch Kapitel 4.1: Wie man eine tolle Idee erkennt: Die besten Ideen sind Schmerzkiller, keine Vitamine.]

Nicht nur der Kunde gerät dabei aus dem Fokus. Wenn die Zahl der Vergünstigungen ständig erhöht wird, untergräbt das auch die Motivation der Leute, ihre Arbeit zu machen. Ich habe Menschen erlebt, die ihre Arbeit liebten, Sinn und Freude in ihrer Tätigkeit fanden, fleißig arbeiteten, ohne jemals das Gefühl zu haben, ihre Zeit zu vergeuden – bis sie kopfüber in Google oder Facebook oder irgendeinen anderen Konzernmoloch stürzten und total in die Irre geleitet wurden. Je mehr sie sahen, wie andere Gratisleistungen erhielten, desto mehr erwarteten sie auch für sich selbst. Doch diese Vergünstigungen befriedigten sie nur kurze Zeit – sie verloren im Lauf der Zeit ihren Wert. Also verlangten sie immer mehr. Das wurde zu ihrem

* Schauen Sie mal bei www.gapminder.org/dollar-street nach, wie viel die Leute auf aller Welt monatlich verdienen und wie ihr Leben aussieht. Das ist eine ausgezeichnete Quelle, um zu erfahren, wie unterschiedlich oder ähnlich wir alle sein können.

Fokus. Und etwas zu produzieren, sich zutiefst für die eigene Arbeit zu interessieren, etwas Bedeutsames zu leisten, die eigene Tätigkeit wirklich gern auszuüben – das alles blieb dabei auf der Strecke.

Und es ging alles mit den dämlichen Massagen los.

Um das klarzustellen: Ich unterstütze Massagen voll und ganz. Ich liebe Massagen. Ich lasse mich ständig massieren. Jeder sollte sich massieren lassen. Doch zu keinem Zeitpunkt sollte Ihre Unternehmenskultur auf der Vorstellung beruhen, dass Sie zu Massagen verpflichtet sind. Zu keinem Zeitpunkt sollten Sie den Mitarbeitern versprechen, dass sie auf ewig Massagen bekommen. Zu keinem Zeitpunkt sollten Vergünstigungen Ihre Geschäftsstrategie definieren oder abwerten.

Vergünstigungen sind Zuckerguss. Fruktosestrotzender Maissirup. Und niemand missgönnt Ihnen ein bisschen Zucker – jeder mag ab und zu mal Süßigkeiten. Doch sich von morgens bis abends damit vollzustopfen, ist nun wirklich kein Glücksrezept. Wie der Nachtisch nicht vor der Hauptmahlzeit serviert werden sollte, so dürfen auch Vergünstigungen nicht vor der Mission kommen, die Sie umsetzen wollen. Die Mission sollte Ihr Unternehmen erfüllen und beflügeln. Die Vergünstigungen sollten lediglich eine darüber verteilte Prise Zuckerstreusel darstellen.

Kapitel

6.5

NICHT MEHR CEO SEIN

Ein CEO ist kein König, keine Königin. Das ist keine lebenslange Verpflichtung. Irgendwann müssen Sie zurücktreten. Dass die Zeit dafür gekommen ist, erkennen Sie an Folgendem:

1. **Das Unternehmen oder der Markt haben sich zu stark verändert:** Manche Start-up-Gründer eignen sich nicht zum CEO größerer Unternehmen. Manche CEOs haben die Fähigkeit, mit einer bestimmten Art von Herausforderungen zurechtzukommen, aber nicht mit anderen. Wenn sich alles so sehr verändert hat, dass Sie keine Ahnung haben, wie Sie damit umgehen sollen, und die anzuwendenden Lösungen überhaupt nicht Ihr Ding sind, dann ist es wahrscheinlich Zeit für Sie zu gehen.
2. **Sie sind zu einem Babysitter-CEO geworden:** Sie haben sich im Modus des Aufrechterhaltens eingerichtet, statt Ihr Unternehmen ständig neu herauszufordern und weiterzuentwickeln.
3. **Sie werden dazu gedrängt, ein Babysitter-CEO zu sein:** Ihr Vorstand verlangt, dass Sie keine großen Risiken mehr eingehen und einfach nur alles am Laufen halten.
4. **Sie haben einen klaren Nachfolgeplan und das Unternehmen befindet sich im Aufwind:** Wenn alles prima läuft und Sie glauben, dass ein oder zwei Führungskräfte im Team bereit für den Aufstieg sind, könnte es an der Zeit sein, Ihnen Raum zu geben. Versuchen Sie stets, im Guten zu gehen und das Unternehmen in gute Hände zu geben.
5. **Sie finden es furchtbar:** Das ist kein Job für jedermann. Wenn Sie ihn nicht ausstehen können, heißt das nicht, dass Sie versagt haben.

Es heißt lediglich, dass Sie etwas Nützliches über sich selbst herausgefunden haben und diese Entdeckung nun nutzen können, um eine Tätigkeit zu finden, die Ihnen Freude macht.

* *

Einmal mussten wir die Mutter eines CEO anrufen.

Meine Investmentfirma Build Collective hatte in dieses Unternehmen investiert – es verfügte über eine fantastische Vision und jede Menge Potenzial –, doch der CEO war ein Erstgründer und völlig unvorbereitet auf diese Tätigkeit. Jedes Mal, wenn wir ihm Feedback gaben, hörte er es sich an, ging in sich, gelobte Besserung und machte es das nächste Mal dann doch wieder genauso. Er hörte nie richtig zu und lernte nie richtig dazu. Nachdem wir ihn über achtzehn Monate lang persönlich und beruflich gecoacht hatten, wurde es nur noch schlimmer – er putzte die Mitarbeiter bei Meetings herunter, zankte sich mit ihnen auf den Fluren herum, stritt sich sogar mit Kunden. Genug war genug. Also entließ der Vorstand den CEO.

Doch der CEO ging nicht.

Wir versuchten es mit Zuckerbrot. Wir versuchten es mit der Peitsche. Aber er gab nicht nach, beugte sich nicht der Vernunft. Zuletzt setzte er uns die Pistole auf die Brust – er nahm sich Anwälte und bereitete sich darauf vor, den Vorstand, das Unternehmen und seine Investoren zu verklagen.

Also riefen wir seine Mutter an – die einzige Person, auf die er vielleicht hören würde. Wir sagten ihr, was passieren würde, wenn wir verklagt würden: der Vorstand würde Gegenklage einreichen, die Lügen des CEO gegenüber den Investoren würden an die Öffentlichkeit dringen und er würde wohl nie wieder eine Finanzierung für ein weiteres Start-up bekommen. Vielleicht bekäme er nicht einmal mehr eine Arbeit.

Das war es, was ihn nach fast einem Jahr erbitterter Kämpfe schließlich einknicken ließ. Seine Mutter.

Doch es war bitter, dass wir ihn aus dem Gebäude ausschließen und sicherstellen mussten, dass er absolut keine Verbindung mehr zu dem Unternehmen hatte. Das war die einzige Möglichkeit, um ein unglaubliches Team mit jeder Menge Potenzial für die Erfüllung seiner Mission zu retten.

Bei einem anderen Unternehmen dauerte dasselbe Gespräch zwei Minuten. Wir sagten dem CEO, dass er nicht länger CEO sein sollte. Er seufzte, dann lächelte er. »Danke«, sagte er. »Was für eine Erleichterung!«

Weil ein paar Gründer-CEOs berühmt und unverschämt reich wurden, entstand der Mythos, es gäbe einen natürlichen Übergang von der Gründung eines Unternehmens zu seiner Führung – durch gute wie durch schlechte Zeiten. Als wäre das der natürliche Gang der Dinge. Wer eine Firma gründet, bleibt dabei, bis sie sich zu einem echten Unternehmen, einem Konzern entwickelt hat. Ist es nicht das, worum es bei der ganzen Sache geht?

Doch ein Start-up mit fünf cleveren Freunden ist eine völlig andere Hausnummer als ein Unternehmen mit hundert oder gar tausend Beschäftigten. Die Tätigkeiten und Verantwortungsbereiche eines Gründers in der Anfangsphase und eines CEO in einem späteren Stadium sind zwei völlig verschiedene Paar Schuhe.

Nicht jeder Gründer ist dazu geschaffen, in jeder Phase seines Unternehmens den CEO zu spielen.

Manch ein Gründer weiß nicht, wie ein mittleres Unternehmen funktioniert, ganz zu schweigen von einem großen. Er hat vielleicht nicht die richtigen Mentoren in seinem Umfeld, weiß nicht, wie man ein Team aufbaut oder Kunden wirbt. Und wenn ihm all das auf den Kopf fällt, kehrt er typischerweise zu dem zurück, worin er als Mitarbeiter ohne Führungsverantwortung gut war, vernachlässigt seine Pflichten als CEO, ignoriert die Warnungen des Vorstands, strampelt sich ab und implodiert. Es ist eine schmerzliche, aber wertvolle Lektion. Viele Entrepreneure lernen daraus und probieren es anschließend erneut, meist mit größerem Erfolg. So einer war auch ich.

Doch eine solche Erfahrung ist vermeidbar. Man kann merken, wenn man sich im Sinkflug befindet, man kann sich umschauen und den Wind in den Haaren spüren. Und man kann etwas dagegen unternehmen – sich eingestehen, was da gerade passiert, und zurücktreten.

Die meisten CEOs, die vor dem Scheitern stehen, schließen allerdings einfach die Augen und warten auf den Knall. Oft ist so viel Ego mit ihrer Rolle als CEO verbunden, so viel Zeit und Arbeit. Manche Menschen streben ein Leben lang danach, ein Unternehmen zu leiten. Sie machen das zum

Mittelpunkt ihres Selbstwertgefühls und ihrer Identität. Die Aussicht, damit aufzuhören – einfach zu gehen –, kann furchteinflößend sein.

Das gilt gleichermaßen, wenn Sie ein Erstgründer sind, wie wenn Sie schon seit Jahrzehnten Unternehmen führen. Das Ego ist eine gefährliche Droge.

Deshalb werden einige CEOs – selbst Gründer – einfach zu Nervensägen. Ich kann Ihnen gar nicht sagen, wie viele langjährige CEOs ich schon erlebt habe, die an ihrem Sessel klebten, obwohl sie längst alle Leidenschaft verloren hatten. Obwohl sie sich allmählich von Eltern- zu Babysitter-CEOs verwandelt hatten, deren einziges Interesse darin bestand, das einmal Erreichte zu bewahren und Position und Status quo aufrechtzuerhalten. [Siehe auch Kapitel 6.1: CEO werden.]

Diese CEOs machen sich selbst vor, es wäre in Ordnung, dass sie nicht mehr dieselbe Intensität verspüren, sie hätten ja anfangs hart gearbeitet, und nun würden sie sich eben zurücklehnen und die Früchte genießen.

Aber so läuft das nicht.

Es ist Ihre Aufgabe als CEO, Ihr Unternehmen ständig voranzutreiben – neue Ideen und Projekte zu liefern, damit es frisch und lebendig bleibt. Und dann ist es Ihre Aufgabe, intensiv an diesen neuen Projekten zu arbeiten, mit so viel Leidenschaft, wie Sie anfangs hatten, als Sie sich zum Ziel gesetzt hatten, das ursprüngliche Problem zu lösen. Inzwischen kümmern sich andere Leute in Ihrem Team um Ihr Kerngeschäft und optimieren die Teile, die bereits vorgegeben sind.

Wenn Sie sich dafür nicht begeistern können, wenn Sie keine neuen Ideen einbringen oder die gewagten Ideen Ihres Teams nicht gutheißen, ist das ein recht deutliches Zeichen: Sie sind zum Babysitter geworden. Es ist Zeit zu gehen.

Im Dasein eines Babysitter-CEO liegt keine Herausforderung. Keine Freude. Und was noch schlimmer ist: Es ist auch schlecht für das Team. Schlecht für das Unternehmen.

Das ist allerdings nicht jedem immer klar. Manchmal zwingt der Vorstand den CEO, mehr wie ein COO zu handeln. Nur alles schön am Laufen halten, sagen sie. Es funktioniert doch alles, warum Risiken eingehen? Nur nicht die Shareholder verschrecken. Wir vom Vorstand wissen es am besten. Befolgen Sie einfach unsere Anweisungen.

Das war es, was ich bei Google erlebte. Und deshalb ging ich.

Nicht nur, weil Google Nest verkaufen wollte oder weil sie mich daran hindern wollten, wie ein Eltern-CEO zu handeln, sondern auch als Warnung an mein Team. Mir war ein Maulkorb angelegt worden, daher konnte ich nicht allen erzählen, dass da etwas gründlich schief lief. Aber ich konnte es ihnen zeigen.

Man sagt: »Ein Kapitän sollte mit dem Schiff untergehen.« Ich sage: Bullshit. Wenn das Schiff erkennbar zu sinken droht, werden die Passagiere das wahrscheinlich mitkriegen – und dann ist es Aufgabe des Kapitäns, an Bord zu bleiben, bis alle sicher in den Rettungsbooten sitzen. Wenn Sie allerdings CEO oder eine hochrangige Führungskraft sind und vor allen anderen sehen können, dass der Wasserpegel steigt, haben Sie die Verantwortung, Ihrem Team eine deutliche Gefahr zu signalisieren. Und es gibt kein deutlicheres Zeichen dafür, dass etwas nicht in Ordnung ist, als zu gehen.

Manchmal ist Ihr Kündigungsschreiben die einzige Warnflagge, mit der Sie wedeln können.

Und manchmal ist es sogar noch größer als das. Größer als Sie. Größer als Ihr Team oder Ihr Unternehmen. Manchmal verändert sich der gesamte Markt; manchmal verlagern sich die Prioritäten der Erde. Das sind Momente, in denen das Unternehmen, das ein CEO zuvor geführt hat, plötzlich keinen Sinn mehr ergibt. Den CEOs von Öl- und Gasunternehmen steht das zurzeit bevor. Ebenso den Autoherstellern. Es ist Zeit für ein neues Modell.

Und wir brauchen frisches Blut.

Kluge CEOs sehen den Wandel kommen, früher oder später – entweder für sich persönlich oder für das Unternehmen oder für die Welt. Und sie schaffen einen Nachfolgeplan.

Man weiß nie, wann einem der Boden unter den Füßen weggezogen wird. Vielleicht verändert sich Ihre gesamte Branche, oder Ihre Arbeit wird Ihnen langweilig, oder Sie werden vom Bus überfahren. Deshalb machen Sie ein Testament. Und deshalb stellen Sie auch andere Führungskräfte – und womöglich einen COO – ein, denen Sie dereinst die Firma guten Gewissens übergeben können.

Selbst in einem Notfall sollte der Übergang zu einem neuen CEO so fließend und vertrauensvoll wie möglich erfolgen.

Doch es sollte keinen Notfall brauchen, um Sie hinauszudrängen. Sie sollten Ihren Erfolg nicht als Einladung betrachten, für immer zu bleiben. Sie sollten sich nicht umschauen und das unglaubliche Team betrachten, das Sie aufgestellt haben, und das Unternehmen, das Sie geschaffen haben, und denken: Ja. Das ist es. Das ist der Erfolg. Jetzt bewege ich mich nicht mehr von der Stelle.

So läuft das nicht.

Dieses unglaubliche Team, das Sie aufgestellt haben, braucht Raum zur Entfaltung, und im Moment sitzen Sie an der obersten Stelle. Wenn die Mitarbeiter kein Potenzial erkennen, karrieremäßig weiterzukommen, fangen sie an, wegzugehen und sich andere Gelegenheiten zu suchen.

Und die guten Zeiten dauern nicht ewig. Ein Aufschwung verwandelt sich unweigerlich in einen Abschwung. Sie sollten gehen, solange alles gut läuft, solange Sie die Firma mit Stolz dem nächsten CEO übergeben können, statt sie ihm in Panik vor die Füße zu schmeißen, weil der Vorstand Sie loswerden will.

Während wir dies schreiben, kündigt Zhang Yiming, der Gründer und CEO von ByteDance (den Machern von TikTok) seinen Rücktritt an. Nie war TikTok beliebter. Zhang erlebt einen Höhenflug, wie er nur wenigen CEOs jemals vergönnt ist. Doch er sieht eine Veränderung kommen. Und in diesem Fall ist es eine interne. Er will den Job einfach nicht. Er passt nicht zu ihm. »Um die Wahrheit zu sagen, mir fehlen einige der Fähigkeiten, die einen idealen Manager auszeichnen«, sagte er. »Ich interessiere mich mehr für die Analyse von Organisations- und Marktprinzipien.«

So eine Selbstwahrnehmung und Vernunft zeichnet eine große Führungskraft aus. Er scheint den richtigen Schritt zu tun, motiviert von seinem Bauchgefühl, nicht von seinem Ego.

Und jetzt hat er Optionen. Er kann komplett aussteigen und vielleicht ein neues Unternehmen gründen. Er kann aufsteigen und in den Vorstand eintreten und immer noch reichlich Einfluss auf die Entwicklung des Unternehmens nehmen.

Oder er bleibt in der Firma und nimmt nur eine andere Position ein. Zum Mythos um den Gründungs-CEO gehört, dass es keinen Weg zurück gibt, wenn man erst einmal CEO ist – dass niemand diese Position aufgeben will, nachdem er sie erst einmal errungen hat. Doch Menschen können vor- und zurückhüpfen.

Allerdings kann es chaotisch werden, wenn ein Gründer als CEO zurücktritt und trotzdem im Unternehmen verbleibt.

Wenn der Gründer nicht sehr vorsichtig ist, kann er dem neuen CEO und der Geschäftsleitung, die er hinter sich lässt, eine Menge Probleme bereiten. Das gilt auch für Mitgründer – sie müssen sich über die Konflikte im Klaren sein, die sie im Unternehmen auslösen können, nur allein indem sie eine Meinung äußern. Gründer müssen darauf achten, wie sie wahrgenommen werden, zu welchen Meetings sie gehen, wie sie sich ausdrücken, welche Vorschläge sie machen und wie offensichtlich es ist, dass es sich dabei um Vorschläge und nicht um Anweisungen handelt. Sie müssen bei ihrer Position extrem klare Grenzen ziehen. Ansonsten können sie unbewusst – oder unabsichtlich – zur Grüppchenbildung in der Firma beitragen: Die einen folgen dem Gründer, die anderen dem CEO, alle sind verärgert, verwirrt, genervt.

Bei einem Unternehmen habe ich das beobachtet – der Gründer trat von der Spitze zurück und half bei der Auswahl eines Nachfolgers. Doch dann trieb er sich weiter im Unternehmen herum, streifte durch die Flure und verteilte willkürlich Feedback. Keiner wusste so recht, ob das jetzt verbindliche Anweisungen oder bloß Vorschläge waren, ob man sie umsetzen oder nur als gut gemeinten Rat auffassen sollte. »Der CEO kann immer ersetzt werden, der Gründer aber nicht. Folglich sollte ich wohl besser auf den Gründer hören …«

Der CEO war frustriert, das Team völlig verwirrt. Man einigte sich also auf einen neuen Plan – der CEO übernahm die Führung und der Gründer trat in den Hintergrund und kommunizierte nur über den CEO. Das klappte gut, alle atmeten erleichtert auf, es ging wieder aufwärts.

So ging das zwei Wochen lang.

Dann tauchte der Gründer wieder bei einer Teambesprechung auf. Alle zogen lange Gesichter. »O nein, nicht schon wieder!« Sie waren total ernüchtert. Vierzehn ruhmreiche Tage lang hatten sie gewusst, was sie taten, mit wem sie sprechen sollten, wie der Plan lautete. Doch jetzt stand die Zukunft wieder völlig in den Sternen. Die ersten Kündigungen wurden eingereicht. Keiner hatte die Kraft, dem Gründer zu sagen: »Geh einfach weg und komm nicht wieder. Wir mögen dich und deine Ideen, aber du machst alles nur schlimmer.«

Gründer müssen sich darüber im Klaren sein, wie leicht sie die Arbeit des CEO und des Kernteams untergraben können. Selbst wenn ein Gründer sich entscheidet, nur Mitglied des Vorstands zu sein, muss er vorsichtig sein – er führt nicht länger das Team. Er ist nun Coach, Mentor, Ratgeber. Eine Stimme unter vielen.

Das ist immer schwer. Viel schwerer aber ist es, sämtliche Brücken abzubrechen. Wenn Ihr Baby den Wölfen vorgeworfen wird und Sie nichts tun können als zu gehen. Das ist qualvoll.

Als ich Nest verließ, berief ich eine Versammlung aller Mitarbeiter ein. Und all diese unglaublichen Leute, Hunderte von leidenschaftlichen, brillanten Leuten, die dieses Unternehmen mit mir aufgebaut hatten – aus dem Nichts, aus einer Skizze, aus einer undichten Garage mit einem Eichhörnchenproblem –, saßen da und guckten mich erwartungsvoll an. Ich guckte zurück, mit Tränen in den Augen. Und ich sagte ihnen, dass ich aussteigen würde.

Dann musste ich Google tun lassen, was immer das sein würde.

Das ist der wahre Todesstoß, wenn man geht, besonders wenn es nicht einvernehmlich ist – die neue Führung hackt für gewöhnlich Ihre Projekte in Stücke, nur um die eigene Duftmarke zu setzen und zu zeigen, dass nichts von Ihnen übrig bleibt. Dann werden sogar die Bilder der Gründer und der ersten Beschäftigten von den Wänden genommen. Das müssen Sie im Voraus wissen und trotzdem gehen.

Und dann müssen Sie trauern.

Für einen Gründer kann es sich anfühlen wie der Tod, sein Unternehmen zu verlassen.

Sie haben so viel von Ihrer Zeit, Ihrer Energie, von sich selbst in dieses Unternehmen fließen lassen, und plötzlich ist es weg. Ein abgehackter Körperteil. Ein Freund, den Sie geliebt haben und mit dem Sie aufgewachsen sind, für immer verloren.

Ihr neues Leben kommt Ihnen gespenstisch leer vor. Ruhig. Früher waren Ihre Tage und Nächte total ausgefüllt, und jetzt ... nichts.

Sie werden sich grässlich fühlen. Entsetzlich. Aber stürzen Sie sich nicht sofort in die nächste Arbeit, nur um sich abzulenken. Und widerstehen Sie dem Drang, sich Sorgen zu machen, Ihr Marktwert könnte mit jedem Tag, an dem Sie nicht arbeiten, weiter sinken. Dieses Gefühl entsteht eher aus Selbstzweifeln, es bildet nicht die Realität des Arbeitsmarktes ab. Keiner wird Sie dafür verurteilen, dass Sie sich etwas Zeit für sich nehmen. Es gibt einen echten Mangel an Talenten – besonders an klugen, engagierten Talenten für CEO-Positionen. Wenn Sie dort wieder hinwollen, brauchen Sie keine Angst zu haben, dass Ihnen das nicht gelingen wird.

Doch Sie brauchen die Zeit und die mentalen Übungen, um das Erlebte zu verarbeiten, sich davon zu erholen und dann daraus zu lernen.

Alles hat seine Halbwertzeit.

Meiner Erfahrung nach brauchen die meisten Menschen etwa anderthalb Jahre, ehe sie über etwas Neues nachdenken können. Nicht ohne Grund tragen die Leute in einigen Kulturen zwölf Monate nach einem Trauerfall Schwarz. So lange dauert es, um über solche Verluste hinwegzukommen.

Die ersten drei bis sechs Monate vergehen nur langsam, während Sie den ersten Schock überwinden, die Leugnung und den möglichen Zorn, das Zähneknirschen und Haareraufen, wenn Sie mitbekommen, was die mit Ihrem Baby machen. Ebenso lange dauert es auch, die Liste mit Dingen abzuarbeiten, die Sie schon ewig hätten machen sollen, aber wegen der Arbeit immer aufgeschoben haben. Erst wenn diese Liste abgehakt ist, können Sie aufhören, sich von der Vergangenheit ablenken zu lassen, und Ihnen wird langweilig. Das ist ein notwendiger Schritt. Ihnen muss unbedingt langweilig werden, ehe Sie sich etwas Neues suchen können, das Ihnen Inspiration gibt.

Es dauert weitere sechs Monate, bis Sie wieder mit der Welt in Kontakt treten. Sich nicht mehr so viel darum kümmern, was schief gelaufen ist. Wieder Neues lernen und zu Ihrer Neugierde zurückfinden.

Während der nächsten sechs Monate können Sie dann anfangen, Ihr Leben mit anderen Augen zu betrachten. Sich ablenken lassen. Sich begeistern. Überlegen, was als Nächstes kommt. Und Sie müssen nicht gleich wieder auf die Rennbahn zurückkehren, von der Sie vor einem Jahr heruntergesprungen sind. Nur dass Sie CEO waren, heißt noch lange nicht, dass Sie auch wieder CEO sein müssen. Sie können jederzeit neue Möglichkeiten finden oder sie sich schaffen. Sie können jederzeit lernen, sich weiterentwickeln und sich verändern.

Nehmen Sie sich Zeit, um der Mensch zu werden, der Sie sein wollen. So wie Sie es zu Beginn Ihrer Karriere taten und bei allen Weggabelungen seither.

SCHLUSSWORT: JENSEITS IHRER SELBST

Am Ende des Tages kommt es auf zwei Dinge an: Produkte und Menschen.

Was Sie schaffen und mit wem Sie es schaffen.

Das, was Sie machen – die Ideen, die Sie verfolgen, und die Ideen, von denen Sie verfolgt werden –, bestimmen letztlich Ihre Karriere. Und die Menschen, mit denen Sie sie verfolgen, bestimmen möglicherweise Ihr Leben.

Es ist etwas ganz Besonderes, gemeinsam mit einem Team etwas zu erschaffen. Aus dem Nichts, aus dem Chaos, aus einem Gedankenblitz hin zu einem Produkt, einem Geschäft, einer Kultur.

Wenn alles zusammenpasst, wenn der Zeitpunkt der richtige ist, wenn Sie unglaublich viel Glück haben, kämpfen Sie dafür, ein Produkt zu schaffen, an das Sie glauben, in dem so viel von Ihnen und Ihrem Team enthalten ist, und es wird sich verkaufen. Es wird sich ausbreiten. Es wird nicht nur die Probleme Ihrer Kunden lösen, sondern ihnen Superkräfte verleihen. Wenn Sie etwas wirklich Disruptives, wirklich Bedeutendes machen, nimmt es ein Eigenleben an. Es erschafft neue Wirtschaftsbereiche, neue Wege der Interaktion, neue Lebensweisen.

Selbst wenn Ihr Produkt nicht die ganze Welt verändert, selbst wenn es eine bescheidenere Bandbreite und eine kleinere Zielgruppe hat, kann es doch eine Branche verändern. Etwas anders machen. Die Kundenerwartungen ändern. Den Maßstab erhöhen. Es kann einen Markt, ein ganzes Ökosystem verbessern.

Ihr Produkt, dieses Ding, das Sie gemeinsam mit Ihrem Team erschaffen, kann Ihre kühnsten Erwartungen übertreffen.

Vielleicht aber auch nicht.

Vielleicht scheitert es.

Vielleicht haben Sie Ihr eigenes General Magic – eine unglaubliche Vision, eine wunderbare Idee, garniert von schlechtem Timing, unausgereifter Technologie, einem grundlegend irregeleiteten Vorstellung von Ihrem Kunden.

Oder vielleicht ist das Produkt erfolgreich, aber Ihr Geschäft fällt auseinander. Sie arbeiten und arbeiten, um Ihr eigenes Unternehmen aufzubauen, widmen Ihr ganzes Leben der endlosen Plackerei mit Mitarbeiterproblemen und Firmenstruktur und einem Meeting nach dem anderen. Und dann übergeben Sie dieses schimmernde Juwel an jemanden, der verspricht, es zu lieben und zu polieren und ihm zu Glanz zu verhelfen – und er lässt es fallen, sodass es im Dreck landet.

Das passiert manchmal.

Es gibt keine Garantie für den Erfolg. Ganz gleich, wie toll Ihr Team ist. Wie gut Ihre Absichten sind. Wie wunderbar Ihr Produkt ist. Manchmal zerfällt das alles zu Asche.

Doch selbst wenn Ihr Produkt tot ist oder Ihre Firma tot ist, hat das, was Sie geschaffen haben, immer noch eine Bedeutung. Es zählt immer noch. Sie gehen im Bewusstsein, etwas geschaffen zu haben, auf das Sie stolz sind. Stolz, es versucht zu haben. Stolz, daraus gelernt und sich weiterentwickelt zu haben. Sie haben immer noch Ihre Idee und deren bislang unausgeschöpftes Potenzial; Sie warten noch immer auf die Gelegenheit, die Chance, es ein weiteres Mal zu probieren.

Und Sie halten an den Leuten fest.

Heute arbeite ich immer noch mit Freunden zusammen, die ich bei General Magic kennengelernt habe. Bei Philips. Bei Apple. Bei Nest.

Die Produkte haben sich verändert, die Unternehmen haben sich verändert, aber die Beziehungen sind gleich geblieben.

Und jetzt geht es in meinem Leben ganz um Beziehungen. Jetzt sind mein Produkt die Menschen.

Nach Nest gründete ich eine Investmentfirma – Build Collective. Wir nennen uns »Mentoren mit Geld«. Wir investieren unser Vermögen in Firmen, von denen wir glauben, dass sie die Gesellschaft maßgeblich verändern werden, die Umwelt oder die menschliche Gesundheit. Und dann widmen wir ihnen, was alle VCs versprechen, aber nur selten halten – persönliche Aufmerksamkeit. Wir helfen den Firmen, wann immer sie diese Hilfe wirklich brauchen – manchmal schon, bevor sie überhaupt wissen, dass sie sie brauchen.

Wobei die Menschen, als deren Mentor ich tätig bin, mich viel mehr lehren, als ich sie jemals lehren könnte. Ich habe so viele verschiedene Branchen und Geschäfte kennengelernt, von der Landwirtschaft über Wasserwirtschaft und Materialwissenschaft bis hin zu Pilzleder und Fahrrädern und Mikroplastik. Mit jedem von mir als Mentor betreuten Team oder Gründer eröffnet sich mir eine neue Welt.

Diese Arbeit ist genauso bedeutsam wie alles andere, was ich gemacht habe, wie jedes Objekt, das ich hergestellt habe. Das sind unglaubliche Menschen, und unglaubliche Menschen sind das Herzstück jeglicher Innovation. Sie werden die Welt verändern. Die Welt in Ordnung bringen. Ihnen zu helfen, in sie zu investieren und ihnen als Mentor zu dienen, ist wahrscheinlich die wichtigste Arbeit, die ich je geleistet habe.

Wenn ich zurückschaue, wird mir klar: Von allem, was ich bis heute geleistet habe, ist dies die wichtigste Arbeit.

Das Beste an der Führungstätigkeit bei Apple oder als CEO von Nest war die Gelegenheit, Menschen zu helfen. Das war stets die erfüllendste Erfahrung: Ich konnte den Mitarbeitern helfen, für ihre Familien zu sorgen. Ich konnte helfen, wenn jemand krank wurde oder wenn seine Kinder oder Eltern krank wurden. Und wir schufen eine Gemeinschaft, eine Kultur der Qualität und der Entschlossenheit und der Innovation, in der so viele Menschen aufblühten, in der brillante Leute gemeinsam schöpfen und scheitern und lernen und gedeihen konnten.

Oft machten sie, wenn sie zu Nest kamen, eine Sache, und wenn sie gingen, wussten sie, dass sie hundert weitere machen konnten.

Sie brauchten nur den Anstoß.

Das, was die meisten Menschen ausbremst, sind sie selbst. Sie glauben zu wissen, was sie können und wer sie sind, und jenseits dieser Grenzen forschen sie nicht weiter.

Das heißt, bis jemand kommt und sie dazu drängt, mehr zu tun – freiwillig oder unfreiwillig, mit Spaß oder unter Tränen – und auf diese Weise eine Quelle der Kreativität oder der Willenskraft oder der Scharfsinnigkeit zu entdecken, von deren Existenz sie nichts gewusst hatten.

Das ist ganz ähnlich, als würde man sich gegen die erste Version eines Produkts auflehnen. Jede Minute, jede Gehirnzelle widmen Sie der Erschaffung von v1. Total erschöpft treiben Sie sie schließlich über die Ziellinie. Doch obwohl Sie alles dafür gegeben haben, ist v1 nicht gut genug. Sie erkennen das gewaltige Potenzial. Sie erkennen, wie viel mehr da noch zu holen ist. Deshalb hören Sie an der Ziellinie nicht auf – Sie machen weiter, bis Sie v2, v3, v4, v18 erreicht haben. Sie entdecken immer neue Möglichkeiten, um dieses Produkt hervorragend zu machen.

Menschen sind genauso. Aber allzu oft bleiben wir bei v1 stecken. Sind wir erst einmal in uns selbst zur Ruhe gekommen, verlieren wir aus dem Auge, was wir werden könnten. Doch so wie Produkte nie fertig sind, sind das auch wir Menschen nicht. Wir verändern uns ständig. Wir entwickeln uns ständig weiter.

Also drängen Sie. Als Führungskraft, als CEO, als Mentor – drängen Sie sogar dann, wenn man Sie dafür hasst. Sogar, wenn Sie fürchten, Sie könnten womöglich zu sehr drängen ...

Auf der anderen Seite wartet stets eine Belohnung.

Es lohnt sich, etwas gut zu machen. Es lohnt sich, nach Spitzenleistung zu streben. Es lohnt sich, Ihrem Team zu helfen, den Menschen zu helfen.

Und eines Tages bekommen Sie dann eine E-Mail von jemandem, mit dem Sie einmal zusammengearbeitet haben – vor zwei, drei oder auch vor zehn Jahren. Und er bedankt sich bei Ihnen. Dankt Ihnen, dass Sie ihn gedrängt haben. Dass Sie ihm geholfen haben zu erkennen, wozu er fähig ist. Er wird sagen, dass er Sie damals dafür gehasst und jede Minute verabscheut hat, dass er nicht hat glauben können, wie schwer Sie ihn arbeiten ließen, wie Sie von ihm verlangten, noch mal von ganz vorne anzufangen, wie Sie nicht lockergelassen haben.

Irgendwann wurde ihm jedoch bewusst, dass jener Moment ein Wendepunkt gewesen war, ein Startpunkt, der den Verlauf seines gesamten Berufslebens verändert hat. Das, was Sie damals gemeinsam schufen, hat sein Leben verändert.

Und dadurch wissen Sie, dass Sie etwas Bedeutsames getan haben.

Sie haben etwas getan, das zu tun sich gelohnt hat.

DANKSAGUNG

Dieses Buch zu schreiben, war leichter, als ich dachte. Und viel, viel schwieriger. Schwieriger, als den iPod zu machen. Oder das iPhone. Oder den Nest Learning Thermostat.

Der einfache Teil war herauszfinden, worüber ich schreiben wollte. Fast täglich kam es vor, dass ein Entrepreneur mich irgendetwas fragte – zum Storytelling, zu Umbrüchen, dazu, wie man ein Team erweitert oder wie man mit einem Vorstand umgeht. Wir sprachen über sein Problem, ich erteilte ihm einen Rat und nahm das Thema sodann in dieses Buch auf.

Ganz viele der Themen waren einfach – es fühlte sich überwiegend an wie gesunder Menschenverstand. Und ich fragte mich, ob dieses Buch überhaupt nötig ist. Doch dann stellte mir am nächsten Tag jemand dieselbe Frage. Und eine Woche später wieder. Und noch einmal und noch einmal. Ehrlich gesagt war ich es leid, mich selbst immer wieder dieselben Geschichten erzählen zu hören, Woche für Woche, Monat für Monat.

Mir wurde klar, warum ich das mache. Gesunder Menschenverstand ist weit verbreitet, aber nicht gleichmäßig verteilt. Sie können nicht die naheliegende Vorgehensweise zum Aufbau eines Teams anwenden, wenn Sie noch nie ein Team aufgebaut haben. Sie können nicht intuitiv das Marketing verstehen, wenn Sie Ihr Leben lang Techniker waren. Wenn Sie etwas Neues machen, wenn Sie etwas zum ersten Mal ausprobieren, müssen Sie sich Ihren gesunden Menschenverstand erst verdienen. Er ist eine hart erkämpfte Weisheit, die Sie durch Versuch und Irrtum erlangen, durch Ausprobieren und Scheitern oder – wenn Sie Glück haben – durch Gespräche mit jemandem, der so etwas schon etmal gemacht hat. Oft brauchen Sie einfach nur jemanden, der Ihnen Ihr Bauchgefühl bestätigt und Ihnen das Vertrauen gibt, ihm zu folgen.

Deshalb habe ich dieses Buch geschrieben.

Und deshalb hat Bill Campbell das nicht getan.

Bill war ein besserer Coach und Mentor, als ich je sein werde. Er wurde ständig gebeten, seine Ratschläge aufzuschreiben, aber er hat das immer abgelehnt.

Ich glaube, der Grund war dieser: Ein Mentor, ein Coach zu sein, läuft auf Vertrauen hinaus – auf eine Beziehung zwischen zwei Menschen. Um Ihnen einen guten Rat zu erteilen, musste Bill Sie kennen, Ihr Leben, Ihre Familie, Ihr Unternehmen, Ihre Ängste und Ambitionen. Er fokussierte sich darauf, jeweils einem Menschen zu helfen, der es am meisten brauchte, und schnitt seine Ratschläge genau auf das zu, was in dessen Leben gerade passierte.

Das kann man aber nicht in einem Buch.

Das ist mir beim Schreiben am schwersten gefallen – mein Publikum nicht zu kennen, nicht zu wissen, was der einzelne Leser gerade durchmacht. Es gibt so viel, über das man sprechen kann – viel zu viel. Die erste Version dieses Buches hatte siebenhundert Seiten. Und selbst das kam mir noch viel zu oberflächlich vor. Ich konnte nie so tief eintauchen, wie ich eigentlich wollte. Ich konnte ein paar allgemeine Faustregeln nennen und Geschichten darüber erzählen, was bei mir funktioniert hat, doch das funktioniert noch lange nicht bei jedem. Und manches davon war auch völlig falsch.

Also beschloss ich, über das zu schreiben, was ich kannte. Ich schaute auf alles zurück, was ich getan hatte, alles, was ich in den letzten mehr als dreißig Jahren gelernt hatte, und öffnete die Vorhänge – gewährte einen Blick hinter die Kulissen. Das war schwer, aber auch kathartisch. Ich konnte dadurch vieles von dem verarbeiten, was mir im Lauf meines Berufslebens widerfahren ist.

Ich akzeptiert mittlerweile, dass ich gelegentlich irre. Und dass ich Leute manchmal verärgere. Aber wer niemanden verärgert, tut auch nichts Lohnenswertes. Wer keine Fehler macht, lernt nichts.

Machen, scheitern, lernen.

Und während der zehn Jahre, in denen ich mich schon mit diesem Buch herumtrage, bin ich hoffentlich häufig genug gescheitert und habe ausreichen gelernt, um nunmehr zu wissen, was sich zu sagen lohnt.

Und wem sich zu danken lohnt.

Erstens: Ein herzliches (das meine ich ernst) Dankeschön an all die Arschlöcher, üblen Vorgesetzten, schrecklichen Kollegen, miserablen Unternehmenskulturen, grauenhaften CEOs, inkompetenten Vorstandsmitglieder und hartnäckigen Mobber. Ohne euch hätte ich nie erkannt, was ich nicht sein wollte. Egal wie schmerzhaft diese Lektionen waren, ehrlich – danke euch allen.

Ihr habt mich dazu motiviert, jemand zu werden, der es besser konnte. Der dieses Buch schreiben konnte. Und dieses Buch zu schreiben wäre nicht möglich gewesen ohne den unglaublichen Einsatz und das Vertrauen folgender Personen:

Meiner Frau und meiner Kinder – danke, dass ihr immer da seid, meine Inspiration, meine Unterstützer und meine Mentoren seid (und all die lautstarken Telefongespräche ertragt).

Meiner Autorenkomplizin Dina Lovinsky – es war eine Achterbahn positiver und weniger positiver Emotionen und Lebensereignisse, um das hier zusammenzubekommen. Aber wenn es keine Angst macht, macht es auch keinen Spaß, oder?

Meinem unermüdlichen Team, das mir bei dem Buch zur Seite gestanden hat – Alfredo Botty, Lauren Elliot, Mark Fortier, Elise Houren, Joe Karczewski, Jason Kelley, Vicky Lu, Jonathon Lyons, Anton Oenning, Mike Quillinan, Anna Sorkina, Bridget Vinton, Matteo Vianello, Henry Vines und das Mitarbeiter von Penguin, – die eine nicht endende Folge von hirnverbrannten Bitten und Fragen über sich ergehen lassen mussten.

Meiner Lektorin Hollis Heimbouch und ihrem HarperCollins-Team – die es mit den verrückten Erstautoren und zahllosen nicht eingehaltenen Deadlines ausgehalten haben, während wir uns bemühten, irgendeine (naive) Perfektion zu erzielen.

Meiner Agentur – Max Brockman und dem Brockman-Team und besonders John Brockman (der mich schon seit mehr als zehn Jahre drängt, ein Buch zu schreiben).

Reto Gmünder und Rochus Jacob für ihre Unterstützung bei der Übersetzung und der Korrektur des Buches.

Meinen Freunden und Lesern für all die Ermutigung, Unterstützung und die großartigen Ideen – Cameron Adams, David Adjay, Cristiano

Amon, Frederic Arnault, Hugo Barra, Juliet de Baubigny, Yves Behar, Scott Belsky, Tracy Beiers, Kate Brinks, Willson Cuaca, Marcelo Claure, Ben Clymer, Tony Conrad, Scott Cook, Daniel Ek, Pascal Gauthier, Malcolm Gladwell, Adam Grant, Hermann Hauser, Thomas Heatherwick, Joanna Hoffman, Ben Horowitz, Phil Hutcheon, Walter Isaacson, Andre Kabel, Susan Kare (Designerin der berühmten wandernden Zitrone und Millionen anderer Dinge), Scott Keogh, Randy Komisar, Swamy Kotagiri, Toby Kraus, Hanneke Krekels, Jean de La Rochebrochard, Jim Lanzone, Sophie Le Guen, Jenny Lee, John Levy, Noam Lovinsky, Chip Lutton, Micky Malka, John Markoff, Alexandre Mars, Mary Meeker, Xavier Niel, Ben Parker, Carl Pei, Ian Rogers, Ivy Ross, Steve Sarracino, Naren Shaam, Kunal Shah, Vineet Shahani, Simon Sinek, David und Alaina Sloo, Whitney Steele, Lisette Swart, Anthony Tan, Min-Liang Tan, Sebastian Thrun, Mariel van Tatenhove, Steve Vassallo, Maxime Veron, Gabe Whaley, Niklas Zennström, Andrew Zuckerman – eure freimütigen Kommentare und Ratschläge haben uns sehr geholfen, dieses Buch in Form zu bringen, und uns die Zuversicht gegeben, die harten Wochen zu überstehen.

Den Teams bei General Magic, Apple iPod und iPhone, Nest und unserer Familie aus Entrepreneuren bei Build Collective – ohne euch wäre dieses Buch nie zustande gekommen. Ich habe so viel von euch gelernt, und ihr habt mir wirklich dabei geholfen, ehrlich zu bleiben.

Den Freunden und Kollegen, die von uns gegangen sind – Sioux Atkinson, Zarko Draganic, Phil Goldman, Allen »Skip« Haughay, Blake Krikorian, Leland Lew. Steve. Bill. Ich denke oft an euch und wünschte, wir hätten mehr Zeit miteinander gehabt.

Und Ihnen, unseren Lesern. Danke für Ihr Vertrauen in mich und dafür, dass Sie dieses Buch gekauft haben. Nicht nur, weil ich hart daran gearbeitet habe, sondern weil es einem höheren Zweck dient. Wir haben dieses Buch auf ökologische Weise gedruckt, um die Auswirkungen auf die Umwelt so gering wie möglich zu halten. Die Einnahmen aus dem Buch aber wollen wir verwenden, um noch viel größere Auswirkungen zu erzielen. Alles, was ich an diesem Buch verdiene, wird in den Build Climate Fund investiert, der von meiner Investitions- und Beratungsfirma geführt wird.

Mehr darüber erfahren Sie auf build-collective.com.

Und noch einmal danke. Ich hoffe, dieses Buch konnte Ihnen ein bisschen weiterhelfen.

Der Ihre verbleibend,
Tony

P.S.: Ich weiß nicht, ob ich mir das noch einmal antue und ein weiteres Buch schreibe, aber wenn Sie meinen, ich sollte noch ausführlicher werden oder andere Ratschläge erteilen oder ganz etwas Neues schreiben, höre ich Ihnen zu. Mailen Sie mir unter build@build-collective.com.

LESELISTE

Im Folgenden finden Sie einige der Bücher und Artikel, die mir sowie meinen Freunden und Mentoren weitergeholfen haben, in zufälliger Reihenfolge.

Geben und Nehmen: Warum Egoisten nicht immer gewinnen und hilfsbereite Menschen weiterkommen, Adam Grant

Lob des Schattens: Entwurf einer japanischen Ästhetik, Jun'ichirō Tanizaki

The Monk and the Riddle, Randy Komisar

Das große Buch vom Schlaf: Die enorme Bedeutung des Schlafs - Beste Vorbeugung gegen Alzheimer, Krebs, Herzinfarkt und vieles mehr, Matthew Walker

The Messy Middle: Finding Your Way Through the Hardest and Most Crucial Part of Any Bold Venture, Scott Belsky

The Perfect Thing: How the iPod Shuffles Commerce, Culture, and Coolness, Steven Levy

Kreativität & Selbstvertrauen: Der Schlüssel zu Ihrem Kreativitätsbewusstsein, David Kelley und Tom Kelley

Der Trillion Dollar Coach: Bill Campbell, der Mann hinter den Erfolgsgeschichten des Silicon Valleys, Eric Schmidt, Jonathan Rosenberg und Alan Eagle

Wenn es hart auf hart kommt: Schwierige Management-Situationen und wie man sie meistert, Ben Horowitz

Super Founders: Überraschende Daten und Fakten über Milliarden-Dollar-Start-ups, Ali Tamaseb

Schnelles Denken, langsames Denken, Daniel Kahneman

Noise: Was unsere Entscheidungen verzerrt – und wie wir sie verbessern können, Daniel Kahneman, Olivier Sibony und Cass R. Sunstein

Beginners: The Joy and Transformative Power of Lifelong Learning, Tom Vanderbilt

Es lebe der Generalist!: Warum gerade sie in einer spezialisierten Welt erfolgreicher sind, David Epstein

How to Decide: Simple Tools for Making Better Choices, Annie Duke

Der Arschloch-Faktor: Vom geschickten Umgang mit Aufschneidern, Intriganten und Despoten in Unternehmen, Robert I. Sutton

A Curious Mind: The Secret to a Bigger Life, Brian Grazer

The Defining Decade: Why Your Twenties Matter and How to Make the Most of Them Now, Meg Jay

Work: A Deep History, from the Stone Age to the Age of Robots, James Suzman

Crisis Tales: Five Rules for Coping with Crises in Business, Politics, and Life, Lanny J. Davis

Crossing the Chasm: Marketing and Selling Disruptive Products to Mainstream Consumers, Geoffrey Moore

Verwobenes Leben: Wie Pilze unsere Welt formen und unsere Zukunft beeinflussen: Alles über das geheime Leben der Pilze, Merlin Sheldrake

Simple Sabotage Field Manual, U.S. Central Intelligence Agency, United States Office of Strategic Services, 1944 (https://www.gutenberg.org/ebooks/26184)

Read the Face: Face Reading for Success in Your Career, Relationships, and Health, Eric Standop

»Architect behind Googleplex now says it's ‚dangerous' to work at such a posh office", Bobby Allyn, NPR, https://www.npr.org/2022/01/22/1073975824/architect-behind-googleplex-now-says-its-dangerous-to-work-at-such-a-posh-office

»Why and how do founding entrepreneurs bond with their ventures? Neural correlates of entrepreneurial and parental bonding", Tom Lahti, Marja-Liisa Halko, Necmi Karagozoglu und Joakim Wincent. *Journal of Business Venturing* 34, Nr. 2 (2019): 368–88.

NACHHALTIGKEITSINFORMATIONEN

Dieses Buch ist so umweltfreundlich, wie wir es nur machen konnten. Es ist wichtig – für mich, für die Erde, für die nächste Menschheitsgeneration –, dass wir uns über den Status quo hinausbewegen. Zehn Prozent recyceltes Papier bringen es nicht.

Nährwertangaben

Portionsgröße 1 Buch (416 Seiten)

Umschlagsmaterial	**Mit einem Dispersionlack (wasserbasierend) versehen, damit der Abrieb minimiert wird**
Cover	**Naturkarton, umweltfreundlich hergestellt in Deutschland, FSC-zertifiziert, problemlos recyclingfähig, pH-neutral und säurefrei basierend auf den Richtlinien der REACH-Verordnung, ausschließlich aus geprüften, lebensmitteltauglichen Rohstoffen, erfüllt die Vorgaben der Spielzeugverordnung EN 71 Teil 3**
Inhaltspapier	**100g Offset Magno Natural, FSC und Cradle-to-Cradle zertifiziert** **Die Holzrohstoffe stammen aus nachhaltigen und kontrollierten Quellen.** **Das Papier erfüllt die Reinheitsanforderungen (Schwermetallgehalt) der EN 71-3 »Sicherheit von Spielzeug«, Teil 3 »Migration bestimmter Elemente« und Teil 9 »Organische chemische Verbindungen«.** **Der für die Produktion verwendete Zellstoff wird ohne den Einsatz von elementarem Chlor (ECF) gebleicht.**
Farben, Klebstoffe, Hilfsstoffe	**Alle eingesetzten Farben, Klebstoffe und sonstige Hilfsmaterialien sind REACH und EN71 (Spielzeugsicherheit) konform sowie Cradle to Cradle zertifiziert. Da es sich hierbei um eine Broschur handelt, werden komplett vegane Materialien eingesetzt.**
Druckfarbe	**Mineralöl- und kobaltfrei**

Mein Ziel war ein voll kompostierbares Buch aus 100 Prozent wiederverwertetem Material, keine schädlichen Chemikalien und Materialien sowie ein Druckvorgang, der keinerlei CO_2-Fußabdruck aufweist und nur minimale natürliche Ressourcen erfordert. Leider konnten wir meine Ansprüche nicht mal annähernd erfüllen.

Die Verlage haben mit mir daran gearbeitet, die innovativsten, saubersten Prozesse und Materialien der Branche zu finden. Doch ausreichend umweltfreundliche Optionen existieren oft gar nicht, oder wir konnten nicht einmal herausfinden, welche Prozesse angewandt werden. Viele Bereiche des Buchherstellungsgeschäfts sind immer noch undurchsichtig und erfordern eine Disruption. Diese Branche hat noch einen langen Weg vor sich, um einhundert Prozent umweltfreundlich zu werden. So wie alle anderen Branchen auf der Welt.

Wenn Sie also eine Idee oder Technologie haben für Innovationen bei der Fasergewinnung, bei Druck, Bindung oder Recycling, bin ich bereit, mir das anzuhören. Und darin zu investieren. Nehmen Sie Kontakt auf über buildcollective.com.

Shai Tubali

ENTDECKE DEINE CHAKRA PERSÖNLICHKEIT

Shai Tubali

ENTDECKE DEINE CHAKRA PERSÖNLICHKEIT

Finde heraus, wer du wirklich bist, und entfalte dein wahres Potenzial

mvgverlag

Bibliografische Information der Deutschen Nationalbibliothek
Die Deutsche Nationalbibliothek verzeichnet diese Publikation in der Deutschen Nationalbibliografie. Detaillierte bibliografische Daten sind im Internet über http://d-nb.de abrufbar.

Für Fragen und Anregungen
info@mvg-verlag.de

2. Auflage 2022

Türkenstraße 89
80799 München
Tel.: 089 651285-0
Fax: 089 652096

Die Originalausgabe erschien 2018 bei Red Wheel/Weiser, LLC unter dem Titel *The Seven Chakra Personality Types*.

Übersetzung: Juliane Molitor
Redaktion: Dr. Anita Krätzer
Umschlaggestaltung: Manuela Amode
Umschlagabbildung: shutterstock.com/Gorbash Varvara, Nonika Stare
Satz: Digital Design, Eka Rost
Druck: GGP Media GmbH, Pößneck
Printed in Germany

ISBN Print 978-3-86882-997-6
ISBN E-Book (PDF) 978-3-96121-313-9
ISBN E-Book (EPUB, Mobi) 978-3-96121-314-6